"十二五"国家重点出版规划项目

雷达与探测前沿技术丛书

雷达收发组件芯片技术

Chip Technology for Radar T/R Module

吴洪江 高学邦 等著

国防工业出版社

·北京·

内 容 简 介

本书以雷达收发组件用芯片套片的形式系统介绍了发射芯片、接收芯片、幅相控制芯片、波控驱动器芯片、电源管理芯片的设计和测试技术及与之相关的平台技术、实验技术和应用技术。同时对先进的收发多功能芯片、幅相控制多功能芯片、变频放大多功能芯片、毫米波芯片等进行了简要介绍。

图书在版编目(CIP)数据

雷达收发组件芯片技术 / 吴洪江等著. —北京：国防工业出版社，2017.12
（雷达与探测前沿技术丛书）
ISBN 978 – 7 – 118 – 11504 – 8

Ⅰ. ①雷… Ⅱ. ①吴… Ⅲ. ①雷达 – 芯片 – 研究 Ⅳ. ①TN957

中国版本图书馆 CIP 数据核字(2018)第 008707 号

※

国防工业出版社出版发行
(北京市海淀区紫竹院南路23号 邮政编码100048)
天津嘉恒印务有限公司印刷
新华书店经售

*

开本 710×1000 1/16 印张 23¼ 字数 427 千字
2017 年 12 月第 1 版第 1 次印刷 印数 1—3000 册 定价 108.00 元

(本书如有印装错误，我社负责调换)

国防书店：(010)88540777　　　发行邮购：(010)88540776
发行传真：(010)88540755　　　发行业务：(010)88540717

"雷达与探测前沿技术丛书"
编审委员会

主　　任　左群声
常务副主任　王小谟
副 主 任　吴曼青　陆　军　包养浩　赵伯桥　许西安
顾　　问　贲　德　郝　跃　何　友　黄培康　毛二可
（按姓氏拼音排序）　王　越　吴一戎　张光义　张履谦
委　　员　安　红　曹　晨　陈新亮　代大海　丁建江
（按姓氏拼音排序）　高梅国　高昭昭　葛建军　何子述　洪　一
　　　　　　　胡卫东　江　涛　焦李成　金　林　李　明
　　　　　　　李清亮　李相如　廖桂生　林幼权　刘　华
　　　　　　　刘宏伟　刘泉华　柳晓明　龙　腾　龙伟军
　　　　　　　鲁耀兵　马　林　马林潘　马鹏阁　皮亦鸣
　　　　　　　史　林　孙　俊　万　群　王　伟　王京涛
　　　　　　　王盛利　王文钦　王晓光　卫　军　位寅生
　　　　　　　吴洪江　吴晓芳　邢海鹰　徐忠新　许　稼
　　　　　　　许荣庆　许小剑　杨建宇　尹志盈　郁　涛
　　　　　　　张晓玲　张玉石　张召悦　张中升　赵正平
　　　　　　　郑　恒　周成义　周树道　周智敏　朱秀芹

编辑委员会

主　　编　王小谟　左群声
副 主 编　刘　劲　王京涛　王晓光
委　　员　崔　云　冯　晨　牛旭东　田秀岩　熊思华
（按姓氏拼音排序）　张冬晔

总 序

雷达在第二次世界大战中初露头角。战后，美国麻省理工学院辐射实验室集合各方面的专家，总结战争期间的经验，于1950年前后出版了一套雷达丛书，共28个分册，对雷达技术做了全面总结，几乎成为当时雷达设计者的必备读物。我国的雷达研制也从那时开始，经过几十年的发展，到21世纪初，我国雷达技术在很多方面已进入国际先进行列。为总结这一时期的经验，中国电子科技集团公司曾经组织老一代专家撰著了"雷达技术丛书"，全面总结他们的工作经验，给雷达领域的工程技术人员留下了宝贵的知识财富。

电子技术的迅猛发展，促使雷达在内涵、技术和形态上快速更新，应用不断扩展。为了探索雷达领域前沿技术，我们又组织编写了本套"雷达与探测前沿技术丛书"。与以往雷达相关丛书显著不同的是，本套丛书并不完全是作者成熟的经验总结，大部分是专家根据国内外技术发展，对雷达前沿技术的探索性研究。内容主要依托雷达与探测一线专业技术人员的最新研究成果、发明专利、学术论文等，对现代雷达与探测技术的国内外进展、相关理论、工程应用等进行了广泛深入研究和总结，展示近十年来我国在雷达前沿技术方面的研制成果。本套丛书的出版力求能促进从事雷达与探测相关领域研究的科研人员及相关产品的使用人员更好地进行学术探索和创新实践。

本套丛书保持了每一个分册的相对独立性和完整性，重点是对前沿技术的介绍，读者可选择感兴趣的分册阅读。丛书共41个分册，内容包括频率扩展、协同探测、新技术体制、合成孔径雷达、新雷达应用、目标与环境、数字技术、微电子技术八个方面。

（一）雷达频率迅速扩展是近年来表现出的明显趋势，新频段的开发、带宽的剧增使雷达的应用更加广泛。本套丛书遴选的频率扩展内容的著作共4个分册：

（1）《毫米波辐射无源探测技术》分册中没有讨论传统的毫米波雷达技术，而是着重介绍毫米波热辐射效应的无源成像技术。该书特别采用了平方千米阵的技术概念，这一概念在用干涉式阵列基线的测量结果来获得等效大口径阵列效果的孔径综合技术方面具有重要的意义。

(2)《太赫兹雷达》分册是一本较全面介绍太赫兹雷达的著作,主要包括太赫兹雷达系统的基本组成和技术特点、太赫兹雷达目标检测以及微动目标检测技术,同时也讨论了太赫兹雷达成像处理。

(3)《机载远程红外预警雷达系统》分册考虑到红外成像和告警是红外探测的传统应用,但是能否作为全空域远距离的搜索监视雷达,尚有诸多争议。该书主要讨论用监视雷达的概念如何解决红外极窄波束、全空域、远距离和数据率的矛盾,并介绍组成红外监视雷达的工程问题。

(4)《多脉冲激光雷达》分册从实际工程应用角度出发,较详细地阐述了多脉冲激光测距及单光子测距两种体制下的系统组成、工作原理、测距方程、激光目标信号模型、回波信号处理技术及目标探测算法等关键技术,通过对两种远程激光目标探测体制的探讨,力争让读者对基于脉冲测距的激光雷达探测有直观的认识和理解。

(二)传输带宽的急剧提高,赋予雷达协同探测新的使命。协同探测会导致雷达形态和应用发生巨大的变化,是当前雷达研究的热点。本套丛书遴选出协同探测内容的著作共10个分册:

(1)《雷达组网技术》分册从雷达组网使用的效能出发,重点讨论点迹融合、资源管控、预案设计、闭环控制、参数调整、建模仿真、试验评估等雷达组网新技术的工程化,是把多传感器统一为系统的开始。

(2)《多传感器分布式信号检测理论与方法》分册主要介绍检测级、位置级(点迹和航迹)、属性级、态势评估与威胁估计五个层次中的检测级融合技术,是雷达组网的基础。该书主要给出各类分布式信号检测的最优化理论和算法,介绍考虑到网络和通信质量时的联合分布式信号检测准则和方法,并研究多输入多输出雷达目标检测的若干优化问题。

(3)《分布孔径雷达》分册所描述的雷达实现了多个单元孔径的射频相参合成,获得等效于大孔径天线雷达的探测性能。该书在概述分布孔径雷达基本原理的基础上,分别从系统设计、波形设计与处理、合成参数估计与控制、稀疏孔径布阵与测角、时频相同步等方面做了较为系统和全面的论述。

(4)《MIMO雷达》分册所介绍的雷达相对于相控阵雷达,可以同时获得波形分集和空域分集,有更加灵活的信号形式,单元间距不受$\lambda/2$的限制,间距拉开后,可组成各类分布式雷达。该书比较系统地描述多输入多输出(MIMO)雷达。详细分析了波形设计、积累补偿、目标检测、参数估计等关键技术。

(5)《MIMO雷达参数估计技术》分册更加侧重讨论各类MIMO雷达的算法。从MIMO雷达的基本知识出发,介绍均匀线阵,非圆信号,快速估计,相干目标,分布式目标,基于高阶累计量的、基于张量的、基于阵列误差的、特殊阵列结构的MIMO雷达目标参数估计的算法。

(6)《机载分布式相参射频探测系统》分册介绍的是MIMO技术的一种工程应用。该书针对分布式孔径采用正交信号接收相参的体制,分析和描述系统处理架构及性能、运动目标回波信号建模技术,并更加深入地分析和描述实现分布式相参雷达杂波抑制、能量积累、布阵等关键技术的解决方法。

(7)《机会阵雷达》分册介绍的是分布式雷达体制在移动平台上的典型应用。机会阵雷达强调根据平台的外形,天线单元共形随遇而布。该书详尽地描述系统设计、天线波束形成方法和算法、传输同步与单元定位等关键技术,分析了美国海军提出的用于弹道导弹防御和反隐身的机会阵雷达的工程应用问题。

(8)《无源探测定位技术》分册探讨的技术是基于现代雷达对抗的需求应运而生,并在实战应用需求越来越大的背景下快速拓展。随着知识层面上认知能力的提升以及技术层面上带宽和传输能力的增加,无源侦察已从单一的测向技术逐步转向多维定位。该书通过充分利用时间、空间、频移、相移等多维度信息,寻求无源定位的解,对雷达向无源发展有着重要的参考价值。

(9)《多波束凝视雷达》分册介绍的是通过多波束技术提高雷达发射信号能量利用效率以及在空、时、频域中减小处理损失,提高雷达探测性能;同时,运用相位中心凝视方法改进杂波中目标检测概率。分册还涉及短基线雷达如何利用多阵面提高发射信号能量利用效率的方法;针对长基线,阐述了多站雷达发射信号可形成凝视探测网格,提高雷达发射信号能量的使用效率;而合成孔径雷达(SAR)系统应用多波束凝视可降低发射功率,缓解宽幅成像与高分辨之间的矛盾。

(10)《外辐射源雷达》分册重点讨论以电视和广播信号为辐射源的无源雷达。详细描述调频广播模拟电视和各种数字电视的信号,减弱直达波的对消和滤波的技术;同时介绍了利用GPS(全球定位系统)卫星信号和GSM/CDMA(两种手机制式)移动电话作为辐射源的探测方法。各种外辐射源雷达,要得到定位参数和形成所需的空域,必须多站协同。

（三）以新技术为牵引，产生出新的雷达系统概念，这对雷达的发展具有里程碑的意义。本套丛书遴选了涉及新技术体制雷达内容的6个分册：

（1）《宽带雷达》分册介绍的雷达打破了经典雷达5MHz带宽的极限，同时雷达分辨力的提高带来了高识别率和低杂波的优点。该书详尽地讨论宽带信号的设计、产生和检测方法。特别是对极窄脉冲检测进行有益的探索，为雷达的进一步发展提供了良好的开端。

（2）《数字阵列雷达》分册介绍的雷达是用数字处理的方法来控制空间波束，并能形成同时多波束，比用移相器灵活多变，已得到了广泛应用。该书全面系统地描述数字阵列雷达的系统和各分系统的组成。对总体设计、波束校准和补偿、收/发模块、信号处理等关键技术都进行了详细描述，是一本工程性较强的著作。

（3）《雷达数字波束形成技术》分册更加深入地描述数字阵列雷达中的波束形成技术，给出数字波束形成的理论基础、方法和实现技术。对灵巧干扰抑制、非均匀杂波抑制、波束保形等进行了深入的讨论，是一本理论性较强的专著。

（4）《电磁矢量传感器阵列信号处理》分册讨论在同一空间位置具有三个磁场和三个电场分量的电磁矢量传感器，比传统只用一个分量的标量阵列处理能获得更多的信息，六分量可完备地表征电磁波的极化特性。该书从几何代数、张量等数学基础到阵列分析、综合、参数估计、波束形成、布阵和校正等问题进行详细讨论，为进一步应用奠定了基础。

（5）《认知雷达导论》分册介绍的雷达可根据环境、目标和任务的感知，选择最优化的参数和处理方法。它使得雷达数据处理及反馈从粗犷到精细，彰显了新体制雷达的智能化。

（6）《量子雷达》分册的作者团队搜集了大量的国外资料，经探索和研究，介绍从基本理论到传输、散射、检测、发射、接收的完整内容。量子雷达探测具有极高的灵敏度，更高的信息维度，在反隐身和抗干扰方面优势明显。经典和非经典的量子雷达，很可能走在各种量子技术应用的前列。

（四）合成孔径雷达（SAR）技术发展较快，已有大量的著作。本套丛书遴选了有一定特点和前景的5个分册：

（1）《数字阵列合成孔径雷达》分册系统阐述数字阵列技术在SAR中的应用，由于数字阵列天线具有灵活性并能在空间产生同时多波束，雷达采集的同一组回波数据，可处理出不同模式的成像结果，比常规SAR具备更多的新能力。该书着重研究基于数字阵列SAR的高分辨力宽测绘带SAR成像、极化层析 SAR 三维成像和前视 SAR 成像技术三种新能力。

（2）《双基合成孔径雷达》分册介绍的雷达配置灵活，具有隐蔽性好、抗干扰能力强、能够实现前视成像等优点，是 SAR 技术的热点之一。该书较为系统地描述了双基 SAR 理论方法、回波模型、成像算法、运动补偿、同步技术、试验验证等诸多方面，形成了实现技术和试验验证的研究成果。

（3）《三维合成孔径雷达》分册描述曲线合成孔径雷达、层析合成孔径雷达和线阵合成孔径雷达等三维成像技术。重点讨论各种三维成像处理算法，包括距离多普勒、变尺度、后向投影成像、线阵成像、自聚焦成像等算法。最后介绍三维 MIMO-SAR 系统。

（4）《雷达图像解译技术》分册介绍的技术是指从大量的 SAR 图像中提取与挖掘有用的目标信息，实现图像的自动解译。该书描述高分辨 SAR 和极化 SAR 的成像机理及相应的相干斑抑制、噪声抑制、地物分割与分类等技术，并介绍舰船、飞机等目标的 SAR 图像检测方法。

（5）《极化合成孔径雷达图像解译技术》分册对极化合成孔径雷达图像统计建模和参数估计方法及其在目标检测中的应用进行了深入研究。该书研究内容为统计建模和参数估计及其国防科技应用三大部分。

（五）雷达的应用也在扩展和变化，不同的领域对雷达有不同的要求，本套丛书在雷达前沿应用方面遴选了 6 个分册：

（1）《天基预警雷达》分册介绍的雷达不同于星载 SAR，它主要观测陆海空天中的各种运动目标，获取这些目标的位置信息和运动趋势，是难度更大、更为复杂的天基雷达。该书介绍天基预警雷达的星星、星空、MIMO、卫星编队等双/多基地体制。重点描述了轨道覆盖、杂波与目标特性、系统设计、天线设计、接收处理、信号处理技术。

（2）《战略预警雷达信号处理新技术》分册系统地阐述相关信号处理技术的理论和算法，并有仿真和试验数据验证。主要包括反导和飞机目标的分类识别、低截获波形、高速高机动和低速慢机动小目标检测、检测识别一体化、机动目标成像、反投影成像、分布式和多波段雷达的联合检测等新技术。

（3）《空间目标监视和测量雷达技术》分册论述雷达探测空间轨道目标的特色技术。首先涉及空间编目批量目标监视探测技术，包括空间目标监视相控阵雷达技术及空间目标监视伪码连续波雷达信号处理技术。其次涉及空间目标精密测量、增程信号处理和成像技术，包括空间目标雷达精密测量技术、中高轨目标雷达探测技术、空间目标雷达成像技术等。

(4)《平流层预警探测飞艇》分册讲述在海拔约 20km 的平流层,由于相对风速低、风向稳定,从而适合大型飞艇的长期驻空,定点飞行,并进行空中预警探测,可对半径 500km 区域内的地面目标进行长时间凝视观察。该书主要介绍预警飞艇的空间环境、总体设计、空气动力、飞行载荷、载荷强度、动力推进、能源与配电以及飞艇雷达等技术,特别介绍了几种飞艇结构载荷一体化的形式。

(5)《现代气象雷达》分册分析了非均匀大气对电磁波的折射、散射、吸收和衰减等气象雷达的基础,重点介绍了常规天气雷达、多普勒天气雷达、双偏振全相参多普勒天气雷达、高空气象探测雷达、风廓线雷达等现代气象雷达,同时还介绍了气象雷达新技术、相控阵天气雷达、双/多基地天气雷达、声波雷达、中频探测雷达、毫米波测云雷达、激光测风雷达。

(6)《空管监视技术》分册阐述了一次雷达、二次雷达、应答机编码分配、S 模式、多雷达监视的原理。重点讨论广播式自动相关监视(ADS-B)数据链技术、飞机通信寻址报告系统(ACARS)、多点定位技术(MLAT)、先进场面监视设备(A-SMGCS)、空管多源协同监视技术、低空空域监视技术、空管技术。介绍空管监视技术的发展趋势和民航大国的前瞻性规划。

(六)目标和环境特性,是雷达设计的基础。该方向的研究对雷达匹配目标和环境的智能设计有重要的参考价值。本套丛书对此专题遴选了 4 个分册:

(1)《雷达目标散射特性测量与处理新技术》分册全面介绍有关雷达散射截面积(RCS)测量的各个方面,包括 RCS 的基本概念、测试场地与雷达、低散射目标支架、目标 RCS 定标、背景提取与抵消、高分辨力 RCS 诊断成像与图像理解、极化测量与校准、RCS 数据的处理等技术,对其他微波测量也具有参考价值。

(2)《雷达地海杂波测量与建模》分册首先介绍国内外地海面环境的分类和特征,给出地海杂波的基本理论,然后介绍测量、定标和建库的方法。该书用较大的篇幅,重点阐述地海杂波特性与建模。杂波是雷达的重要环境,随着地形、地貌、海况、风力等条件而不同。雷达的杂波抑制,正根据实时的变化,从粗犷走向精细的匹配,该书是现代雷达设计师的重要参考文献。

(3)《雷达目标识别理论》分册是一本理论性较强的专著。以特征、规律及知识的识别认知为指引,奠定该书的知识体系。首先介绍雷达目标识别的物理与数学基础,较为详细地阐述雷达目标特征提取与分类识别、知识辅助的雷达目标识别、基于压缩感知的目标识别等技术。

(4)《雷达目标识别原理与实验技术》分册是一本工程性较强的专著。该书主要针对目标特征提取与分类识别的模式,从工程上阐述了目标识别的方法。重点讨论特征提取技术、空中目标识别技术、地面目标识别技术、舰船目标识别及弹道导弹识别技术。

(七)数字技术的发展,使雷达的设计和评估更加方便,该技术涉及雷达系统设计和使用等。本套丛书遴选了3个分册:

(1)《雷达系统建模与仿真》分册所介绍的是现代雷达设计不可缺少的工具和方法。随着雷达的复杂度增加,用数字仿真的方法来检验设计的效果,可收到事半功倍的效果。该书首先介绍最基本的随机数的产生、统计实验、抽样技术等与雷达仿真有关的基本概念和方法,然后给出雷达目标与杂波模型、雷达系统仿真模型和仿真对系统的性能评价。

(2)《雷达标校技术》分册所介绍的内容是实现雷达精度指标的基础。该书重点介绍常规标校、微光电视角度标校、球载BD/GPS(BD为北斗导航简称)标校、射电星角度标校、基于民航机的雷达精度标校、卫星标校、三角交会标校、雷达自动化标校等技术。

(3)《雷达电子战系统建模与仿真》分册以工程实践为取材背景,介绍雷达电子战系统建模的主要方法、仿真模型设计、仿真系统设计和典型仿真应用实例。该书从雷达电子战系统数学建模和仿真系统设计的实用性出发,着重论述雷达电子战系统基于信号/数据流处理的细粒度建模仿真的核心思想和技术实现途径。

(八)微电子的发展使得现代雷达的接收、发射和处理都发生了巨大的变化。本套丛书遴选出涉及微电子技术与雷达关联最紧密的3个分册:

(1)《雷达信号处理芯片技术》分册主要讲述一款自主架构的数字信号处理(DSP)器件,详细介绍该款雷达信号处理器的架构、存储器、寄存器、指令系统、I/O资源以及相应的开发工具、硬件设计,给雷达设计师使用该处理器提供有益的参考。

(2)《雷达收发组件芯片技术》分册以雷达收发组件用芯片套片的形式,系统介绍发射芯片、接收芯片、幅相控制芯片、波速控制驱动器芯片、电源管理芯片的设计和测试技术及与之相关的平台技术、实验技术和应用技术。

(3)《宽禁带半导体高频及微波功率器件与电路》分册的背景是,宽禁带材料可使微波毫米波功率器件的功率密度比Si和GaAs等同类产品高10倍,可产生开关频率更高、关断电压更高的新一代电力电子器件,将对雷达产生更新换代的影响。分册首先介绍第三代半导体的应用和基本知识,然后详细介绍两大类各种器件的原理、类别特征、进展和应用：SiC 器件有功率二极管、MOSFET、JFET、BJT、IBJT、GTO 等；GaN 器件有 HEMT、MMIC、E 模 HEMT、N 极化 HEMT、功率开关器件与微功率变换等。最后展望固态太赫兹、金刚石等新兴材料器件。

  本套丛书是国内众多相关研究领域的大专院校、科研院所专家集体智慧的结晶。具体参与单位包括中国电子科技集团公司、中国航天科工集团公司、中国电子科学研究院、南京电子技术研究所、华东电子工程研究所、北京无线电测量研究所、电子科技大学、西安电子科技大学、国防科技大学、北京理工大学、北京航空航天大学、哈尔滨工业大学、西北工业大学等近 30 家。在此对参与编写及审校工作的各单位专家和领导的大力支持表示衷心感谢。

2017 年 9 月

前言

雷达在国民经济建设和国防建设中均具有重要作用,雷达系统收发前端的T/R收发组件是雷达系统的重要组成部分,主要包括发射支路、接收支路、幅相控制支路等,固态微波、毫米波芯片是收发组件的核心,其性能直接决定雷达系统的性能。

本书以雷达收发组件用芯片套片的形式系统介绍了发射芯片、接收芯片、幅相控制芯片、波控驱动器芯片、电源管理芯片的设计和测试技术及与之相关的平台技术、实验技术和应用技术。本书第1章和第2章阐述了雷达T/R收发组件的基本工作原理、研制所需要的微波毫米波核心芯片和技术平台;第3章~第5章系统地介绍了T/R组件中发射支路、接收支路和幅相控制支路研制所需的微波、毫米波芯片的器件模型、性能指标、设计技术和测试技术;第6章讨论了雷达收发波束的数字化控制驱动器芯片的模型、设计技术和测试技术;第7章描述了雷达用电源转换芯片技术;第8章介绍了当前雷达收发组件用得最广泛的收发一体、幅相控制、变频放大、矢量调制等类型的多功能芯片,并讨论了宽禁带半导体芯片技术和毫米波芯片技术;第9章描述了芯片电路可靠性试验技术、芯片失效分析的相关内容;第10章系统介绍了芯片组装及应用技术;第11章展望了T/R收发组件芯片的发展趋势。本书可作为雷达T/R组件设计与研制人员,微波、毫米波芯片设计人员参考用书,也可作为对芯片设计感兴趣的人员的学习用书。

本书由吴洪江、高学邦主持编写,雷达收发组件芯片研发团队人员参与编写,他们均长期从事微波、毫米波收发组件用芯片套片的开发工作,研发生产的芯片广泛应用于多种相控阵雷达中,在实践中积累了丰富的经验。本书第1章由董毅敏、刘建农撰写,第2章由吴阿慧、张志国撰写,第3章由游恒果、吕敏、朱峰共同撰写,第4章由刘文杰、周鑫撰写,第5章由谢媛媛独立撰写,第6章由廖斌、陈凤霞撰写,第7章由赵永瑞、师翔、刘倩撰写,第8章由吴阿慧、赵宇、刘永强撰写,第9章由李用兵独立撰写,第10章由刘建农、董毅敏撰写,第11章由张岫青、张滨、高学邦撰写。刘会东、李富强、许刚、厉志强、魏洪涛等参与了本书部分章节的编写。本书由吴洪江、高学邦修改和定稿。此外,在本书的编写过程中,李明、王雨桐、陈长友、崔宇等同志参与了资料查询和文字排版等工作,对本书的完整性、规范性起到了积极的作用。本书编写也得到了杨克武研究员、王长河研究员、卜爱民研究员、蔡树军研究员、赵小宁研究员、高建军教授、杨培根高级工程师的悉心指导和热情帮助。在此一并表示衷心的感谢。本书还参考了国内外有关单位和学者的著作,谨向有关作者表达诚挚的谢意。

感谢国防工业出版社的大力支持,感谢王小谟院士、赵正平研究员和各位评审专家的指导帮助,感谢国防工业出版社张冬晔编辑认真、细致的工作。

由于水平有限,书中错误和不足之处在所难免,恳请广大读者给予批评指正。

作 者
2017 年 3 月

目 录

第1章 雷达收发组件概述 ·· 001
  1.1 引言 ··· 001
  1.2 雷达分类 ··· 001
    1.2.1 机械扫描雷达 ··································· 002
    1.2.2 相控阵雷达 ····································· 002
  1.3 T/R 组件 ·· 003
    1.3.1 T/R 组件在雷达中的作用 ························· 003
    1.3.2 T/R 组件的技术特点 ····························· 004
    1.3.3 T/R 组件的工作原理 ····························· 005
    1.3.4 T/R 组件的技术指标 ····························· 008
    1.3.5 T/R 组件的制造工艺 ····························· 013
    1.3.6 T/R 组件的发展趋势 ····························· 018
  参考文献 ··· 021

第2章 雷达收发组件用核心芯片及其平台技术 ························ 023
  2.1 引言 ··· 023
  2.2 T/R 组件核心芯片 ···································· 023
    2.2.1 T/R 组件核心芯片组成 ··························· 023
    2.2.2 半导体核心芯片主要类型 ························· 024
    2.2.3 半导体核心芯片的技术特点 ······················· 025
    2.2.4 半导体核心芯片的技术指标 ······················· 026
  2.3 T/R 组件用半导体芯片技术平台 ························ 027
    2.3.1 外延材料技术平台 ······························· 028
    2.3.2 工艺制造技术平台 ······························· 031
    2.3.3 设计技术平台 ··································· 046
    2.3.4 测试技术平台 ··································· 046
    2.3.5 可靠性技术平台 ································· 049
  参考文献 ··· 052

第3章 雷达收发组件发射芯片 ······································ 053
  3.1 引言 ··· 053

3.2 功率器件模型技术 ·· 053
　　3.2.1 模型概述 ·· 053
　　3.2.2 小信号模型 ··· 055
　　3.2.3 大信号模型 ··· 057
3.3 驱动放大器芯片 ·· 062
　　3.3.1 驱动放大器芯片设计技术 ·· 062
　　3.3.2 驱动放大器芯片测试技术 ·· 071
3.4 高功率放大器芯片 ··· 074
　　3.4.1 高功率放大器芯片设计技术 ·· 074
　　3.4.2 高功率放大器芯片测试技术 ·· 080
　　3.4.3 驱动放大器和功率放大器的级联 ·· 082
参考文献 ··· 083

第4章 雷达收发组件接收芯片

4.1 引言 ·· 085
4.2 限幅器芯片 ·· 085
　　4.2.1 PIN 二极管模型技术 ·· 086
　　4.2.2 限幅器芯片设计技术 ·· 088
　　4.2.3 限幅器芯片测试技术 ·· 091
4.3 低噪声放大器芯片 ··· 092
　　4.3.1 低噪声放大器模型技术 ·· 093
　　4.3.2 低噪声放大器芯片设计技术 ·· 097
　　4.3.3 低噪声放大器芯片测试技术 ·· 102
　　4.3.4 限幅器和低噪声放大器的级联 ··· 103
参考文献 ··· 104

第5章 雷达收发组件幅相控制芯片

5.1 引言 ·· 105
5.2 开关器件模型技术 ··· 105
　　5.2.1 开关模型提取技术 ··· 106
　　5.2.2 开关模型测试技术 ··· 110
5.3 移相器芯片 ·· 111
　　5.3.1 移相器芯片设计技术 ·· 111
　　5.3.2 移相器芯片测试技术 ·· 117
5.4 衰减器芯片 ·· 118
　　5.4.1 衰减器芯片设计技术 ·· 119
　　5.4.2 衰减器芯片测试技术 ·· 122

5.5 开关芯片 ·· 123
 5.5.1 开关芯片设计技术 ·· 123
 5.5.2 开关芯片测试技术 ·· 127
参考文献 ··· 129

第6章 雷达收发组件波控驱动器芯片 ······································ 131
6.1 引言 ··· 131
6.2 波控驱动器芯片主要技术指标 ·· 132
6.3 CMOS 波控驱动器芯片 ·· 133
 6.3.1 CMOS 器件模型 ··· 134
 6.3.2 CMOS 单路和并行多路波控驱动器芯片设计技术 ··············· 136
 6.3.3 CMOS 串转并波控驱动器芯片设计技术 ·························· 148
6.4 GaAs 波控驱动器芯片 ·· 152
 6.4.1 GaAs 器件模型 ·· 153
 6.4.2 GaAs 单路波控驱动器芯片设计技术 ····························· 155
 6.4.3 GaAs 串转并波控驱动器芯片设计技术 ··························· 161
6.5 波控驱动器芯片测试技术 ·· 164
参考文献 ··· 166

第7章 电源管理芯片 ·· 167
7.1 引言 ··· 167
7.2 开关稳压型电源芯片 ··· 168
 7.2.1 开关稳压型电源芯片设计技术 ···································· 168
 7.2.2 开关稳压型电源芯片测试技术 ···································· 183
7.3 线性稳压型电源芯片 ··· 187
 7.3.1 线性稳压型电源芯片设计技术 ···································· 187
 7.3.2 线性稳压型电源芯片测试技术 ···································· 197
7.4 开关电容式电压逆变器 ·· 201
 7.4.1 开关电容式电压逆变器设计技术 ································· 201
 7.4.2 开关电容式电压逆变器测试技术 ································· 210
7.5 PA 栅极偏置电源芯片 ·· 211
 7.5.1 PA 栅极偏置芯片设计技术 ·· 211
 7.5.2 PA 栅极偏置芯片测试技术 ·· 227
7.6 电源调制芯片 ·· 229
 7.6.1 电源调制芯片设计技术 ··· 229
 7.6.2 电源调制芯片测试技术 ··· 234
7.7 电源管理芯片版图技术 ·· 236

  7.7.1 功率管设计 ·· 236
  7.7.2 电源线、地线布局 ·· 237
  7.7.3 元器件的匹配设计 ·· 237
  7.7.4 基准源的布局设计 ·· 239
  7.7.5 避免衬底噪声的设计 ·· 240
  7.7.6 互连线设计 ·· 240
  7.7.7 闩锁效应(Latch-up)考虑 ····································· 240
  7.7.8 其他注意事项 ·· 241
 参考文献 ·· 241

第8章 雷达收发组件新技术芯片 ·· 244
 8.1 引言 ·· 244
 8.2 多功能芯片 ·· 245
  8.2.1 收发一体多功能芯片 ·· 245
  8.2.2 幅相控制多功能芯片 ·· 249
  8.2.3 一片式 T/R 芯片 ··· 255
  8.2.4 变频放大多功能芯片 ·· 256
  8.2.5 矢量调制多功能芯片 ·· 270
 8.3 宽禁带半导体芯片 ·· 273
  8.3.1 宽禁带半导体材料与器件特点 ·································· 273
  8.3.2 GaN 宽禁带器件 MMIC 设计技术 ······························ 274
 8.4 毫米波芯片 ·· 277
  8.4.1 毫米波芯片模型与芯片设计技术 ································ 277
  8.4.2 毫米波芯片测试 ·· 279
  8.4.3 毫米波芯片应用 ·· 279
 参考文献 ·· 281

第9章 雷达收发组件芯片可靠性试验技术与失效分析 ···················· 283
 9.1 引言 ·· 283
 9.2 芯片的失效规律 ·· 283
 9.3 芯片可靠性筛选技术 ·· 284
  9.3.1 芯片可靠性筛选特点 ·· 284
  9.3.2 芯片可靠性筛选程序 ·· 284
 9.4 芯片可靠性应用验证评价技术 ······································ 285
  9.4.1 工艺与结构验证 ·· 285
  9.4.2 应用失效分析验证 ·· 287
  9.4.3 匹配适应性验证试验 ·· 288

9.4.4 寿命试验评价 289
9.5 芯片的主要失效模式和失效机理 290
 9.5.1 芯片主要失效模式(按功能参数) 291
 9.5.2 芯片失效机理 291
9.6 芯片失效分析技术 296
 9.6.1 芯片失效分析流程 296
 9.6.2 失效分析技术展望 299
参考文献 299

第10章 雷达收发组件芯片组装及应用技术 300

10.1 引言 300
10.2 雷达收发组件芯片组装技术 300
 10.2.1 MCM 技术 300
 10.2.2 SIP 技术 311
10.3 雷达收发组件芯片应用举例 312
 10.3.1 限幅器 313
 10.3.2 低噪声放大器 314
 10.3.3 衰减器 316
 10.3.4 功率放大器 317
 10.3.5 多功能芯片 319
 10.3.6 指标的实现 320
参考文献 321

第11章 雷达收发组件芯片展望 323

11.1 引言 323
11.2 向毫米波、太赫兹方向发展 323
11.3 向高集成度多功能芯片方向发展 324
11.4 向低成本小型化方向发展 325
11.5 向更大功率集成芯片发展 325
11.6 向超宽带集成芯片发展 326
11.7 向射频集成 SoC(射频系统级芯片)发展 327
参考文献 328

主要符号表 329
缩略语 336

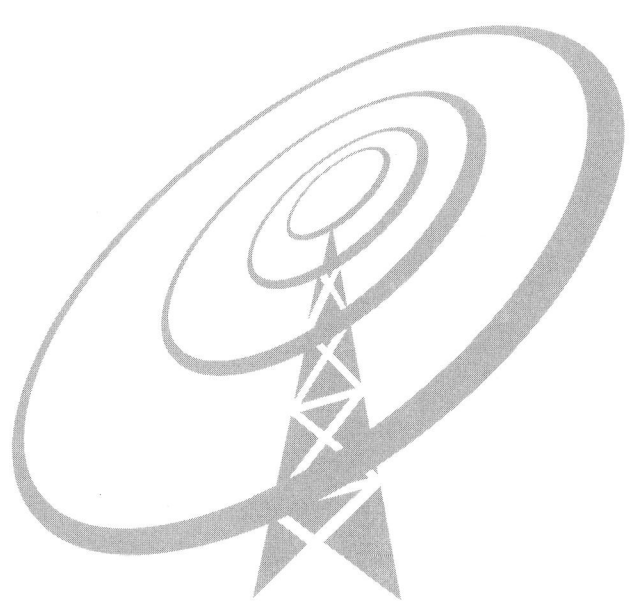

第 1 章 雷达收发组件概述

1.1 引言

雷达作为一种感知器,能够感知人眼无法感知的对象,被称为"千里眼"。在发现目标、测距、测速、成像和识别目标属性等任务中都离不开雷达,它是现代电子科学技术各种成就集中体现的高科技系统。在军事上,它是获取海、陆、空、天、电战场全天候、全天时战略和战术情报的重要手段之一,是防天、防空、防海和防陆武器系统和指挥自动化系统的首要视觉传感器。绝大多数先进武器装备离不开雷达所提供的信息支持,否则其效能将难以高效地发挥出来。在民用上,雷达涉及天文、地理、气象、测绘、资源勘探、导航、交通等领域,在国民经济中的作用越来越大。随着军事和民用各种需求的增加以及科技的日新月异,雷达技术的体制、理论、方法、技术和应用都有了长足的发展,各种新体制雷达应运而生[1-3]。而雷达系统的核心部件——收发(T/R)组件,随着雷达技术的发展相应地也得到了很大的发展。组件的性能决定了雷达的探测距离、精度、抗干扰等能力,对雷达系统的性能有决定性的影响。本章简要概述了雷达种类,以及 T/R 组件的作用、技术特点、工作原理、制造工艺和发展趋势等。

1.2 雷达分类

随着雷达技术的发展,雷达主要经历了机械扫描雷达和相控阵雷达的研制过程,早期研制的雷达因波束扫描是靠雷达天线的转动而实现的,故称为机械扫描雷达。而相控阵雷达则是利用波束控制系统控制阵列中各个辐射单元之间的相位差,使得天线波束在空间有规律地扫描,这种方式称为电扫描。相控阵雷达与机械扫描雷达相比,其电扫描天线固定、辐射功率大、波束指向灵活、自适应能力强、波束捷变能力强,这带来了相控阵雷达工作模式的多样性及战术指标的可变性,在不同的工作模式控制参数条件下,其战术指标不同[4],便于实现多种雷达功能。

1.2.1 机械扫描雷达

在机械扫描雷达中,发射机产生的射频功率经馈线网络送到天线阵面辐射出去,收发双向产生的射频损耗一般要在5dB以上,这对于雷达的发射功率和噪声系数是较大的损失。机械扫描雷达所需的马达等机械装置体积较大,故障率较高,维护工作较多且扫描速度慢。

1.2.2 相控阵雷达

相控阵雷达在20世纪60年代末开始问世,70年代,美国和欧洲等国研制出多种相控阵雷达,但是成本太高。80年代后期,计算机、超大规模集成电路、固态微波器件等日趋成熟,数字波束形成、自适应理论和技术、低副瓣技术持续发展,使得相控阵雷达的性价比大大提高,相控阵雷达得到了迅速的发展。

相控阵雷达的组成方案很多,目前典型的相控阵雷达用移相器控制波束的发射和接收,共有两种组成形式:一种是有源相控阵列,每个天线阵元用一个接收机和发射功率放大器,即每个辐射单元上均安装T/R组件来实现分布式放大,如图1.1所示;另一种是无源相控阵列,它共用一个或几个发射机和接收机,即使用中央单发射器,如图1.2所示。图1.1和图1.2除了虚线部分发射与天线功能不一样,其他是相同的[2]。无源相控阵列与有源相控阵列相比,使用中央单发射器的主要缺点是波束形成器和移相器会在发射放大器之后或接收放大器之前产生插入损耗。这些损耗直接降低了输出功率和噪声性能。另外,移相器和衰减器对功率控制的要求比分布系统更高。采用分布式T/R组件相对中央发射器的另一个优势是相位噪声有可能显著降低,因为每个辐射单元的噪声是非关联的。分布式T/R组件还有一个优势,如果某些单元失效,阵列性能只会逐渐降低,不会完全失效;而在只有一个中央发射器的情况下,一旦失效就会引起毁灭性失效[5,6]。

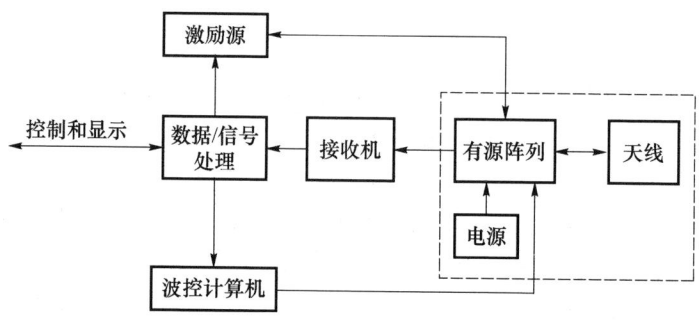

图1.1 有源相控阵雷达框图

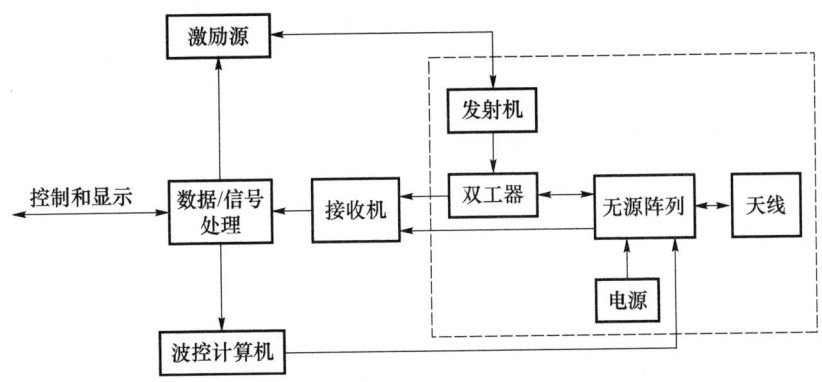

图 1.2 无源相控阵雷达框图

基于上述这些原因,从 20 世纪 60 年代中期开始直到现在,通过 T/R 组件来实现有源相控阵雷达一直是研究的热点,其在信息的获取方面具有多功能、多目标、高数据、高精度、反杂波以及抗干扰等许多常规雷达所没有的优越特性,广泛应用于侦查监测、航空航天等领域。

1.3 T/R 组件

T/R 组件广泛应用于有源相控阵天线,每个阵列单元后都接有一个 T/R 组件前端,它是集数字电路、模拟电路、大信号、小信号、高频电路和低频电路为一体的综合电子器件,是有源相控阵雷达的核心部件[7]。无论何种用途的一个有源相控阵天线,少则需要几十、多则需要成千上万个 T/R 组件,它的造价占整个雷达的 60%~70%。T/R 组件安装在天线阵面上,要求结构紧凑、功耗低、可靠性高。因此,T/R 组件的性能、体积、成本、可靠性等指标直接影响着雷达整机的相应指标,关系着雷达的成败。

1.3.1 T/R 组件在雷达中的作用

T/R 组件的主要作用是完成发射信号的高功率放大以及接收信号的低噪声放大。为实现波束控制对收/发信号进行幅度和相位的控制,T/R 组件按照一定规则有序地排列在一起,组成各种相应的阵列,终端的控制信号通过控制每个 T/R 组件辐射信号的相位和幅度来控制空间合成波束的方向,实现电子扫描[8]。当相控阵雷达搜索远距离目标时,虽然看不到天线转动,但每个 T/R 组件和天线构成的辐射器通过计算机控制集中向一个方向发射、偏转,即使是洲际导弹和卫星,也能进行追踪。对于较近的目标,这些辐射器又可以分工负责,产生多个波束,有的搜索、有的跟踪、有的引导。所以 T/R 组件的性能在很大程度上决定了有源相控阵雷达的性能,在有源相控阵雷达系统中起着至关重要的作用。从某种意义上讲,相控阵雷达的发展取决于 T/R 组件的发展[9]。

1.3.2 T/R 组件的技术特点

有源相控阵雷达对 T/R 组件的技术要求是多方面的[10-12],也是很高的,概括起来主要有以下三个方面[9,13-15]。

1. 高指标

T/R 组件除了需要满足相控阵系统所要求的一般技术要求如工作频带、输出功率、通道增益、接收通道噪声系数、动态范围、输入输出驻波比、移相和衰减位数及精度、脉冲宽度、收发转换时间、体积以及环境适应性、电磁兼容性等外,还要满足一些通用要求:

(1)各天线单元 T/R 组件之间的幅度和相位要保持一致性。即各 T/R 组件中的接收和发射支路中的各电路应具有相同的特性,保证信号经过 T/R 组件放大之后具有相同的幅度和相位。

(2)T/R 组件的幅度和相位应有足够的稳定性。无论是发射支路还是接收支路,信号放大前后的幅度和相位应保持稳定。信号通过接收通道前后的幅度和相位应保持稳定。

(3)T/R 组件的各项性能应该是可监测和可调整的,这对缩短组件的生产周期、提高维修性和保证相控阵接收系统正确工作具有重要的意义。

(4)T/R 组件应具有高的总效率。功率效率是 T/R 组件的一个非常重要的性能指标,它定义为 T/R 组件输出功率与整个 T/R 组件工作所要求的电源功率的比值。

2. 高可靠性

可靠性也是相控阵雷达的一项重要指标。这是因为有源相控阵雷达含有成千上万的 T/R 组件,数量巨大,不易发现故障,并且维修困难,这从根本上决定了 T/R 组件需要高的可靠性,一般要求 T/R 组件平均无故障工作时间(MTBF)要达到十几万小时,宇航级的还要求几十万小时。

3. 低成本

由于相控阵系统中 T/R 组件的数量巨大,组件的低成本设计同样受到重视。合理的确定组件的技术指标,合理的选用组件的构成,采用先进的生产工艺,提高系统的集成度无疑是其中最直接最有效的方法。

总之,有源相控阵雷达中 T/R 组件技术特点主要体现在高性能、高可靠性和低成本,也可概括为高(性能、可靠)、低(功耗、成本)、轻(量化)、小(型化)、易(使用、生产)。

1.3.3 T/R 组件的工作原理

T/R 组件的构成随雷达系统对性能的要求有所不同,具体电路的实现也有很大的差异,但从目前 T/R 组件的技术特点来看,T/R 组件大体可以分为两类:模拟式和数字式。模拟式 T/R 组件的输入/输出信号皆为射频信号,一般有三种基本结构,即收发分离结构、共用移相器结构和 Common Leg 结构[16,17];而数字式 T/R 组件是直接通过数字式频率合成器(DDS)来控制组件的频率、幅度以及相位等参数,但 DDS 输出的频率不是很高,通常需采用变频技术来达到 T/R 组件的工作频率。现阶段模拟式 T/R 组件的技术已经十分成熟,而数字式 T/R 组件技术属于比较前沿的技术,工程应用相对比较少,在目前相控阵天线中一般都选用模拟式 T/R 组件来进行设计[18]。这几种结构的基本工作原理如下[19]。

1. 收发分离结构

收发分离结构如图 1.3 所示。发射有单独的发射通道,接收有单独的接收通道,两者相互独立,相互有比较高的隔离度,相互间影响很小或无影响。采用这种结构的特点是线性度较好,通常应用于对系统隔离性能要求较高的场合。由于发射、接收各自采用各自的通道,每个通道都需配置移相器和衰减器,应用的单元电路较多,结构不利于集成,其复杂性及价格均高于其他两种结构。

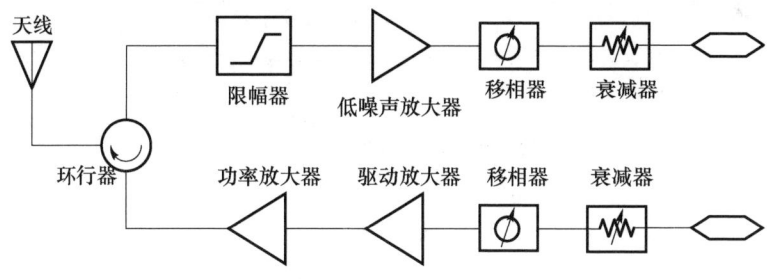

图 1.3 收发分离结构

2. 共用移相器结构

共用移相器结构如图 1.4 所示,相对于收发分离结构,该结构减少了一个移相器和一个衰减器,降低了成本,缩小了体积,但线性度相对较差。这种结构由于可以将放大器、移相器、衰减器和开关以及预功放等诸多功能集成于同一个 MMIC 而显得极具吸引力。这种结构隔离度不是很令人满意,加之内部增益一般比较高(一般大于 40dB),会增加泄漏的风险,影响 T/R 组件的稳定性,容易产生自激现象。

如果将共用移相器移植到发射天线一端,可以使整体的线性度变好。但需考虑共用移相器耐功率的问题,很显然,这时不能再选用单片移相器,而是使用

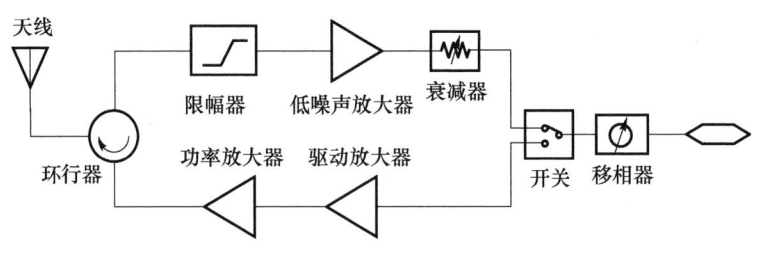

图 1.4 共用移相器结构

耐功率较高的铁氧体移相器,整体电路的体积将进一步变大[9]。

3. Common Leg 结构

Common Leg 结构的原理框图如图 1.5 和图 1.6 所示,图 1.5 为采用大功率开关切换收发形式的结构,图 1.6 为采用环行器切换收发形式的结构。Common Leg 结构的收发通路共用移相器、衰减器等器件。这种结构相对分离结构其线性度稍低,输入三阶交调点约低 1dB[20]。由于这种结构共用移相器、开关和衰减器等元件,其结构紧凑,便于实现单片集成,从而降低成本。

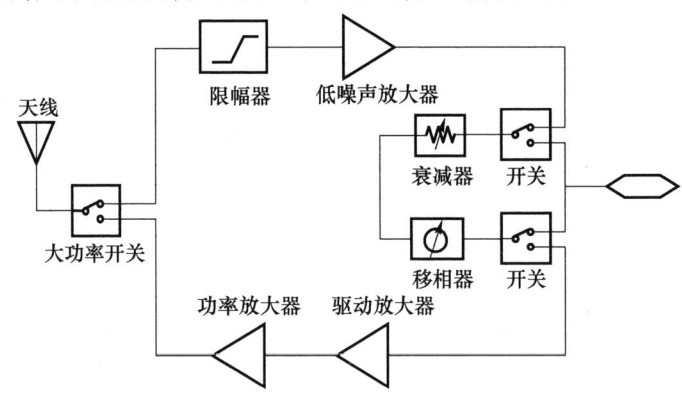

图 1.5 CommonLeg 结构(开关)

4. 数字式 T/R 组件

数字式 T/R 组件的产生得益于集成电路、数字技术的高速发展。其中高度集成的直接数字频率合成器(DDS)是数字式 T/R 组件的核心,它使每个通道中应用信号波形的产生完全数字化。DDS 的输入信号包括时钟信号和控制频率、相位及幅度的三组数字控制信号。目前,商业化的 DDS 的工作时钟高达 3.5GHz,集成了 12 位 DAC,具有 16 位相位调谐分辨力和 12 位幅度调整以及 32 位频率调谐分辨力,输出信号频率可达 1.5GHz。

图 1.7 为一种数字式 T/R 组件的原理框图,DDS 产生的有用信号与频率综合器中输出的本振信号经上变频后成为发射用的激励信号,激励信号经功率放大器、T/R 开关或环行器后送至天线阵元辐射输出;接收时,阵元接收信号经收

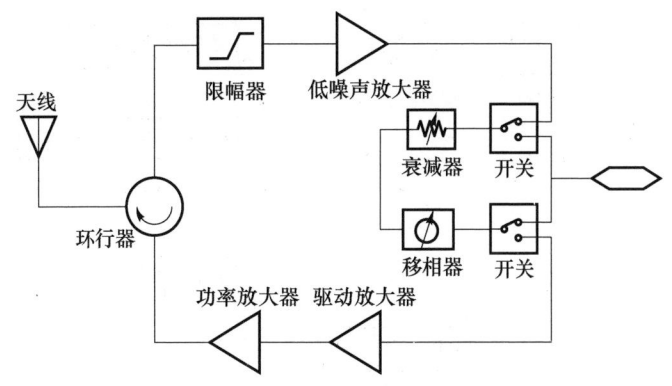

图 1.6 Common Leg 结构(环行器)

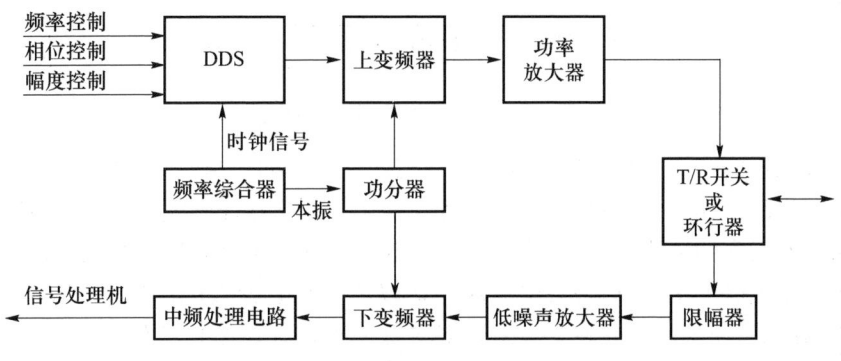

图 1.7 一种数字式 T/R 组件的原理框图

发开关或环行器、限幅器、低噪声放大器与下变频器,输出中频信号。中频信号经中频处理电路(滤波、可控增益中放等)后,送至信号处理机,进行下一步的信号处理[20]。数字式 T/R 组件是今后 T/R 组件发展的主要方向。

综上所述,对于模拟式 T/R 组件,不管采取何种结构,其基本组成在本质上差别不大,主要由移相器、衰减器、射频收/发开关、功率放大器、限幅器、低噪声放大器、环形器和控制电路组成。可如图 1.8 所示同时在组件内可集成电源稳压、脉冲调制、负压控制和必要的检测等功能,以获得更好的性能和更高的可靠性。

在发射周期,由信号源产生的激励信号首先通过衰减器、移相器,然后经收/发开关到达功率放大器,最后经由环形器馈送到天线阵列辐射出去。发射周期结束后,T/R 组件转变为接收状态,目标回波信号被天线接收后依次经由限幅器、低噪声放大器、收/发开关,最后经移相器和衰减器后送入接收机。

发射通道的主要功能是完成雷达射频信号的功率放大,而接收通道是完成接收到的目标回波信号的放大。输入端的收/发开关是为了共用移相器而设计

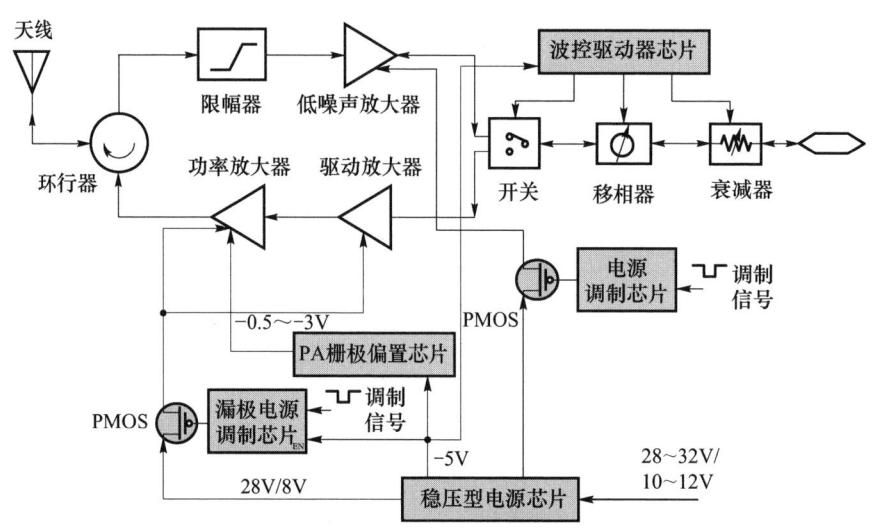

图 1.8 简单 T/R 组件基本框图

的。移相器的主要作用是完成天线阵列的扫描角度的控制。环形器用于接收和发射通道的工作转换,也可以用大功率开关替代,两者各有优缺点[15]。采用开关可具有较大的隔离度,但承受大功率的开关实现起来具有较大的难度,而且会增加控制电路的复杂性,另外受天线的负载牵引影响较大;采用大功率环行器,则无需控制,但外形尺寸较大。限幅器对低噪声放大器起保护作用[9]。功率放大器和低噪声放大器分别担负发射和接收通道的射频信号放大。这两种有源放大器参数的好坏将直接影响 T/R 组件的性能。对功率放大器的要求是频带宽、增益与效率高、稳定可靠、散热效果优良;对低噪声放大器的要求是频带宽、噪声系数小、增益高且平坦、动态范围大;同时,对两种有源放大器的幅相一致性有着严格的要求[22]。

1.3.4 T/R 组件的技术指标

T/R 组件主要的性能指标包括工作频率、发射输出功率、发射输入功率、脉冲宽度和占空比、效率、接收支路功率容量、接收支路增益和接收支路噪声系数、移相器比特数和移相精度、衰减器比特数和衰减精度、幅频特性和相频特性、输入和输出驻波比、收发隔离度、幅度和相位的一致性和稳定度等一系列指标[9]。

1. 工作频率

随着电子科学技术的进步,雷达的性能不断提高,应用领域不断扩展。雷达的工作频率也在不断提高。例如,广泛使用的汽车防撞雷达的工作频率已经达到 77GHz,军用 K 波段和 Ka 波段雷达也逐渐实用。但目前使用最广泛的雷达频率通常都在 X 波段以下。其中 L 波段主要用于导弹预警雷达,S 波段主要用于舰载警戒雷达,C波段用在气象监测雷达上,X波段更多地用在机载火控雷达上,表1.1列举了常用雷达工作频率范围[23]。一般相控阵雷达的工作频率即为T/R组件的工作频率。

表1.1 常用雷达工作频率范围

波段	频率范围	雷达频率范围
HF	3~30MHz	-
VHF	30~300MHz	138~144MHz 216~225MHz
UHF	30~1000MHz	420~450MHz 850~942MHz
L	1~2GHz	1215~1400MHz
S	2~4GHz	2300~2500MHz 2700~3700MHz
C	4~8GHz	5250~5925MHz
X	8~12GHz	8500~10680MHz
Ku	12~18GHz	13.4~14.0GHz 15.7~17.7GHz
K	18~27GHz	24.05~24.25GHz
Ka	27~40GHz	33.4~36.0GHz
V	40~75GHz	59~64GHz
W	75~110GHz	76~81GHz 92~100GHz

2. 发射支路主要指标要求

1) 发射输入/输出功率

T/R组件发射输出功率是指T/R组件输出的(通常是至天线单元)射频功率。对于连续波雷达,T/R组件发射输出功率是连续波功率。对于脉冲雷达,T/R组件发射输出功率以峰值功率和平均功率来表示。相控阵雷达T/R组件发射输出功率决定了雷达的威力和抗干扰能力,发射输出功率越大,威力越大,但对于采用反射式工作方式的雷达,T/R组件输出至天线的功率与雷达作用距离为4次方根的关系,T/R组件发射至天线的输出功率与雷达作用距离的4次方根成正比,即发射输出功率增加1倍,作用距离只增加约19%。雷达作用距离公式为

$$R_{\max} = \left[\frac{P_t G_p^2 \lambda^2 \sigma}{(4\pi)^3 S_{i\min}}\right]^{1/4} \quad (1.1)$$

式中:$R_{\max}$为雷达作用距离;P_t为发射输出功率;G_p为功率增益;λ为所用波长;σ为散射截面积;$S_{i\min}$为最小可检测信号功率。

由此可见,单纯采用提高发射输出功率来增加雷达作用距离可能增加成本,

收效却不一定显著,所以发射输出功率并非越大越好,应综合各方相关因素,适当为宜。

T/R 组件发射输入功率是指输入到 T/R 组件并能将组件的发射支路正常激励起来的射频功率。对于连续波雷达,T/R 组件发射输入功率是连续波功率。对于脉冲雷达,T/R 组件发射输入功率是脉冲波功率,并且输入、输出功率脉冲的脉宽和占空比完全相同。T/R 组件发射输入功率的大小应具有一定的范围,即当发射输入功率在一定的范围内变化时,T/R 组件发射输出功率的所有指标仍能满足技术指标要求。T/R 组件允许发射输入功率变化的范围越大,雷达对激励功放通过馈线网络分配的激励电平一致性的要求越低,阵面发射幅度的一致性越易得到保证,阵面联试也越方便。

2) 输出功率带内平坦度

输出功率带内平坦度定义为工作频带内输出功率最大值与最小值之差。带内平坦度越好,各频率点 T/R 组件的输出功率的一致性就越好。

3) 发射效率

T/R 组件的效率主要用于评估组件的电源功耗和输出功率之间的转换效率。目前,组件主要有三种效率计算方式,其中两种是描述发射功率放大器的效率,另一种是组件的总效率。第一种是功放漏极效率(或集电极效率),它是射频输出功率与电源供给放大器的直流输入功率之比,即

$$\eta_p = \frac{射频输出功率}{直流输入功率} \times 100\% \tag{1.2}$$

式中:η_p 为功放漏极效率(或集电极效率)。

漏极效率反映有多少直流功率被转换成射频功率,但是在漏极效率中没有考虑放大器的功率增益(即没有关注输入到器件的射频输入功率)。在单级小增益的功率放大器中,输入功率也是非常重要的。

第二种是常用的功率附加效率,它的定义为射频输出平均功率与射频输入平均功率的差与电源供给功率之比,即

$$\eta_{add} = \frac{射频输出功率 - 射频输入功率}{直流输入功率} \times 100\% \tag{1.3}$$

式中:η_{add} 为功率附加效率,也用 PAE 表示。

在功率附加效率的定义中,包含了 T/R 组件发射功率放大器的增益(即关注了输入到组件的射频输入功率),是用来衡量直流偏置功率转换为射频增加功率的效率。理论上讲,如果射频输入功率为零,则功率附加效率(PAE)与漏极效率是相同的。但实际上,PAE 总小于漏极效率。当发射功率放大器在线性与饱和工作区域时,会有一个最大效率点,在这个点之前,功率放大器的输出功率随输入功率增大而增大;一旦超过这个点,再增加的输入功率将仅仅变换成器件

的热量,而输出功率变化很小。

第三种是组件的总效率。它的定义是组件射频输出功率与组件总的供给功率(包括直流和射频输入功率)之比,即

$$\eta_{\text{total}} = \frac{\text{射频输出功率}}{\text{直流总功耗} + \text{射频输入功率}} \times 100\% \tag{1.4}$$

式中:η_{total}为组件的总效率。

组件的总效率主要来自于热力学的分析考虑,反映了T/R组件为了获得射频输出功率而需要耗费的总能量,而那些没有转换的能量变成热量耗散掉。因此,在组件的设计过程中,需要重点考虑这部分热量的转移。

从式(1.4)可以看出,在T/R组件的总功耗中,有一部分来自于接收支路和波控电路的功耗,这部分并不依赖于组件的输入输出功率,也就是说,T/R组件工作时的占空比不同,导致其输出功率的平均值也会发生变化。因此,在计算组件总效率的时候,必须明确其工作的占空比条件。

4) 脉冲波形参数

目前的大多数雷达为脉冲雷达。理想矩形脉冲的参数主要有脉冲幅度、脉冲宽度和脉冲占空比。实际的脉冲信号不是理想的矩形,而具有一定的上升和下降延时。

5) 谐波抑制度

T/R组件中大多数器件工作在饱和区,非线性效应产生的高次谐波会对整机性能产生影响。因此,设计时应考虑谐波抑制。

6) 相位噪声

T/R组件的发射通道中的噪声一般不是白噪声,往往是相位噪声占主导。相位噪声起源于激励信号的相位、频率和幅度的变化,是振荡器短时间稳定度的度量参数。

7) 杂散抑制度

一般定义为偏离输出频率的频谱功率量,常用低于载波频率功率的多少dBc表示。杂散信号不同于谐波和噪声,是非整数倍频率的无用频率分量。它的产生往往是由于器件的不稳定和设计的不妥当使电路产生弱寄生振荡和微小失真,而且电源波纹和振动等外界干扰也会造成杂散的产生,另外混频也会产生杂散。杂散信号分为带内和带外两种。

3. 接收支路主要指标要求

1) 噪声系数

噪声系数定义为T/R组件的接收通道输入信噪比和输出信噪比之比。它表征了T/R组件内部噪声的大小。其表达式为

$$NF = \frac{SNR_{\text{in}}}{SNR_{\text{out}}} \tag{1.5}$$

式中:SNR_{in} 为输入端信噪比,$SNR_{in} = S_{in}/N_{in}$,其中 S_{in} 和 N_{in} 分别为输入端的信号和噪声电平;SNR_{out} 为输出端信噪比,$SNR_{out} = S_{out}/N_{out}$,其中 S_{out} 和 N_{out} 分别为输出端的信号和噪声电平。

信噪比越大,越容易识别出目标信号;信噪比越小,越难辨别出目标信号。

一般地,接收通道由限幅器、低噪声放大器、滤波器等级联组成,级联系统的总噪声系数表达式 NF 为

$$NF = NF_1 + \frac{NF_2 - 1}{G_{A1}} + \frac{NF_3 - 1}{G_{A1}G_{A2}} + \cdots + \frac{NF_{N-1}}{G_{A1}G_{A2}\cdots G_{A(N-1)}} \tag{1.6}$$

式中:NF 为电路总的噪声系数;G_{Ai} 为第 i 级器件的增益或损耗的倒数;NF_i 为第 i 级器件的噪声系数($i = 1, 2, \cdots, N-1$)。

由式(1.6)可知,级联系统的噪声系数主要取决于第一级低噪放的噪声系数及其前面无源器件的插入损耗,所以设计电路时,应选择插损较小的无源器件和噪声系数较低的低噪声放大器。

2)接收增益

接收增益是指接收输出信号与接收输入信号的功率比,即

$$G_p = P_{out}/P_{in} \tag{1.7}$$

式中:G_p 为功率增益;P_{out} 为输出信号功率;P_{in} 为输入信号功率。

接收增益反映的是 T/R 组件的接收支路对回波信号的放大能力。

3)带内增益平坦度

带内增益平坦度为频带内增益最大值与最小值之差。

4)功率容量

功率容量指 T/R 组件接收支路所能承受的最大微波功率,该参数主要取决于限幅器及其之前器件的功率容量。

5)动态范围

动态范围定义了接收支路在检测噪声基值上的弱信号和处理无失真的最大信号的能力。线性动态范围是指系统输入信号允许的最小功率和最大功率范围。动态范围的下限是灵敏度,它受系统的噪声底数的限制,但是也和整个系统的要求和状态有关;动态范围的上限受器件非线性指标的限制,当输入信号过大的时候,由于系统的非线性而产生了信号的失真,输入信噪比反而会下降,因此动态范围的上限取决于各个器件的 1dB 增益压缩点。图 1.9 为 1dB 压缩点示意图,当输入信号功率增大到某一值时,输出功率开始压缩,压缩 1dB 时对应的功率为 1dB 压缩点功率,用 $P_{out(1dB)}$ 表示。

6)带外抑制度

带外抑制度反映的是接收通道抗带外干扰能力的大小,是指 T/R 组件的接收通道对带外信号的抑制能力。

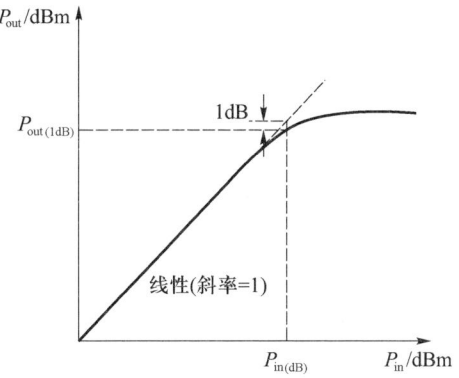

图 1.9 1dB 压缩点示意图

4. 其他指标要求

1) 衰减位数及衰减精度

数控衰减器在 T/R 组件接收支路中的作用主要是在天线阵面上,补偿各接收支路幅度不一致引起的误差,或用于接收通道幅度加权,从而实现接收无线波束赋形。数控衰减器的主要参数有位数、衰减步进、衰减精度等,这些参数需根据衰减器在 T/R 组件中的作用,依照阵面的需要而定。

2) 移相位数及移相精度

数控移相器在 T/R 组件中的作用主要是实现阵面接收和发射的波束形成与扫描,通常为收、发共用,以便以最少的器件数量实现其功能,数控移相器的主要参数有位数、移相步进、移相精度等,这些参数需根据阵面的需要而定。

3) 收发隔离度

收发隔离度可反映发射通道与接收通道相互间影响的程度,主要取决于收发开关、环行器等器件的隔离度。

1.3.5　T/R 组件的制造工艺

微波器件的发展和微组装工艺的进步极大地推动了雷达 T/R 组件向着小型化、单片化、低成本化的方向发展。早期的相控阵雷达 T/R 组件是采用分立元件或微波混合集成电路(HMIC)的方法实现的。20 世纪 90 年代以来,随着微波单片集成电路(MMIC)逐渐实用化,并开始大量在 T/R 组件上使用,T/R 组件的尺寸、重量、成本大幅降低,可靠性得到了很大提高。目前已经应用的 T/R 组件主要分为两类:混合型(HMIC)和单片型(MMIC)。

混合微波集成电路(HMIC)就是把混合电路技术和单片电路技术结合起来,其特点是设计灵活、调试比较方便、有大量的可供选择的元器件、生产速度快、可多次重复试制等。但随着相控阵雷达要求 T/R 组件体积越来越小,重量越来越轻,功能越来越复杂,传统的混合集成 T/R 组件越来越受到挑战。它所表现出的一些缺点,如体积质量大、成本高(元器件成本高、装配工序多)、可靠性低、一致性差(元器件和装配工艺离散大)等难以满足多功能天线的要求。随着砷化镓(GaAs)和氮化镓(GaN)单片微波集成电路(MMIC)的出现且技术越来越成熟,T/R 组件常用功能器件均可采用微波单片集成电路(MMIC)实现。而微波多功能 MMIC 可以将多种单一功能的芯片,如放大器、开关、数控衰减器、数控移相器等,按照系统的特殊功能和性能要求进行综合设计,并集成实现在同一半导体基片上,如硅(Si)、砷化镓(GaAs)、氮化镓(GaN)基片等。它们体积质量小(芯片尺寸在毫米量级,芯片重量几乎可以忽略)、成本低(大量生产时)、可靠性高(可达半导体器件水平)、一致性好(有严格的批量生产工艺控制),这些特点正好能克服 HMIC 的上述缺点。图 1.10 为 MMIC 内部结构的典型示意图。

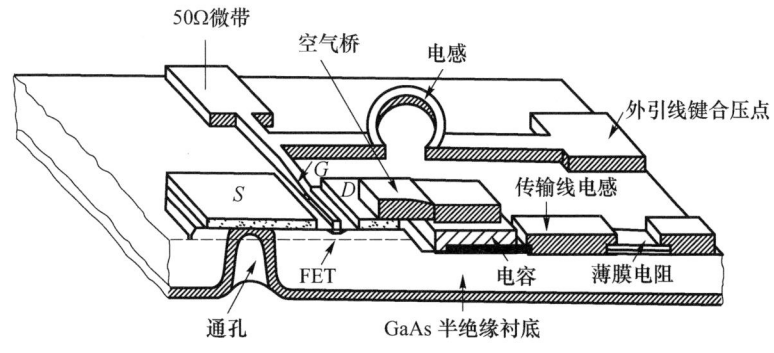

图 1.10　MMIC 内部结构示意图

T/R 组件制造工艺主要是基板、元器件、盒体之间的组装工艺。对于混合型 T/R 组件,由于其大多数元器件自身都进行了气密封装,且基本都为表贴形式,安装方式采用成熟的自动表面贴装(SMT)技术。单片类型的 T/R 组件制造工艺主要包括:基板粘结、烧结工艺,绝缘子烧结、焊接工艺,芯片粘接、烧结工艺,内引线键合工艺等。其中芯片的粘接、烧结,内引线的键合在 T/R 组件的生产过程中是相对重要的工序。

1. 芯片粘接、烧结

芯片的粘接、烧结是指半导体芯片与载体(封装壳体或基片)形成牢固的、具有传导性或绝缘性连接的方法。焊接层除了为器件提供机械连接和电气连接外,还须为器件提供良好的散热通道。

芯片粘接工艺一般是指使用导电胶(常采用掺杂金或银的环氧树脂)在芯片和载体之间形成电气连接和机械连接,起到良好的机械互连和电气、热的良导体的作用。环氧树脂是稳定的线性聚合物,在加入固化剂后,环氧基打开形成羟基并交链,从而由线性聚合物交链成网状结构而固化成热固性塑料。其过程为:液体或黏稠液→凝胶化→固体。固化的条件主要由固化剂种类的选择来决定。而其中掺杂的金属含量决定了其导电、导热性能的好坏。T/R 组件组装中对导电胶的各项性能典型的指标如表 1.2 所列[24]。在批量生产过程中粘接工艺已由传统的手工操作逐步被自动化设备取代。图 1.11 和图 1.12 所示为一种自动点胶机外形图和点胶头示意图,点胶过程可通过编写的程序控制。

表 1.2 T/R 组件对导电胶应用的指标要求

	性能指标要求		参照标准
体积电阻率	不大于 0.0005Ω·cm(Ag 导电胶)		NASA
	不大于 0.0015Ω·cm(Au 导电胶)		GJB-548A
热导率	不小于 2.1W/(m·K)		NASA
	不小于 1.5W/(m·K)		GJB-548A
质量损失率（固化后）	不大于 0.3%(250℃)		NASA
	不大于 1.0%(300℃)(N2)		MIL
	不大于 1.0%(200℃)(N2、1h)		GJB-548A
热膨胀系数	不大于 65×10^{-6} m/℃($T < T_g$)		NASA
	不大于 300×10^{-6} m/℃($T > T_g$)		
粘接剪切强度	不小于 6.9MPa(25℃);不小于 3.5MPa(150℃)		NASA
	不小于 6.0MPa		GJB-548A
杂质离子浓度	pH	4.0~9.0	GJB-548A
	Na	不大于 5×10^{-5}	
	K	不大于 5×10^{-5}	
	Cl	不大于 3×10^{-4}	

芯片的烧结工艺是指芯片共晶工艺。共晶是指在相对较低的温度下共晶焊料发生共晶物熔合的现象,共晶合金直接从固态变到液态,而不经过塑性阶段。其熔化温度称共晶温度。芯片共晶主要指金硅、金锗、金锡等共晶焊接,通过金属合金焊料来形成焊接层。金硅共晶焊接法就是芯片在一定的压力下(附以摩擦或超声),当温度高于共晶温度时,金硅合金融化成液态的 Au-Si 共熔体。冷却后,当温度低于共晶温度时,共熔体由液相变为以晶粒形式互相结合的机械混合物-金硅共熔晶体而全部凝固,从而形成了牢固的欧姆接触焊接面。金属合金焊接还包括"软焊料"焊接(如 95Pb/5Sn,92.5Pb/5In/2.5Ag)。图 1.13 为共晶烧结台,图 1.14 为多芯片共晶烧结炉,多芯片共晶烧结炉的生产效率更高。

2. 内引线键合

把芯片(半导体器件或集成电路)上的电极用金属丝与管壳外引线或基板

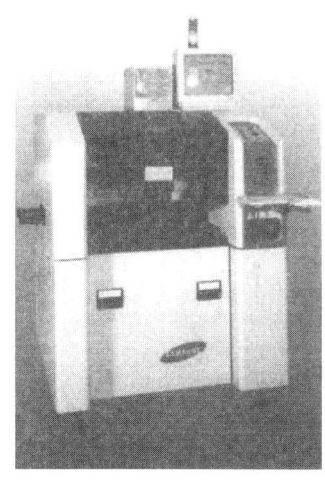
图1.11　自动点胶机外形图

图1.12　点胶头示意图

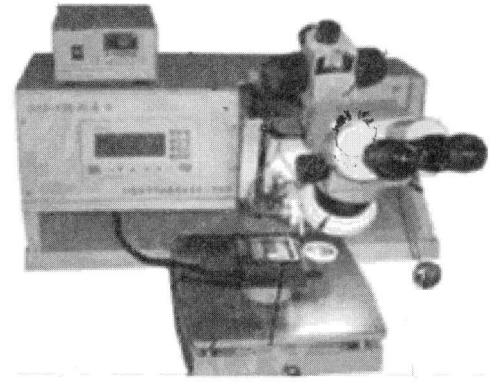
图1.13　共晶烧结台

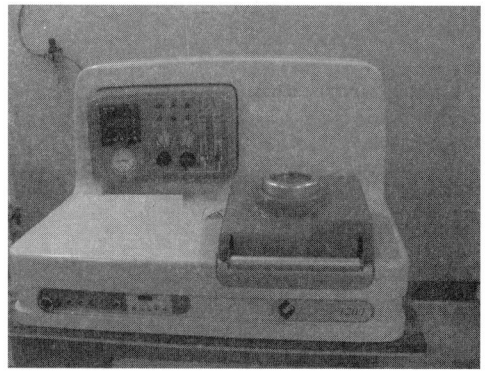
图1.14　多芯片共晶烧结炉

连接的过程是内引线焊接工艺,因为它们的焊接依据都用到键合原理,因此又叫键合工艺。键合工艺的方式和方法有很多种,按键合原理可分为热压键合、超声键合、热压超声键合(热声键合)。按键合刀具结构可分为楔焊(劈刀焊)、针焊(空心劈刀焊)和金丝球焊。按内引线的材料可分为金丝焊、铝丝焊、金带焊、铝带焊。在生产中应用最普遍的是金丝键合和铝丝键合。金丝具有极好的导电性、延展性和抗拉强度,易加工成微米级直径细丝。图 1.15 为金丝键合台,图 1.16 为铝丝压焊机。

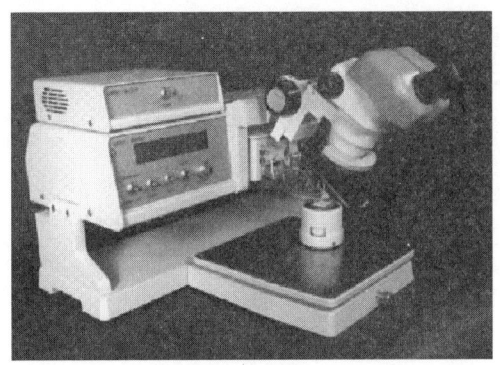

图 1.15 金丝键合台

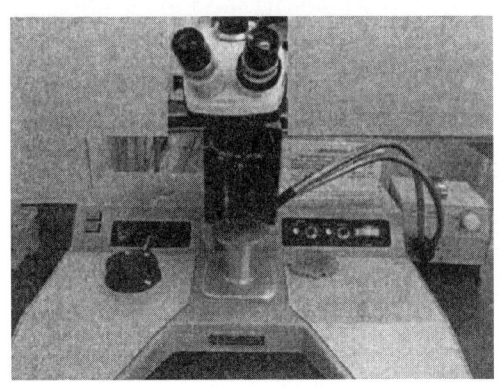

图 1.16 铝丝压焊机

除了在大功率半导体器件中使用外,一般不用纯铝丝,而采用含硅 1% 的硅铝丝。其中铝的纯度大于 99.99%。硅铝丝比铝丝更易于拉丝和加工,也更适合键合。硅铝丝得到广泛应用有两大优点,一是比金丝价格低,二是适用于键合铝电极。但是铝丝也有其固有的缺点,即机械强度低于金丝,铝丝表面易氧化,不能简单地用热压工艺就能得到良好的键合,通常都是采用超声方法或热压超声方法实现铝-铝键合。采用先进的全自动键合机可大幅提高生产效率,图 1.17 为一种全自动键合机。

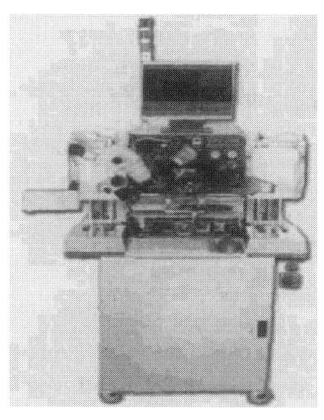

图 1.17 一种全自动键合机

关于更详细的 T/R 组件芯片组装工艺,可参见第 10 章。

1.3.6 T/R 组件的发展趋势

从 1964 年某公司建造第一部有 604 个 T/R 组件的 X 波段阵列至今,T/R 组件经历了五十多年的发展。从分立器件到 1984 年首次公布的有关 MMIC 的 T/R 组件,T/R 组件正在逐步向集成化、轻量化、宽带和大功率、数字化方向发展。多功能微波单片集成电路、宽禁带半导体 MMIC(尤其是 GaN 功率放大器)、先进的 LTCC 基板技术、三维 T/R 组件集成结构、先进的数据处理技术将是有源相控阵的重点发展方向,概括起来主要向三个大方向发展:一是所用芯片的多功能微波单片集成电路技术和宽禁带半导体 MMIC 技术;二是三维结构的应用,包括基于 LTCC 基板技术的 T/R 组件技术和三维集成 T/R 组件技术的应用;三是基于 DDS 技术的数字 T/R 组件的应用。

1. 多功能微波单片集成电路技术

单芯片实现多功能微波电路是 T/R 组件技术的发展趋势,高度的集成化可以显著提高一致性,降低成本,缩小体积,增加可靠性,从而提高整体的系统性能。在毫米波 T/R 组件方面,多功能 MMIC 是研制毫米波有源相控阵 T/R 组件不可缺少的器件。毫米波频段频率高,采用功能单一的芯片构成 T/R 组件时,芯片间互连会引入较大寄生参数,性能指标恶化严重。最近几年片上系统(SoC)技术再次极大地提高了 T/R 组件和雷达的集成度[9]。

2. 宽禁带半导体 MMIC 技术

宽禁带半导体器件将是当前 T/R 组件,尤其是对功率、体积、可靠性要求较高的机载、星载有源相控阵发射通道的首要选择。GaAs 应用于微波高频领域发展至今已相对成熟,但 GaAs 热导率太低,使得散热困难,并且击穿电压偏低,

GaAs PHEMT 的功率密度大概为 1W/mm。想要获得更高的功率输出,对 GaAs 基器件来说存在着很大困难,其主要应用在低功率场合。以 GaN 为代表的第三代宽禁带半导体材料的研究与应用是目前全球半导体研究的前沿和热点。特别是基于 AlGaN/GaN 异质结构,这种异质结构具有很大的能带偏移和很强的极化效应,诱导 AlGaN/GaN 异质界面形成数量级高达 $10^{13}/cm^2$ 的二维电子气(2DEG)[25,26],如此高的二维电子气面密度,再加上 GaN 材料体现的宽带隙、高饱和电子漂移速度、高击穿电场、高热导率、抗辐射能力强[27,28]等优异性能,使得 GaN 基材料成为发展高频、高温、高效、宽带、大功率电子器件的最理想的半导体材料。同时,GaN 的频率特性非常好,甚至能应用在太赫兹级别[29]。目前,基于 GaN 材料的高电子迁移率晶体管(HEMT)器件和电路,已经开始在某些领域取代 GaAs 器件,已经研制出覆盖 S/C/X/Ku/Ka/W 波段的各种微波单片集成电路,在航空航天、微波通信等多方面得到了应用。

3. 基于多芯片组件(MCM)技术的 T/R 组件

多芯片组件(Multi-ChipModule,MCM)技术是在 MMIC 和 HMIC 相结合的基础上发展而来的,直接将多个 MMIC 裸芯片组装到同一块高密度互连基板上,然后将其封装在同一管壳内,从而实现微波电路高可靠和高密度。多芯片组件是使微波 T/R 组件实现小体积、高性能、低成本、高可靠的有效途径。基板制作技术是实施 MCM 的关键技术之一,其中低温共烧陶瓷多层基板(Low Temperature Co-fired Ceramic,LTCC)在多芯片组件的多种方法中以其独特的优点得到了最广泛的应用。

LTCC 基板是 20 世纪 80 年代中期出现的一种新型的多层基板工艺,是高温共烧陶瓷(HTCC)基板技术与厚膜工艺有机结合的产物。基板由多层厚 0.1~0.15mm、上面印刷传输线的生胚陶瓷片组成。这种材料的介电常数适中($4<\varepsilon_r<8$),可以设计出较宽的微波传输线,其导体损耗比在硅(Si)、砷化镓(GaAs)和陶瓷上的微波传输线更低。各生瓷带间由激光打孔或机械钻孔形成的互连通孔电气相连,在 850℃ 左右的温度下,叠片共烧形成具有独石结构的多层基板。

LTCC 材料具有优良的高频微波特性,利用其多层的特点,可以将电阻、电容、电感、滤波器等无源器件埋置在内层,将有源电路放置在基板上下表层,从而实现高的器件组装密度、小的体积及高可靠性。LTCC 工艺理论上允许任意多叠层结构,这就使得 T/R 布局从平面走向了立体,形式更加多样化,设计更为灵活。它既可以设计出多层螺旋电感和带状线等多层结构,又可以在基板内层布置控制信号,对于微波电路的发展具有重要意义[30,31]。其能将低频电路、微波电路和电源控制电路等合理地集成在一起,是实现 T/R 组件小型化、轻量化、多功能、高可靠的关键技术之一。

目前,LTCC 普遍应用于多层芯片电路模块化设计中,它除了在集成封装方面的优势外,在布线线宽和线间距、低阻抗金属化、设计的多样性及优良的高频性能等方面有更广阔的发展前景。

4. 三维集成 T/R 组件

传统的 T/R 组件为平面组装结构,其特点是在封装的一面或两面上平面地组装所有的电路模块,是一种长方形的"砖块"式结构,体积和重量都较大。这种组件的结构形式是非共形的,它在构成阵面时需要许多电子部件的机械连接,使得天线阵面厚而重,不仅造价昂贵,而且无法在飞机、舰船的表面实现共形安装。因此传统的 T/R 组件组装结构已无法达到新一代产品所提出的体积、重量、成本和安装形式方面的要求。"瓦片式"T/R 组件采用了高密度的三维立体组装结构,其特点是先将 T/R 组件所有电路分别平面地组装到 2~4 块电路基片上,再将这些电路基片叠起来构成高密度的三维立体组装。相对而言,砖块式 T/R 组件子阵设计和制造工艺要求较低,目前已经突破并得到广泛应用。但其散热能力差,在很多应用中不能满足长期工作可靠性要求[32]。同时,其集成密度较低,可扩展性较差,后期生产成本也较高。从发展趋势看,瓦片式 T/R 组件应用将更为广泛。这种三维立体组装的组件一般将 4 个或更多的 T/R 组件装在一起,构成 2×2 或更多组件的组件阵列,是一种方而扁的"瓦片"式共形组装结构。它将所有阵列部件,包括辐射单元、微波部件、射频和直流互连件、分配通道、信号处理元件以及热控制系统等,全部综合在一个超小型的封装之中,不仅大大减少了体积和重量,降低了成本,而且可以实现共形组装,充分满足了新一代武器系统的要求[33]。

5. 基于 DDS 技术的数字 T/R 组件

自从 1995 年,AdrianGarrod 提出了数字 T/R 组件的概念,并对基于 DDS 的数字 T/R 组件进行了深入研究,研制成功了全数字波束形成(DBF)相控阵雷达实验平台[34]后,随着数字技术的不断进步,T/R 组件不管是在军工产品还是民用产品上,以一种不可阻挡的趋势向数字化方向发展,且逐步表现出广阔的应用前景和巨大的优势,为相控阵雷达带来巨大的变化:既可以方便地产生各种雷达波形,又可以方便地控制波形捷变和频率捷变,更可以灵活地对天线阵列进行相位和幅度加权,使波束控制精度大大提高,是数字技术与天线技术的完美结合。采用数字 T/R 组件,天线阵列中就不需要复杂的馈线系统,可以进一步简化雷达体系结构,缩小雷达整机体积。

总之,随着氮化镓(GaN)等宽禁带(WBG)半导体器件的发展,T/R 组件正向高功率、宽带化发展;随着低温共烧陶瓷技术(LTCC)、高温共烧陶瓷技术(HTCC)、MEMS 体硅工艺、多功能微波单片集成电路(MMIC)、系统级封装(SIP)、多芯片组件(MCM)、3D 异质集成、DDS 和数字波束形成(DBF)等技术的发展,T/R 组件正向集成化、小型化、数字化方面快速进步[35,36]。

参考文献

[1] 栾恩杰.国防科技名词大典(电子)[M].北京:航空工业出版社,2001.
[2] 张明友,汪学刚.雷达系统[M].北京:电子工业出版社,2006.
[3] Skolnik M I. Fifty Years of Radar[J]. Proceedings of the IEEE,1985, 73(2): 182 – 197.
[4] 张光义,赵玉洁.相控阵雷达技术[M].北京:电子工业出版社,2006.
[5] McQuiddy D N, et al. Transmit/Receive "Module Technology for X-band Active Radar"[J]. Proc. IEEE,1999,3(179):308 – 341.
[6] Kopp B A, Borkowski M, Jerinic G. Transmit/Receive Modules[J]. IEEE Trans Microwave Theory Tech. ,2000,3(50):827 – 834.
[7] 韩玉鹏.T/R 组件的 MMIC 设计技术研究[D].西安:西安电子科技大学,2014.
[8] 崔敏.C 波段收发子阵有源系统研究[D].西安:西安电子科技大学,2009.
[9] 胡明春,周志鹏,严伟.相控阵雷达收发组件技术[M].北京:国防工业出版社,2010.
[10] Wilden D. Microwave test on prototype T/R modules[J]. IEEE, 1997:517 – 521.
[11] Kopp B A, Borkowski M, Jerinic G. Transmit/Receive Modules[J]. IEEE Transactins on Microwave Theory and Techniques, 2002, 705 – 708.
[12] TNO Physics and Electronics Laboratory. Fully-Integrated Core chip for X-Band Phased-ArrayT/R modules[J]. IEEE MTT – S Digest, 2004, 1753 – 1756.
[13] TNO Physics and Electronics Laboratory. Fully-Integrated Core chip for X-Band Phased-ArrayT/R modules[J]. IEEE MTT – S Digest, 2004, 1753 – 1756.
[14] 赵云.S 波段相控阵接收组件的研制[D].成都:电子科技大学,2013
[15] 祝超先.射频单片 T/R 组件混频器关键技术研究[D].西安:西安电子科技大学,2012.
[16] van Vliet F E, de Boer A. Full-integrated Core Chip for X-band phase-array T/Rmodules[J]. IEEE MTT-S Digest 2004: 1753 – 1756.
[17] van Heijningen M, de Boer A, Hoogland J A, et al. Multi Function and High Power Amplifier Chipset for X-Band Phased Array Frontends[J]. Proceedings of the 1st European Microwave Intergrated Circuit Conference,2006:237 – 240.
[18] 龚章芯.单片 T/R 组件关键电路的设计[D].西安:西安电子科技大学, 2013.
[19] Agrawal A, Clark R. T/R Module Architecture Tradeoffs for Hased Array Antennas[J], 1996 IEEE MTT – S Digest,1996:995 – 998.
[20] 束咸荣,何炳发,高铁.相控阵雷达天线[M].北京:国防工业出版社,2007.
[21] 张光义.共形相控阵天线的应用与关键技术[J].北京:中国电子科学研究院学报,2010, 8(4): 331 – 336.
[22] Feldle H P, MeLaehlan A D, Maneuso Y. Transmit/Receive Modules for X – band Airborneradar[J]. IEEE MTT – S Digest,1993:391 – 395.
[23] 杨小峰.应用于相控阵收发组件的射频/微波集成电路设计[D].西安:西安电子科技大学,2014.
[24] 薛伟锋,刘炳龙.微波芯片元件的导电胶粘接工艺与应用[C].机械电子学学术会议论

文集,2011.

[25] Ambacher O, Foutz B, Smart J, et al. Two Dimensional Electron Gases Induced by Spontaneous and Piezoelectric Polarization in Undoped and Doped AlGaN/GaN Heterostructures[J]. Journal of Applied Physics, 2000, 87(1):334-344.

[26] Wang C M, Wang X L, Hu G X, et al. Influence of AlN Interfacial Layer on Electrical Properties of AlGaN/GaN HEMT Structure with High Al Content[J]. Applied Surface Science, 2006, 253(2):762-765.

[27] Pengelly R S, Wood S M, Milligan J W, et al. A Review of GaN on SiC High Electron-mobility Power Transistors and MMICs[J]. IEEE Transactions on Microwave Theory and Techniques, 2012, 60(6):1764-1783.

[28] Wang X L, Chen T S, Xiao H L, et al. High-performance 2mm Gate Width GaN HEMTs on 6H-SiC with Output Power of 22.4W@8GHz[J]. Solid-State Electronics, 2008, 52(6):926-929.

[29] Alekseev E, Pavlidis D. GaN Gunn Diodes for THz Signal Generation[J]. 2000 IEEEMTT-S International Microwave Symposium Digest. 2000, 3.1905-1908.

[30] 龙博. X 波段 T/R 组件的小型化设计与研究[D]. 成都:电子科技大学,2010.

[31] 杨邦朝,张经国. 多芯片组件(MCM)技术及其应用[M]. 成都:电子科技大学出版社,2001.

[32] Wooldridge J. High Density Microwave Packaging for T/R Modules[J]. IEEE MTT-S Digest, 1995:181-184.

[33] Hauhe M S, Woolddridge J J. High Density Package of X-band Active Array Modules[J]. IEEE transactions on components, packaging, and manufacturing technology-part B, 1997, 3(20).

[34] Meurer G, Canntrell B, Stapleton R. Digital Array Technology for Radar Applications[J]. WashiontonD. C. IEEE Radar conference, 2000.

[35] 张光义,王炳如. 对有源相控阵雷达的一些新要求与宽禁带半导体器件的应用[J]. 现代雷达,2005(2):27.

[36] van Vliet F E, de Boer A. Fully-integrated Core Chip for X-band Phased Array T/R Modules [J]. Microwave Symposium Digest, 2004 IEEE MTT-S International, 2004, (3):1753-1756.

第 2 章
雷达收发组件用核心芯片及其平台技术

2.1 引　　言

雷达收发组件用核心芯片也称为 T/R 套片。核心芯片作为雷达收发组件的重要组成部分,在很大程度上决定了雷达收发组件的性能、一致性、可靠性和成本。相控阵雷达用的 T/R 套片包括微波毫米波单片集成电路(MMIC)和波控驱动器数字集成电路,它们大都采用半导体工艺技术制作。目前用于 T/R 套片的主流半导体工艺是 GaAs 工艺,其特点是技术成熟而且应用广泛,已开发出限幅器、低噪声、功率开关、E/D 等多种工艺,可以满足 80GHz 以内的应用。近几年发展最快的 GaN MMIC 是基于 SiC 衬底的 GaN 工艺,其产品具有高功率密度、高工作电压、宽频带和高效率等特点[1]。SiGe BiCMOS 和 Si 射频 CMOS 技术近几年发展很快[2],采用至少 8in① 的大圆片生产,目前最小特征线宽仅十几纳米,最高可用于 W 波段,其特点是性能中等、成本较低。核心 MMIC 的研制与生产,依赖于材料、工艺、设计、测试及可靠性等技术平台的支撑,这五大技术平台的建设与完善是 MMIC 从研发走向批产,实现高性能、高集成、低成本的基础和关键。

本章首先介绍雷达收发组件核心 MMIC 在 T/R 组件中的位置、所起作用、主要类型、技术特点及性能指标。然后介绍半导体芯片研发和生产的五大技术平台。

2.2　T/R 组件核心芯片

2.2.1　T/R 组件核心芯片组成

典型相控阵雷达 T/R 组件所采用的单功能芯片至少包含限幅器、前级低噪声放大器、后级低噪声放大器、驱动功率放大器、功率放大器、开关、数控移相器、

---

① 1in≈0.0254m。

数控衰减器、波控驱动器电路等共计八九种芯片。由单功能芯片组成的T/R组件框图如图2.1所示。

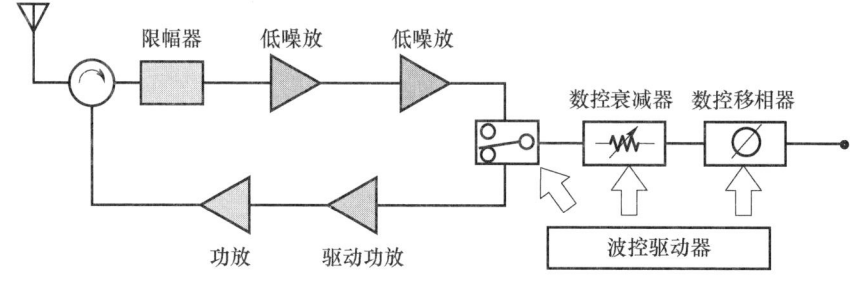

图2.1 典型相控阵雷达T/R组件框图（单功能芯片方案）（见彩图）

幅相控制多功能集成芯片研发成功后，T/R组件所用芯片可简化为限幅器、低噪声放大器、功率放大器和幅相控制多功能电路共四种芯片，环形器也可以由GaN开关取代，以便进一步实现组件的小型化和宽带性能。采用幅相控制多功能芯片方案的T/R组件框图如图2.2所示。

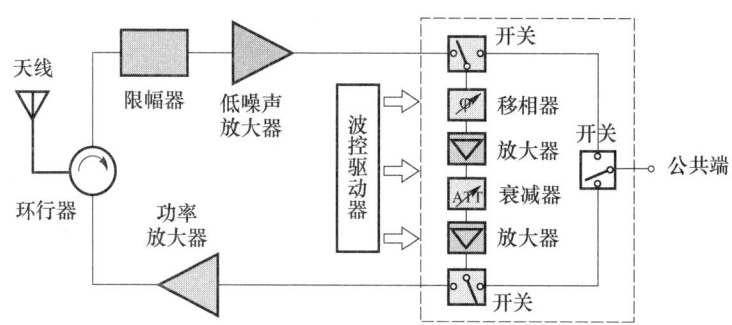

图2.2 典型相控阵雷达T/R组件框图（多功能芯片方案）（见彩图）

2.2.2 半导体核心芯片主要类型

（1）从芯片功能上划分，核心芯片主要包括功率发射类芯片、低噪声接收类芯片、幅度相位控制类芯片、频率变换类芯片等几大类型。

功率发射类芯片用于T/R组件中的发射支路，其中驱动功率放大器芯片用于发射支路的前级，功率放大器芯片用于发射支路的后级，二者级联应用保证发射支路的总增益和输出功率。

低噪声接收类芯片用于T/R组件中的接收支路。接收支路通常由两个或更多个低噪声放大器芯片级联构成，前级芯片要求噪声系数小，后级芯片要求有一定的动态范围。为保护前级低噪声放大器芯片不被来自接收端的高输入信号损伤，在前级低噪声放大器芯片之前通常需要加一个限幅器芯片，对可能的高输入信号进行功率限幅处理。这些限幅器与低噪声放大器芯片的级联应用保证了接收支路的噪声系数、总增益和抗输入功率性能。

现代雷达基本上采用相控阵体制,其收发组件需要数控移相器芯片和数控衰减器芯片来实现组件的幅度与相位控制;需要开关芯片完成收发支路的切换;需要波控驱动器芯片把TTL电平转换成数控移相器芯片、数控衰减器芯片和开关所需的控制电平。这些数控移相器芯片、数控衰减器芯片、开关芯片以及波控驱动器芯片均属于幅度相位控制类芯片。

频率变换类芯片主要是下变频器芯片和上变频器芯片,实现信号的频率变换。数字T/R组件更多地采用频率变换类芯片。

(2)从芯片集成度方面划分,核心芯片也可分为单一功能芯片和多功能集成芯片两大类。功率放大器、低噪声放大器、数控移相器等均属于单一功能的芯片,而多功能集成芯片由两种以上不同功能的芯片组成。在雷达收发组件中,多功能集成芯片主要包含幅相控制多功能芯片、收发一体多功能芯片和变频放大多功能芯片等。幅相控制多功能集成芯片主要由数控移相器、数控衰减器、开关、放大器、波控驱动器等功能芯片组成。收发一体多功能集成芯片主要由接收低噪声放大器、发射功率放大器、接收和发射双向开关等功能芯片组成。变频放大多功能集成芯片主要由变频电路、本振(LO)缓冲放大器、射频放大器、中频放大器和滤波器等功能芯片组成。

(3)按照芯片工艺划分,核心芯片又可分为GaAs类芯片、GaN类芯片、InP类芯片、Si基类和SiGe类芯片。目前应用最广泛的是GaAs类芯片;GaN类芯片由于具备更高的功率特性,因此有着极强的应用前景,随着GaN技术的不断提高,产品已逐步实现工程化应用;InP类芯片主要针对3mm以上高频率的收发组件应用;Si基类和SiGe类芯片在雷达收发组件中主要用于制作系统级集成芯片(SoC),SiCMOS在低功耗方面更具有优势。

2.2.3 半导体核心芯片的技术特点

雷达T/R组件用核心芯片主要是微波单片集成电路(MMIC)和波控驱动器芯片等数字电路。采用半导体工艺制作的各种电路芯片,具有以下几方面的技术特点:

(1)性能高。比混合微波集成电路的寄生参量小,容易获得优异的高频及宽带特性。

(2)一致性好。采用统计过程控制(SPC)技术,芯片可以获得较好的幅度与相位一致性。

(3)可靠性高。不需要混合微波集成电路内部的多个分立元件和管芯之间的键合,大大提高了产品的可靠性水平。

（4）成本低。具有较高的成品率和一致性，芯片不需要调试，单位时间产量大，因而显著降低了 T/R 芯片的生产成本。

（5）集成度高。随着 GaAs 和 GaN 等半导体圆片工艺技术的不断进步和设计技术的发展，雷达收发组件用核心芯片向更高的集成度发展，这对于进一步降低 T/R 组件成本、实现小型化十分重要。

T/R 组件用各类芯片需要在净化厂房内对芯片进行生产、贮存、处理和装配，前道生产工艺（芯片制造工艺）的净化级别要求达到百级以上，光刻等关键工序要求达到十级。后道工艺（微组装工艺）的净化级别要求达到万级以上，个别工序如镜检、封帽等要求百级以上。芯片在片测试等净化级别也要求达到千级以上。各类芯片均需要贮存在氮气环境中，且达到规定的温度、湿度要求。由于 T/R 组件用各类芯片均为静电敏感产品，故工作台和操作人员均需要采取相应的防静电措施。拾取芯片、芯片烧结、粘结以及键合均需采用专用工具与设备并对操作人员进行专业培训。对于大功率类芯片，在使用过程中要特别注意选择合适的装配载体材料，保证芯片的烧结质量，以确保大功率芯片良好的散热性和热匹配性。

2.2.4　半导体核心芯片的技术指标

功率放大器芯片的技术指标主要有工作频率、饱和输出功率、功率附加效率、1dB 增益压缩点输出功率增益、增益平坦度、输入/输出驻波比、工作电压、动态和静态电流等。

低噪声放大器芯片的技术指标主要有工作频率、噪声系数、增益、增益平坦度、输入/输出驻波比、1dB 增益压缩点输出功率、功耗、抗功率特性等。

数控移相器芯片的技术指标主要有工作频率、移相位数、均方根移相误差、各态幅度变化、插入损耗、附加衰减、控制电平、输入/输出驻波比等。

数控衰减器芯片的技术指标主要有工作频率、衰减位数、衰减步进、衰减精度、附加相移、插入损耗、控制电平、输入/输出驻波比等。

开关芯片的技术指标主要有开关类型、工作频率、插入损耗、隔离度、耐功率、开关时间、控制电平、开态驻波比。其中开关类型包括单刀单掷、单刀双掷、单刀三掷、双刀多掷等多种类型。

限幅器芯片的技术指标主要有工作频率、插入损耗、限幅电平、耐功率、输入/输出驻波比等。

波控驱动器芯片主要包括并行驱动器和串行驱动器两种。技术指标主要有位数、输出低电平、输出高电平、驱动电流、输入电流、芯片静态电流、时钟频率、上升时间和下降时间等。

混频器芯片的技术指标主要有 RF 频率、LO 频率、IF 频率、变频损耗、LO-

RF 隔离度、LO-IF 隔离度、RF-IF 隔离度、本振功率等。

幅相控制多功能芯片的技术指标主要有工作频率、发射增益、接收增益、输入/输出驻波比、发射输出功率、噪声系数、移相位数、移相精度、移相幅度变化、衰减位数、衰减精度、衰减附加相移、控制模式、工作电压、工作电流等。

收发一体多功能芯片的技术指标主要有工作频率、增益、发射输出功率、接收噪声系数、输入与输出驻波比、增益平坦度、工作电流等。

变频放大多功能芯片的技术指标主要有射频频率、本振频率、中频频率、变频增益、噪声系数、1dB 压缩点输入输出功率、三阶交调交截点、隔离度、RF 和 LO 端回波损耗、功耗等。

2.3　T/R 组件用半导体芯片技术平台

T/R 组件用半导体核心芯片的研发、生产主要依靠五大技术平台，它们分别是外延材料平台、工艺平台、设计平台、测试平台和可靠性平台，其示意图如图 2.3 所示。

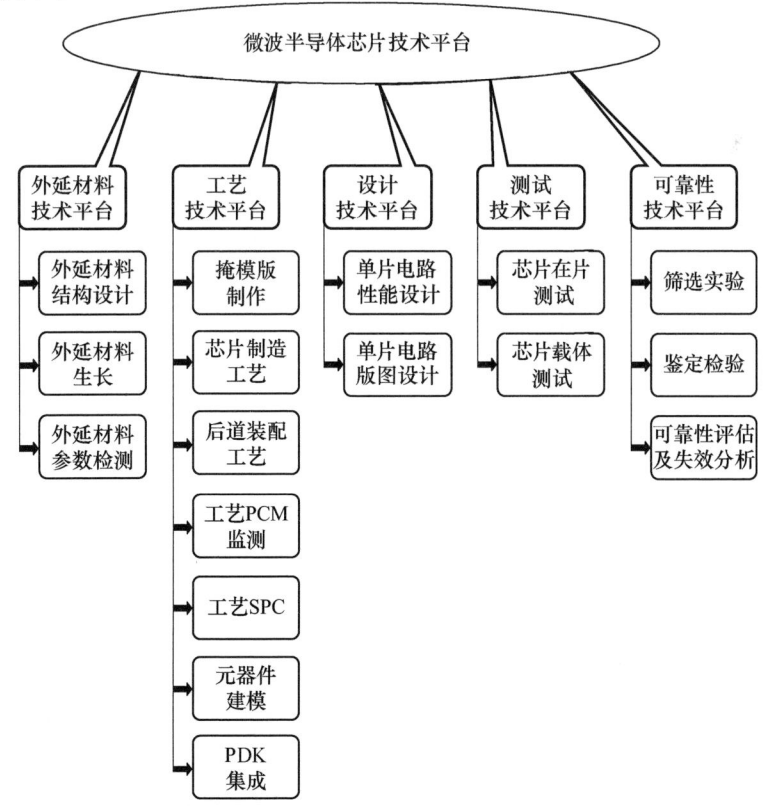

图 2.3　微波半导体芯片技术平台示意图

2.3.1 外延材料技术平台

外延材料技术平台是核心芯片研发的基础,主要工作内容包括外延材料设计、外延材料生长和材料参数检测。针对不同功能的芯片,设计相应的材料结构,如 GaAs 低噪声 MMIC 用单 δ-PHEMT 外延材料、功率 MMIC 用双 δ-PHEMT 外延材料等。通过 MBE(分子束外延)、MOCVD(化学气相外延)外延生长设备完成材料的生长并进行材料参数检测,为芯片工艺加工提供合格的外延片。

1. 外延材料结构设计

利用材料仿真软件设计 GaAs、GaN 等外延材料结构。材料设计参数需要满足不同芯片的功能性能。通过数值求解泊松方程和电流连续性方程,得到导电沟道中载流子的二维电子气浓度、载流子迁移率、能带分布等外延材料的基本特性,通过调整外延材料各层的原子组分、掺杂浓度和厚度,得到满足要求的外延材料结构。图 2.4 为 GaN HEMT 典型外延层结构示意图。

GaN 盖帽层
$i-\mathrm{Al}_X\mathrm{Ga}_{1-X}\mathrm{N}$ 势垒层
GaN 沟道层
GaN 缓冲层(Fe 掺杂)
AlN 形核层
SiC 衬底

图 2.4 GaN HEMT 典型外延层结构示意图

图 2.5 为材料仿真软件模拟的器件直流特性曲线。

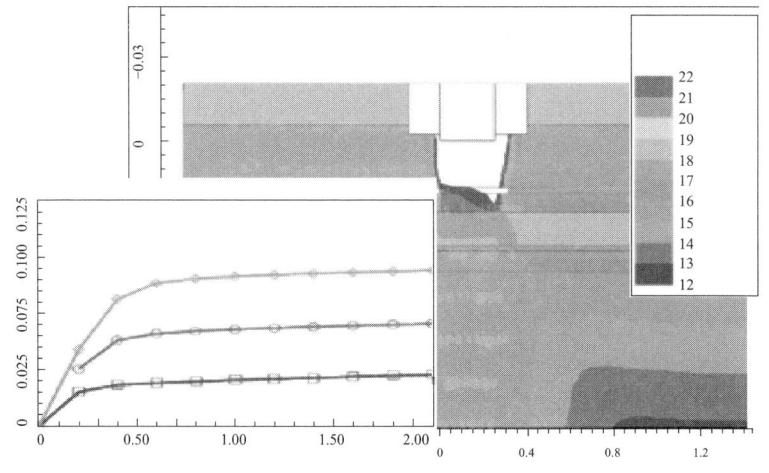

图 2.5 模拟的器件直流特性曲线(见彩图)

2. 外延材料生长工艺

按照优化设计的外延材料各层材料厚度、掺杂浓度、材料组分等参数进行外延材料生长。GaAs 外延材料生长设备是 MBE，GaN 外延材料生长设备是 MOCVD。MBE 设备和 MOCVD 设备如图 2.6 和图 2.7 所示。

图 2.6 MBE 设备（见彩图）

图 2.7 MOCVD 设备（见彩图）

外延材料生长是一个复杂的生长动力学和热力学过程，包含复杂的材料生长、应力释放以及位错/缺陷减少等机理。T/R 组件用各类芯片采用的是 GaAs 或 GaN 半导体外延材料，主要包括缓冲层、形核层、沟道层、势垒层、盖帽层等各层的优化生长。通过调整气流、温度、压力等工艺条件，获得高均匀性、低翘曲度、低缺陷密度的外延材料。图 2.8 为 GaN 异质结材料外延生长典型的技术路线图。

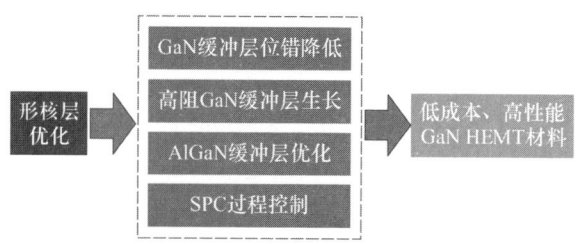

图 2.8 GaN 异质结材料外延生长典型的技术路线图

随着晶圆尺寸的增大,外延材料的均匀性对器件性能的一致性和可靠性有重要影响。以 GaN HEMT 为例,MOCVD 外延材料的均匀性由气流模型、温度梯度、衬底旋转情况等反应室条件决定,同时还受到 NH_3 流量、V/Ⅲ等生长条件的影响,使问题大大的复杂化。研究不同的生长中断、表面处理、横向过生长等工艺方案,降低 AlGaN 体材料的位错密度。GaN 外延属于典型的异质外延,生长过程复杂精细,各生长阶段的生长条件对整个外延层质量都有决定性的影响。因此,需要对整个生长过程进行在线监测,以保证外延工艺的重复性和可控性。如图 2.9 所示为 GaN 外延生长工艺的在线监测曲线,利用在线监测曲线配合材料测试分析可进行外延工艺的优化试验。

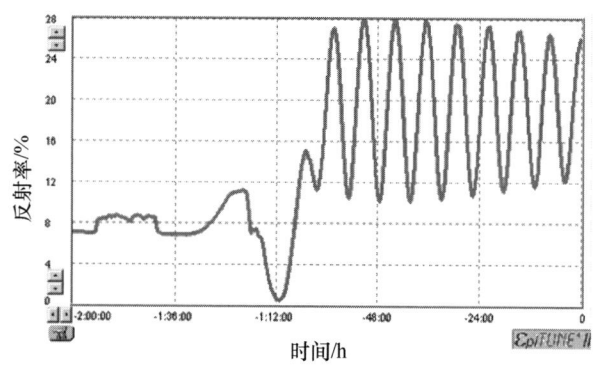

图 2.9 MOCVD 材料生长在线监测曲线

3. 外延材料参数检测

采用常规测试方法对外延材料生长工艺进行评价和分析。通过多种材料参数测试,表征外延材料的晶体质量和性能。针对主要的材料特征,选用原子力显微镜 AFM 测试表征材料的平整度、X 射线衍射仪测试表征材料的位错密度、非接触霍尔测试表征材料的迁移率特性、光荧光表征材料的缺陷、深能级情况以及 GaN 厚度的均匀性,以非接触方块电阻扫描表征材料的电学均匀性,以拉曼光谱表征材料的应力。GaN HEMT 材料 X 射线扫描拟合曲线如图 2.10 所示。

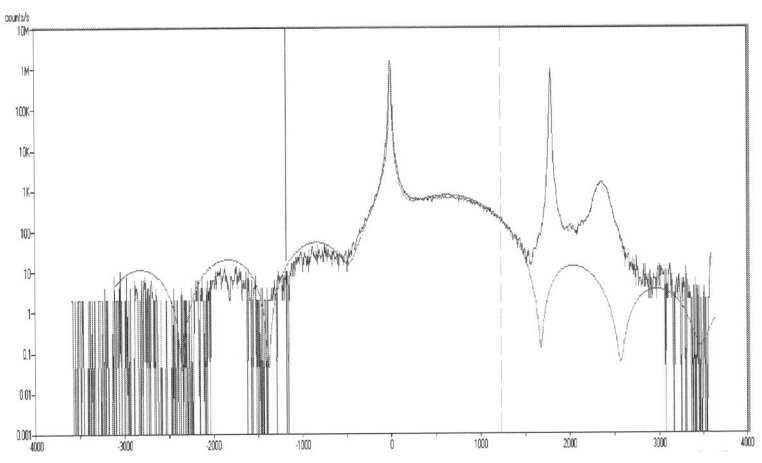

图 2.10　GaN HEMT 材料 X 射线扫描拟合曲线

2.3.2　工艺制造技术平台

工艺制造技术平台用于半导体核心芯片的研发生产。工作内容通常包括掩膜版制作芯片制造工艺(前道工艺)、后道装配工艺、工艺 PCM 参数监测、工艺 SPC、元器件建模和 PDK 集成等。工艺线根据不同功能的芯片要求,选择相应的工艺技术路线,并进行关键工艺的开发和优化,待工艺成熟后,形成固化的工艺加工规范和工艺设计规则。根据固化的工艺建立元器件大小信号模型和无源元件模型,为设计师提供完整的设计包和设计准则。按照目标产品的工艺文件和设计文件,进行圆片的加工制造。工艺制造过程中进行 PCM 参数监测和数据采集分析,关键工序实施 SPC 过程控制管理,并进行工艺能力指数(C_{PK})统计,不断完善工艺加工技术,提高芯片的批次制造成品率。

1. 芯片制造工艺

1) T/R 组件用半导体芯片制造流程

T/R 组件用半导体芯片通常采用 GaAs 或 GaN 工艺进行流片加工。作为化合物半导体三端有源器件,其制造过程相似。无源元件具有相同的制造工艺,如 MIM 电容、薄膜电阻等。但是不同的半导体材料又具有各自的工艺技术特点,需要开展相应的关键工艺研究。GaAs 芯片和 GaN 芯片主要的制造工艺包括有源区隔离、欧姆接触制作、肖特基势垒栅制作、表面钝化、介质电容制作、薄膜电阻制作、金属互联、背面减薄、通孔等。以 GaAs 芯片为例,其主要工艺制作流程如图 2.11 所示,其中的关键工艺包括栅制作技术、欧姆接触制作技术、表面钝化技术和通孔刻蚀技术等。

用于前道工艺加工的设备主要包括离子注入机、光刻机、金属化设备、刻蚀

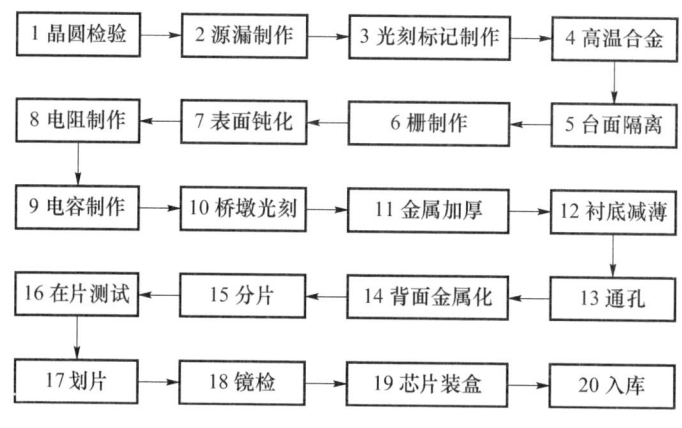

图 2.11　GaAs 芯片工艺制作流程图

设备、氧化设备、介质膜淀积设备、电镀设备、减薄抛光设备、划片机等。

随着晶圆尺寸变大、加工线条尺寸的减小,半导体芯片加工对工艺环境如温度、湿度和洁净度等提出了非常高的要求。为了避免工艺之间的相互污染,要求不同工艺区之间要相互隔离,尤其是对环境要求高、污染大的工艺,需要在最高等级洁净度的独立空间进行。同时对厂房的抗静电、温湿度等条件提出严格的要求。通常工艺厂房光刻间的洁净度为十级,其他工艺区净化级别为百级,走廊区净化级别为千级,工艺厂房的抗静电能力为 $10^6 \sim 10^9 \Omega$,温度控制要求为 22℃ ±2℃,湿度控制要求为 40%~60%。

2) 宽禁带微波半导体芯片关键工艺

宽禁带 GaN 材料和 GaAs 材料一样均属于化合物半导体材料,有着化合物半导体材料共同的特点。基于 AlGaN/GaN 异质结的 GaN 微波单片集成电路芯片与 GaAs 芯片的制备有很多共性,但是 GaN 材料本身高的化学键能、极化效应等特性,使得 GaN 芯片工艺加工也有其自身的特点。下面对 GaN 芯片加工中的关键工艺进行简单介绍。

(1) 隔离工艺。GaN 芯片的隔离工艺采用 SiO_2 或 SiN 等掩蔽材料做有源区保护,选择 B、He 等离子及合适的注入能量、离子浓度和温度,破坏非有源区域的 GaN 晶体结构,实现台面隔离。注入隔离通常采用高能量注入和低能量注入搭配的方式,在导电沟道中形成一个峰值,实现有源区之间的有效隔离。离子注入后通常需要高温退火来修复 GaN 材料的晶格损伤,因此离子注入工艺通常在欧姆接触合金后进行。

(2) 欧姆接触工艺。欧姆接触质量直接影响有源器件的源漏电阻、膝电压和饱和电流等直流参数,进而影响器件的增益和效率等指标。GaN HEMT 的欧姆接触系为复合金属层,通常采用 Ti/Al/Ni/Au 等金属。通过优化各层金属的厚度,配合快速退火工艺(通常为 750~900℃),实现较低的比接触电阻率和良好的表面平整度,满足有源器件研制的需求。

(3)钝化工艺。钝化工艺采用 PECVD(等离子体增强化学气相沉积法)等方法淀积 SiO_2、SiN 等单层或复合层材料对非键合区进行表面保护,防止水汽等对有源区的损坏。例如 GaN 芯片的表面钝化层,一方面具有保护膜的作用,另一方面还有抑制电流崩塌效应的作用,因此 GaN HEMT 芯片的表面钝化通常采用高应力的 SiN 膜。

(4)场板工艺。GaN HEMT 有两种形式的场板结构,即栅场板和源场板,其结构示意图如图 2.12 所示。栅场板是场板与栅连接或作为栅的一部分,该结构可以把 GaN HEMT 击穿电压提高几倍。但是由于栅与场板连接,场板-沟道之间的电容会转变成附加的栅漏电容,减小了大信号增益和功率附加效率,造成器件的输出功率特性变差。源场板是指场板通过空气桥或其他方式与源连接形成的场板结构,由于场板与源相连,使得场板-沟道之间的电容转变为源漏电容,源漏电容可以在输出调谐回路中被电感抵消,因此源终端场板能够克服栅终端场板结构的某些缺点。目前在实际器件制作中常采用栅场板加源场板结合的方式,形成双场板结构,以充分发挥两种场板的优势,双场板结构如图 2.13 所示。

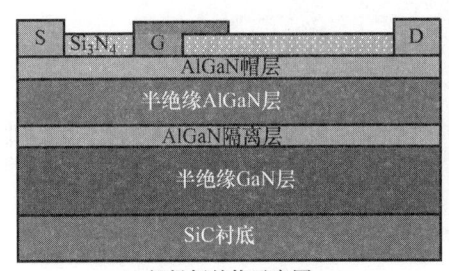
(a)栅场板结构示意图

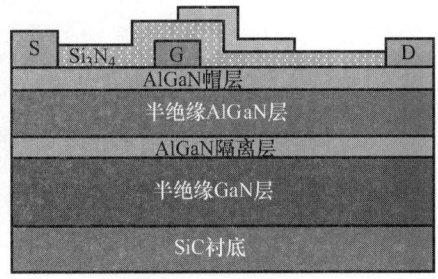
(b)源场板结构示意图

图 2.12 用于 GaN HEMT 的二种场板结构示意图(见彩图)

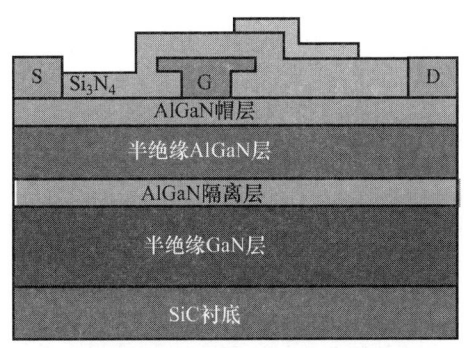

图 2.13 栅场板+源场板结构示意图(见彩图)

(5)背面减薄工艺。将要减薄的晶圆使用石蜡等物质粘贴在平整的蓝宝石等衬板上,进行背面减薄工艺。传统的减薄方法主要是机械研磨或喷雾腐蚀法。

GaN 外延材料通常为异质外延结构,衬底材料为 SiC 或蓝宝石,这两种物质的化学键能大,且十分稳定,不易与酸、碱等物质发生反应,因此喷雾腐蚀的方法不适用于 GaN 晶圆的减薄,而通常采用机械研磨的方法。磨料为碳化硼粉与润滑剂,分别进行粗磨、细磨,再使用抛光布进行抛光,释放减薄过程中的应力以及磨料的划痕。根据器件或芯片的设计要求,将芯片减薄到目标值。

2. 后道装配工艺

单片电路芯片需要通过后道装配工艺,装配到设计好的载体和测试盒上。前道工艺加工完成的圆片经过在片测试、标识、划片和挑粒,从合格的芯片中抽取一定的母体数进入后道装配工艺,以便完成载体性能测试、芯片性能验证以及单片电路的筛选和检验。图 2.14 为一款功率芯片的装配照片。

图 2.14 功率芯片的装配照片(见彩图)

用于后道装配工艺的设备主要包括烧结台和键合台等,其中烧结台有半自动烧结台和真空烧结台等,键合台包括半自动键合台和全自动键合台等。

3. 工艺 PCM 参数监测

PCM(Process Control Monitor)监测体系是针对某具体产品进行工艺加工时,采用特殊设计的图形(PCM 图形)用电学测量的方法测量相关材料的物理参数、器件的物理参数和电学参数。例如检查半导体、金属层或介质层参数与具体产品要求的设计值的符合程度;检查有源器件的电参数是否达到了设计值;根据 PCM 统计分析数据,与工艺试验设计相结合进一步优化工艺参数,可以获得更大的工艺宽容度。

一个完整的 PCM 体系主要包括 PCM 测试图形、PCM 自动测试系统、数据自动采集及分析系统。PCM 监测是评价圆片性能的有效方法,图 2.15 为某产品的 PCM 测试图形。

PCM 图形的在片参数测试,用于某个关键工艺后实时检测器件的性能,图 2.16 所示为 PCM 在片测试及数据分析系统。利用该系统可实时监测工艺状

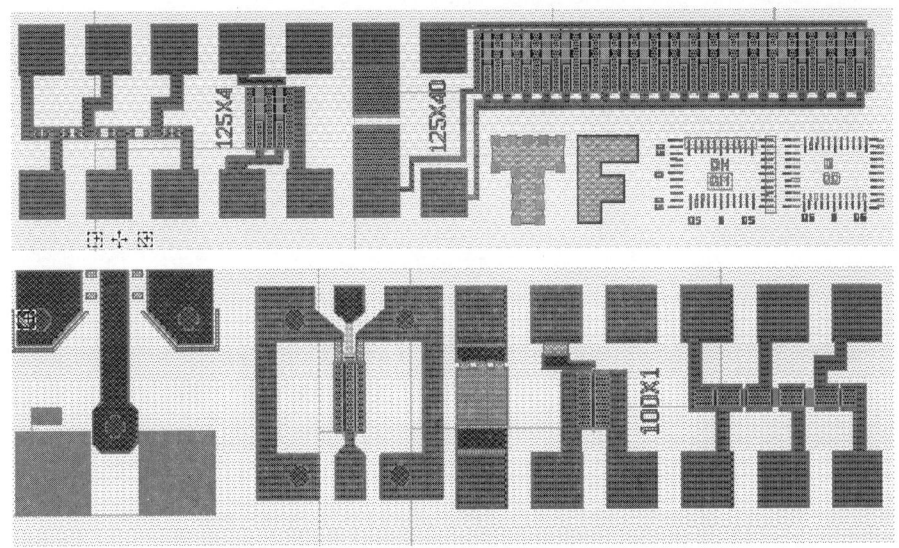

图 2.15 某产品 PCM 测试图形

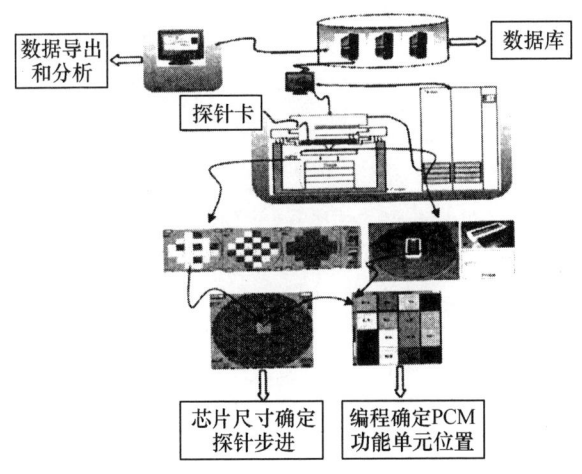

图 2.16 PCM 在片测试及数据分析系统(见彩图)

态是否正常,实现 PCM 图形中关键工艺参数、器件物理参数和电学参数的自动测试以及数据的自动统计与分析,积累参数数据。

PCM 监测的电参数包括器件的直流参数和微波参数,其中直流参数一般包括饱和电流、最大漏极电流、跨导、夹断电压、击穿电压、理想因子(n 值)等;微波参数通常包括输出功率、功率增益和效率等。PCM 监测的器件几何参数通常包括栅长、源漏间距等;PCM 监测的关键工艺参数通常包括欧姆接触电阻、SiN 钝化层厚度和金属层厚度等。PCM 监测的参数能够通过工艺管理软件进行 SPC 统计和数据采集,再利用数据分析软件进行数据提取以及相关曲线绘制,也可以采用其他更灵活有效的方法进行数据统计分析。

PCM 工艺参数和器件参数检测设备主要包括线宽测试仪、高倍显微镜、显微维氏硬度计、扫描电子显微镜、膜厚测试仪、台阶仪、四探针测试仪、半导体器件特性图示仪、椭偏仪等。PCM 监测系统所用的软件主要是数据统计与分析软件。

4. 工艺制造过程中的 SPC 技术

统计工艺过程控制（SPC）技术是目前半导体生产线广泛采用的技术，贯穿于产品制造的全过程。复杂的产品需经过复杂的制造流程，制造流程可控是保障产品质量的重要手段。下面对 SPC 技术进行简单介绍。

SPC 的基本概念：SPC 是应用统计的方法对工艺过程中的各个必要环节进行监控和评估，建立并保持工艺过程处于可接受的、稳定的水平，从而保证产品与服务符合规定要求的一种技术。

SPC 的理论基础：SPC 技术基于统计，产品制造过程由一系列工艺环节构成，每个工艺可以提取一个或多个表征该工艺的特征参数及其数据，大量数据具有统计规律性，一般来说呈正态分布，如图 2.17 所示。

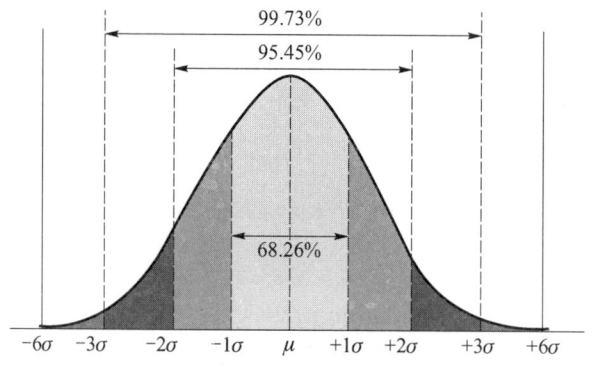

图 2.17 SPC 统计数据分布（见彩图）

正态分布的两个特征参数是平均值 μ 与标准偏差 σ；正态分布随着标准偏差而变化，σ 越大，曲线越"矮胖"，总体分布越分散；σ 越小，曲线越"瘦高"，总体分布越向平均值集中。正态分布曲线下的面积表示事件发生的累积概率，合格产品落在 $[-3\sigma, +3\sigma]$ 范围内的概率为 99.73%，落在 $[-6\sigma, +6\sigma]$ 范围内的概率为 99.9999998%。参数平均值 μ 公式为

$$\mu = \frac{\sum\limits_{i=N} x_i}{N} \tag{2.1}$$

标准偏差 σ 公式为

$$\sigma = \sqrt{\frac{\sum\limits_{N} (x_i - \bar{x})^2}{N-1}} \tag{2.2}$$

式中:x_i 为某特征参数第 i 个统计值;N 为参数统计的总数。

SPC 统计数据与产品的成品率和可靠性有直接的关系。工艺参数越集中,成品率就越高。产品在使用过程中,由于热、电、机械等各种应力的作用,特性参数不可避免地会发生"漂移",如果原来参数比较集中,则"容许"参数漂移的范围就比较大,表现为使用可靠性高。因此工艺参数的"离散度"使可靠性与产品的成品率之间呈现一定的相关关系。

图 2.18 为工艺过程控制 SPC 网络系统示意图。测试仪器连入 SPC 网络,采用工艺过程控制软件实现数据的录入、分析,并给出各种报表和统计结果,实现数据的共享和对工艺的实时监控。SPC 过程控制的硬件设备包括服务器、计算机等,软件包括数据统计与分析软件。

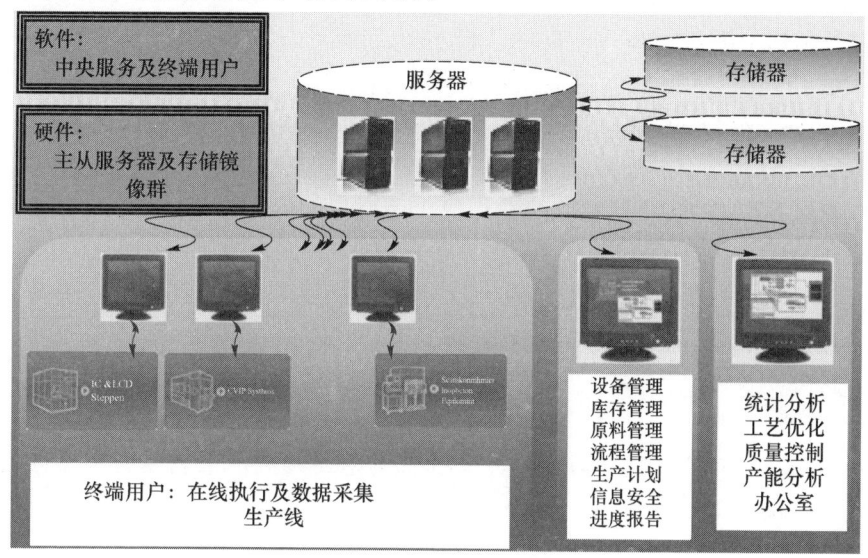

图 2.18 工艺过程控制(SPC)网络系统示意图(见彩图)

SPC 类型有三种,即与工艺相关的 SPC、与设备相关的 SPC 以及部分 PCM 数据。与工艺相关的 SPC 参数包括欧姆接触电阻、栅长、介质厚度、减薄厚度、键合拉力、芯片剪切力等。与设备相关的 SPC 参数包括涂胶台转速、化学腐蚀速率、介质膜的折射率、烧结台温度、键合台的超声功率、平行缝焊－氮气流量等。

为便于评估和监察工艺过程是否处于统计控制状态,引入控制图表对工艺过程中的关键参数进行长期的测量和记录。如图 2.19 所示即为 SiN 电容厚度在一段时期内的测量数据控制图。

工艺线通过流片管理系统对关键工艺参数和设备参数进行采集。根据产品性能对工艺参数的要求制定规范值,根据自身的工艺能力制定控制值。规范值

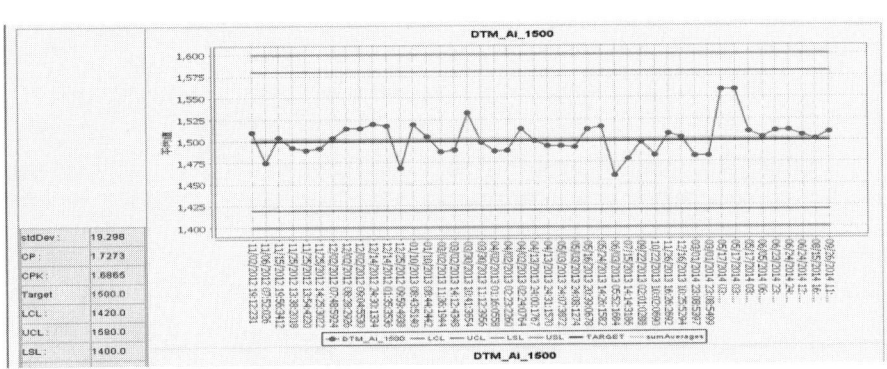

图 2.19　SiN 电容厚度测量数据控制图

包括规范值上限(Upper Size Limit,USL)、规范值下限(Lower Size Limit,LSL)和目标值(Target)。控制值包括上控制限(Upper Control Limit,UCL)、下控制线(Lower Control Limit,LCL)和平均值(Mean),并将其固定下来,以便稳定工艺条件。

通过 SPC 技术,使控制值的平均值接近规范值的平均值,满足产品的制造要求。

工艺能力的概念:工艺能力用工艺能力指数 C_{PK} 来表征,表征工艺获得工艺规范指标参数范围的能力,即

$$C_{PK} = \min\left(\frac{U_{SL} - \text{Mean}}{3\sigma}, \frac{\text{Mean} - l_{SL}}{3\sigma}\right) \quad (2.3)$$

C_{PK} 直接与制造成本相关,C_{PK} 值越小制造成本越高。工艺能力和不合格产品的关系如表 2.1 所列。

表 2.1　工艺能力和不合格产品的关系

C_{PK}	成品率	百万个产品中的不合格品数
0.5	86.64%	133614
0.67	95.45%	45500
1.00	99.73%	2700
1.33	99.99366%	63.4
1.50	99.99932%	6.8
1.67	99.999942%	0.58
2.00	99.9999998.3%	0.00197

建立 SPC 的主要步骤如下:

步骤 1　明确指定的工艺流程。

步骤 2　确定需要 SPC 控制的工艺环节。

步骤 3 采用 DOE 固化工艺。
步骤 4 确定受控测试的参数。
步骤 5 实时运行、按要求的记录频率记录测试数据。
步骤 6 形成控制图,确定参考控制界限。
步骤 7 生产过程稳定、可重复后,确定工艺规范指标参数范围(适用时)。
步骤 8 进行工艺能力 C_{PK} 值的统计分析。
步骤 9 异常问题分析解决。
步骤 10 通过工艺的稳定控制不断提高 C_{PK} 值。

SPC 是基于统计的观点表征工艺状态的方法。通过在线实时控制图的生成,实时监控工艺过程中可能出现的异常并及时纠正,从而减少次品。基于 SPC 数据可用 C_{PK} 来评估工艺能力,发现瓶颈并进行工艺改进,提升整体工艺能力,实现重复、稳定、高成品率的产品。

5. 元器件建模

元器件模型是指设计芯片电路所需的各种有源器件模型和无源元件模型。设计师根据芯片电路的功能不同选用不同的元器件模型。有源器件模型包括小信号模型、噪声模型、大信号模型和热电模型。小信号模型和大信号模型分别表征器件的线性与非线性特性,噪声模型表征器件的噪声特性,热电模型表征器件的热电耦合特性。无源元件模型包括电阻、电容、电感、微带线、通孔等,通常用于单片电路匹配、滤波及馈电网络的设计。

建模软件通常包含器件参数测试软件、大信号建模软件和噪声参数模型软件等。建模的硬件设备通常包括矢量网络分析仪、电流源、微波探针台、负载牵引测试系统、脉冲 IV 测试系统、半导体参数测试仪等。

元器件建模技术通常是针对某一种标准工艺,如 GaAs MESFET、GaAs HFET、GaAs PHEMT 和 GaN HEMT 等半导体材料工艺,再与栅长等典型工艺特征尺寸相关联,建立器件的基本模型,再利用定标技术建立相应工艺的标准模型库,交由设计师用于不同类型的单片电路设计和验证。

1) 元器件模型版设计

设计有源器件和无源元件模型版图用于模型的参数测试、提取和建库。通过有源器件仿真模块及结构设计软件,调整器件的基本参数,包括源漏间距、栅源间距、栅长、单指栅宽、总栅宽、场板结构、通孔等参数,设计不同结构的有源器件模型。例如,GaN HEMT 有源器件模型版图和无源元件模型版图如图 2.20 和图 2.21 所示。

有源器件和无源元件版图经工艺加工后,即可进行各种模型结构的测试和参数提取。通过大量的测试,筛选出典型数据,采用经验模型提取基本参数。

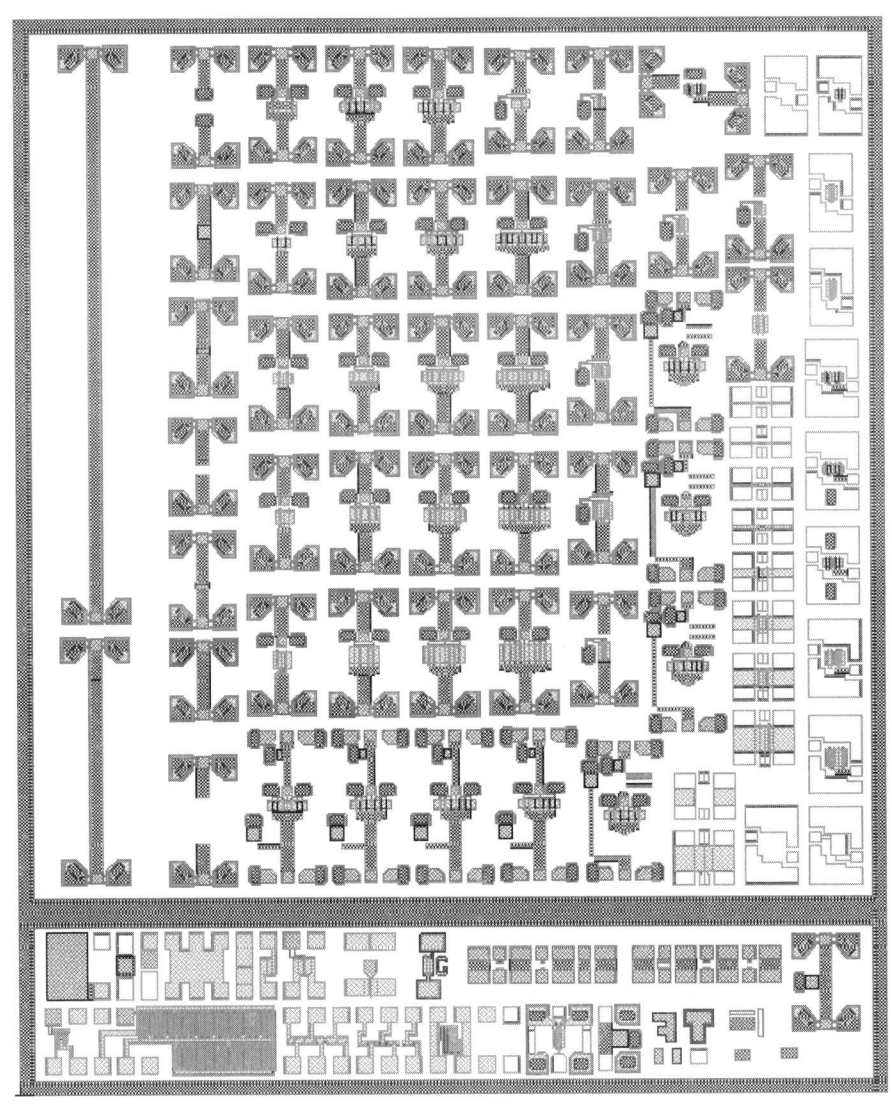

图 2.20　GaN HEMT 有源器件模型版图

2）模型参数测试

模型参数测试技术包括测试系统校准和模型参数测试,模型参数测试又包括直流测试、微波小信号测试和阻抗测量。测试系统通常包括矢量网络分析仪、直流稳压电源、数字多用表、信号分析仪、半导体参数分析仪、探针台、功率放大器、脉冲Ⅳ测试系统、负载牵引测试系统,计算机等硬件设备。

（1）测试系统校准。由测试仪器引起的寄生效应,如转接头、同轴电缆、微波探针及探针与芯片间的接触等造成的寄生效应,必须在测试数据中修正,来提

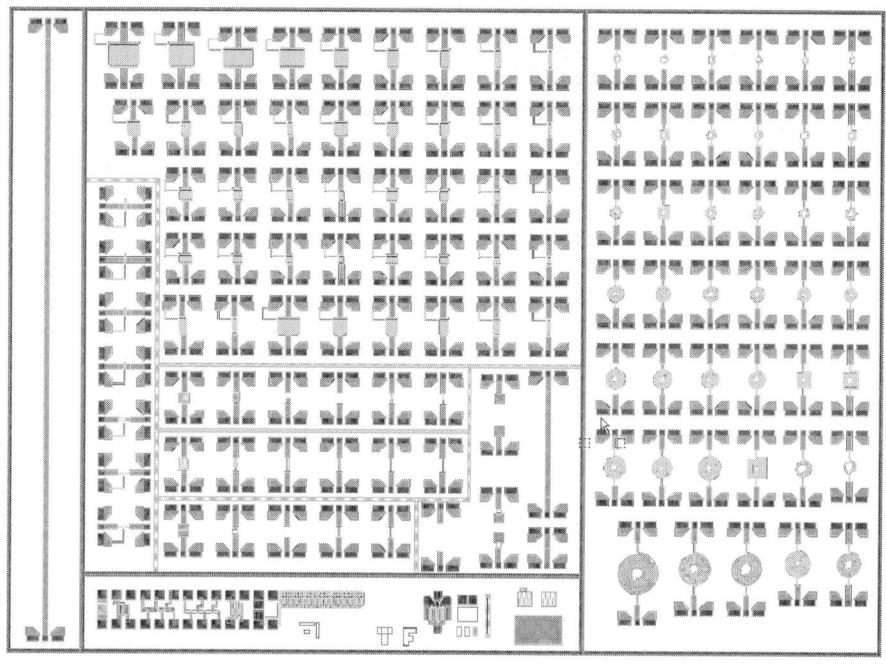

图 2.21　无源元件模型版图

高模型的测试精度。

商用微波探针测试系统通常提供制备在石英基片上的校准图形,然而 MMIC 芯片通常制作在 GaAs 或 GaN 基片上。这些基片的介质性质不同,因此需要将建模用的校准图形制作在相应的半导体基片上,最大限度地消除由于衬底基片差异造成的影响。微波探针校准采用 TRL 法,通过对图 2.22 所示校准图形进行在片测试,完成直通、反射和传输线状态的校准。

需要注意的是,通常所说的开路并不是指理想的开路,因此校准时,在矢网里需要用一个电容模型来表征开路的状态。同样,短路并不是理想的短路,而是等效为一个电感,需要一个电感模型来表征短路的状态。直通需要在矢网里补偿一个延迟时间。不同间距的探针也会引入不同的寄生参数,校准时需要加以相应的补偿。

(2) 直流测试。在直流测试中,由于系统电阻的存在,使得测试仪器的输出电压与待测器件的实际电压不同,从而导致测试误差。为了消除系统电阻的影响,除了在微波电缆的连接中采用 Kelvin 连接外,还利用短路校准件测试两端口剩余系统电阻。针对 GaN HEMT 器件自热特性显著的特点,还需要进行多偏置点的脉冲测试。

(3) 微波小信号测试。小信号测试的对象为管芯和无源元件。相比而言,

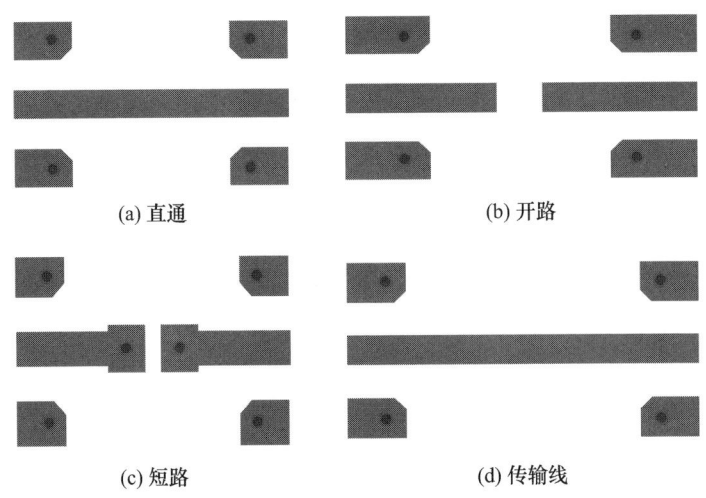

图 2.22 TRL 校准图形

管芯测试对系统的精度要求较高。一般器件的隔离度在 -20dB 以下,如图 2.23(a)所示,同时器件输入端反射系数接近圆图边缘,如图 2.23(b)所示。需要注意的是当对管芯进行小信号测试时,它在非理想的 50Ω 测试系统中极易振荡,使测试数据不准确,严重时还会造成器件损坏,因此在测试过程中要解决自激问题。

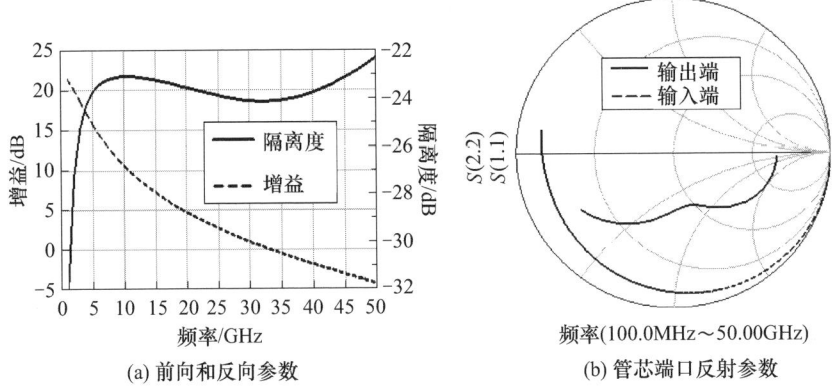

图 2.23 管芯典型参数

(4)阻抗测量。微波器件的阻抗随偏置条件和输入功率的变化而变化。

小信号状态时的输入输出阻抗可通过矢量网络分析仪测量器件的小信号 S 参数直接求出。

大信号阻抗主要采用负载牵引(LoadPull)测试系统和大信号网络分析仪进行测量。典型的负载牵引测试系统架构图如图 2.24 所示,负载牵引测试系统是

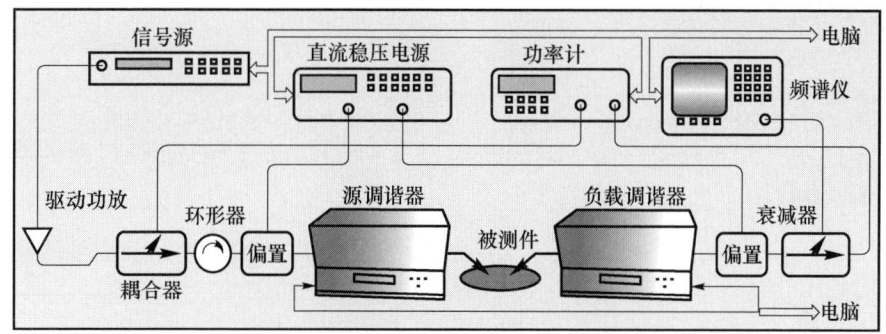

图 2.24　负载牵引测试系统典型架构图

利用输入输出调谐器的调谐功能改变器件的输入输出端的阻抗,从而获得最佳的器件增益、功率和效率。

通过大量的测试获得器件的直流特性参数、交流特性参数和端口阻抗参数,并对数据进行统计分析,提取器件的寄生参数和本征参数,从而获得器件小信号模型和大信号模型。

3）小信号模型参数提取

图 2.25 为场效应晶体管小信号模型等效电路[2],C_{pgs} 和 C_{pds} 为器件栅端、漏端寄生电容,R_g、R_d 和 R_s 为器件栅端、漏端和源端寄生电阻,L_g、L_d 和 L_s 为器件栅端、漏端和源端寄生电感;C_{gs}、C_{ds} 和 C_{gd} 为器件本征电容;R_i 为器件本征沟道电阻;R_{ds} 为器件漏源电阻;g_m 为器件跨导。对小信号测试数据进行参数提取,获得小信号模型参数值。

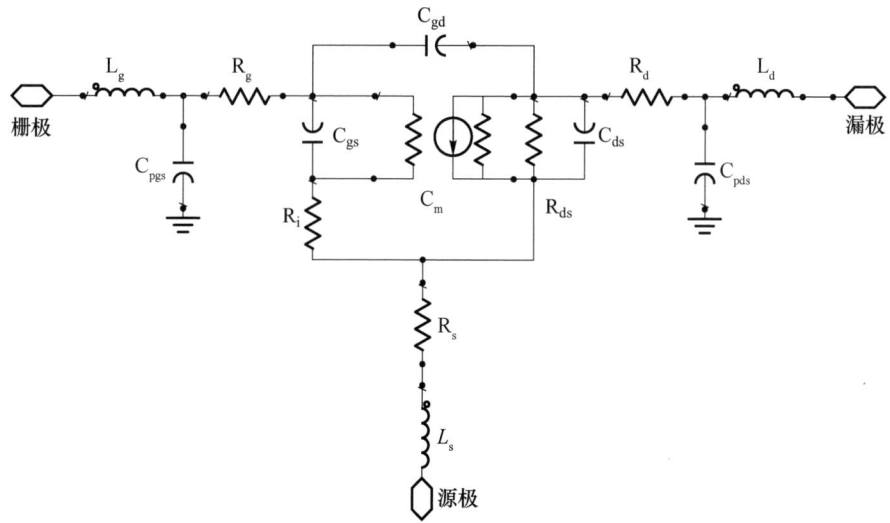

图 2.25　场效应晶体管小信号模型等效电路

4)噪声模型参数提取

为精确仿真低噪声放大器的噪声特性,需获得器件的噪声参数,噪声参数包括最小噪声系数 NF_{min}、噪声电阻 R_n、最佳源阻抗 Z_{opt}。图 2.26 为噪声参数测试系统[2],利用噪声仪、阻抗调节器和矢量网络分析仪,通过开关切换可测量器件的噪声参数和 S 参数。

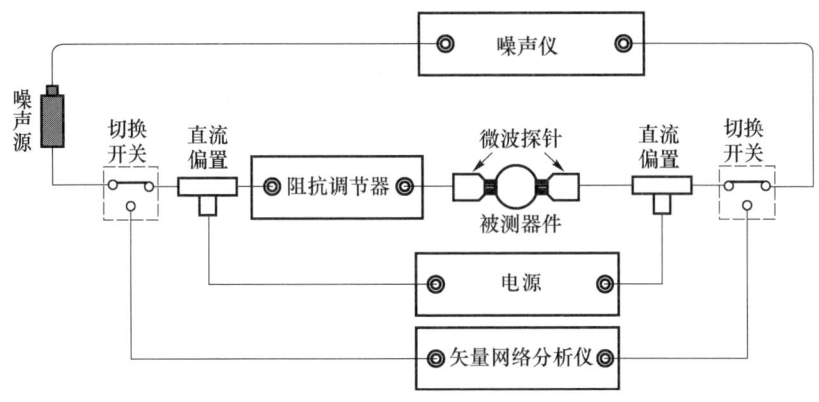

图 2.26 噪声参数测试系统

5)大信号模型提取

大信号模型通常采用经验分析模型进行提取。首先根据器件的测试数据,建立一个可以描述器件性能的数学函数。表述函数一般包括很多可调整的模型参数,只要设置合适的参数,数学函数就能精确地描述器件的特性,使模拟曲线和测试曲线很好地吻合。经验分析模型全部由集总线性元件、非线性元件和受控源组成。利用负载牵引系统的测试数据对提取出的大信号模型进行修正,完善模型设计。最后将模型参数导入到微波仿真软件中进行单片电路的电性能仿真。图 2.27 为场效应晶体管大信号模型等效电路。

GaN 微波功率芯片设计时除了需要大信号模型外,还需要热电模型来表征其工作时的微波特性。GaN HEMT 存在比较严重的电流延迟效应和自热效应,这些效应在一般的直流测试中表现不出来,只有通过窄脉冲 I-V 测试和窄脉冲 S 参数测试才能观察到。通过精确的窄脉冲测试,提取 GaN HEMT 的电流延迟和自热效应参数,通过大量的热阻测试数据和仿真分析结果,确定合适的热阻拟合公式,建立与器件栅宽、功耗、壳温等变量相关的热电模型。再将热电模型集成到大信号模型中。

6)无源元件模型提取

无源元件模型采用电磁场仿真、测试以及等效电路拟合相结合的方法进行提取。常用的无源元件中,电容、电阻、通孔均采用等效电路模型,螺旋电感和微带元件则采用电磁仿真模型。图 2.28 ~ 图 2.30 为常见的几种无源元件模型。

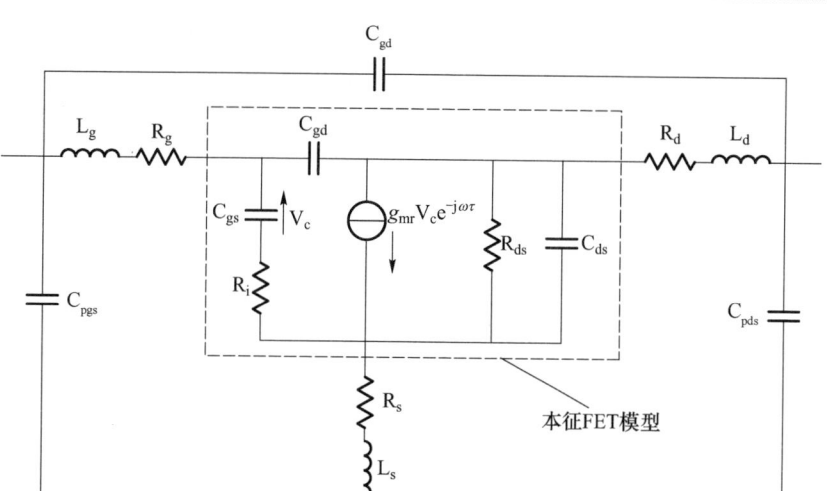

图 2.27　场效应晶体管大信号模型等效电路

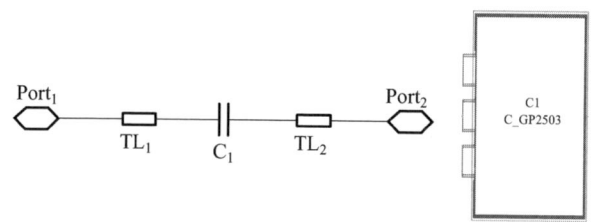

图 2.28　MIM 电容等效电路模型

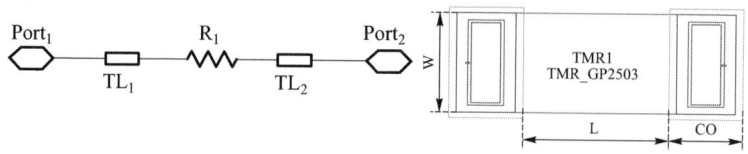

图 2.29　薄膜电阻等效电路模型

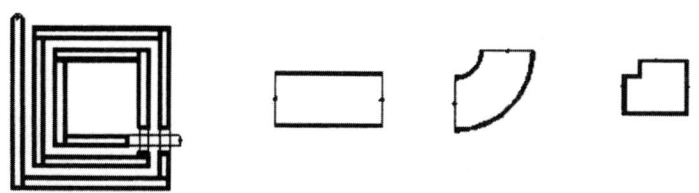

图 2.30　微带模型

6. PDK(Process Design Kit)集成

PDK 集成技术是晶圆生产厂家将相关的工艺信息如工艺规则文件、电学规则文件、版图层次定义文件、版图设计规则、元器件模型等集成在一起,形成完整的设计软件包。电路设计师将模型库软件包嵌入电路仿真软件中,可方便调用。PDK 集成技术为设计师提供了强大的设计工具包和设计准则,可以把设计和工艺更加紧密地衔接起来,提高产品的开发效率和设计成功率。

2.3.3 设计技术平台

设计技术平台是设计师基于晶圆生产厂家提供的设计工具包和设计规则,进行 T/R 组件用各种核心芯片电路的设计与仿真,最终完成电路版图的设计和制版,再进行芯片电路的流片加工。

1. 单片电路设计

单片电路设计包括芯片电性能设计和版图结构设计,用于单片电路设计的硬件设备通常包括工作站、服务器、台式计算机等。仿真软件通常包括微波电路设计软件数字电路设计软件、电磁场仿真软件、版图设计软件。

T/R 组件用各种核心芯片具有不同的功能性能,设计师首先对电路指标进行分析,优选器件模型。利用电路仿真软件进行单片电路的电性能仿真,包括电路拓扑结构优选、电路原理图设计与优化、电磁场仿真、版图设计与验证等,并可对设计结果进行成品率分析与优化。

电磁场仿真与版图优化是为了尽量减小芯片面积,同时还要考虑无源元件之间、无源元件与有源器件之间的电磁互扰效应,对优化好的电路进行实际的布局,然后按照工艺规则把电磁场仿真好的原理图制成具有实际意义的版图。

芯片电性能设计完成后进行芯片版图设计。电路版图设计软件具备电路多层版图设计、设计规则检查、标准版图单元库及自动布图布线、版图网表和版图参数提取等功能。完成版图编辑后需要对数据进行输出,输出格式通常包括 TDB 格式、GDS Ⅱ 格式、CIF 格式等,这些格式可以非常方便地在不同的集成电路设计软件之间交换图形数据文件或把图形数据文件传递给光掩模制造系统。

2. 单片电路设计流程

单片电路设计依据任务书进行产品的设计开发,最终完成版图的设计制作。在设计过程中为了达到电路指标要求,需要进行反复迭代,典型功率 MMIC 的设计流程如图 2.31 所示。

2.3.4 测试技术平台

测试技术平台的主要工作是各种芯片的性能测试。通过测试技术表征芯片的直流性能和微波性能。测试方式包括在片测试和载体测试。

1. MMIC 在片测试

MMIC 在片探针测试是一种经济、快速的测试技术。单片电路晶圆级测试

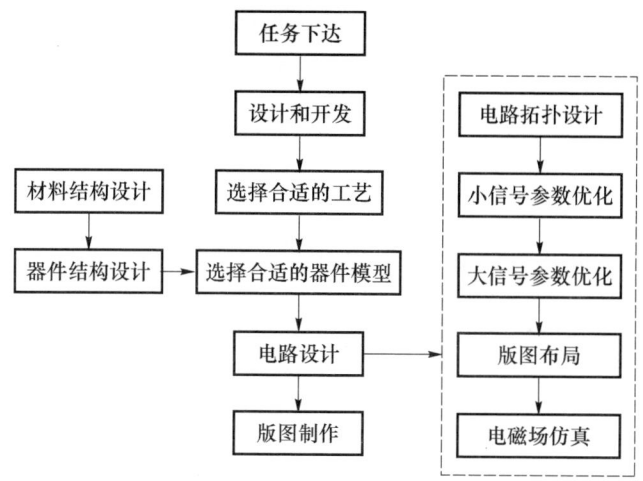

图 2.31 典型功率 MMIC 设计流程图

可获得直观的直流和微波性能参数 MAP 图、测试成品率及工艺加工的一致性等信息。同时可反馈给电路设计师,用于评估该款电路的模型及设计的准确性,为进一步优化电路提供依据。

在片测试的仪器设备主要包括微波探针台、功率放大器、频谱分析仪、矢量网络分析仪、功率计、功率分析仪、信号源、晶体管特性图示仪、数字万用表、信号发生器、固定衰减器、调谐器、数字多用表、示波器、直流稳压电源等。软件配置主要包括数据统计和分析软件、测试系统驱动软件,实现大量测试数据的自动采集、统计、分析并给出报表,简化手工分析的时间,减少误差。

1)MMIC 在片直流参数测试

通过在片直流参数测试,判断 MMIC 芯片的直流特性是否合格。在晶圆上直接测试 MMIC 中有源器件的直流参数,其测试的准确性和测试效率是测试中要解决的关键技术。采用计算机程控和探针台建立在片的直流参数自动测试系统,可提高测试速度,并保证测试状态的一致性。

2)MMIC 在片微波性能测试

MMIC 在片测试系统根据单片电路的功能不同,应选用相应的测试仪器,搭建相应的测试系统。在片测试系统的控制部分通常分为测量仪表自动控制和探针台自动控制。微波探针一般采用共面波导结构,包括 GSG(地、信号、地)三个针尖,相应地,芯片的微波输入/输出端需要对应的 GSG 三个压点。将圆片放置在承片台的中心位置,用真空泵将芯片牢牢地吸附在承片台上,避免测试时芯片产生移动,同时保证芯片背面良好接地。通过显微镜和摄像头,操作者可观察到芯片图形和压点位置,然后通过计算机程序或者手动旋转探针座上的调节旋钮控制探针的移动,将探针压在测试压点的位置上。测试后在不合格的芯片上做标记。通过计算机程序控制芯片 X 轴和 Y 轴的移动方向，就可以实现整个圆片的自动测试。微波功率芯片在片测试框图如图 2.32 所示。半自动微波探针测试系统如图 2.33 所示。

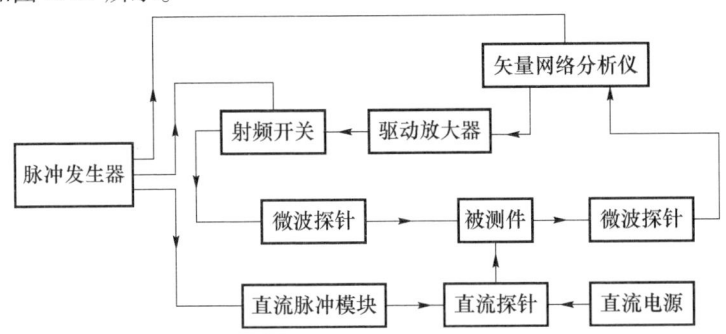

图 2.32　微波功率芯片在片测试框图

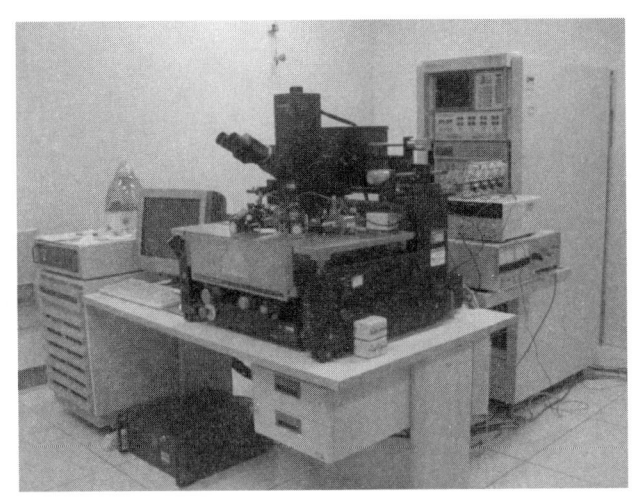

图 2.33　半自动微波探针台（见彩图）

为了准确、高效地进行 MMIC 在片微波测试，需要解决相关的技术难点，如高频测试技术和无损测试技术。高频测试技术的难点在于高频在片的校准难度大，无损测试要保证测试过程中微波探针和直流馈电探针不能对芯片表面造成损伤，保证较高的测试精度、测试速度和较低的损耗。

需要强调的是，在片测试时需在直流偏置上加滤波电容，以防止单片电路测试时引入的低频自激。同时，芯片版图设计时，在每个直流压点上并联一个接地电容也可以在一定程度上起到滤波的作用，同时还要考虑偏置电路对芯片稳定性的影响。

另外，进行微波功率芯片在片测试时，还需要特别注意测试过程中的大电流、高电压等问题。对于中小功率的单片，由于其功耗小，可以采取连续波在片测试的方式。而大功率单片因其功耗大、散热困难，通常采取脉冲测试技术进行在片测试。

芯片测试的过程中应注意以下几个问题：①严格进行测试系统校准；②所有仪器、被测器件必须有良好的接地措施；③严格按测试规范操作，并注意测试系统的清洁；④保证环境温度在规范要求的范围之内；⑤测试台稳定性、抗振性好。

2. MMIC 载体测试

载体测试主要是为了模拟芯片的实际使用状态，进一步验证 MMIC 芯片的性能，进行芯片考核以及相关的可靠性试验。载体测试由于芯片装配和测试方式与实际使用方式更加相似，采用良好散热性能和低损耗的微波测试夹具，可以使 MMIC 芯片充分体现其实际性能。在芯片测试前，需要根据芯片的工作频率、外形尺寸、馈电形式等相关参数，设计测试载体和测试夹具，图 2.34 为某款芯片的测试载体和测试夹具的设计图。在测试之前需要将芯片烧结或粘接到载体上，并装配在测试夹具上，图 2.35 为一款功率芯片烧结在载体并装配到测试夹具上的照片。测试夹具和载体的制作精度、接头和载体的装配质量均会直接影响 MMIC 芯片的测试结果。因此在 MMIC 芯片测试前要对夹具的损耗进行精确测试。

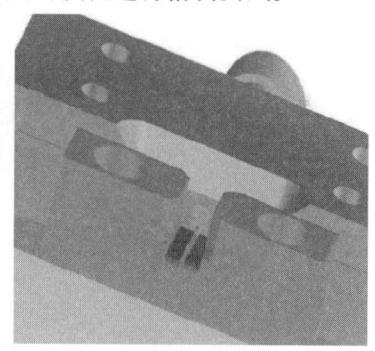

图 2.34　芯片载体和测试夹具设计示意图

芯片完成装配并确认装配无误后，将其接入微波测试系统，进行微波参数测试。

3. 芯片测试流程

以功率单片为例，从晶圆投片开始到最终性能测试，其中涉及的检测项目及流程如图 2.36 所示。主要包括晶圆级的直流和微波探针在片测试和载体测试，并形成最终数据报告。

2.3.5　可靠性技术平台

可靠性技术平台主要用于对 T/R 组件用半导体 MMIC 芯片进行质量评价

图 2.35 功率芯片完成装配的照片（见彩图）

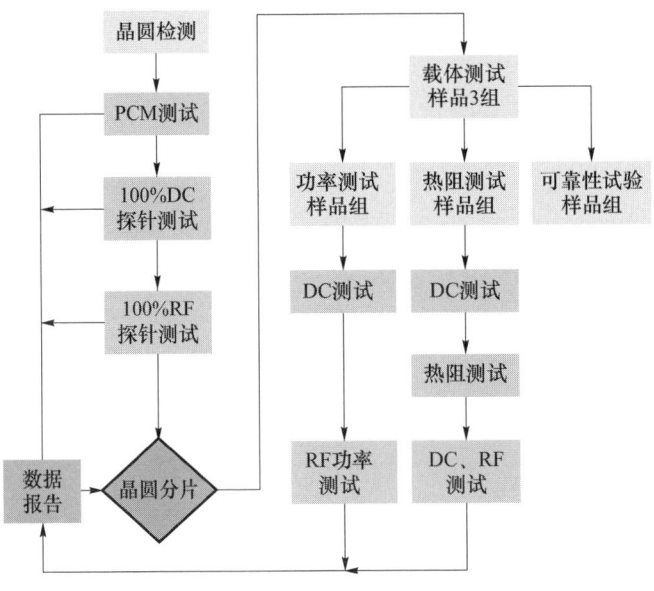

图 2.36 功率单片测试基本流程

和可靠性验证。通过对芯片的可靠性试验，得到芯片的失效模式，并对失效机理进行分析，同时反馈给设计和工艺，以便改进设计、优化工艺，使芯片的可靠性水平得到有效的提升。针对不同种类的芯片形成规范的可靠性评估流程，全面评价 MMIC 芯片的可靠性。

1. 筛选试验

MMIC 芯片筛选通常在晶圆的前道工艺完成后进行。针对晶圆级试验，通常的筛选流程包括晶圆批验收、稳定性烘焙、电探针测试和目检。通过一系列筛选试验,提高芯片的稳定性,同时将不满足产品规范指标和目检要求的芯片剔除。筛选单要求记录每批产品的筛选成品率和筛选数据。

2. 鉴定检验

从筛选合格的芯片中抽样,按照具体产品的详细规范和检验大纲进行鉴定检验,最后出具检验报告。

3. 可靠性评估及失效分析

芯片类产品可靠性试验流程如图 2.37 所示。

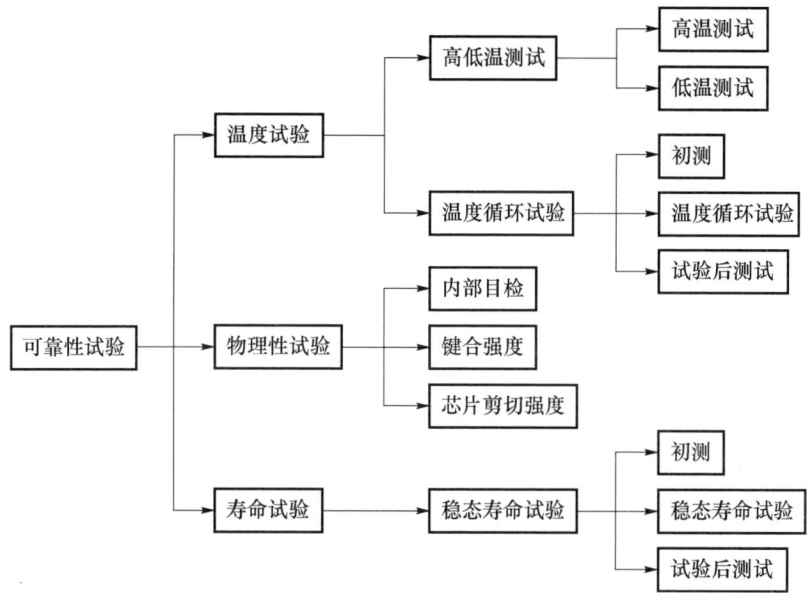

图 2.37 芯片类产品可靠性试验流程

其中稳态寿命试验是评估微波 MMIC 芯片可靠性的一个重要试验,可分为直流电老炼和射频电老炼。直流电老炼是在一定的环境温度下,给芯片加相应的直流功耗,使芯片承受一定的电应力和热应力,根据 MMIC 芯片的功能不同,设定某些关键参数的变化量作为失效判据,在规定时间内完成直流稳态寿命试验。射频电老炼是给芯片施加一定的直流功耗,同时在输入端施加射频信号,调节环境温度使芯片结温保持在设定的条件下。同样,根据 MMIC 芯片的功能不同,采用某一个关键参数的变化量作为失效判据,在规定时间内进行的试验。

失效的概念及分类:产品丧失规定的功能和特性参数要求称为失效,对可修复产品也称为故障。致命失效是指完全丧失功能;漂移失效是指产品具有基本功能,但是参数发生漂移变化,超出了规定要求。

失效分析:针对芯片筛选、检验及可靠性评估中出现的样品失效,开展可靠性失效分析。采用扫描电镜、键合拉力测试仪等分析设备进行失效机理分析,确定失效模式,必要时提出产品的可靠性改进方法。

MTTF 试验:MTTF 试验是预期器件长期寿命的试验方法之一,可以理解为在一定的工作环境下、正常工作时发生故障的时间。由于正常工作条件下,半导体元器件的工作寿命长达 10^6 h 或者更长,很难在正常工作条件下得到试验结果,因此普遍采用加速寿命的方法进行半导体器件的寿命评估。普遍采用的试验方法为三温梯度法。通过试验分别得到三个温度下的失效时间,再采用阿仑尼斯方程计算出器件的失效激活能,从而预测出器件在指定结温下的工作寿命。

可靠性技术平台包括大量的试验设备和仪器,用来进行产品的可靠性摸底、筛选、鉴定检验、可靠性评估和失效分析。可靠性试验设备主要有直流老化台、射频老化台、高温反偏试验台、高低温烘箱、恒定加速度系统、机械冲击系统、热阻测试仪、检漏仪、盐雾试验台等;失效分析设备主要有显微镜、扫描电子显微镜、聚焦离子束显微镜、红外热像测试仪、引线拉力计等。

关于更多的芯片可靠性实验技术和失效分析技术,可参见第 9 章。

参考文献

[1] 虞丽生. 半导体异质结物理[M]. 北京:科学出版社,1990.
[2] 刘恩科,朱秉生,罗晋升. 半导体物理[M]. 北京:国防工业出版社,2003.
[3] 高建军. 场效应晶体管射频微波建模技术[M]. 北京:电子工业出版社,2007.

第 3 章
雷达收发组件发射芯片

3.1 引　　言

发射芯片是雷达收发组件的核心芯片,一般包含一个驱动放大器芯片和一个高功率放大器芯片,其典型应用如图 3.1 虚框部分所示。驱动放大器芯片输出功率较小,主要用于驱动高功率放大器芯片。高功率放大器芯片用于驱动天线等负载,将雷达信号发射出去。

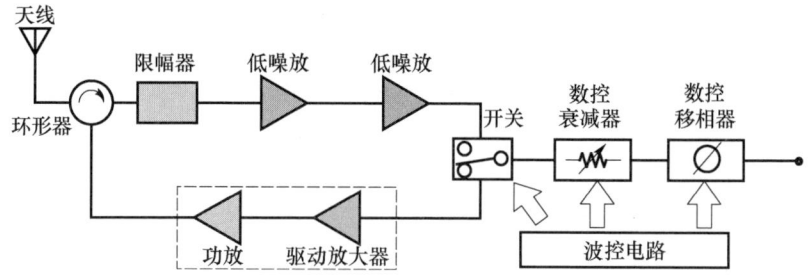

图 3.1　典型 T/R 组件基本框图

经过多年的发展,用于 T/R 组件的功率放大器芯片已经从过去输出功率只有几瓦到十几瓦的 GaAs 芯片,发展到目前输出功率达到几十瓦的 GaN 芯片,使雷达的作用距离也有了质的飞跃。

本章将重点讲述功率器件小信号模型和大信号模型的建立技术,驱动放大器芯片和高功率放大器芯片的设计、仿真和测试技术。

3.2　功率器件模型技术

3.2.1　模型概述

在电路设计过程中,器件模型是电路设计的基础和出发点,器件模型的精度决定了电路设计的精度。

功率放大器芯片设计过程中所需要的元器件模型包括无源元件模型和有源器件模型。无源元件主要包括电阻、电容、电感、微带线等,其模型相对有源器件要简单,微带传输线段与电阻等元件模型精度在 95% 以上,对于一些结构复杂或者应用频率较高的无源元件,模型精度一般会相对变差。有源器件包括金属–半导体场效应晶体管(MESFET)、高电子迁移率晶体管(HEMT)和赝配高电子迁移率晶体管(PHEMT)等。根据输入信号的大小,有源器件模型又可分为小信号模型和大信号模型。本节主要讲解有源器件的建模技术。

根据模型建立的技术方式不同,有源器件模型一般分为物理模型(Physical Model)、经验模型(Empirical Model)和表格模型(Table-based Model)。

物理模型基于基本物理方程,根据器件的物理结构、材料参数等采用场分析方法进行二维、三维场仿真,应用器件数值模拟分析方法仿真器件的电场、电势、载流子浓度分布及器件的 I-V 曲线、正向导通、反向击穿等特性。物理模型比较适合用来分析没有成熟模型定义的新结构器件,只需知道物理结构即可。然而由于计算复杂以及材料参数变化、工艺制造误差等多种因素的影响,物理建模通常不能很好地反映实际工艺制作的器件特性;此外,器件在微波毫米波频段应用时,由于工作频率很高,寄生效应显著,物理模型没有将对器件特性影响不可忽略的压点电容和引线电感等寄生元件考虑在内,限制了物理模型的实用性,不适用于微波芯片电路设计。目前所有商业设计软件中均没有 GaAs 或 GaN MESFET/HEMT 的物理模型。

经验模型通常也可称为等效电路模型,是针对实际工艺制作的不同器件,基于测试数据和经验公式以等效电路的形式建立的,其模型参数采用参数拟合和数值优化的方法进行提取,但经验模型中的很多参数并无实际物理意义、因此,经验模型不能用于指导器件的设计生产。经验模型与微波设计软件有很好的兼容性,不需要具体给出器件的电学特性便可直接用于微波设计软件进行仿真设计。此外,由于经验模型直接与实际 MMIC 工艺线相结合,可建立适合自身工艺状况的器件模型库,其精度和计算效率都相对较高。但缺点是经验模型只能保证在测试区域内的精度,在测试区域外模型预测结果的精度没有保障,可能会有较大误差。尽管如此,以等效电路为分析框架的经验模型现已广泛用于计算机辅助设计工具中。

与物理模型和经验模型不同的是,表格模型不需要模型方程,其完全基于测试数据建立。根据事先确定好的等效电路模型,将所有测试或计算得到的器件电学特性的相关数据存储在表格中,并将其作为整体直接输入仿真器中,通过端口特性对外部激励产生响应。因其是器件电学参数的真实反映,且与工艺线的结合更加紧密,因此精度非常高。但表格模型一般要与特定的仿真器相连接,模型移植困难;同时,与经验模型一样,在测试区域以外模型精度没有保证。比较典型的表格模型是 ROOT 模型。

考虑到有源器件模型在微波芯片设计中的实际应用情况,本节将重点介绍有源器件的等效电路模型。

3.2.2 小信号模型

有源器件的等效电路模型根据器件输入信号的大小可分为小信号模型(即小信号等效电路模型,以下直接简称为小信号模型)和大信号模型(即大信号等效电路模型,以下直接简称为大信号模型)。当输入的射频信号功率很小时,可近似认为功率器件的工作偏压没有发生变化,为固定的直流偏置电压;但当输入的射频信号功率增大至大信号状态时,功率器件所加的电压不再是固定的直流偏置电压,而是直流偏置与射频输入的叠加,叠加后的电压值会随射频输入信号的变化而变化,功率器件呈现非线性。理论上认为,在静态工作点上叠加的交流信号振幅远大于 kT/q 时,器件的工作状态便为大信号,其中 k 为玻耳兹曼常数,T 为热力学温度,q 为电子电量,当 $T=300K$ 时,$kT/q \approx 0.026V$。从建模技术上来讲,在固定偏置条件下得到的功率器件的小信号模型,是大信号模型建立的基础。因此,小信号建模技术也很关键。

一个标准的 HEMT 器件小信号等效电路模型和 HEMT 器件截面图及相应等效元件如图 3.2 所示,可用于 GaAs PHEMT 器件和 GaN HEMT 器件。

图 3.2(a)所示的 HEMT 器件小信号等效电路模型共含 16 个小信号模型参数,其中寄生参数 9 个(C_{pgs}、C_{pds}、C_{pgd}、L_g、L_d、L_s、R_g、R_d、R_s),本征参数 7 个(C_{gs}、C_{gd}、C_{ds}、g_m、τ、R_{in}、g_{ds})。寄生参数与外偏置条件无关,不随偏置电压的改变而改变,表现为一个常数;本征参数则随外偏置条件的改变有比较显著的变化。小信号等效电路模型的模型参数物理意义介绍如下:

1)寄生电容 C_{pgs}、C_{pds}、C_{pgd}

C_{pgs}、C_{pds}、C_{pgd} 主要是栅端、漏端和源端金属与衬底之间的寄生效应及三个电极之间耦合电容的总效应,一般都在 fF 量级。对 GaN HEMT 器件而言,寄生电容 C_{pgs} 和 C_{pds} 比较大,甚至有的会达到几百 fF。C_{pgd} 相对来说比较小,很多文献中都将其忽略,但小栅长器件应用于较高频率范围时则应考虑,如毫米波波段。

2)寄生电感 L_g、L_d、L_s

L_g、L_d、L_s 主要是栅端、漏端与源端处由器件表面的金属构成的寄生电感效应,一般在 pH 量级,对器件性能影响很大,尤其是在高频应用中。三个寄生电感中,通常 L_g 和 L_d 较大,而 L_s 很小,器件源极一般接地,在有接地背孔的情况下 L_s 会更小。

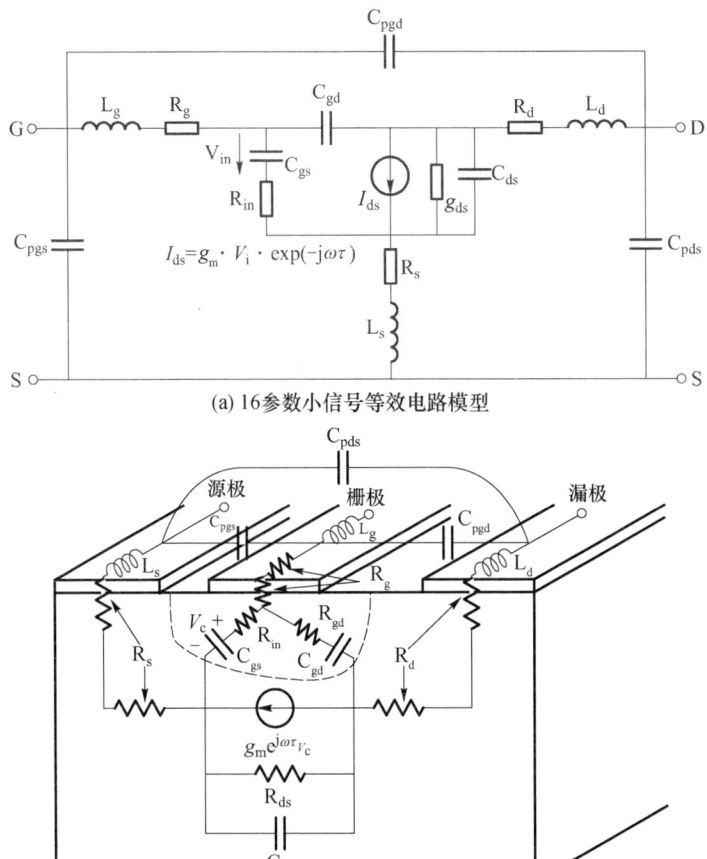

(a) 16参数小信号等效电路模型

(b) HEMT器件截面图及相应等效元件[1]

图 3.2 等效电路模型

3) 寄生电阻 R_g、R_d、R_s

R_d 和 R_s 分别表征漏端和源端的欧姆接触金属电阻,同时也包括扩散注入有源区的体电阻;栅端寄生电阻 R_g 主要是由肖特基栅金属带来的。寄生电阻 R_g、R_d 和 R_s 有时会随着偏置电压发生变化,但在小信号模型中通常认为其电阻值是常数。倘若电场强度的增加和输入信号功率的提高会导致寄生电阻出现很强的非线性,就要着重考虑这种非线性对整个模型的影响。

4) 本征电容 C_{gs}、C_{gd}、C_{ds}

C_{gs}、C_{gd}、C_{ds} 主要由器件端口电压决定,空间电荷区的变化受栅源电压 V_{gs} 和栅漏电压 V_{gd} 控制。栅源电容 C_{gs} 可看成是空间电荷区为介质,在栅极与源极及栅极与沟道之间形成的电容之和;与之类似的,栅漏电容 C_{gd} 则是栅极与漏极及栅极与沟道之间形成的电容之和。C_{gs}和C_{gd}主要反映了栅压对沟道二维电子气（2DEG）以及栅下耗尽区的调制作用，由于这种调制作用是非线性的，C_{gs}和C_{gd}的非线性很显著。漏源电容C_{ds}用来表征源漏电极之间的耦合电容，C_{ds}随偏置电压的变化很小，通常可当作常数来近似处理。

5）跨导g_m

g_m用来衡量输入栅源电压V_{gs}的变化在输出漏源电流I_{ds}上的改变量，该物理参数给出了器件的内部增益，是微波和毫米波应用的重要器件指标。数学上定义g_m为当V_{ds}为恒定常数时（即$V_{ds}=\text{const}$时）I_{ds}相对于V_{gs}的导数，即

$$g_m = \frac{\partial I_{ds}}{\partial V_{gs}}\bigg|_{V_{gs}} = \text{const} \tag{3.1}$$

低频时的g_m一般较大，尤其是Ⅲ族~Ⅴ族的HEMT器件；从低频到高频，g_m会发生明显变化，低频时的g_m值比高频时的g_m值高15%左右，这种现象通常称为跨导的频散。

6）跨导延迟因子τ

当V_{gs}变化时，I_{ds}需要一定时间才能对该变化发生响应，跨导延迟因子τ表征的就是这个内部延迟过程。其物理意义是，V_{gs}变化时栅下空间电荷区的电荷由一个稳态重新分布到另一个稳态所需的时间。对微波器件而言，τ的量级为ps，通常会随栅长的减小而减小。

7）内部栅源电阻R_{in}

R_{in}是沟道与源极之间的电阻。在小信号等效电路模型中主要用于改善S_{11}的拟合效果。

8）输出电导g_{ds}

g_{ds}是用来衡量输出漏源电压V_{ds}的变化在输出漏源电流I_{ds}上产生的变化量。数学上定义g_{ds}为V_{gs}不变时（即$V_{gs}=\text{const}$时）I_{ds}相对于V_{ds}的导数，即

$$g_{ds} = \frac{\partial I_{ds}}{\partial V_{ds}}\bigg|_{V_{gs}} = \text{const} \tag{3.2}$$

g_{ds}在器件中也是很重要的参数，对确定器件的最佳输出阻抗匹配很重要。g_{ds}随栅长的减小而增大。此外，g_{ds}的频散特性比跨导的频散特性大很多，低频下的g_{ds}比高频下的g_{ds}高50%左右。

小信号模型参数提取技术采用层层剥离的方法，首先提取寄生参数，寄生参数提取流程如图3.3所示，再去嵌（De-embedding）寄生参数，得到本征参数。

3.2.3 大信号模型

小信号模型对于理解器件物理结构和预测小信号S参数十分有用，却不能反映相应的射频大信号功率及谐波特性，这就需要建立非线性大信号模型。与

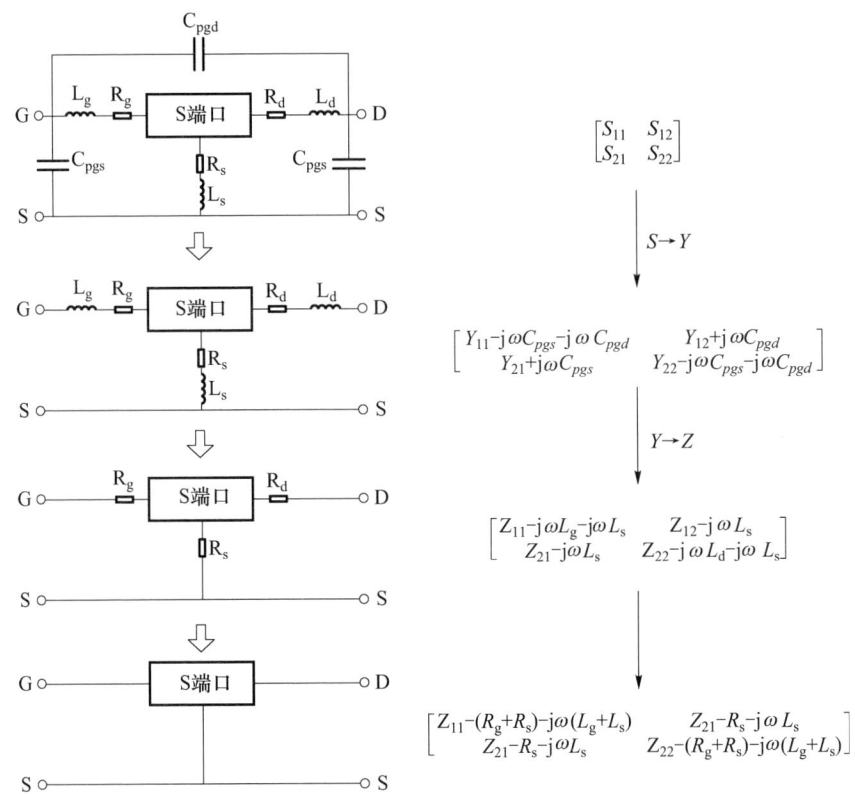

图 3.3 寄生参数提取流程

小信号模型不同,大信号模型是一个全域模型,达到一定精度要求的大信号模型所有偏置条件下的 I-V 特性和小信号 S 参数都要拟合得很好。目前,用于主流电路仿真器中的大信号模型都是等效电路模型。大信号等效电路模型参数可以通过测量拟合和数值优化很方便地得到。在测量区域,大信号模型可以准确地预测器件的非线性特性,但这只是纯粹的数学上的近似,因为用数学函数来拟合非线性元件的特性,并不能准确代表各个元件的非线性物理关系。在实际器件中,所有非线性元件物理上是相互关联的,而不像等效电路模型中各自独立按照经验的数学函数变化。

从 20 世纪 80 年代开始,关于 MESFET 的大信号等效电路模型陆续发表,其中不乏很多流行的大信号经验模型,如 Curtice 模型、Statz 模型、Materka-Kacprzak 模型和 TOM 模型等,都在一定程度上描述了 MESFET 大信号非线性特性。商用微波设计软件通常都包括这些非线性等效电路模型。因为 MESFET 和 HEMT 的器件结构、工作机理比较相似,这些模型在电流方程和栅电容上进行一定修正后,便产生了相应的适用于 HEMT 的大信号模型。商用经验模型的等效电路结构几乎都一样,只是表述源漏电流方程和栅电容模型的表达式有所差别。

建立器件的大信号等效电路模型,首先需要器件的测试数据,然后给出一个可以描述器件测试性能的数学函数,数学函数一般包含很多可调整的模型参数,只要设置合适的模型参数,数学函数就能精确地描述器件的测试特性,使仿真曲线和测试曲线吻合得较好。一个典型的高频 FET(包括 MESFET、HEMT 和 PHEMT)非线性等效电路如图 3.4 所示,经验模型全部由集总线性元件、非线性元件和受控源组成。

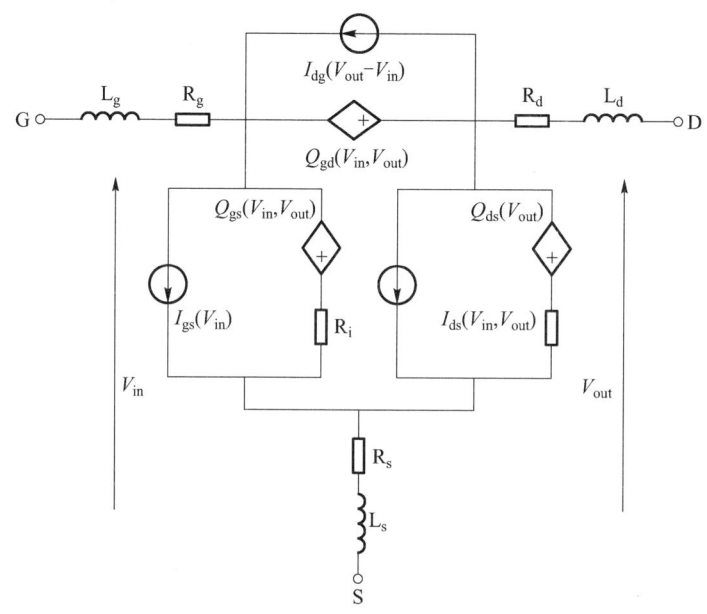

图 3.4 FET 大信号等效电路

(1) $I_{ds}(V_{in},V_{out})$ 为受输入和输出电压控制的源漏电流源,一般来说 $V_{in}=V_{gs}$,$V_{out}=V_{ds}$,I_{ds} 分别对栅源电压 V_{gs} 和源漏电压 V_{ds} 偏微分便可求出输出跨导和输出电导。

(2) $I_{gs}(V_{in})$ 为受输入电压控制的二极管电流源,用于仿真 FET 栅压正向偏置时的二极管电流。

(3) $I_{dg}(V_{in},V_{out})$ 为受输入电压和输出电压控制的二极管电流源,用于仿真栅漏二极管反向雪崩击穿电流。

(4) $Q_{gs}(V_{in},V_{out})$ 为受输入和输出电压控制的栅源非线性存储电荷。

(5) $Q_{gd}(V_{in},V_{out})$ 为受输入和输出电压控制的栅漏非线性存储电荷。

(6) $Q_{ds}(V_{out})$ 为仅受输出电压控制的非线性存储电荷。

(7) $R_i(V_{in},V_{out})$ 为受输入和输出电压控制的栅源非线性电荷电阻。

图 3.4 中 R_g、R_d、R_s 分别表示栅、漏、源寄生电阻,L_g、L_d、L_s 分别表示栅、漏、

源寄生电感,寄生电阻和电感定义与小信号等效电路一致。不同的是,上述非线性元件参数 I_{ds}、I_{gs}、I_{dg}、Q_{gs}、Q_{gd}、Q_{ds}、R_i 是外置偏置电压的非线性函数,而不是一个常数。建模时,一般认为 R_i 是一个常数,因为它的影响只是二级效应,所以一般只有其余几个非线性函数。建立大信号模型就是要用数学函数去准确描述这些受控器件参数的非线性特性。

$$g_m = \frac{\partial I_{ds}}{\partial V_{gs}} \tag{3.3}$$

$$g_{ds} = \frac{\partial I_{ds}}{\partial V_{ds}} \tag{3.4}$$

$$C_{gs} = \frac{\partial Q_{gs}}{\partial V_{gs}} + \frac{\partial Q_{gd}}{\partial V_{gs}} \tag{3.5}$$

$$C_{gd} = \frac{\partial Q_{gs}}{\partial V_{gd}} + \frac{\partial Q_{gd}}{\partial V_{gd}} \tag{3.6}$$

$$C_{ds} = \frac{\partial Q_{ds}}{\partial V_{ds}} \tag{3.7}$$

较流行的 MESFET 经验模型,如 Curtice 模型、Materka 模型、Statz 模型、TOM 模型和 EEFET3 模型等,最大区别是沟道电流 I_{ds} 表达式不同,但都在一定程度上较好地表征了 MESFET 的大信号特性。然而,HEMT 与 MESFET 不同,HEMT 会出现跨导压缩特性,一种解决方案是采用改进的 MESFET 模型,将 MESFET 模型采用分段函数的形式描述跨导压缩特性,即在跨导压缩处,将原来用于描述 MESFET 的函数乘上一个非线性的下降因子,用来描述 HEMT 的跨导压缩特性,如修正后的 Curtice 模型跨导表达式为

$$g_m = g_{mFET} - f(V_{ds})\xi(V_{gs} - V_{pf})^\varphi \tag{3.8}$$

式中:g_{mFET} 为 MESFET 的 Curtice 跨导模型;$f(V_{ds})$ 为一个只与漏压有关的非线性函数;V_{pf} 为跨导开始压缩的栅压;φ 为经验跨导压缩因子。

但即使这样,这些模型本身还无法描述自热、低频色散、高阶连续和电荷守恒等问题,因此都不能很好地仿真 HEMT 的大信号特性。还有一些可以直接用于 HEMT 的大信号模型,如 Curtice 立方模型、Statz 模型、Angelov 模型和 EEHE-MT1 模型等。

Curtice 立方模型采用三次多项式仿真 I_{ds} 与栅控制电压的关系,同时其考虑了夹断电压随沟道电压增加而增加的现象;其缺点是立方多项式外推精度差,在阈值点二阶导数不连续,电容模型太简单,且模型参数缺乏明确的含义,在电路仿真中有时会出现器件无法夹断等非物理效应。

Statz 模型是 Curtice 平方模型的改进,较 Curtice 平方模型增加了一个掺杂

拖尾参数,可仿真 I_{ds} 和 V_{gs} 的非平方关系,其缺点在于 Q_{gs} 分段使一阶以上导数不连续,影响迭代收敛,平方根律 C-V 不符合实际器件特性。

Statz 模型和 Curtice 模型主要是以 MESFET 为主开发研制的,经过调整参数后可应用于 HEMT。1992 年 Angelov 等人提出了一个统一的可用于 MESFET、MOSFET 和 HEMT 器件的大信号等效电路模型。Angelov 模型采用源漏对称的处理方法,具备一定的反向拟合能力,能较好地表征 HEMT 的直流 $I-V$ 特性。但由于该模型是用 tanh 函数来构造 I_{ds},从而一阶跨导曲线在最大跨导处对称,不能反映真实器件的跨导压缩特性。且 Angelov 模型不是一个方便定标(Scalable)的模型,对于大栅宽器件建模测试要求很高。

EEHEMT1 模型电流方程具有高阶可导性,考虑了自热的影响,能够很好地表征 HEMT 的 $I-V$ 特性,采用电荷模型增加了一个电容项,反映了漏源电压对栅电荷的影响,并且建立了低频色散电流模型和击穿模型,能够很好地描述 HEMT/PHEMT 器件的大信号特性,且 EEHEMT1 模型是可以定标(Scalable)的模型,对大栅宽器件建模非常方便,因此采用 EEHEMT1 模型对 HEMT/PHEMT 建模具有明显优势,对 EEHEMT1 进行一定的修正即可很好地得到应用。

由于 HEMT 的表面态、陷阱等在高频时跟不上频率的变化,而在低频时这些色散电流对源漏电流有影响,应该区分 I_{ds}^{DC} 和 I_{ds}^{AC}。对不同厂家制造的器件,色散程度不一样,这与特定的器件制造工艺相关。如果不考虑这部分,则很难将 AC 跨导和输出电导同时仿真得很好。EEHEMT1 模型用一个色散电流源表征色散电流,为了不影响 g_m,色散电流仅和 V_{ds} 相关,因为一般来说,色散效应对跨导影响较小,但是,即使是沟道夹断后,这部分电流依然存在,显然不能很好地描述夹断区的特性,可在 EEHEMT1 模型的基础上增加一个双曲函数进行修正。

大信号建模的核心就是确定非线性 DC 和 AC 元件的参数,准确地描述 HEMT/PHEMT 器件大信号特性。直接测量大信号的数据并不能很好地建立模型,因为大信号的测量往往只能给出幅值的信息而不能给出相位信息,它不是唯一确定的。但采用多偏置点小信号 S 参数曲线拟合技术来确定大信号模型不失为一个成功的办法。即通过拟合在不同工作点下的 DC 和 S 参数的方法来确定大信号参数。定义一个误差函数

$$E_i = y(X_i) - y_i \tag{3.9}$$

式中:$y(X_i)$ 为在 X_i 点模型仿真的数据;y_i 对应点的测试数据。

则对所有测量点取平均误差为

$$E = \frac{1}{N} \sum_{i=1}^{N} \frac{|y(X_i) - y_i|}{|y_i|} \tag{3.10}$$

选择模型参数,使式(3.10)最小。

但这种模型参数提取方法一般适合小栅宽器件。对于大栅宽器件,由于测量过程中的自热和自激振荡等问题,这种方法并不合适。一种解决方案是采用脉冲测试技术解决测试过程中热的问题,但需要昂贵的仪器。另一种方法是采用模型定标的方法,即由小栅宽器件的模型参数按照比例推出大栅宽器件的模型参数。所谓模型定标是指对同种类型和工艺条件的不同栅宽器件,把模型参数按照一定的关系缩放(scaling),从而得到不同栅宽器件的模型参数。

EEHMET1 模型中定义了缩放因子,即

$$\text{sf} = \frac{U_{\text{gw}}^{\text{new}} \times N}{U_{\text{gw}} \times N_{\text{gf}}} \text{sfg} = \frac{U_{\text{gw}} \times N}{U_{\text{gw}}^{\text{new}} \times N_{\text{gf}}} \tag{3.11}$$

式中:N_{gf} 和 U_{gw} 分别为建模器件的栅指数和单指栅宽;N 和 $U_{\text{gw}}^{\text{new}}$ 分别为仿真电路中的实际器件的栅指数和单指栅宽。进而可得到不同栅宽和栅指数器件的模型参数。

此外,功率芯片常常要求工作在恶劣的环境下,在常温建立的大信号模型已经不能准确地预测器件在高温或低温下的特性。芯片电路的增益一般随温度按 0.02~0.03dB/℃ 滚降。除了器件迁移率的变化之外,器件的阻抗也会发生变化,所以电路的匹配情况也会变化,导致电路性能恶化。为适应不同工作温度的要求,需要建立 HEMT 的温度模型,描述不同温度下的器件特性,准确预测不同温度下的电路性能,为电路设计提供指导。

一个完整的 HEMT 模型包含很多模型参数,这对建模时确定各个模型参数的具体值带来了困难,但在一定程度上可保证模型有较强的拟合能力,从而使所建立的大信号模型能够精确地仿真器件的大信号特性。

3.3 驱动放大器芯片

驱动放大器又称为中功率放大器,与高功率放大器相比,驱动放大器输出功率较小,一般位于 T/R 模块发射通道的前级,用于驱动后级高功率放大器。

3.3.1 驱动放大器芯片设计技术

在驱动放大器的设计中,主要目标是在希望的频率范围内实现特定的增益和输出功率。当驱动放大器与开关或放大器等器件级联时,要求驱动放大器具有良好的输入输出驻波,以减小插入损耗和反射。

1. 主要技术指标

驱动放大器设计时需要考虑的主要技术指标包括:工作频率及带宽、功率增益及增益平坦度、1dB 压缩点输出功率、输入和输出驻波比、静态及动态工作电流和稳定性参数等。在具体设计驱动放大器时,一些性能需要相互适度折中。

下面对其中一些指标作简单说明。

1）工作频率及带宽

工作频率是指放大器应满足全部性能指标的频率，工作带宽 Δf 是指工作频率上限 f_2 与工作频率下限 f_1 之差。即

$$\Delta f = f_2 - f_1 \tag{3.12}$$

2）瞬时功率和平均功率

瞬时功率 p 等于电压 U 和电流 I 的乘积，即

$$p = ui \tag{3.13}$$

平均功率 P 定义为一个周期 T 内瞬时功率 p 的平均值，即

$$P = \frac{1}{T}\int_0^T p\mathrm{d}t = \frac{1}{T}\int_0^T ui\mathrm{d}t \tag{3.14}$$

3）增益及增益平坦度

信号源提供输入信号功率 P_{in}，经过放大器放大后，输出功率 P_{out} 到负载，功率增益为

$$G_p = P_{out}/P_{in} \tag{3.15}$$

增益平坦度 ΔG_p 是指工作频带内功率增益的起伏，常表示为工作频带内最高增益 G_{max} 与最低增益 G_{min} 之差，即

$$\Delta G_p = G_{max} - G_{min} \tag{3.16}$$

或

$$\Delta G = \pm\frac{1}{2}(G_{max} - G_{min}) \tag{3.17}$$

4）1dB 压缩点输出功率

1dB 压缩点输出功率 $P_{out(1dB)}$ 是驱动放大器的一个重要性能指标。当器件输入功率 P_{in} 较小时，放大器输出功率 P_{out} 与输入功率 P_{in} 呈线性放大关系，即

$$P_{out}(\mathrm{dBm}) = P_{in}(\mathrm{dBm}) + G_{lin}(\mathrm{dB}) \tag{3.18}$$

式中：G_{lin} 为放大器的线性增益，当输入功率超过某个数量值时，放大器的功率增益开始下降，当放大器的功率增益比线性增益 G_{lin} 低 1dB 时，此时的功率增益称为 1dB 压缩增益 $G_{p(1dB)}$，输出功率称为 1dB 压缩输出功率 $P_{out(1dB)}$，如图 3.5 所示，它们与相应输入功率 $P_{in(1dB)}$ 的关系为

$$P_{out}(\mathrm{dBm}) = P_{in(1dB)}(\mathrm{dBm}) + G_{1dB}(\mathrm{dB}) = P_{in(1dB)}(\mathrm{dBm}) + G_{lin}(\mathrm{dB}) - 1 \tag{3.19}$$

5）反射系数和驻波比

图 3.6 是一个常规的单级放大器电路。放大器电路包括输入匹配网络、输出匹配网络、有源器件和直流偏置网络，外部直流电源提供直流偏置电压，信号源提供输入信号，经过放大器放大后，信号输出到负载[2]。

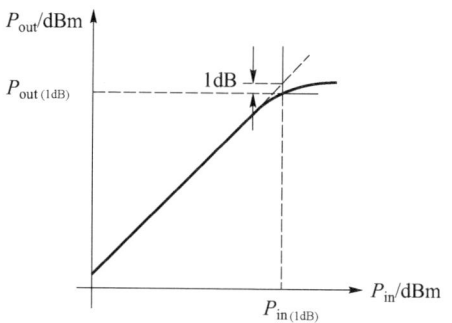

图 3.5 放大器输出功率与输入功率的函数关系

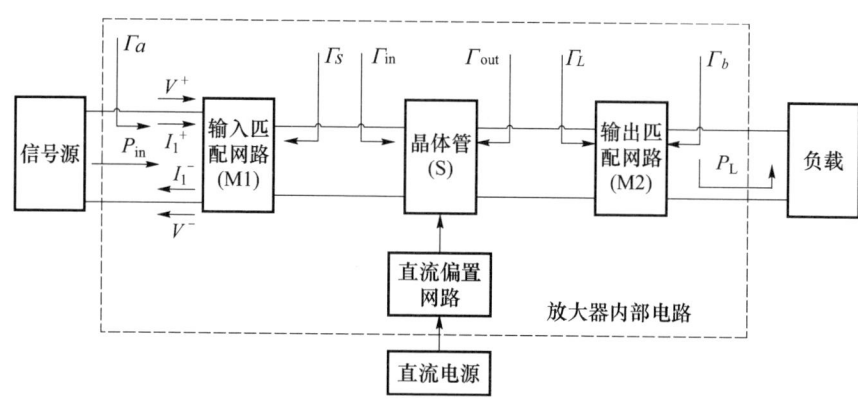

图 3.6 常规单级放大器电路框图

图 3.6 中：V^+ 为入射波电压相量；I^+ 为入射波电流相量；V^- 为反射波电压相量；I^- 为反射波电流相量；Γ 为反射系数，是反射波电压(或电流)相量与入射波电压(或电流)相量之比。

为保证信号的有效传输，设计中应尽量减小反射波。一般在工程设计中，更多使用驻波比(VSWR)的概念。驻波是两个相向传播的同频率波相互叠加的结果，驻波比是指驻波的最大电压(电流)与最小电压(电流)之比。

驻波电压最大值为

$$V_{\max} = |V^+| + |V^-| = |V^+|(1 + |\Gamma|) \tag{3.20}$$

驻波电压最小值为

$$V_{\min} = |V^+| - |V^-| = |V^+|(1 - |\Gamma|) \tag{3.21}$$

驻波电流最大值为

$$I_{\max} = |I^+| + |I^-| = \frac{|V^+|}{|Z_0|} + \frac{|V^-|}{|Z_0|} = \frac{|V^+|}{|Z_0|}(1 + |\Gamma|) \tag{3.22}$$

驻波电流最小值为

$$I_{\min} = |I^+| - |I^-| = \frac{|V^+|}{|Z_0|} - \frac{|V^-|}{|Z_0|} = \frac{|V^+|}{|Z_0|}(1-|\Gamma|) \qquad (3.23)$$

式中:Z_0 为传输线特征阻抗。

驻波比(VSWR)和反射系数的关系为

$$\text{VSWR} = \frac{V_{\max}}{V_{\min}} = \frac{I_{\max}}{I_{\min}} = \frac{1+|\Gamma|}{1-|\Gamma|} \qquad (3.24)$$

零反射时,反射系数$|\Gamma|=0$时,驻波比取得最小值$\text{VSWR}_{\min}=1$;全反射时,反射波等于入射波,反射系数$|\Gamma|=1$,驻波比取得最大值$\text{VSWR}_{\max}=\infty$。设计时应采用合适的输入输出匹配电路,保证芯片电路的输入输出驻波比尽量小,较大的驻波比会造成信号能量的损失,严重时驻波能量有可能烧毁电路。

6) 稳定性参数

为保证芯片电路的稳定性,设计电路时首先要保证输入反射系数满足$|\Gamma_{\text{in}}|=|S_{11}|<1$,以及输出反射系数满足$|\Gamma_{\text{out}}|=|S_{22}|<1$;同时引入稳定性参数$\mu$,参数$\mu$定义为

$$\mu = \frac{1-|S_{11}|^2}{|S_{22} - S_{11}^8 \Delta| + |S_{21}S_{12}|} \qquad (3.25)$$

式中

$$\Delta = S_{11}S_{22} - S_{12}S_{21} \qquad (3.26)$$

为保证电路稳定工作,必须满足$\mu>1$[3]。

2. 器件的选择

设计放大器电路首先要选择合适的器件类型和制造工艺,如 CMOS、BJT、FET、HBT 和 HEMT 等;本章主要以 GaAs PHEMT 为基础介绍驱动放大器的设计。设计驱动放大器芯片时器件的选择主要取决于以下几个因素。

(1) 根据增益选择器件级数。增益要求越高需要的器件级数越多,一般驱动放大器的增益介于 5~30dB,器件级数为一级~四级。

(2) 根据工作频率选择器件的尺寸。栅长确定的情况下,较小栅宽的器件可以工作在更高的频段。

(3) 根据输出功率大小选择末级器件的总栅宽。输出功率要求越高需要的末级器件总栅宽越大。

3. 器件的工作点

在放大器设计中,要为器件选择合适的偏置点,即 Q 点。根据偏置条件和输入、输出信号的不同关系可以将放大器分为 A、B、AB、C、D、E 和 F 几类[8]。A 类放大器的有源器件在整个输入信号周期范围内都导通。A 类放大器本质上是线性电路,理论上的最大效率是 50%。多数小信号和低噪声放大器属于 A 类放大器。B 类放大器的有源器件在输入信号的半个周期内处于导通状态,理论上

最大效率可以达到 78.5%[4]。由于在整个周期内,信号在放大器内部非线性传输,因此 B 类放大器比 A 类放大器线性特性差。AB 类放大器处于 A 类和 B 类之间,其效率比 A 类高,线性度比 B 类好。C 类放大器的有源器件在输入信号的大半周期内处于截止状态,效率接近 100%。在其他类型的放大器中,如 D 类、E 类和 F 类等模式,器件被当作开关使用,并通过谐波阻抗匹配等技术以达到高效率。大多数微波通信和雷达中的功率放大器主要工作于 A 类、AB 类和 B 类。图 3.7 给出了一个器件的 $I-V$ 特性曲线中主要类型放大器的偏置点。图中 I_{max}、I_{dss}、I_{ds}、I_1、V_p、V_{gs} 和 V_{ds} 分别是源漏最大电流、源漏饱和电流、源漏偏置电流、泄漏电流、夹断电压、栅源电压和漏源电压。

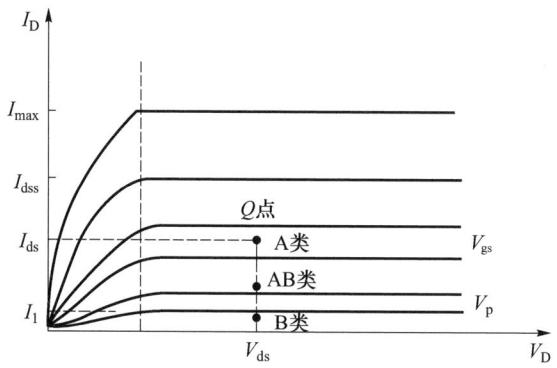

图 3.7 器件在不同工作类型下的偏置点

4. 偏置电路

器件的偏置条件、输入阻抗匹配和输出阻抗匹配决定了器件的工作状态,对放大器的输出功率、效率、线性度、增益和带宽也有很大影响。常见的双电源场效应晶体管偏置网络如图 3.8 所示。

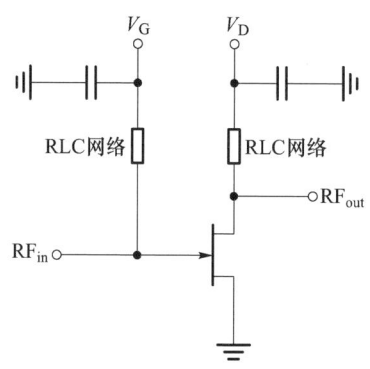

图 3.8 常用场效应晶体管偏置网络

原理上 RLC 网络采用 $\lambda/4$ 线,与射频扼流圈的作用类似,可阻止射频信号泄漏[9]。实际上,偏置网络参与一定的匹配,设计时应根据具体情况折中优化。漏极偏置网络要流通大电流,设计时要选择合适的元件,保证偏置网络能够承受漏极偏置上流通的最大工作电流。

场效应晶体管的偏置网络类型可分为有源偏置网络和无源偏置网络。一般情况下场效应晶体管的栅极偏置电压和漏极偏置电压是两个极性不同的电压,例如 $V_G<0,V_D>0$。两种偏置网络如图 3.9 所示,有源偏置网络的栅极电压 V_G 和漏极电压 V_D 均由外部电源提供;无源偏置网络电路只需要外部提供漏极电压 V_D,栅极电压 V_G 由芯片内部偏置提供。由于采用无源偏置网络的驱动放大器对外部电源要求简单,因此这种驱动放大器受到大多数用户的青睐。

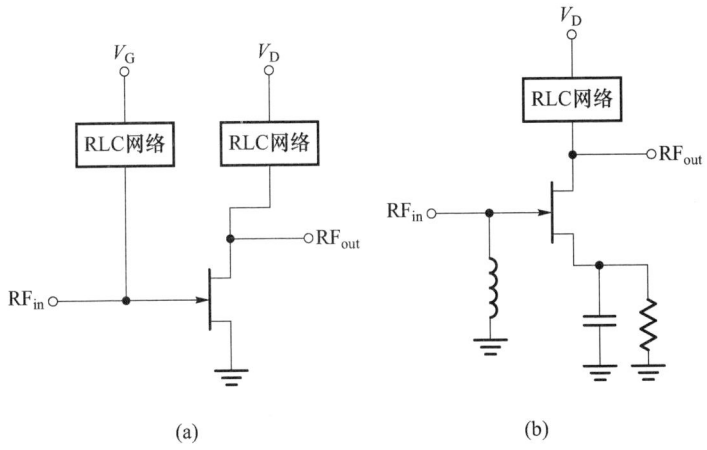

图 3.9　场效应晶体管的有源偏置网络和无源偏置网络

5. 拓扑结构

放大器的常用拓扑结构包括电抗匹配式、有耗匹配式、分布式、负反馈式、平衡式和有源匹配式等。功率放大器的设计一般采用电抗匹配式、有耗匹配式、分布式、负反馈式和平衡式。设计一个多级功率放大器,经常需要多种拓扑结构配合使用。

1) 电抗匹配式放大器

电抗匹配式放大器使用了无损耗匹配网络,可以实现最佳增益和输出功率等指标;例如驱动放大器的末级为了实现最佳功率和效率传输,通常采用电抗匹配式结构。图 3.10 给出了典型的采用了单电源供电电抗匹配式放大器电路拓扑。

2) 有耗匹配式放大器

与电抗匹配式放大器相比,有耗匹配式放大器在其匹配网络内使用了有损耗匹配网络,即在匹配网络内增加了电阻。常见的拓扑结构是在栅极输入端增加电阻电容网络,如图 3.11 所示,可以提高放大器稳定性,改善增益平坦度。

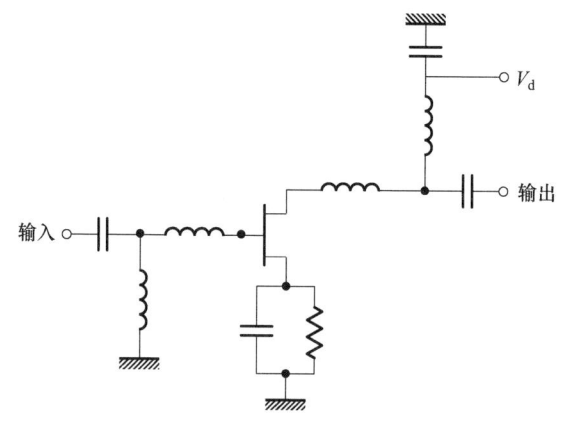

图 3.10　电抗匹配式电路拓扑

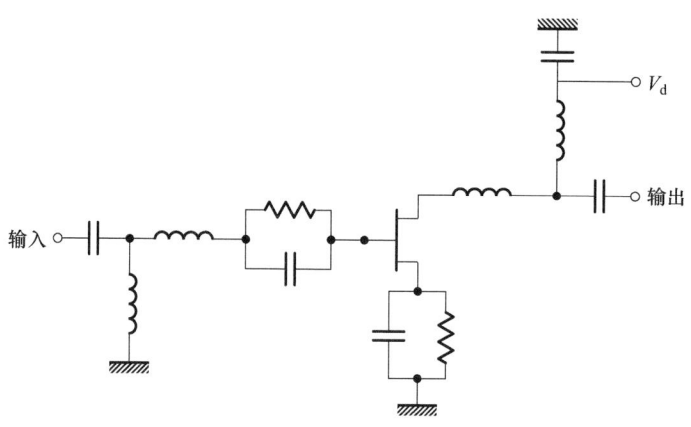

图 3.11　有耗匹配式电路拓扑

3）分布式放大器

分布式放大器的基本原理是把器件的输入和输出电容纳入到输入、输出传输线中,由多条传输线和多只器件构成分布式传输线。当传输线负载和传输线特性阻抗匹配时,相当于得到无频率限制的有损均匀传输线,使微波以行波方式在传输线中传播。通过合理设计输入传输线和输出传输线使传播相速一致,就能使传播信号在传播过程中由器件逐级放大,从而形成理论上没有频率限制的微波放大器,也称行波放大器。图 3.12 给出了典型的分布式放大器电路拓扑结构。

分布式放大器的优点是增益平坦、频带极宽、驻波比小;缺点是面积较大,增益有限。

为了增加分布式放大器的增益,可采用多级分布式放大器,如图 3.13 所示。

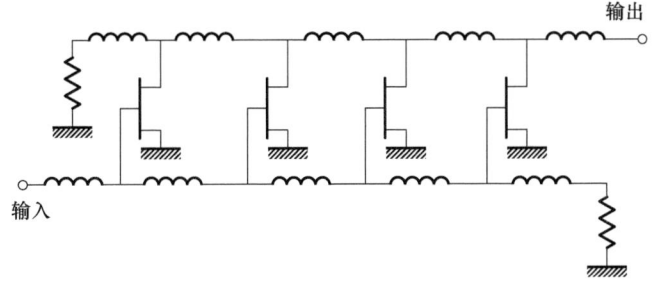

图 3.12 典型分布式放大器电路拓扑

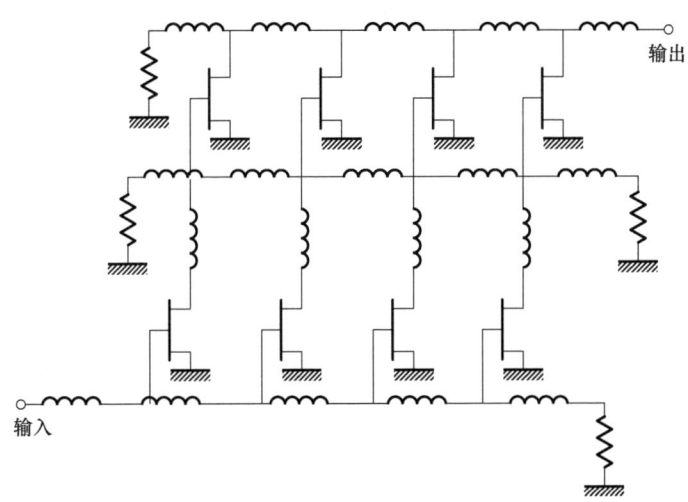

图 3.13 多级分布式放大器电路拓扑

4）负反馈式放大器

负反馈式放大器电路典型结构图如图 3.14 所示,在器件的漏极与栅极之间,加入一个负反馈网络。负反馈网络将器件的输出信号反馈到器件的栅端,反馈信号和输入信号叠加在一起,然后输入到器件。反馈网络使器件的输出与输入之间的关系更加稳定,并且使增益曲线更加平坦。

负反馈式放大器的优点:能够获得平坦的增益,较好的输入和输出匹配,减少开环增益波动造成的影响,减小放大器的非线性失真,拓展工作带宽。负反馈式放大器主要缺点:牺牲增益换取增益平坦度;电路存在环路振荡的可能。

5）平衡式放大器

平衡式放大器具有良好的输入、输出驻波特性;如图 3.15 所示,平衡式放大器输入、输出端有两个正交耦合器。输入端耦合器将信号分成 90°相差的两个等幅信号,经过放大器放大后,输出端耦合器将两路信号同相合成输出。常见的耦合器有兰格耦合器和 90°分支耦合器等。

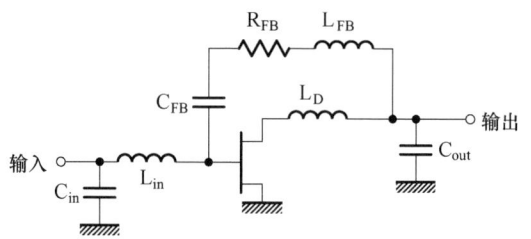

图 3.14　典型负反馈式放大器电路拓扑

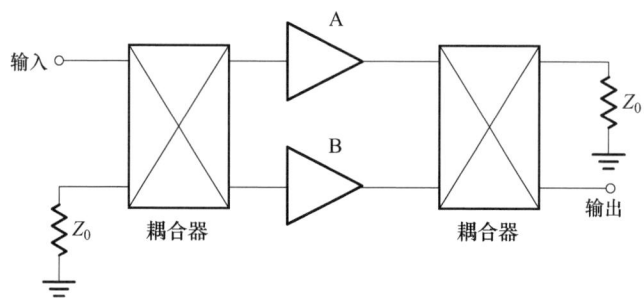

图 3.15　平衡式放大器电路拓扑

6. 驱动放大器的设计

匹配(或阻抗匹配)是微波电路中的一个重要概念,匹配是通过网络连接两个电路,使这两个电路之间反射达到最小或功率传输达到最大的一种连接方式。例如,图 3.6 中输入匹配网络 M1 和输出匹配网络 M2。为使放大器的各个性能指标达到最优,需采用合理的匹配网络和电路参数。在功率放大器系统中,常常需要研究使负载获得最大功率的条件,根据戴维南定理,该问题可以简化为图 3.16 所示的电路进行研究[4]。图中 Z_L 为负载,U_{oc} 为等效电源,Z_{eq} 为等效电源内阻。

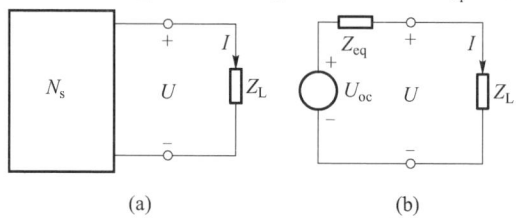

图 3.16　最大功率传输等效电路

设 $Z_{eq} = R_{eq} + jX_{eq}, Z_L = R_L + jX_L$,则负载吸收的有用功率为

$$P_L = I^2 R_L = \frac{U_{oc}^2 R_L}{(R_L + R_{eq})^2 + (X_{eq} + X_L)^2} \tag{3.27}$$

式中:R_{eq} 和 X_{eq} 分别为电源等效内阻 Z_{eq} 的实部和虚部;R_L 和 X_L 分别为负载 Z_L

的实部和虚部。

如果 R_L 和 X_L 可以随意选取,而其他参数不变时,将式(3.27)对参数 R_L 和 X_L 求偏导数,可得负载获得最大功率的条件为 $X_L = -X_{eq}, R_L = R_{eq}$,即 $Z_L = Z_{eq}^*$,满足共轭匹配时,电路达到最大功率传输。

$$P_{Lmax} = \frac{U_{oc}^2}{4R_L} \tag{3.28}$$

电路设计中常用的简单匹配网络有 L 形网络、Π 形网络和 T 形网络,如图 3.17 所示。

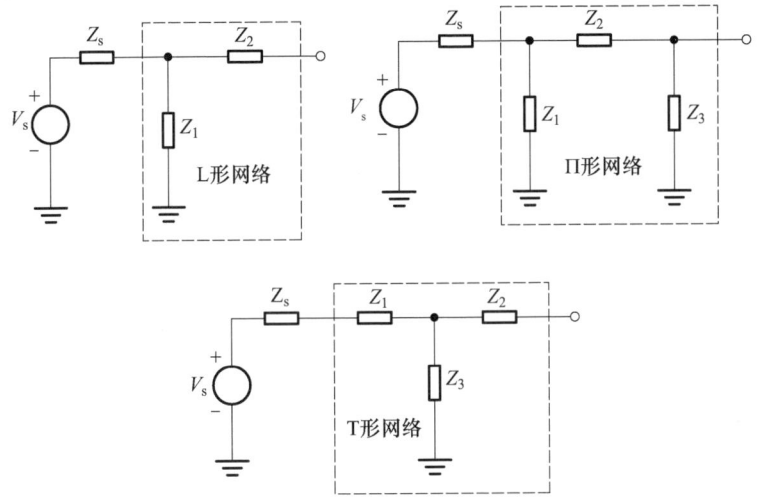

图 3.17 电路设计中常用匹配网络

在器件输入或输出端加入串联或并联电阻,能够增加放大器电路的稳定性,如图 3.18 所示。

图 3.19 给出了一种采用微带线结构设计的自偏置单级驱动放大器电路图,该电路主要由输入匹配网络、场效应晶体管、输出匹配网络和自偏置网络构成。

输入匹配网络中电阻 R_1 和电容 C_1 可以改善电路输入驻波 $VSWR_{in}$,并调节放大器增益;电阻 R_2 和电阻 R_3 增加放大器的稳定性,电阻 R_2 和电容 C_2 组成 RC 网络,增加放大器稳定性的同时可以调节放大器的增益。通过调节自偏置网络中的电阻 R_4,确定放大器的静态偏置点。输出匹配网络对输出驻波比 $VSWR_{out}$、功率效率和输出功率有很大影响。驱动放大器的输出功率能力主要由场效应晶体管的总栅宽等参数决定。

3.3.2 驱动放大器芯片测试技术

驱动放大器需要测试的性能指标主要包括工作频率和工作带宽、输入驻波

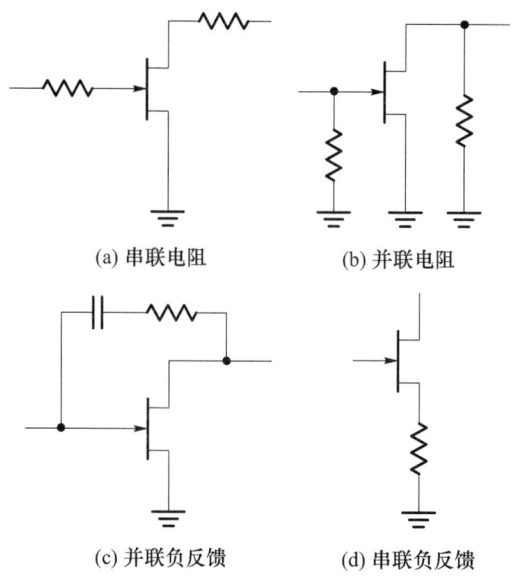

(a) 串联电阻 (b) 并联电阻

(c) 并联负反馈 (d) 串联负反馈

图 3.18　电路稳定方法

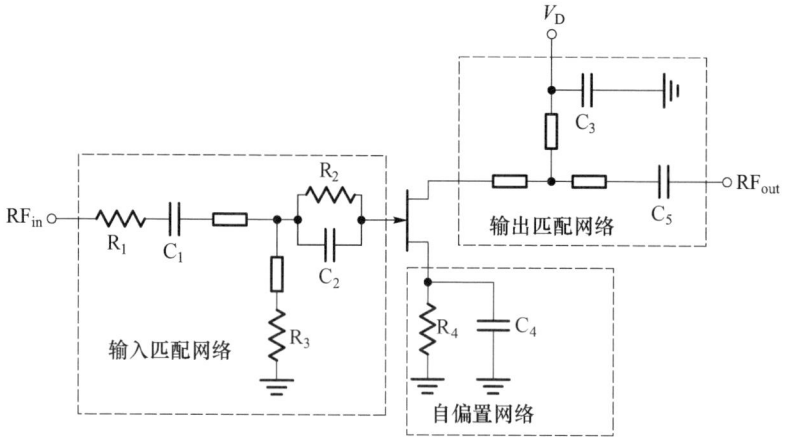

图 3.19　自偏置单级驱动放大器电路

比 $VSWR_{in}$、输出驻波比 $VSWR_{out}$、线性增益(小信号增益)G_{lin}、1dB 压缩点输出功率 $P_{out(1dB)}$、饱和输出功率 $P_{out(sat)}$、功率增益 G_P、静态工作电流 I_{DQ} 和动态工作电流 I_D 等参数。

输入输出驻波、小信号增益等参数一般通过矢量网络分析仪测出,测试系统如图 3.20 所示。

应用矢量网络分析仪测试时,驱动放大器可以看成一个二端口网络,如图 3.21 所示。

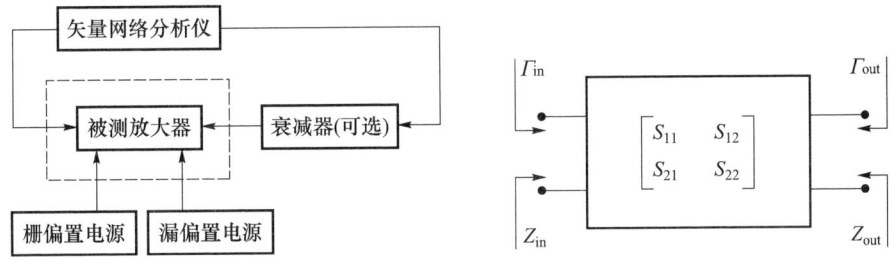

图 3.20 驱动放大器 S 参数测量系统　　图 3.21 驱动放大器电路等效二端口网络

矢量网络分析仪测出的 S 参数 S_{11}、S_{22} 和 S_{21} 分别对应驱动放大器的输入驻波、输出驻波和小信号增益。

驱动放大器的输出功率一般通过功率计测量,测试系统如图 3.22 所示,在测试过程中,静态、动态工作电流通过漏极电流表或示波器读出。

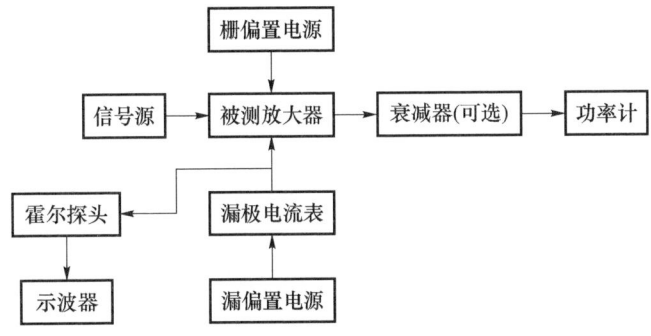

图 3.22 驱动放大器输出功率测量系统

图 3.23 是一款 Ku 波段驱动放大器芯片照片。

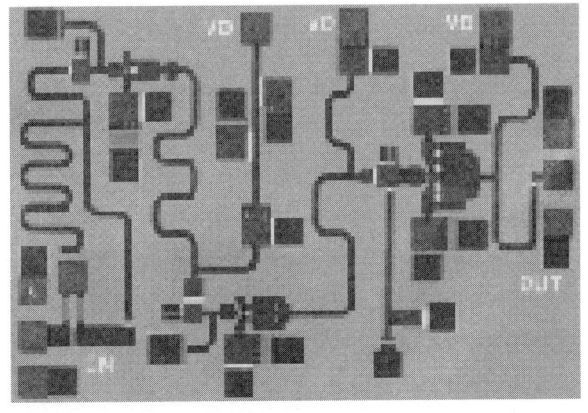

图 3.23　Ku 波段驱动放大器芯片照片(见彩图)

3.4 高功率放大器芯片

高功率放大器芯片是指在一定工作条件下,能够产生功率输出以驱动某一负载的放大器芯片。高功率放大器芯片通常位于发射通道的末端,用于放大输出 T/R 组件功率信号,其性能指标对组件的影响很大。

由于高功率放大器芯片输出功率大,非线性强,在设计时除了考虑功率、效率和稳定性外,还需要考虑散热等要求,这使得高功率放大器芯片的设计相比于驱动放大器芯片的设计更为复杂。另外,由于高功率放大器芯片的栅宽比较宽,等效内阻小,匹配到 50Ω 更加困难,加上其是影响 T/R 组件效率的最重要因素,因此需要进一步提高高功率放大器芯片的设计要求。

3.4.1 高功率放大器芯片设计技术

根据不同的应用需求,高功率放大器芯片设计时会偏重于高功率、高效率或高线性,更高的效率意味着更差的线性,反之亦然。设计时需要折中考虑各项性能指标,选择合适的器件类型和尺寸、增益级数、器件各级之间的比例、电路拓扑结构、偏置网络和匹配网络等。

1. 主要技术指标

设计高功率放大器需要考虑的主要指标:工作频率及带宽、饱和输出功率、功率附加效率、线性度、增益及增益平坦度、输入和输出驻波比、静态及动态工作电流、热阻值和稳定性参数等。由于前面对驱动放大器的一些指标已作了说明,下面仅对其中一些指标作简单介绍。

1) 饱和输出功率

当功率放大器的输入功率增加到某一值后,再加大输入功率,输出功率不再增加,该输出功率即为功率放大器的饱和输出功率。在实际功率放大器中,输入功率达到一定值后,输出功率有可能会随输入功率增大而减小。因此饱和输出功率有时用相对某一输出功率处的饱和深度表示,如 3dB 压缩点或 6dB 压缩点。

2) 效率和功率附加效率

功率放大器的效率 η_p 是功率放大器的输出功率 P_{out} 与漏极直流功耗 P_{dc} 之比,即

$$\eta_p = \frac{P_{out}}{P_{dc}} \times 100\% \tag{3.29}$$

效率 η_p 也称为漏极效率。这种定义并没有考虑放大器的放大能力,即输入功率 P_{in} 的大小。通常在设计功率放大器时,更多使用的是功率附加效率,采用

符号 η_{add} 或 PAE 表示。

$$\eta_{add} = \frac{P_{out} - P_{in}}{P_{dc}} \times 100\% \qquad (3.30)$$

3）线性度和交调失真

功率放大器的线性度通常用交调失真表示。不同频率的两个或多个输入信号经过功率放大器后,由于功率放大器的非线性,会产生多个混合分量。例如输入 l 个输入信号,其角频率分别为 $\omega_1, \omega_2, \cdots, \omega_l$,经过功率放大器后,输出分量的角频率将包括

$$m\omega_1 \pm n\omega_2 \pm \cdots \pm p\omega_l \quad m, n, \cdots, p = 0, 1, 2, \cdots$$

式中:各分量称为 $(m + n + \cdots + p)$ 阶分量。

功率放大器的线性越差,交调分量的输出功率越大。交调分量与基波的大小关系可以用交调系数表示。假如输入信号为等幅信号,则 $(m+n)$ 阶交调系数可以写为

$$M_{m+n} = 10\lg \frac{P_{m+n}}{P_1} = 10\lg \frac{P_{m+n}}{P_2} = \cdots = 10\lg \frac{P_{m+n}}{P_l} \qquad (3.31)$$

式中:M_{m+n} 为 $(m+n)$ 阶交调系数,单位是 dBc;$P_1, P_2, \cdots, P_l$ 分别为角频率 $\omega_1, \omega_2, \cdots, \omega_l$ 的基波输出功率;P_{m+n} 为 $(m+n)$ 阶交调输出功率。

功率放大器的线性度常用三阶交调系数表示,即

$$\text{IM}_3 = 10\lg \frac{P_3}{P_1} \qquad (3.32)$$

式中:IM_3 为三阶交调系数,单位是 dBc;P_1 为角频率为 ω_1 的基波输出功率;P_3 为三阶交调输出功率。

实际测量中常用双频等幅基波输入信号测量放大器的线性度。如图 3.24 所示,基波输出功率特性延长线与三阶交调特性延长线交于一点,称为三阶交截点,通常用 IP_3 表示。IP_3 越大,功率放大器的线性越好。

4）热阻

热阻 R_{th} 是功率放大器的一个重要参数,单位为℃/W,它表征功率放大器工作时沟道产生的热量向外散发的能力。

$$R_{th} = \frac{T_J - T_C}{P_D} \qquad (3.33)$$

式中:T_J 为功率放大器芯片沟道温度;T_C 为功率放大器芯片底部温度;P_D 为功率放大器芯片工作时耗散功率。

2. 器件的选择

与驱动放大器类似,高功率放大器设计时根据增益要求选择器件级数;根据输出功率和工作频率选择器件尺寸。同时,高功率放大器设计时还要重点考虑

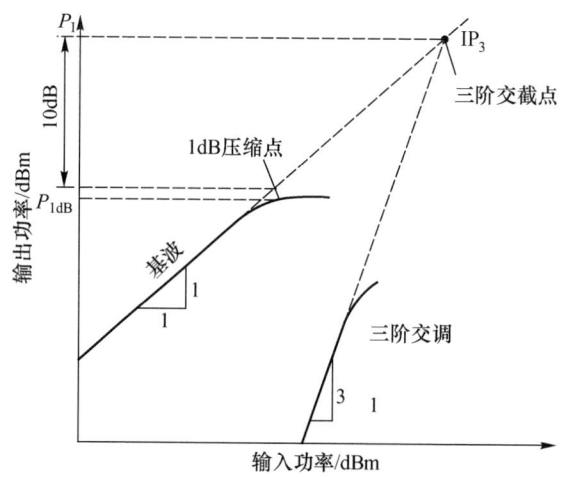

图 3.24　三阶交调与基波输出功率关系图

PAE 和线性度等要求。根据 PAE 和线性度要求选择器件的前后级栅宽比等。在设计应用中,高 PAE 放大器的器件前后级宽推比可能为 4∶1 或更高。但是在高线性放大器中,宽推比可能降到 3∶1,甚至 2∶1,这取决于电路设计指标的要求[5]。

3. 高功率放大器的设计

常用的二端口放大器可等效为如图 3.25 所示的二端口网络[6],图中 V_S 为等效信号源,Z_S 为等效源阻抗,Z_L 为等效负载阻抗,V_1^+ 和 V_1^- 为输入端入射波峰值电压和反射波峰值电压,V_2^+ 和 V_2^- 为输出端入射波峰值电压和反射波峰值电压,传输线特征阻抗为 Z_0。

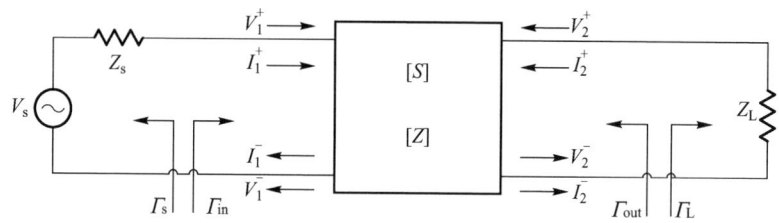

图 3.25　带有源和负载的二端口网络

根据输入阻抗基本定义有

$$Z_{in} = \frac{V_{in}}{I_{in}} = \frac{V_1^+ + V_1^-}{I_1^+ - I_1^-} = \frac{V_1^+ + V_1^-}{\dfrac{V_1^+}{Z_0} - \dfrac{V_1^-}{Z_0}} = Z_0 \frac{1 + \Gamma_{in}}{1 - \Gamma_{in}} \tag{3.34}$$

可推导出

$$\Gamma_{in} = \frac{Z_{in} - Z_0}{Z_{in} + Z_0} \tag{3.35}$$

同理可推导反射系数 Γ_S、Γ_L、Γ_{out} 与特征阻抗 Z_0 的关系为

$$\Gamma_S = \frac{Z_S - Z_0}{Z_S + Z_0} \tag{3.36}$$

$$\Gamma_L = \frac{Z_L - Z_0}{Z_L + Z_0} \tag{3.37}$$

$$\Gamma_{out} = \frac{Z_{out} - Z_0}{Z_{out} + Z_0} \tag{3.38}$$

实际放大器设计中,器件可等效为图 3.25 的 S 参数网络,器件的 S 参数和反射系数可用仪器测量得出。假设传输信号为正弦波信号,下面用图 3.25 中的 S 参数和反射系数推导输入功率、输出功率和功率增益。

$$P_{in} = \frac{1}{2} V_1 I_1^* = \frac{1}{2} V_1 \left(\frac{V_1}{Z_{in}}\right)^* = \frac{1}{2} (V_1^+ + V_1^-) \frac{(V_1^+ + V_1^-)^*}{Z_{in}} \tag{3.39}$$

根据反射系数定义有

$$\Gamma_{in} = \frac{V_1^-}{V_1^+} \tag{3.40}$$

将式(3.34)和式(3.40)代入式(3.39),可得

$$P_{in} = \frac{|V_1^+|^2}{2Z_0} (1 - |\Gamma_{in}|)^2 \tag{3.41}$$

同理,传输到负载的功率为

$$P_L = \frac{|V_2^-|^2}{2Z_0} (1 - |\Gamma_L|)^2 \tag{3.42}$$

同时,根据分压关系可得

$$V_1 = V_S \frac{Z_{in}}{Z_S + Z_{in}} \tag{3.43}$$

$$V_1 = V_1^+ + V_1^- = V_1^+ (1 + \Gamma_{in}) \tag{3.44}$$

由式(3.34)、式(3.36)、式(3.43)和式(3.44)可得

$$V_1^+ = \frac{V_S}{2} \frac{(1 - \Gamma_S)}{(1 - \Gamma_S \Gamma_{in})} \tag{3.45}$$

将式(3.45)代入式(3.41),得二端口网络输入功率为

$$P_{in} = \frac{|V_S|^2}{8Z_0} \frac{|1 - \Gamma_S|^2}{|1 - \Gamma_S \Gamma_{in}|^2} (1 - |\Gamma_{in}|^2) \tag{3.46}$$

图 3.25 二端口传输网络函数为

$$V_1^- = S_{11} V_1^+ + S_{12} V_2^+ = S_{11} V_1^+ + S_{12} \Gamma_L V_2^- \tag{3.47}$$

$$V_2^- = S_{21}V_1^+ + S_{22}V_2^+ = S_{21}V_1^+ + S_{22}\Gamma_L V_2^- \quad (3.48)$$

可推导出

$$V_2^- = \frac{S_{21}V_1^+}{1 - S_{22}\Gamma_L} \quad (3.49)$$

将式(3.45)和式(3.49)代入式(3.42),得输出给负载的功率为

$$P_L = \frac{|V_S|^2}{8Z_0} \frac{|1 - \Gamma_S|^2}{|1 - \Gamma_S\Gamma_{in}|^2} \frac{(|1 - \Gamma_L|^2)|S_{21}|^2}{|1 - S_{22}\Gamma_L|^2} \quad (3.50)$$

根据式(3.46)和式(3.50)可得功率增益为

$$G = \frac{P_L}{P_{in}} = \frac{(|1 - \Gamma_L|^2)|S_{21}|^2}{|1 - S_{22}\Gamma_L|^2(1 - |\Gamma_{in}|^2)} \quad (3.51)$$

当二端口网络输入端和输出端均匹配,即反射系数为零时,输入功率、输出功率及功率增益分别为

$$P_{in} = \frac{|V_S|^2}{8|Z_0|} \quad (3.52)$$

$$P_L = \frac{|V_S|^2}{8|Z_0|}|S_{21}|^2 \quad (3.53)$$

$$G = \frac{P_L}{P_{in}} = |S_{21}|^2 \quad (3.54)$$

功率放大器内器件的输入输出阻抗随输入信号变化而变化,因此为保证功率放大器在大信号情况下输出最大功率,匹配网络会降低其小信号增益。

与驱动放大器设计类似,设计功率放大器时首先要根据指标需求为器件选择合适的偏置点,然后进行电路匹配设计。如图3.26所示,多级功率放大器设计包括输入匹配网络、级间匹配网络和输出匹配网络三部分。对于高功率放大器设计,一般是首先设计输出匹配网络,接着设计级间匹配电路,最后设计输入匹配网络。多级放大器输入匹配网络和级间匹配网络对电路的增益平坦度有很大的影响,为了实现最大输出功率,输出匹配网络必须减小匹配损耗[7]。

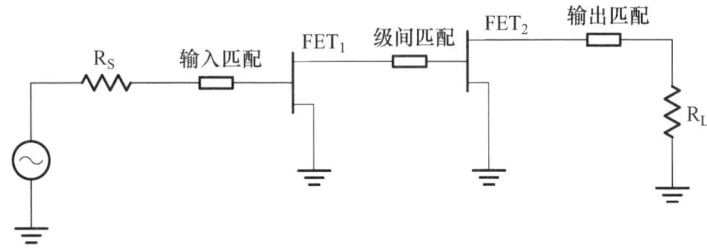

图3.26 两级放大器电路简图

要实现最大功率传输,需要器件的大信号输入阻抗和输出阻抗与匹配网络相匹配。与驱动放大器类似,功放无源匹配网络可分为 L 形、T 形和 π 形等结

构。图 3.27 给出了一种常见采用微带结构设计的三级高功率放大器结构简图,图中第一级用了 2 个器件,第二级用了 4 个器件,第三级用了 16 个器件。第三级器件输出阻抗经过多级变换,最终匹配到输出阻抗(如 50Ω)。

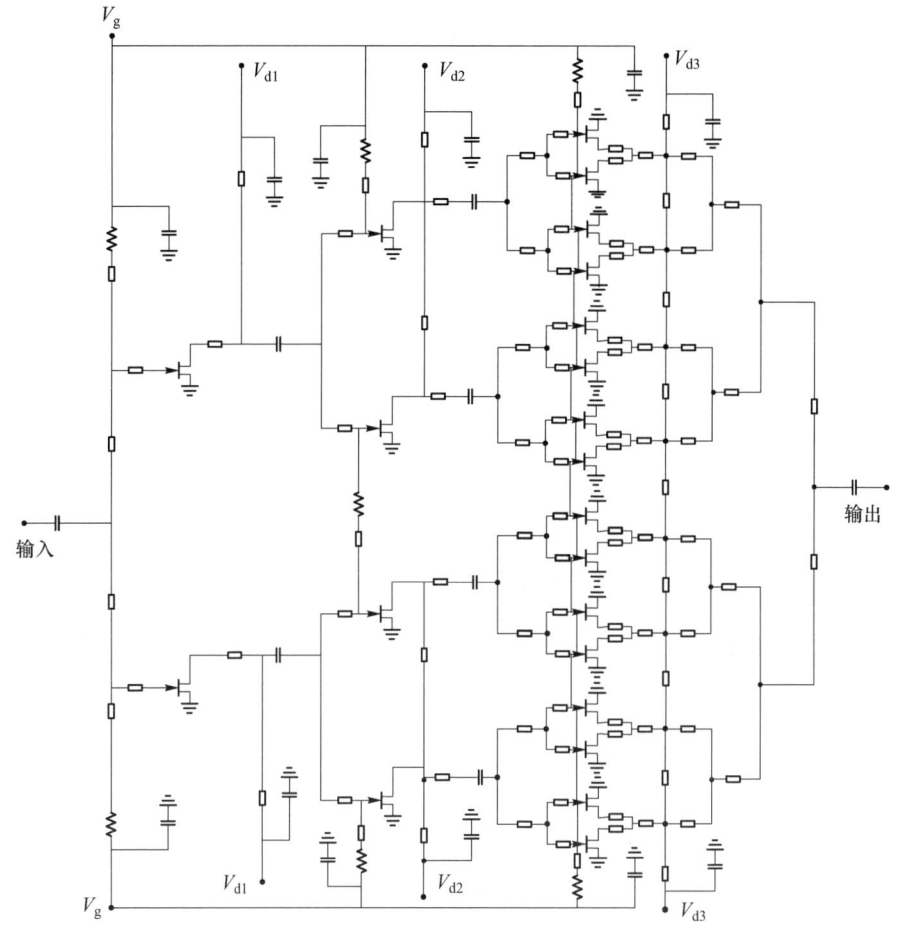

图 3.27 三级放大器电路结构简图

通常情况下,晶体管放大器的稳定性分为无条件稳定和条件稳定。对于图 3.25 所示二端口网络电路,若所有无源信号源和负载阻抗的反射系数绝对值均小于 1,即同时满足 $|\varGamma_{in}|<1$、$|\varGamma_{out}|<1$、$|\varGamma_S|<1$ 和 $|\varGamma_L|<1$,则这个网络是绝对稳定的。若只有某些信号源和负载阻抗的反射系数绝对值小于 1,即满足 $|\varGamma_{in}|<1$ 和 $|\varGamma_{out}|<1$,则这个网络是条件稳定的。实际应用中,判断一个放大器是否稳定的方法依然用式(3.27)和式(3.28)的 μ 值法。对于多级放大器,稳定性要求每级放大器都要满足 $\mu>1$。对于图 3.27 所示的放大器,其内部可能形成的环路如图 3.28 所示,要保证放大器稳定工作,必须保证放大器内部每个

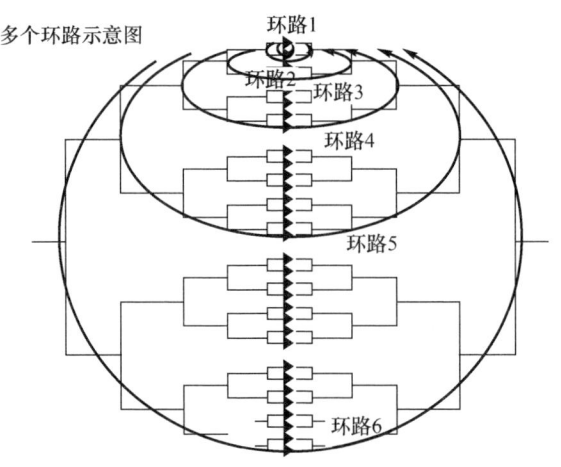

图 3.28 放大器内部的电路环路

环路都不能出现振荡现象,因此大功率放大器的设计是一项复杂的工作。

相比于驱动放大器,高功率放大器耗散功率大,工作时沟道温度高。设计时需考虑高功率放大器工作时的沟道温度及其散热问题,保证高功率放大器正常工作和其可靠性。设计时首先应提升高功率放大器的效率,减小耗散功率;其次应适当增加芯片面积,通过增加散热面积降低沟道温度。

3.4.2 高功率放大器芯片测试技术

功率放大器测试分为直流参数测试、微波参数测试和热阻测试等。直流参数测试是指芯片输入端不加输入信号,芯片栅极、源极和漏极开路或加特定电压进行测试;直流测试参数包括静态工作电流、栅源截止电压、漏极开路时栅极电流、源极开路时栅极电流等。微波参数测试是指芯片输入端加上特定输入信号,栅极、源极和漏极加上特定电压进行测试;微波测试参数包括工作频率和工作带宽、输入驻波比 $VSWR_{in}$、输出驻波比 $VSWR_{out}$、线性增益 G_{lin}、饱和输出功率 $P_{out(sat)}$、功率增益 G_P、功率附加效率 η_{add}、杂波抑制度、二次谐波抑制度和动态工作电流 I_D 等。热阻测试是指利用红外热像仪等仪器测试芯片在特定工作条件下的热阻值,可分析芯片工作时的热分布和可靠性等。

饱和输出功率通常使用功率计测量,测试框图如图 3.29 所示。与驱动放大器芯片功率测试相比,功率放大器测试时需要的输入信号较大,有时需要在信号源与被测放大器之间增加一个放大器,用于放大信号源的输出信号。自偏置驱动放大器测试时只需要一个漏极偏置电源,而功率放大器测试时需要栅极偏置电源和漏极偏置电源。

在测试过程中,静态、动态工作电流通过漏极电流表或示波器读出,功率附

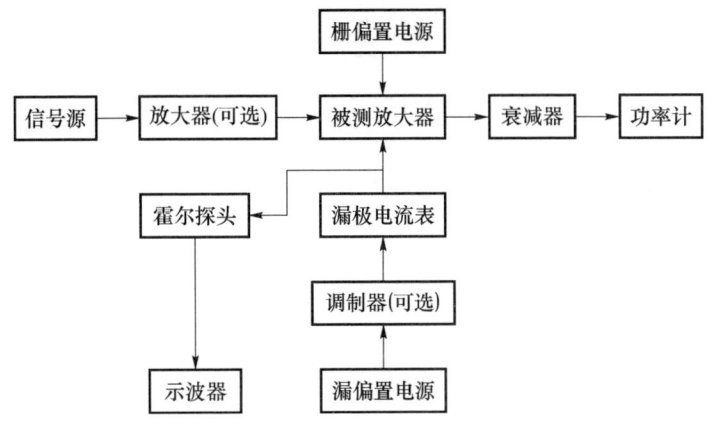

图 3.29 功率测试系统

加效率 PAE 通过式(3.30)计算得到。信号源输入功率 P_{in}，功率计测量得到的输出功率 P_{out}，功率增益则为

$$G = \frac{P_{out}}{P_{in}} \tag{3.55}$$

杂波抑制度和二次谐波抑制度使用频谱分析仪(SA)测量，同时 SA 也可以用来检测功率测试器件的振荡特性。测试框图如图 3.30 所示。

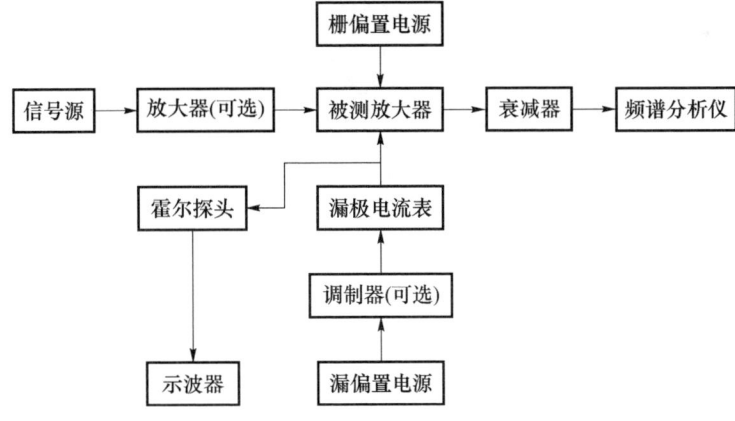

图 3.30 杂波与谐波测试系统

功率放大器的饱和输出功率、小信号增益等参数随温度变化而变化，因此在功放的测试中，保持底座的温度在规定的范围内是十分重要的。在测试时，可以将功率放大器安装在散热器或冷却/加热平台上，将底座温度维持在特定的范围内。

功率放大器的线性度常用三阶交调系数表示，测试框图如图 3.31 所示。

信号源 1 和信号源 2 产生两个不同频率的信号，经过功合器同时输入到被

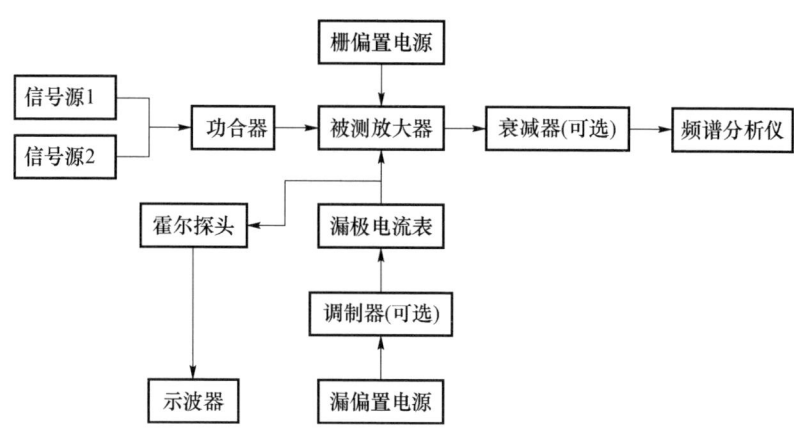

图 3.31 三阶交调测试系统

测放大器,由于放大器的非线性,会产生多个混合分量,混合分量最后输入到频谱分析仪,得出各个混合分量的相对能量大小。

功率放大器的三阶交调系数为

$$\text{IM}_3 = 10\lg \frac{P_3}{P_1}(\text{dBc}) \tag{3.56}$$

式中:IM_3 为三阶交调系数,单位是 dBc;P_1 为角频率为 ω_1 的基波输出功率;P_3 为三阶交调输出功率。

芯片热阻使用红外热像仪等仪器进行测试,测试框图如图 3.32 所示。通过改变芯片环境温度和芯片工作条件可得出不同工作环境下的芯片热阻值,从而分析芯片的热分布和可靠性,为 T/R 组件的热设计提供依据。

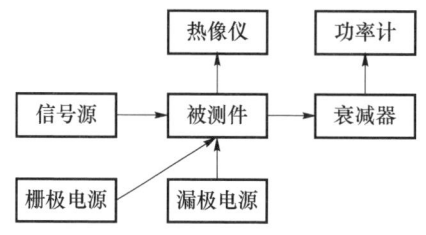

图 3.32 红外热阻测试系统

图 3.33 是一款 Ku 波段高功率放大器照片。

3.4.3 驱动放大器和功率放大器的级联

雷达收发组件的发射通道主要由驱动放大器和功率放大器级联构成,主要电性能指标包括发射通道总增益、饱和输出功率、线性度和效率。通道总增益、线性度由驱动放大器和功率放大器增益、线性度共同决定;发射通道饱和输出功

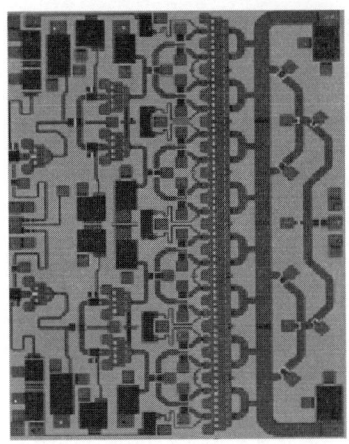

图 3.33　Ku 波段高功率放大器照片（见彩图）

率和效率主要由功率放大器饱和输出功率和效率决定。

　　设计时需要合理分配驱动放大器和功率放大器的各项增益和功率指标。通道总增益太小，可能导致驱动放大器和功率放大器性能无法有效发挥；通道总增益太大，容易出现自激振荡现象，或有可能导致驱动放大器或功率放大器因输入功率太大而形成较大栅流，降低器件可靠性。

　　发射通道信号流程示意图如图 3.34 所示，通道输入信号 P_{in1} 经过驱动放大器放大后输出功率信号 P_{out1}，P_{out1} 传输到功率放大器输入端，形成功率放大器输入信号 P_{in2}，P_{in2} 经过功率放大器放大后输出高功率输出信号 P_{out2}。设计时，驱动放大器允许的最大输入功率应大于 P_{in1}，并留有一定余量，驱动放大器增益和饱和输出功率能力保证功率放大器的输入 P_{in2} 在合理范围内，即 P_{in2} 既能推动功率放大器，又不会对功率放大器造成损伤。功率放大器设计时重点考虑饱和输出功率和效率。

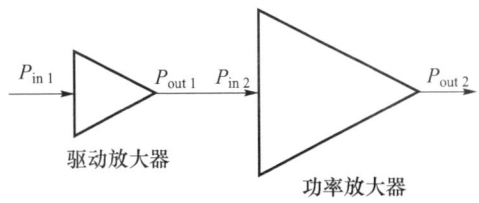

图 3.34　发射通道信号流程示意图

参考文献

[1] Sanabria C. Noise of AlGaN/GaN HEMTs and Oscillators[D]. University of California, Santa Barbara, 2006.

[2] Ludwig R, Bretchko P. RF Circuit Design: Theory and Applications[M]. Publishing House of Electronics Industry.

[3] Radmanesh M M. Radio Frequency and Microwave Electronics Illustrated[M]. Published by Science Press, 2006.

[4] 王子宇,张肇仪. 射频电路设计——理论与应用[M]. 北京:电子工业出版社,2011.

[5] 邱关源,罗先觉. 电路[M]. 北京:高等教育出版社,2010.

[6] Bahl I J. Fundamentals of RF and Microwave Transistor Amplifiers[M]. Published by House of Electronics Industry, March 2013.

[7] Pozar. D M. Microwave Engineering[M]. House of Electronics Industry, 2010.

[8] Bahl I J. Low loss matching(LLM) design technique for power amplifiers[J]. IEEE Microwave Mag., 2004, 5:66-71.

[9] Bahl I. MESFET process yields MMIC Ka-band Pas[J]. Microwaves and RF, 2005(44):96-112.

[10] Vendelin G D, et al. Microwave Circuit Design Using Linear and Nonlinear Techniques[M]. Wiley-Interscience, Hoboken, NJ, 2005.

第 4 章
雷达收发组件接收芯片

4.1 引　言

雷达的接收通道主要用于目标反射信号的放大,接收通道一般包含一个限幅器芯片和一个或多个低噪声放大器芯片,如图 4.1 虚框部分所示。限幅器芯片在低噪声放大器的前面,把反射回来的功率限制到低噪声放大器可以耐受的水平,防止低噪声放大器芯片烧毁[1]。而低噪声放大器则把天线接收到的反射信号放大到合适的功率电平,以便后面的电路对信号进行处理。

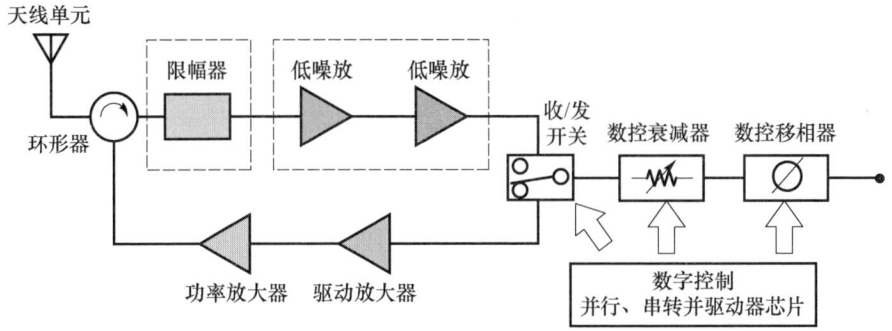

图 4.1　T/R 组件接收通道示意图

本章重点介绍限幅器用 PIN 二级管模型、低噪声放大器用 HEMT 噪声模型以及限幅器芯片和低噪声放大器芯片的设计和测试技术。

4.2　限幅器芯片

微波限幅器是一种自控衰减器,其对小信号几乎可以无衰减地通过,而对大功率信号则会产生大的衰减,且功率越大衰减越大,广泛应用在各类微波信号接收机等系统中。其最常见的功能是阻止高功率信号对微波接收系统造成破坏,防止雷达发射机功率直接进入接收机,烧坏后面的低噪声放大器等灵敏器件。

限幅器既可以反射和损耗掉从发射机泄漏过来的高功率信号,又能使从天线输入的低功率信号低损耗地通过。除此之外限幅器还能降低扫频振荡器幅度调制和降低相位检波系统幅度调制。利用半导体二极管呈现的状态差别,可以实现多种形式的限幅,如肖特基势垒二极管整流限幅、变容二极管谐振限幅以及 PIN 二极管射频电导调制限幅等[1]。PIN 二极管击穿电压高、适合大功率应用,在雷达系统中得到了广泛的应用。本节主要以 PIN 二极管限幅器芯片为主进行介绍。

4.2.1　PIN 二极管模型技术

不同于传统 PN 结二极管受主杂质掺杂区(P 区)结合施主杂质掺杂区(N 区)的二元结构,对于 PIN 二极管,其结构在 P 区和 N 区之间加入了一个高电阻率的无杂质掺杂的半导体区 – 本征半导体区,也称为 I 层,PIN 二极管结构如图 4.2 所示。由于 N 区的电子载流子和 P 区的空穴载流子的越结扩散,在 PIN 二极管的 P-I 结和 N-I 结的位置分别形成了空间电荷区[2]。

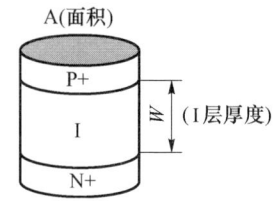

图 4.2　PIN 二极管结构示意图

当 PIN 二极管用作限幅器时,通常在零偏置状态下工作,且并联于信号链路。当外加微波信号很小时,微波信号对零偏置的 I 层原有载流子浓度影响不大,此时 PIN 二极管对微波信号衰减很小。随着微波信号的逐渐增强,在微波交流信号正半周期时,P 区的空穴载流子和 N 区的电子载流子渡越很薄的空间电荷区注入 I 层。注入 I 层的载流子并不能立刻通过复合消失,而会在一个平均时间内维持存在状态,这个时间称为少子寿命,通常用 τ 表示。在微波交流信号负半周期,I 层中的部分载流子在反向电压的作用下又流出 I 层。但由于 I 层载流子浓度呈现梯度分布,在负半周期开始时,有一部分载流子仍会继续向 I 层中央扩散。此外由于载流子寿命 $\tau \gg T/2$(T 为微波信号周期),在负半周内 I 层中间的电荷也不会因为电子与空穴的复合运动而消失,结果在负半周结束时,I 层内仍然会残留一部分载流子。经过几个信号周期之后,I 层中会存储一定数量的载流子,并保持某种稳态分布,此效应称为 I 层电荷存储效应。I 层载流子的积累使 I 层电阻减小,从而对微波信号产生衰减,起到限幅作用[3]。

为了获得较低的限幅电平,需要选用 I 层较薄的管芯,I 层越薄,载流子渡越时间越短,PIN 二极管阻抗对大信号越敏感,且 I 层越能够快速的达到稳定的电荷分布,所以限幅电平会越低。在大信号来临时,薄 I 层也会有更小的尖峰泄漏功率产生,获得更显著的大信号衰减特性。但是薄 I 层 PIN 二极管的反向击穿电压值通常小于 I 层较厚的管子,所以能够承受的抗烧毁功率也低于厚 I 层 PIN 二极管。而且 I 层越薄的管子,其结电容和电阻越小,并联在电路中时小信号插入损耗会较大。

如图 4.3 所示,在低频情况(信号周期大于 I 层渡越时间)和直流状态下,PIN 二极管的电特性类似于 PN 结半导体二极管。PIN 二极管的正向电压参数 V_f,表征在某个正向电流下的直流偏置电压值,通常为 100mA。PIN 二极管的反向电压参数 V_r,通常表征在此反向电压下其反向电流小于某个标称值,通常为 10μA。V_b 为反向击穿电压,通常由 I 层厚度决定,通常情况下为 10~20V/μm。

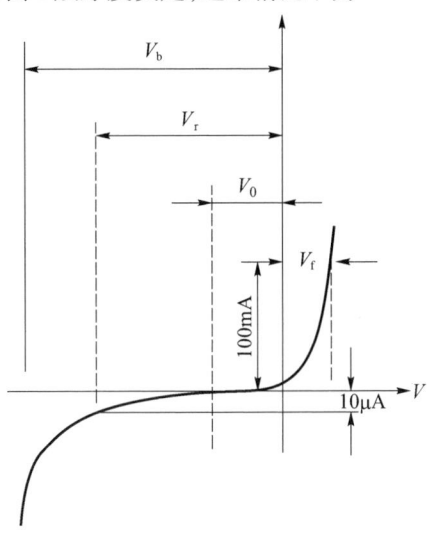

图 4.3 PIN 二极管直流特性曲线

图 4.4 所示为 PIN 二极管的大信号模型。电容 C_d 和 C_t 分别表示二极管的扩散电容和势垒电容,为非线性电容,其值与外加偏置条件有密切关系。结合二极管的伏安特性方程扩散电容可表示为[4]

$$C_d = dQ/dV_f = \tau dI/dV_f = I\tau/V_T \tag{4.1}$$

式中:Q 为 PIN 二极管的总电荷;τ 为过剩的少数载流子寿命;I 为流过二极管的电流;V_f 为 PIN 二极管的正向电压,V_T 为等效热电压。

在反向偏置情况下,I 层的空间电荷长度对电容起支配作用,在小电压下,势垒电容可近似为

$$C_t = \varepsilon_I(A/W) \tag{4.2}$$

式中:ε_I 为 I 层的介电常数;A 为 PIN 二极管的的截面积;W 为 I 层厚度。

R_I 表示 I 层体电阻,主要由 R_f 与 R_{max} 两部分并联组成,电阻 R_f 表示 I 层的正向电阻,室温下可近似表示为

$$R_f = Wf^{1/2}/20I_r \tag{4.3}$$

式中:W 为 I 层厚度;f 为微波频率;I_r 为微波产生的电流均方根。

由式(4.3)可知,电流越大则 I 层电阻值越低。

另外,R_{max} 为零偏置时 I 层的体电阻。R_s 为终端欧姆接触电阻和引线电阻的和。C_r 为 I 区电容和终端寄生电容。

以上各个参数的值可以通过对特定的 PIN 二极管进行直流与 δ 参数测试而获得。

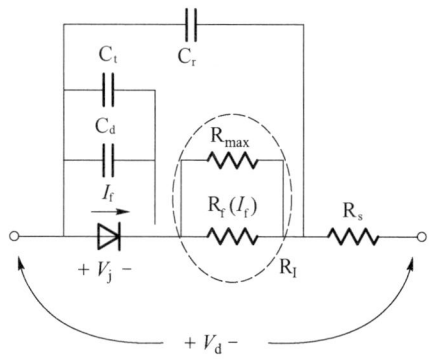

图 4.4　PIN 二极管大信号模型

4.2.2　限幅器芯片设计技术

PIN 二极管器件可以看作二端口网络,限幅器的设计即是对其输入输出端进行阻抗匹配,使其在一定带宽内具有较低的插入损耗,并且能够满足耐功率和限幅电平的要求。

对限幅器而言,耐功率和插入损耗是互相制约的两个指标,这就决定了设计时对器件的某项参数不能单方向一味改进,要兼顾各个指标要求并且考虑加工工艺水平,最终往往是个折中的结构,需要对两者指标进行平衡考虑。

1. 主要技术指标

在 T/R 组件中,对限幅器的指标要求一般有工作频率、最大承受功率、限幅电平、尖峰泄漏、恢复时间、插入损耗、输入/输出电压驻波比等。

1)工作频率

满足限幅器各项性能指标要求的频率范围。

2)最大承受功率

最大承受功率表征限幅器能承受而不被烧毁的最大功率。

3）限幅电平

限幅电平表征限幅器加上额定功率后，输出功率的平坦部分。

4）尖峰泄漏

尖峰泄漏表征限幅器加上额定功率后，在限幅器稳定导通前通过限幅器的能量。

5）恢复时间

恢复时间表征发射脉冲终止时起，至限幅器恢复无功率信号状态时为止的时间。

6）插入损耗

插入损耗表征在信号源与负载组成的匹配传输系统中，接入限幅器前后负载上得到的功率之比的分贝数；可以表示为输出功率比输入功率，即

$$\mathrm{IL} = 10\lg(P_{\mathrm{out}}/P_{\mathrm{in}}) \tag{4.4}$$

7）输入/输出电压驻波比

输入/输出电压驻波比表征输入、输出端口信号的反射程度，也可以体现端口的失配程度。

2. 拓扑结构

如图 4.5 所示，常见的限幅器电路有两种结构。

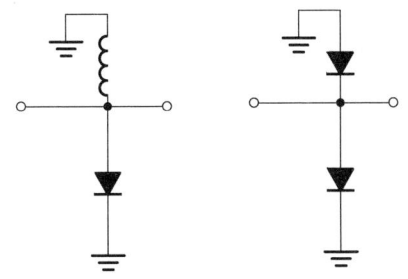

(a) 电感提供直流回路　　(b) 二级管对"背靠背"

图 4.5　限幅器结构图

图 4.5(a)中，限幅器中的高频电感为二极管提供直流通路，同时作为射频开路防止信号衰减，使整个电路的插入损耗维持在较低水平。由于结构中引入了电感，使电路工作带宽受到限制，不适合宽带应用。

图 4.5(b)中的限幅器电路由两个并联的二极管组成，在微波信号的正半周和负半周，两个二极管交替为对方提供直流通路，达到限幅的目的。

在应用中，考虑芯片工作频带等因素，往往采用图 4.5(b)中所示的拓扑，并采用两级或多级方案，由尺寸不同的两组或多组背靠背的器件和微带线以及在片隔直电容组成。图 4.6 是一个限幅器芯片的简化原理图。

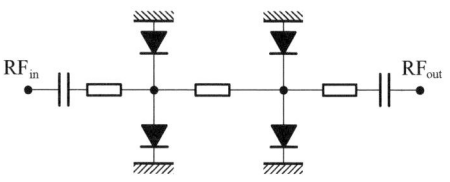

图 4.6　单片限幅器简化原理图

前级的大尺寸器件提升了电路整体的耐功率性能,而后级器件对前级漏过的稍大一点的功率信号仍有限幅作用,这样可使整个电路维持一个较低的限幅电平。

3. 参数设计

以单节限幅器电路为基础开展电路参数设计,单 PIN 二极管并联时等效电路如图 4.7 所示。

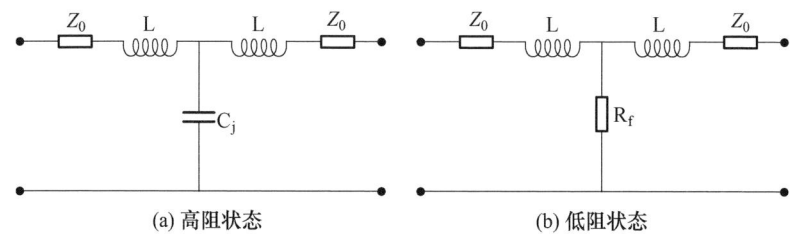

(a) 高阻状态　　　　　　　　(b) 低阻状态

图 4.7　并联二极管等效电路图

图 4.7 中 C_j 和 R_f 为 PIN 限幅二极管的高阻、低阻等效元件,Z_0 和 L 分别为传输线的特性阻抗和匹配微带线的等效电感。

1) 插入损耗和衰减量设计

插入损耗可以用限幅器输出功率和输入功率之比的分贝数表示。

图 4.7(a) 中的电容、电感值由下式确定,即

$$L = Z_0/\pi f$$
$$\omega = 2 \times (LC_j)^{-1/2}$$
$$C_j = 1/\pi f Z_0$$
$$Z_0 = (L/C_j)^{1/2} \tag{4.5}$$

式中:$Z_0 = 50\Omega$;f 为频率。

根据二极管的正向模型参数 Z_f 和反向模型参数 Z_r,可以得到 Y 参数 Y_f 和 Y_r。

$$Y_f = 1/Z_f = G_f + jB_f \tag{4.6}$$
$$Y_r = 1/Z_r = G_r + jB_r \tag{4.7}$$

式中:G_f 和 B_f 为二极管正向的导纳;G_r 和 B_r 为二极管反向的导纳。

则电路的插入损耗和衰减量即为

$$插入损耗 = 10 \times \lg[1 + G_r/r_0 + (G_r/2r_0)^2 + (B_r/2r_0)^2] \quad (4.8)$$

$$衰减量 = 10 \times \lg[1 + G_f/r_0 + (G_f/2r_0)^2 + (B_f/2r_0)^2] \quad (4.9)$$

式中:$r_0 = 1/Z_0$,$Z_0 = 50\Omega$。

2) 承受功率设计

最大承受功率是指限幅器能承受而不被烧毁的最大连续波功率或脉冲功率。限幅器电路的功率容量的计算分二极管正向状态和反向状态两种情况,取其小者做为电路的功率容量。

正向状态时

$$P_{am} = P_{dm} \times (Z_0 + 2R_f)^2/4Z_0R_f \quad (4.10)$$

反向状态时

$$P_{am} = V_B^2/2Z_0 \quad (4.11)$$

式中:$Z_0 = 50\Omega$;R_f 为二极管正向电阻;V_B 为 PIN 二极管的反向击穿电压;P_{am} 为电路的功率容量;P_{dm} 为二极管的最大允许功耗。

4.2.3 限幅器芯片测试技术

限幅器芯片的主要参数有:插入损耗、电压驻波比、限幅电平、尖峰泄漏、恢复时间、最大承受功率等。其中插入损耗和电压驻波比为小信号参数,可通过微波探针台和矢量网络分析仪在片测试得到。限幅电平、尖峰泄漏、恢复时间和承受功率等参数是大信号参数,需将芯片装载到相应的测试夹具上,进行同轴测试。如图 4.8 所示是一款限幅器芯片的照片,图 4.9 是在片测试系统框图。在片测试时,将芯片置于探针台上,网络分析仪的输入输出端连接探针,探针接触芯片的输入输出压焊点,进而完成 S 参数测试,读取插入损耗和输入输出端驻波的值。

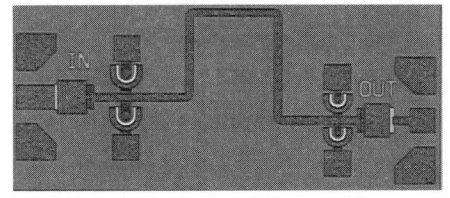

图 4.8 限幅器芯片照片(见彩图)

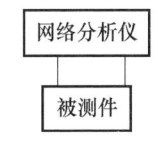

图 4.9 在片测试系统框图

限幅电平和尖峰泄漏的测试一般选用如图 4.10 所示的测试系统。该系统中,预先将可调衰减器的衰减值调到最大,衰减器的作用为保护功率计探头,校准功率计时设置补偿功率值需将衰减器衰减量计算在内。微波信号经放大器放大后,经由定向耦合器,一路被功率计 1 直接读取,另一路经过被测件后被功率计 2 读取。功率计 1 的读数即为被测件的输入功率值,通过功率计 2 即可测得某功率条件下,对应的限幅电平和尖峰泄漏数值。调节可调衰减器和微波信号源,即可得到不同功率输入时,对应的限幅电平和尖峰泄漏的数值。如果微波信号为脉冲波,在微波信号源和放大器之间,需要加入虚线框中所示脉冲信号发生装置。

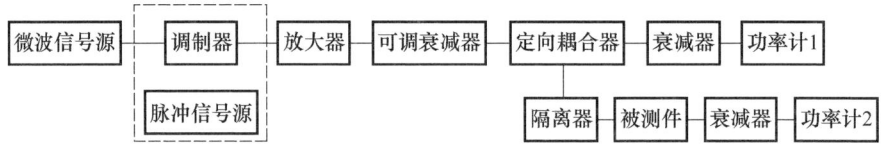

图 4.10　限幅电平、尖峰泄漏测试框图

恢复时间的测试一般选用如图 4.11 所示的测试系统。调整微波信号源及放大器的设置,使被测件的输入功率满足规定的要求,信号通过被测件后,经检波器检波,将波形输出到示波器上,从示波器的波形直接读出被测件的恢复时间。

图 4.11　恢复时间测试框图

最大承受功率的测试框图如图 4.12 所示。测试时先不接入被测件,将微波信号经放大器后的输出功率调节到规定的数值后,接入被测件,使其在该功率条件下工作规定的时间。若试验前后限幅器的插入损耗等参数未超过事先规定好的失效判据,则认为该限幅器芯片可承受该功率值。

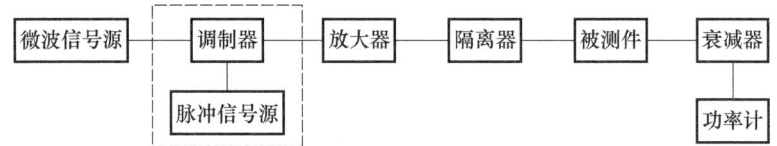

图 4.12　最大承受功率测试框图

4.3　低噪声放大器芯片

低噪声放大器是指噪声系数很低的放大器,要求在放大微弱信号的时候尽量减少信号信噪比的恶化。T/R 组件的接收噪声一般用噪声系数(NF)来描述。噪声系数可以用电路的输入输出信噪比的形式来描述[5]。低噪声放大器输入端信噪比为 $SNR_{in} = S_{in}/N_{in}$,S_{in} 和 N_{in} 分别为输入端的信号和噪声电平;输出端信噪比为 $SNR_{out} = S_{out}/N_{out}$,$S_{out}$ 和 N_{out} 分别为输出端的信号和噪声电平。依据放大电路噪声系数的定义,噪声系数 NF 可以表示为

$$NF = \frac{SNR_{in}}{SNR_{out}} \tag{4.12}$$

噪声系数表示信号通过低噪声放大器后,其内部的噪声造成信噪比恶化的程度。低噪声放大器设计的目的就是使噪声系数的数值尽量小。对于 N 级级联放大器电路,如果第 i 级的增益为 G_{Ai},噪声系数为 NF_i,可以得到电路总的噪声系数 NF 与各级噪声系数 NF_i 之间的关系满足

$$NF = NF_1 + \frac{NF_2 - 1}{G_{A1}} + \frac{NF_3 - 1}{G_{A1}G_{A2}} + \cdots + \frac{NF_N - 1}{G_{A1}G_{A2}\cdots G_{A(N-1)}} \quad (4.13)$$

式中:NF 为电路总的噪声系数;G_{Ai} 为第 i 级的增益;NF_i 为第 i 级噪声系数,($i = 1, 2, \cdots, N$)。

噪声有多种类型,在微波电路中主要有热噪声(Thermal Noise)、散粒噪声(Shot Noise)和闪烁噪声(Flicker Noise)。

噪声会造成微波信号的失真,不利于信号的接收。当信号微弱到一定程度,或者说噪声大到一定程度,其幅度可以和信号相比拟时,就会造成信号的严重干扰。可以说,低噪声放大器的噪声系数决定了 T/R 组件接收信号幅度的最小值。

T/R 组件用的低噪声放大器芯片一般采用以 GaAs、GaN、InP、SiGe 等材料为衬底的器件实现,包括 MESFET/HEMT、HBT 等。图 4.13 给出了几种不同材料器件的适用频率范围[6]。

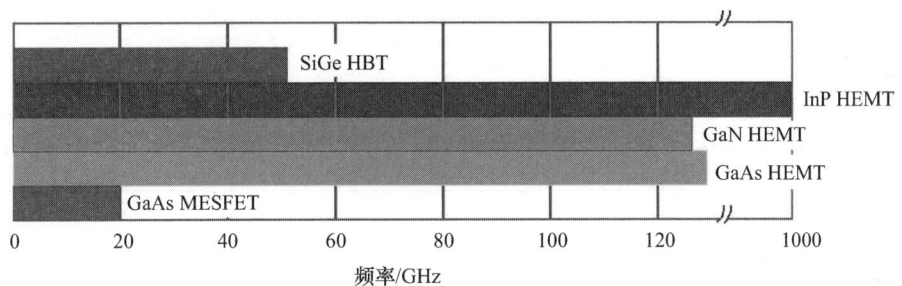

图 4.13 器件适用频率(见彩图)

近年来,GaAs/GaN HEMT 低噪声放大器芯片在 TR 组件中的应用比较普遍,本书将以 HEMT 器件为例进行叙述。

4.3.1 低噪声放大器模型技术

1. HEMT 噪声模型综述

微波单片集成电路芯片设计必须以半导体有源器件和无源元件的模型为基础,设计低噪声放大器芯片所需的有源器件模型通常包括小信号噪声模型和大信号模型两种,小信号噪声模型能够用于微波小信号仿真,如线性增益、输入输出电压驻波比、噪声系数等;而大信号模型可以进行直流仿真和谐波平衡仿

真,如动态电压电流、输出功率、功率附加效率等。

对于 HEMT 器件,常用的模型研究方法主要包括两大类:一类是从器件的物理方程入手,利用数值求解来预测器件的噪声特性,称为物理模型;另一类是半经验模型,即通过建立噪声等效电路结合测量来获得器件的噪声特性,称为等效电路模型。两类方法相比,第一类直接和器件的物理结构相结合,与器件设计更具相关性,而第二类基于端口特性,和软件的结合会比较方便。

HEMT 器件通常可以看成一个二端口噪声网络,可以用如图 4.14 ~图 4.16 所示的三种结构来表征。

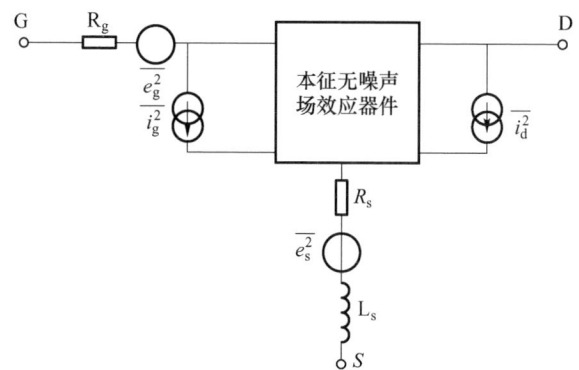

图 4.14　包含两个寄生电阻热噪声的场效应晶体管噪声模型

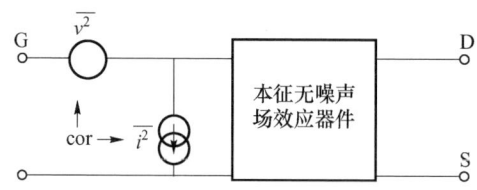

图 4.15　场效应晶体管本征部分噪声等效网络的另一种表示方法

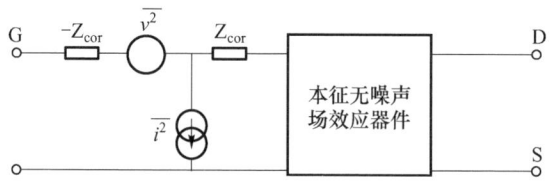

图 4.16　消除了噪声源 $\overline{v^2}$ 和 $\overline{i^2}$ 相关性的等效噪声网络模型

图 4.16 是包含两个寄生电阻热噪声的场效应晶体管噪声模型,其中 $\overline{e_g^2}$ 和 $\overline{e_s^2}$ 为寄生电阻 R_g 和 R_s 所产生的热噪声源,$\overline{i_g^2}$ 和 $\overline{i_d^2}$ 是场效应晶体管的两个相关本征噪声源;图 4.15 为场效应晶体管本征部分噪声等效网络的另一种表示方法,即

将两个相关本征噪声电流源等效到输入端,用输入噪声电压源$\overline{v^2}$和$\overline{i^2}$来表征,cor表示相关性;图4.16给出了消去噪声源$\overline{v^2}$和$\overline{i^2}$相关性的等效噪声网络模型。图中的相关阻抗$Z_{cor} = R_{cor} + jX_{cor}$。

最佳噪声系数NF_{min}和最佳源阻抗Z_{opt}可以由下式计算,即

$$NF_{min} = 1 + 2g_n(R_{cor} + R_{opt}) \tag{4.14}$$

$$Z_{opt} = R_{opt} + jX_{opt} = \sqrt{R_{cor} + \frac{r_n}{g_n}} - jX_{cor} \tag{4.15}$$

式中:R_{cor}为相关电阻;X_{cor}为相关电抗;$g_n = \overline{i^2}/4kT\Delta f$;$r_n = \overline{v^2}/4kT\Delta f$($k = 1.38 \times 10^{-23}$是玻尔兹曼常数,$T$为绝对温度,$\Delta f$为工作带宽)。

2. HEMT 噪声模型提取

HEMT 的噪声模型提取一般采用两种方法:一种是基于调谐器原理的噪声参数提取方法;另一种是基于50Ω噪声测量系统的提取方法。本书主要介绍基于调谐器原理的方法。[7]

在该技术中,HEMT 器件的噪声参数是通过基于调谐器原理的噪声测试系统来完成的,即通过测试不同源阻抗(反射系数)情况下的噪声系数,来确定器件的噪声参数。根据的是噪声系数和4个噪声参数(最佳噪声系数NF_{min}、最佳噪声电阻R_n、最佳源电导G_{opt}和最佳源电纳B_{opt})之间的关系,即

$$NF = NF_{min} + \frac{R_n}{G_s}[(G_{opt} - G_s)^2 + (B_{opt} - B_s)^2] \tag{4.16}$$

式中:NF_{min}为最佳噪声系数;R_n为最佳噪声电阻;G_s为源电导;G_{opt}为最佳源电导;B_s为源电纳;B_{opt}为最佳源电纳。

要想确定4个噪声参数,那么至少需要4个不同阻值的源阻抗,为了提高噪声参数的精度,通常需要7个甚至更多的源阻抗。图4.17给出了基于调谐器的测试系统方框图,图中的Γ_s和Γ_{out}分别为HEMT器件的输入、输出反射系数。图4.18给出了典型的调谐器阻抗分布图(即相应的HEMT器件源反射系数分布图)。

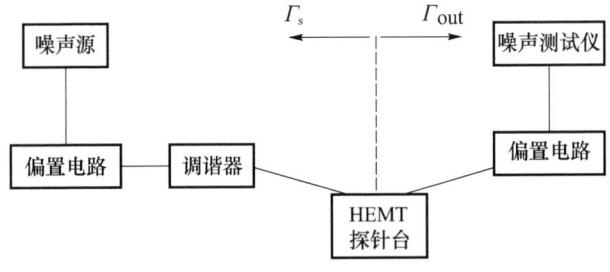

图4.17 典型的基于调谐器原理的噪声系数测试系统

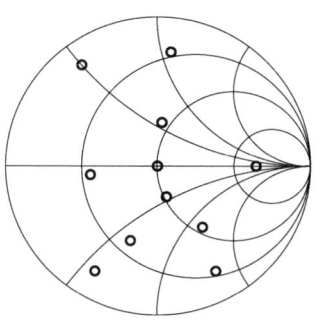

图4.18 典型的反射系数分布图

假设

$$A = \mathrm{NF}_{\min} - 2R_n G_{\mathrm{opt}} \tag{4.17}$$

$$B = R_n \tag{4.18}$$

$$C = R_n (G_{\mathrm{opt}}^2 + B_{\mathrm{opt}}^2) \tag{4.19}$$

$$D = -2R_n B_{\mathrm{opt}} \tag{4.20}$$

将式(4.17)~式(4.20)代入式(4.16),可得

$$\mathrm{NF} = A + BG_s + \frac{C + BB_s^2 + DB_s}{G_s} \tag{4.21}$$

设置误差函数 ε 为

$$\varepsilon = \frac{1}{2} \sum_{i=1}^{n} \left[A + B\left(G_i + \frac{B_i^2}{G_i}\right) + \frac{C}{G_i} + \frac{DB_i}{G_i} - \mathrm{NF}_i \right]^2 \tag{4.22}$$

式中:NF_i 为测量到的噪声系数;G_i 和 B_i 分别为源电导和电纳。

欲使误差函数 ε 达到最小,则有

$$\frac{\partial \varepsilon}{\partial A} = \sum_{i=1}^{n} P = 0 \tag{4.23}$$

$$\frac{\partial \varepsilon}{\partial B} = \sum_{i=1}^{n} \left(G_i + \frac{B_i^2}{G_i}\right) P = 0 \tag{4.24}$$

$$\frac{\partial \varepsilon}{\partial C} = \sum_{i=1}^{n} \frac{1}{G_i} P = 0 \tag{4.25}$$

$$\frac{\partial \varepsilon}{\partial D} = \sum_{i=1}^{n} \frac{B_i}{G_i} P = 0 \tag{4.26}$$

$$P = A + B\left(G_i + \frac{B_i^2}{G_i}\right) + \frac{C}{G_i} + \frac{DB_i}{G_i} - \mathrm{NF}_i \tag{4.27}$$

通过求解式(4.23)和式(4.27),获得 A、B、C 和 D,根据式(4.28)~式(4.31)可以直接确定4个噪声参数,即

$$\mathrm{NF}_{\min} = A + \sqrt{4BC - D^2} \tag{4.28}$$

$$R_n = B \tag{4.29}$$

$$G_{opt} = \frac{\sqrt{4BC - D^2}}{2B} \tag{4.30}$$

$$B_{opt} = -\frac{D}{2B} \tag{4.31}$$

图 4.19 给出了不同尺寸 HEMT 模型器件的版图,图 4.20 给出了一个典型的实际测试系统,通过设计制做和测试一系列不同结构的器件,实现对低噪声器件特征参数的提取。

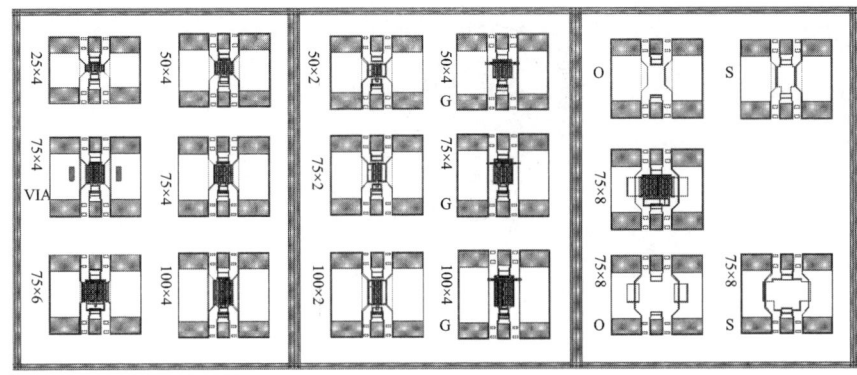

图 4.19 HEMT 模型器件及校准图形版图

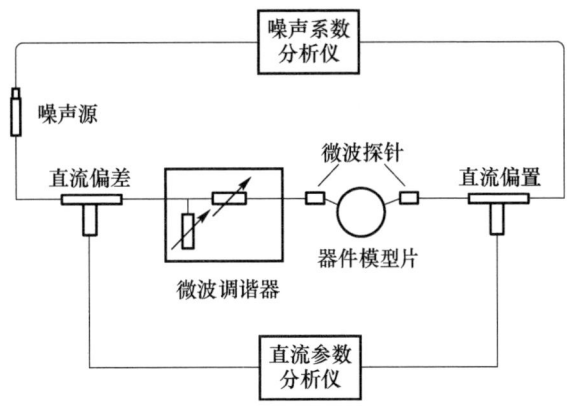

图 4.20 实际噪声参数测试系统

4.3.2 低噪声放大器芯片设计技术

HEMT 器件可以看成一个二端口网络,低噪声放大器设计即是对其输入输出端进行阻抗匹配,使其在一定带宽内具有一定的增益特性,对信号进行放大,同时还要满足噪声系数的要求。

对 HEMT 器件的阻抗匹配来说,共轭匹配的放大器可以获得最佳增益,但是对低噪声放大器来说,还需要考虑最佳噪声匹配,因为通常情况下最佳噪声匹配和最佳增益匹配并不重叠,因此需要对两个指标进行平衡考虑。

对应器件的最小噪声系数 NF_{min} 存在一个最佳源阻抗,在史密斯圆图上,围绕最佳源阻抗可以画出一系列等噪声系数圆,如图 4.21 所示是典型 HEMT 器件的等噪声系数圆和等增益圆。平衡考虑增益和噪声需要找到一个合适的等噪声系数圆和等增益圆的交点,使得电路噪声系数取低的情况下,增益和输入驻波也满足指标要求。

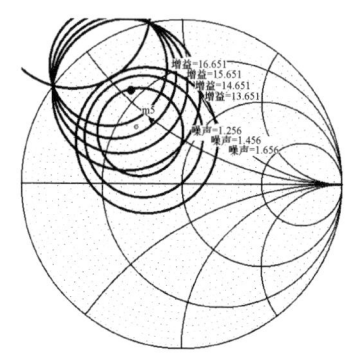

图 4.21　等噪声系数圆和等增益圆

1. 主要技术指标

在 T/R 组件中,对低噪声放大器的指标要求一般有工作频率(f_R)、线性增益(G_{lin})、线性增益平坦度(ΔG_{lin})、噪声系数(NF)、输入输出电压驻波比(VSWR)、1dB 压缩输出功率($P_{out(1dB)}$)、输入耐功率(P_{inmax})、工作电流(I_d)等。

1) 线性增益

线性增益(G_{lin})表示放大器对信号的放大能力,可以表示为输出功率比输入功率,即 $G_{lin} = P_{out}/P_{in}$。

2) 线性增益平坦度

线性增益平坦度(ΔG_{lin})表示放大器频带内增益的波动程度,计算公式为 $|\Delta G_{lin}| = (G_{linmax} - G_{linmin})/2$。

3) 噪声系数

噪声系数(NF)表示放大器的输出相比输入信噪比的恶化程度,决定了雷达系统对目标的识别能力。

4) 输入输出电压驻波比

输入输出电压驻波比(VSWR)表示输入输出端口信号的反射程度,也可以体现端口的失配程度,即

$$VSWR = \frac{1+|\Gamma|}{1-|\Gamma|}$$

式中：Γ 为端口的电压反射系数。

5）1dB 压缩输出功率

1dB 压缩输出功率（$P_{out(1dB)}$）表示放大器的功率输出能力。

6）输入耐功率

输入耐功率（P_{inmax}）表示放大器允许的最大输入功率。

7）工作电流

工作电流（I_d）表示放大器工作时所需的偏置电流。

2. 有源器件的选择

T/R 组件中采用的低噪声放大器常常基于 HEMT 器件工艺来设计，而所用 HEMT 器件栅宽的选择主要取决于以下几个因素。

第一是其工作频率和带宽，器件的栅长确定的情况下较小的栅宽寄生电容较小，器件可以工作在更高的频段。

第二是输入端第一级的噪声系数和功率承受能力，由于器件寄生参数的影响，噪声系数在不同频段会对应不同的最佳栅宽。在 T/R 组件中，根据降额设计的要求，低噪声放大器的耐功率一般比限幅器的限幅电平高 2～3dB，影响器件耐功率的参数包括器件的击穿电压和饱和电流，在工艺参数确定的情况下增加器件的总栅宽可以提高器件的耐功率能力。

第三是输出级器件的功率输出能力，提高输出级器件的栅宽能够提高芯片的输出功率。

3. 器件的工作点

如图 4.22 所示是一个 $50\mu m \times 4$ 的 GaAsPHEMT 器件 $I-V$ 特性曲线。由图可以看出，器件的饱和电流为 50～70mA，夹断电压为 0.8～-0.6V。GaAs 低噪声放大器的工作点一般选择饱和电流为 20%～50%，工作电压为 1～3V 的位置。图 4.22 中 m_1 所标出的 1.5V(18mA) 可以作为放大器的第一级，噪声系数会低些；而 m_2 所标出的 2.3V(22mA) 可以作为输出级，功率会高些。

4. 偏置电路

1）双电源偏置

典型的低噪声放大器偏置电路如图 4.23 所示。栅极通过扼流电感加合适的栅压，漏极通过扼流电感加漏压，这种偏置形式电路的优点是栅压可以调节，在工艺波动导致器件直流特性发生偏移时，可以通过调节栅压使电路的工作电流保持原本设计的工作电流；缺点是需要一路可调节的栅偏置电压，使用不方便。

2）单电源偏置

为了使用方便，低噪声放大器芯片目前大多采用单电源偏置，如图 4.24 所

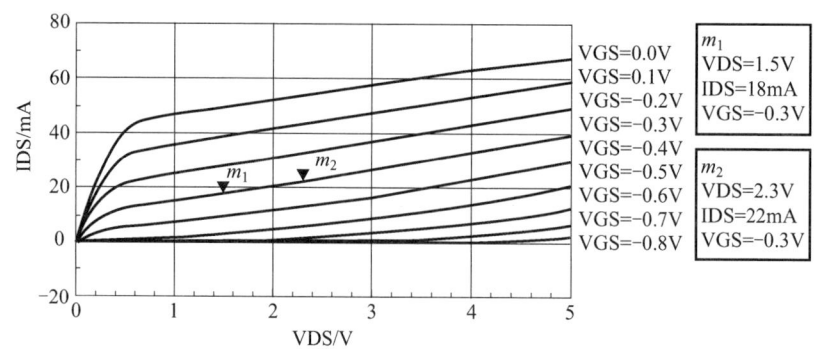

图 4.22 低噪声放大器工作点选择

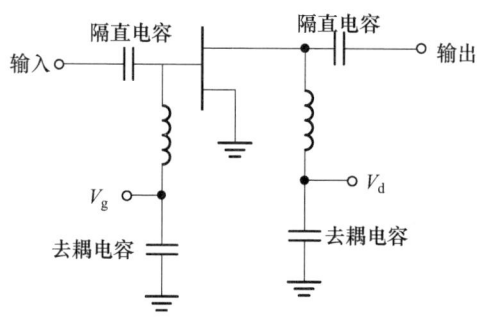

图 4.23 典型双电源偏置电路

示。栅极通过电感接地,理想状态下电位为 0V;源极通过电阻接地,抬高源极的电压,使 V_{gs} 达到偏置所需的电压;如果漏极工作电压高于所选工作点的电压,可以在漏极通过串联分压电阻使 V_{ds} 达到偏置所需电压。这些电阻值都可以根据选择的工作点电压、电流进行计算。这种偏置形式的优点是只需要一路漏压电路就可以工作,并且源偏置电阻对电路的工作点有负反馈效果,能够在工艺波动导致器件直流特性偏移时提供一定程度的自我调节和限制;缺点是栅压不可调节,并且占据了一部分漏压,降低了功率特性[6]。

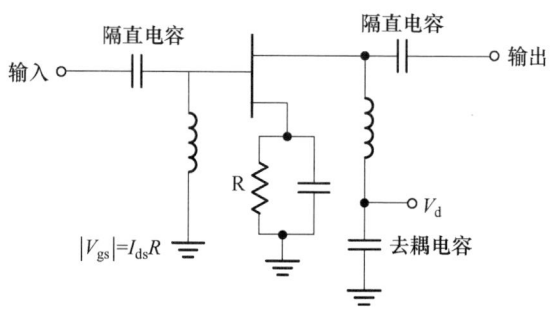

图 4.24 典型单电源偏置电路

5. 拓扑结构

放大器的常用拓扑结构包括有源匹配式、电抗匹配式、有耗匹配式、平衡电路式、分布式、负反馈式等。低噪声放大器一般采用电抗匹配式、分布式、负反馈式[6]。各种拓扑结构在第 3 章的驱动放大器中已有详细介绍,本章不再赘述。

6. 低噪声放大器设计

1)匹配电路

以电抗匹配网络为例,低噪声放大器的匹配电路一般采用单节 T 型或者 Γ 型网络,由于单片电路工艺的螺旋电感 Q 值不能做到很高,因此增加匹配节数虽然可以改善匹配状态,但是不可避免影响噪声性能,尤其是在电路的输入端。典型匹配电路设计如图 4.25 所示。

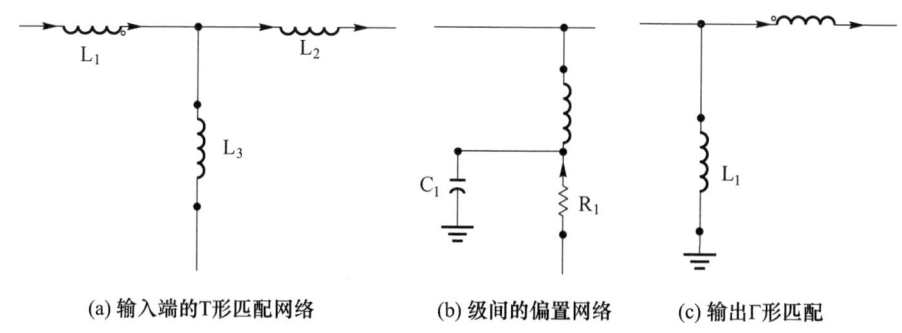

(a) 输入端的T形匹配网络　　(b) 级间的偏置网络　　(c) 输出Γ形匹配

图 4.25　匹配电路设计

2)电路 CAD 优化

确定了电路的工作点、偏置形式、匹配结构,就可以开展具体的电路设计了。对于微波单片集成电路来说,由于器件参数在工艺加工完成后无法再进行调节,因此需要采用软件对电路进行仿真及优化。[8]

一般的单片电路仿真过程分为如下几步:

(1) 根据器件模型计算器件两端的端口阻抗,代入设计好的电路拓扑当中,通过阻抗变换确定各个集总元件的初值。

(2) 把初值代入电路进行初步优化,使其基本满足性能指标。

(3) 把集总元件转换成分布元件,即集总参量转成分布参量,而后进行系统、全面的优化,使其完全满足性能指标的要求。

(4) 电磁场仿真验证。

3)稳定性设计

电路稳定性是一个至关重要的指标,不稳定的电路性能再好也难以应用。电路稳定性需要从以下几个方面考虑。

(1) 仿真频率从直流(DC)至截止频率(F_t),均稳定。

(2) 对放大器及其每级 $\mu>2, \Delta>0, \mu$ 和 Δ 见第 3 章式(3.25)和式(3.26)。

(3) 放大器带外"无鼓包"。

(4) 器件各胞的栅用电阻连接、漏用电阻连接。

(5) 采用大的在片去耦电容(20pF 以上),并联电阻电容串联网络。

(6) 前级漏偏置串小电阻。

(7) 考虑在片测试探针卡情况。

(8) 考虑键合线和外接电容情况。

(9) 考虑工艺变化、偏置变化、温度变化和负载阻抗变化等情况。

(10) 避免前后级"共"通孔接地。

(11) 避免前后级网络太近"耦合"反馈。

(12) 前后级偏置最好分开。

7. 第二级低噪声放大器设计

在 T/R 组件接收通道中,一般一级低噪声放大器不宜增益过高,以避免在组件中出现自激的风险,通常接收通道增益如果在 40dB 左右,单只低噪声放大器芯片增益尽量不超过 30dB,超过 30dB 时会显著增加组件自激的风险。

式(4.12)同样适用于多个低噪声放大器芯片级联的噪声系数计算,从公式中可以看出,由于第一级放大器的增益一般比较高,第二级低噪声放大器的噪声系数对级联后的噪声系数贡献不大,因此在第二级低噪声放大器设计时可以适当牺牲噪声系数指标,在幅度平坦度和输出功率上适当提高。比如第一级低噪放可以专注于噪声系数的设计,增益如果有滚降可以通过第二级设计成正斜率增益来进行补偿。第二级低噪放还可以根据通道的要求,设计出一系列不同增益的产品以适应不同应用。

4.3.3 低噪声放大器芯片测试技术

单片低噪声放大器测试的主要指标包括线性增益(G_{lin})、线性增益平坦度(ΔG_{lin})、噪声系数(NF)、输入输出电压驻波比(VSWR)、1dB 压缩输出功率($P_{\text{out(1dB)}}$)、输入耐功率($P_{i\text{max}}$)、工作电流(I_d)等。

测试 GaAs 微波低噪声放大器芯片的线性功率增益、线性功率增益平坦度、输入电压驻波比及输出电压驻波比一般采用矢量网络分析仪来进行测试,测试框图如 4.26(a)所示。

微波低噪声放大器芯片的噪声系数一般采用噪声系数测试仪测试,测试框图如 4.26(b)所示。

低噪声放大器芯片的 1dB 压缩点输出功率一般采用功率计进行测试,测试框图如 4.27 所示。

图 4.28 是两个低噪声放大器的芯片图,图 4.28(a)为第一级低噪声放大器

芯片；图4.28(b)为第二级低噪声放大器芯片。

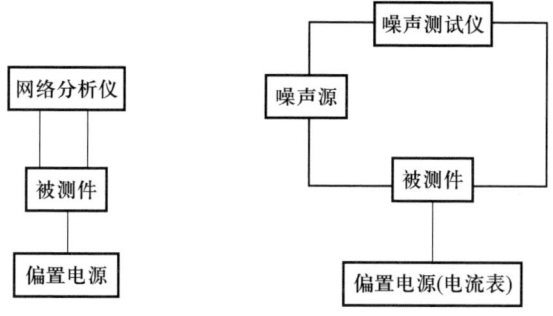

(a) 矢量网络分析仪测试系统框图　　(b) 噪声系数分析仪测试系统框图

图4.26　噪声系数和工作电流测试框图

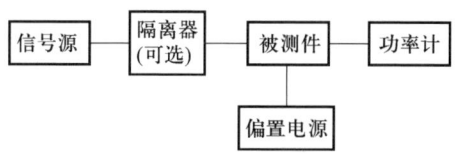

图4.27　功率测试系统框图

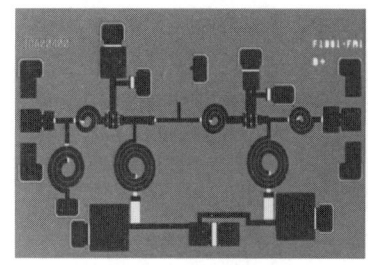

(a) 第一级低噪声放大器芯片　　(b) 第二级低噪声放大器芯片

图4.28　低噪声放大器芯片图(见彩图)

4.3.4　限幅器和低噪声放大器的级联

限幅器和低噪声放大器的级联重点考虑的是低噪声的耐功率和限幅器的限幅电平。如果限幅器的限幅电平超过低噪声的输入功率时，长期可靠性会受到影响，增益会逐渐下降，噪声系数会逐渐升高。这是因为栅极输入的功率过大，造成电应力过高，栅金属及沟道产生退化造成的。为了避免这种情况发生，在不影响低噪声放大器指标的情况下，可以通过增大输入级的器件尺寸、提高器件击穿电压，采用更稳定的栅金属化工艺等措施来进行改善。而限幅器在满足耐功率和插入损耗的情况下，尽量降低限幅电平，由于这几个指标之间互有矛盾，因此一般情况只能进行平衡和折中设计。通常 T/R 接收通道会要求限幅电平低于低噪声放大器的耐功率 2~3dB,留一定的余量会提高接收通道的可靠性。

参考文献

[1] SEYMOUR D J, HESTON D D, LEHMANN R E, et al. X-band Monolithic GaAs PIN Diode Variable Attenuation Limiter[J]. IEEE MTT-S Digest,1990,2:841-844.

[2] TAKASU H, SASAKI F, KAWANO M, et al. Ka Band Low Loss and High Power Handling GaAs PIN Diode MMIC Phase Shifter for Reflected Type Phased Array Systems[J]. IEEE MTT-S Int Microwave Symp Digest,1999,2:467-470.

[3] 王静辉,魏洪涛,张力江. GaAs 垂直结构 PIN 二极管限幅器[J]. 半导体技术,2008,33(9):766-768.

[4] 喻梦霞,李桂萍. 微波固态电路[M]. 成都:电子科技大学出版社,2008.

[5] 陈其津. 低噪声电路[M]. 重庆:重庆大学出版社,1988.

[6] Robertson I D, Lusyszyn S. RFIC and MMIC Design and Technology[M]. London, the Institution of Electrical Engineers,2001.

[7] 高建军. 场效应晶体管射频微波建模技术[M]. 北京:电子工业出版社,2007.

[8] 王绍东,高学邦. MMIC 和 RFIC CAD[J]. 半导体技术,2004,29(10):8-12.

第 5 章
雷达收发组件幅相控制芯片

5.1 引　　言

　　幅相控制芯片是雷达收发(T/R)组件的核心芯片,主要包括移相器、衰减器和开关。移相器用来改变传输信号的相位、衰减器改变传输信号的幅度、开关改变传输路径,这类电路对微波能量的传输进行控制,统称为微波控制电路[1]。图 5.1 中虚线部分给出了幅相控制芯片在 T/R 组件中的典型应用框图。雷达的控制信号通过 TTL 波控驱动器电路改变移相器、衰减器的扫描状态和开关的切换状态,控制接收和发射通道的信号传输,从而实现馈给各天线单元的信号的相位和幅度可控,满足天线波束扫描和赋形的需要。

　　幅相控制芯片可以采用 GaAs、GaN、GeSi、Si 等工艺制造,但由于 GaAs 基幅相控制芯片综合性能指标好、成熟度高,目前,幅相控制芯片大部分由 GaAs 工艺制造,并在 T/R 组件中得到广泛的应用[2]。为方便使用,可以将幅相控制电路和驱动器集成在同一个芯片上,用 TTL 电平直接控制。由于 MMIC 无法像传统的微波电路那样进行调试,在电路设计时需要使用计算机辅助设计技术对电路进行精确的仿真[3,4]。本章结合微波电路设计技术介绍 T/R 组件中使用的移相器、衰减器和开关芯片的建模、设计和测试技术。

5.2　开关器件模型技术

　　微波电路设计必须有精确的元器件模型,其中,有源器件模型是影响电路设计精度的最主要因素。在移相器、衰减器和开关等微波控制电路中,有源器件工作在开关模式。如图 5.2(a)所示,FET 管的源极(S)和漏极(D)作为射频端,栅极(G)作为控制端,栅极外加电阻 R_c 起隔离信号的作用,通常取 1.5kΩ。如图 5.2(b)所示,FET 开关可以等效为一个可变电阻和一个可变电容的并联[5]。

　　当栅源电压为零时,源漏极间由二维电子气形成沟道导通,开关可视为导通

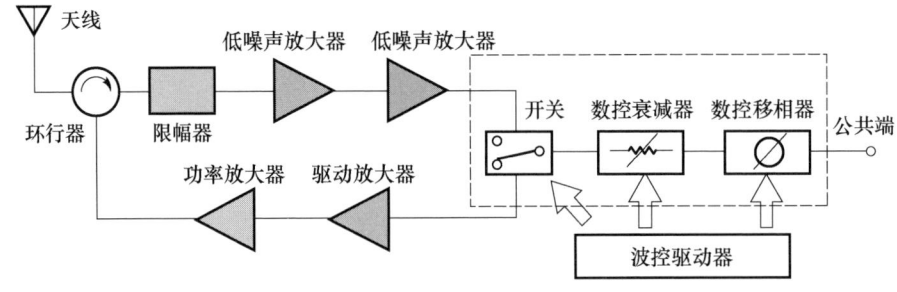

(a) 在共用移相器结构T/R组件中应用

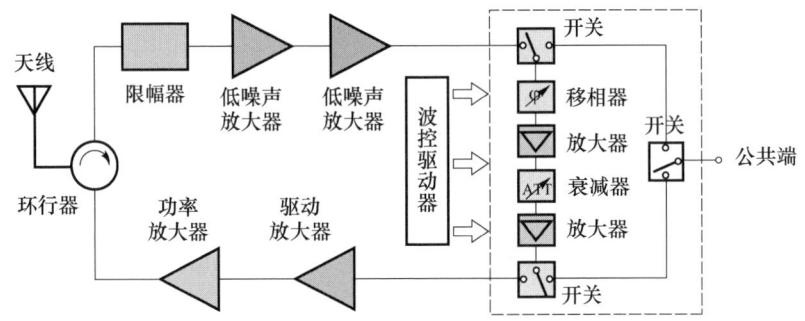

(b) 在Common leg结构T/R组件中应用

图 5.1　幅相控制芯片在 T/R 组件中的典型应用框图

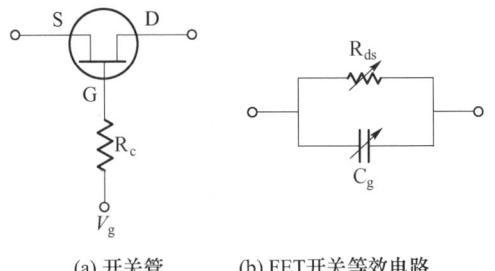

(a) 开关管　　(b) FET开关等效电路

图 5.2　开关示意图

状态,这时 R_{ds} 很小,C_g 较大;当栅源电压反偏到超过夹断电压 V_p($|V_{gs}|>|V_p|$)时,沟道关断,源漏呈高阻开关可视为关断状态,这时 R_{ds} 很大,C_g 较小。FET 开关的两个线性工作区域如图 5.3 所示[6]。

5.2.1　开关模型提取技术

一个标准的开关器件等效电路模型如图 5.4 所示,可用于 GaAs HFET 器件、GaAs MESFET 器件[7]、GaAs PHEMT 器件[8],也可用于 GaN HEMT 器件[7]。器件的物理参数,包括沟道的几何形状、栅长、沟道的掺杂浓度和夹断电压等,直

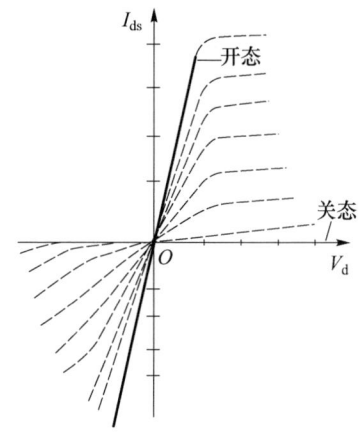

图5.3 FET开关直流特性和工作区域

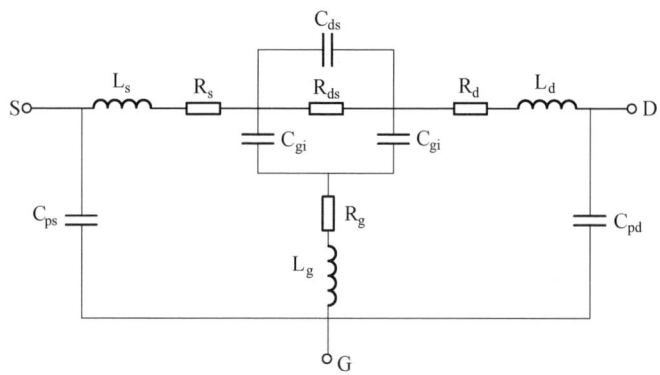

图5.4 开关等效电路模型

接影响开关的等效电路参数。开关等效电路模型共包含11个小信号模型参数[8],其中寄生参数8个(C_{ps}、C_{pd}、L_s、L_d、L_g、R_s、R_d、R_g)、本征参数3个(C_{ds}、C_{gi}、R_{ds})[8]。开关模型参数的物理意义如下:

(1) 寄生电容(C_{ps}、C_{pd})。C_{ps}、C_{pd}主要是源端、漏端金属与衬底之间的寄生效应,及电极之间耦合电容的总效应,一般都在fF量级。

(2) 寄生电感(L_s、L_d、L_g)。L_s、L_d、L_g主要是源端、漏端和栅端处器件表面的金属引起的寄生效应,一般都在pH量级。

(3) 寄生电阻(R_s、R_d、R_g)。R_s、R_d分别表征源端和漏端的欧姆接触金属电阻,同时也包括扩散注入有源区的体电阻;R_g主要是由肖特基栅金属带来的电阻,一般都在Ω量级。

(4) 本征电容(C_{ds}、C_{gi})。C_{ds}是以空间电荷区为介质引发的电容效应,电容值主要取决于源极和漏极之间的距离;C_{gi}是栅极与沟道之间形成的电容,及栅与电极之间耦合电容的总效应,依赖于器件的沟道掺杂浓度和夹断电压。本征电容一般都在 fF 量级。

(5) 本征电阻(R_{ds})。R_{ds} 是源极漏极之间的电阻,电阻值和沟道的掺杂浓度、夹断电压、金属化、栅挖槽等器件参数的影响有关。一般器件处于开态在 Ω 量级,器件处于关态在 MΩ 量级。

开关模型参数的提取采用层层剥离的方法,首先提取寄生参数,再利用去嵌(De-Embedding)技术削去寄生元件,得到本征元件的数值。提取寄生参数可采用测试结构法,压点电容使用开路(OPEN)测试结构[9],寄生电感和电阻使用源极、漏极和栅极短接(SHOT)测试结构[9],等效电路如图 5.5 所示[9]。

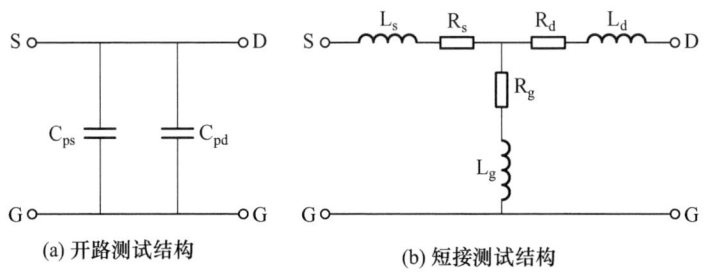

(a) 开路测试结构   (b) 短接测试结构

图 5.5 提取寄生参数的等效电路模型

测量开路测试结构的 S 参数,利用 S 参数转换得到 Y 参数虚部构成的方程,可以得到 C_{ps} 和 C_{pd} 的计算公式

$$C_{ps} = \frac{1}{\omega}\text{Im}(Y_{11}) \tag{5.1}$$

$$C_{pd} = \frac{1}{\omega}\text{Im}(Y_{22}) \tag{5.2}$$

测量短接测试结构的 S 参数,在消去压点电容后,利用 Z 参数可以得到 L_s、L_d、L_g 和 R_s、R_d、R_g 的计算公式,即

$$L_s = \frac{1}{\omega}\text{Im}(Z_{11} - Z_{12}) \tag{5.3}$$

$$L_d = \frac{1}{\omega}\text{Im}(Z_{22} - Z_{21}) \tag{5.4}$$

$$L_g = \frac{1}{\omega}\text{Im}(Z_{12}) = \frac{1}{\omega}\text{Im}(Z_{21}) \tag{5.5}$$

$$R_s = \text{Re}(Z_{11} - Z_{12}) \tag{5.6}$$

$$R_d = \text{Re}(Z_{22} - Z_{21}) \tag{5.7}$$

$$R_g = \text{Re}(Z_{12}) = \text{Re}(Z_{21}) \tag{5.8}$$

测试开关器件的开态 S 参数,并转换为 Y 参数 Y_D,消去压点电容的影响,得到 Y'_D,即

$$Y'_D = Y_D - \begin{bmatrix} j\omega C_{ps} & 0 \\ 0 & j\omega C_{pd} \end{bmatrix} \quad (5.9)$$

将 Y'_D 转化为 Z'_D 参数,消去寄生电感和寄生电阻,得到本征部分的 Z 参数,即

$$Z = Z'_D - \begin{bmatrix} R_S + R_{gd} + j\omega(L_s + L_g) & R_g + j\omega L_g \\ R_g + j\omega L_g & R_d + R_g + j\omega(L_d + L_g) \end{bmatrix} \quad (5.10)$$

图 5.6 是开关器件本征部分的等效电路图。利用转换得到本征部分的 Y 参数,对于 π 型网络可以直接写出公式

$$Y_{11} = Y_{22} = j\omega C_{gi} + \left(j\omega C_{ds} + \frac{1}{R_{ds}} \right) \quad (5.11)$$

$$Y_{12} = Y_{21} = -j\omega C_{ds} - \frac{1}{R_{ds}} \quad (5.12)$$

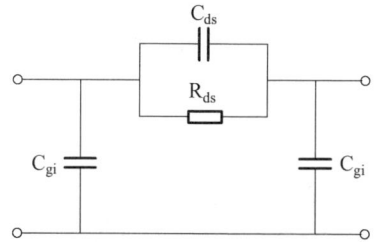

图 5.6 开关器件本征部分等效电路图

由式(5.11)和式(5.12)可以得到 C_{ds}、C_{gi} 和 R_{ds} 的计算公式

$$C_{ds} = -\frac{1}{\omega}\text{Im}(Y_{12}) = -\frac{1}{\omega}\text{Im}(Y_{21}) \quad (5.13)$$

$$C_{gi} = \frac{1}{\omega}\text{Im}(Y_{11} + Y_{12}) = \frac{1}{\omega}\text{Im}(Y_{22} + Y_{21}) \quad (5.14)$$

$$R_{ds} = -\frac{1}{\text{Re}(Y_{12})} = -\frac{1}{\text{Re}(Y_{21})} \quad (5.15)$$

测试开关器件的关态 S 参数,利用上述方法转换得到本征部分的 Y 参数,同理,用式(5.13)~式(5.15)计算得到开关器件在关断状态下的 C_{ds}、C_{gi} 和 R_{ds}。开态和关态下 C_{ds} 的值基本相同。

一般情况下,利用上述直接提取技术可以获得等效电路模型的初始值,要想精确建模还要利用后续优化技术减小元件值的偏差直至满足精度要求。开关模型提取步骤如下:

步骤 1 测量开路(OPEN)测试结构的 S 参数,提取寄生电容的初值。

步骤 2 测量短接(SHOT)测试结构的 S 参数,提取寄生电阻和电感的初值。

步骤 3 测试器件导通和关断工作状态下的 S 参数。

步骤 4 去嵌寄生元件,分析计算提取本征元件。

步骤 5 对比模型模拟结果和测试结果的 S 参数,计算模拟和实际测试的拟合精度。

步骤 6 如果精度达到要求,提取过程结束,否则对元件参数值进行优化。

步骤 7 转入步骤 4 继续优化直至精度满足要求。

5.2.2 开关模型测试技术

开关模型的主要参数与器件的栅指数及总栅宽密切相关。如图 5.7(a) 所示,通常采用若干栅宽不同的器件组成建模用器件组,通过实测与分析得到模型参数随栅宽变化的规律,建立可定标的开关模型。如图 5.7(b) 所示是开关器件和建模用的测试图形。

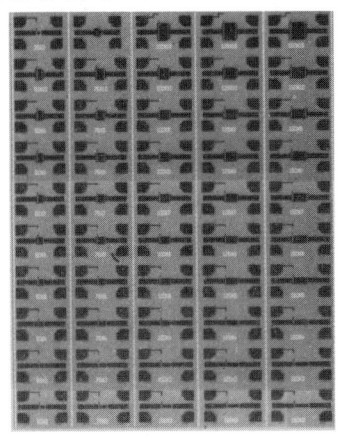
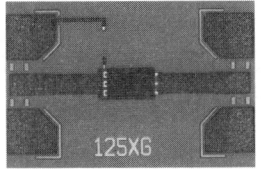

(a) 开关模型取模用器件组　　(b) 开关器件和测试图形

图 5.7　开关模型建模用器件照片

在建模过程中,用专门的微波探针对建模器件进行在片测试,测量不同栅宽器件的小信号 S 参数。为保证微波探针测试的结果严格地反映开关器件在实际应用时的性能,必须解决好两个问题。

(1) 在片测试系统的精确校准。

将建模用的校准图形与建模器件制作在同一个 GaAs 或 GaN 圆片上,对接头、电缆、微波探针及探针与芯片压焊点接触等寄生效应进行校准消除,最大限度地消除各种可能的影响。微波探针的校准采用 TRL 法,通过对如图 5.8 所示的校准图形进行在片测试,完成对直通、反射和传输线状态的校准。

(2) 模型器件射频参考面的精确确定。

建模用器件与电路中使用的实际器件相比,增加了微波探针接触所需的测试图形。为保证提取的模型严格地表征实际器件,需要精确地确定测试图形的

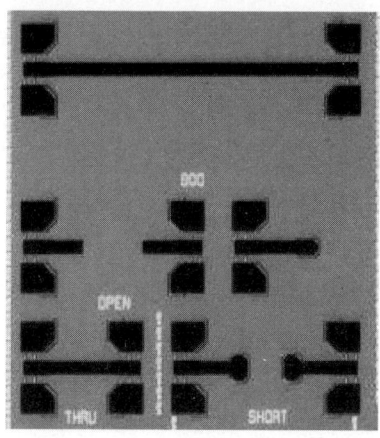

图 5.8 微波探针校准图形照片

射频参考面,图 5.7 与图 5.8 中的测试图形设计成完全一致,这样可以通过校准的结果消除测试图形的影响,得到与实际应用相一致的器件 S 参数。

5.3 移相器芯片

移相器分为数控(数字控制式)移相器和模拟移相器两类。数字控制式移相器通常为 4~6 位,通过外加电压控制不同的相位组合,移相器在一定度数范围内按照固定的步进产生不同的相移。而模拟移相器的相移量随外加电压成某种函数关系。在相控阵雷达中通常使用数控移相器,因为它与波控驱动器电路接口更方便。一些相移量不大的模拟移相器常与数控移相器配合,起到相位加权的作用,构成模拟-数控式移相器,多用在移相精度要求较高的场合。

5.3.1 移相器芯片设计技术

在数控移相器的设计中,主要目标是在希望的频率范围内实现每个离散相位状态下要求的相对相移量。由于 T/R 组件的链路中其他部分设置的插入损耗无法调节,在理想情况下,希望移相器的插损在各种相位状态下恒定不变。当移相器与衰减器、开关或放大器等器件级联时,要求移相器具有良好的输入输出驻波,以避免产生插入相位和插损波动。此外,为了减小中间级反射,单个移相位的阻抗匹配特性要好。从雷达系统考虑,对移相器还应有温度稳定性和功率处理能力等要求。不是所有这些要求都能同时满足和实现,在具体设计单片移相器时,一些性能需要相互适度折中。

1. 主要技术指标

数控移相器芯片的主要技术指标有工作频率、移相位数、最小移相位、移相精度、移相精度方差、插入损耗、幅度波动、输入驻波比、输出驻波比、控制电平、切换时间、1dB 压缩点输入功率、相位温度稳定性等。下面对其中一些指标作简单说明。

1）移相位数和最小移相位

一个 m 位移相器共有 2^m 个离散相位状态。若最小相移（移相步进）用 $\mathrm{LSB_P}$ 表示，最大相移为 $\mathrm{PS_{max}}$，则

$$\mathrm{LSB_P} = \frac{\mathrm{PS_{max}}}{2^m - 1} \tag{5.16}$$

2）移相精度和移相精度方差

移相精度：$\Delta\Phi$ = 相移量 - 标称值。

移相精度方差也称作移相精度均方根误差。假设移相器第 i 个状态的相移量与第 i 个状态相移量的标称值之差即移相精度为 $\Delta\Phi_i(i=1,2,\cdots,n)$，通过式 (5.17) 可以计算出移相精度方差，即

$$\mathrm{RMS} = \sqrt{\sum_{i=1}^{n} \frac{(\Delta\Phi_i)^2}{n}} \tag{5.17}$$

3）插入损耗和幅度波动

测量参考态 S_{21} 传输系数或 V_{in} 和 V_{out}，通过式 (5.18) 计算插入损耗，即

$$\mathrm{IL} = 20\lg|S_{21}| = -20\lg\left(\frac{V_{\mathrm{in}}}{V_{\mathrm{out}}}\right) \tag{5.18}$$

同一移相器在同一测试频率点下的所有移相态与参考态插损之差的最大值称为幅度波动，即

$$\Delta\mathrm{IL_{max}} = \max|\mathrm{IL}_i - \mathrm{IL}_0| \quad (i=1,2,\cdots,n) \tag{5.19}$$

4）切换时间

移相器的切换时间基本上取决于 FET 开关的转换时间。信号源给被测移相器芯片输入端输入一个信号，脉冲信号发生器给被测件控制端输入互补脉冲信号，在示波器上读出脉冲控制信号上升沿的 90% 到检波信号上升沿 90% 的时间 t_{on}，读出脉冲控制信号下降沿幅度的 10% 到检波信号下降沿 10% 的时间 t_{off}，t_{on} 与 t_{off} 的最大值即为切换时间。切换时间波形框图如图 5.9 所示。

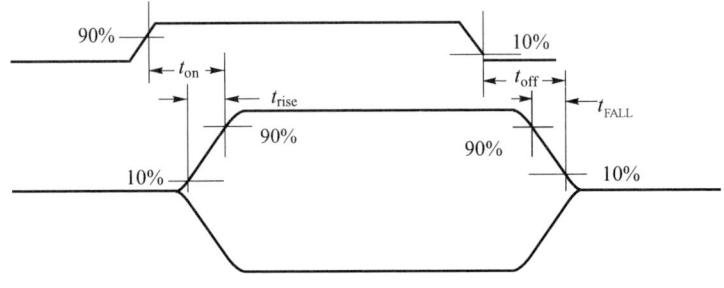

图 5.9 切换时间波形框图

5) 1dB 压缩点输入功率

在被测件的输入功率逐渐增大的情况下,插入损耗会变大,当插入损耗增加 1dB 时,此时的输入功率,即为 1dB 压缩点输入功率 $P_{\text{in(1dB)}}$。

6) 相位温度稳定性

在移相器的规定频率范围内,依据规定温度点或温度间隔测量移相器的相位值,在规定温度范围内相位变化量的最大值即为相位温度稳定性,即

$$\Phi_W = |\Phi_H - \Phi_L| \tag{5.20}$$

7) 控制电平

用来控制开关 FET 导通或关断的电平即控制电平。通常,开关 FET 在源极和漏极直流接地,栅极外加控制电压 V_g,如图 5.2 所示。当开关 FET 直接引出加电控制端,控制电平即 V_g。如 GaAs 数控移相器的控制电平为 -5V/0V。如果芯片上集成了数字驱动器,控制电平通常是 TTL 电平 0V/5V(兼容 3.3V)。

2. 拓扑结构

移相器在结构上是由开关管和无源元件组合而成,通过控制开关的通断使信号经过不同的路径产生不同的相位,两路相位的差值即相移。数控移相器由不同移相量的移相单元级联而成。通常采用的单片移相器电路结构有开关线式、反射式、加载线式和高低通滤波器式。开关线式、反射式、加载线式移相器中均需使用分布参数传输线段,需要占用相当大的芯片面积;由于同样物理长度的传输线对不同频率呈现不同的相移,因此这几种移相器的工作频带比较窄。而高低通滤波器式移相器可以由集总元件组成,制作得十分紧凑,从性能上看,这种电路拓扑适用于宽带电路[10],应用较广。用 Lange(兰格)定向耦合器和反射终端组成的移相器可以工作在倍频程,不过面积比较大。图 5.10 给出几种常用的高低通滤波器式移相器拓扑。小移相位常采用串联 FET 型和 T 型移相器拓扑结构(如 5.625°、11.25°、22.5°)[11]。大移相位(如 45°、90°、180°)常采用开关选择路径型移相器拓扑结构[12]。其中,V_{T1} 和 V_{T2} 为控制电平,R_g 为 FET 开关外接栅电阻(起隔离信号的作用);L_1 和 L_2 为电感元件;C_1 和 C_2 为电容元件。

图 5.10 所示的移相器拓扑由 FET 开关器件与电容、电感组成的滤波网络共同构成。通过控制 FET 开关的通断,移相器等效为低通滤波网络或高通滤波网络。低通滤波网络为通过的信号提供相位滞后,高通滤波网络为通过的信号提供相位超前。微波信号通过不同滤波网络的相位不同,从而实现微波信号的相位调制。对于宽带应用,需要增加滤波元件的数量。图 5.11 给出高低通滤波器式移相器的原理图。

如图 5.11 中所示网络的归一化矩阵为

$$\begin{bmatrix} A & B \\ C & D \end{bmatrix} = \begin{bmatrix} 1 - B_n X_n & j(2X_n - B_n X_n^2) \\ jB_n & 1 - B_n X_n \end{bmatrix} \tag{5.21}$$

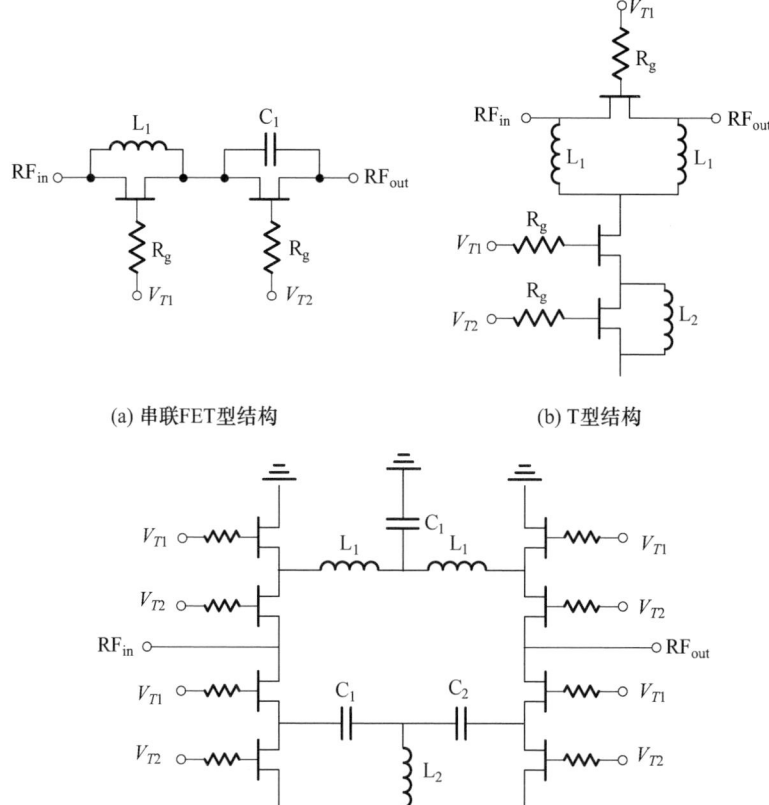

(a) 串联FET型结构　　　(b) T型结构

(c) 开关选择路径型结构

图 5.10　高低通滤波器式移相器拓扑结构

式中：X_n 和 B_n 分别为如图 5.11 所示的电抗和电纳，是相对于微波传输线特性阻抗 Z_0 和导纳 Y_0 分别归一化。

采用归一化 ABCD 矩阵表达传输函数 S_{21} 为

$$S_{21} = \frac{2}{A+B+C+D} = \frac{2}{2(1-B_nX_n)+\mathrm{j}(B_n+2X_n-B_nX_n^2)} \quad (5.22)$$

传输相位 $\varPhi$ 可以由下面的公式给出，即

$$\varPhi = \tan^{-1}\left(-\frac{B_n+2X_n-B_nX_n^2}{2(1-B_nX_n)}\right) \quad (5.23)$$

当 X_n 和 B_n 两者均改变符号时，相位 $\varPhi$ 幅度相同而符号改变，S_{21} 幅度不变。因此，在低通和高通网络之间切换引起的相移量 $\Delta\varPhi$ 可以由式(5.24)给出

$$\Delta\varPhi = 2\tan^{-1}\left(-\frac{B_n+2X_n-B_nX_n^2}{2(1-B_nX_n)}\right) \quad (5.24)$$

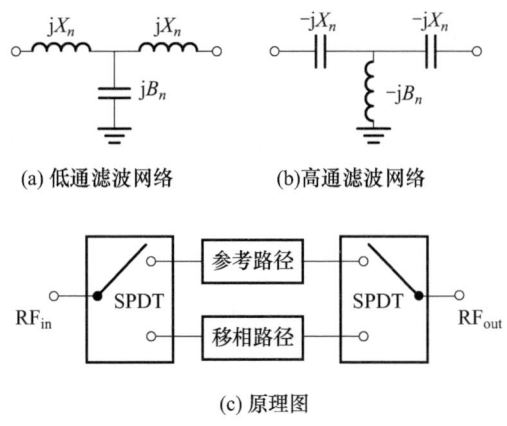

图 5.11　高低通滤波器式移相器原理图

微波单片集成电路所用元器件(包括有源器件及无源元件)均是平面结构,采用半导体集成技术制作。以 GaAs 等半导体材料为基片制作的微波电路存在复杂的寄生效应,并且微波单片集成电路的各个元件排列得十分紧凑,相互之间的耦合寄生也比较严重,因此在设计中需要优化版图布局,并在必要时对版图进行电磁场分析修正。可见,微波单片集成电路的设计技术具有较大的特殊性与复杂性,对设计优化的要求很高,计算的工作量非常大。现在,微波电路工程师通常使用各种设计软件对微波单片电路进行计算机辅助设计。数字移相器的状态多、优化目标多,因此合理地设定优化途径极为重要,否则不仅耗费大量机时、优化成效极低,甚至完全得不到结果。

图 5.12 举例给出某六位数控移相器的拓扑图。其中,大移相位采用开关选择路径型移相器拓扑,移相网络用 π 型或 T 型高通/低通滤波网络实现;小移相位采用串联 FET 型和 T 型移相器式电路拓扑。

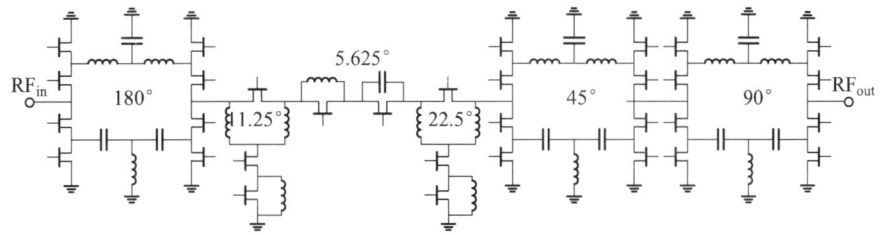

图 5.12　六位数控移相器拓扑图

3. 设计优化仿真

根据电路具体电性能要求,对所设计的单片移相器的性能进行优化设计,并考虑工艺加工的容差,对单片电路制作的成品率加以分析,在获得最佳的电路性能的同时获得较好的电路射频成品率。根据电性能指标,每一种移相状态需制定的优化目标有移相精度、插入损耗、插损波动、输入驻波比、输出驻波比等。

数控移相器电路的设计优化途径[13]：

(1) 将器件模型代入选择好的电路拓扑中,确定各个元件的初值。

(2) 把初值代入电路进行初步优化,使其基本满足性能指标。

(3) 把集总元件转成分布元件,即集总参量转成分布参量,然后进行系统、全面的优化,使其完全满足性能指标。

4. 版图设计和验证

芯片尺寸已成为其成本的重要衡量标准,在版图设计时应尽量减小芯片面积、提高布版密度。这一原则对占用芯片面积较大的单片数控移相器版图设计是非常重要的,但高密度布版会带来电磁互扰等问题。因此,在版图设计时采用电磁仿真和实验验证的方法,寻求版图布局的合理化和最优化,以获得较佳的电性能和较小的芯片尺寸。

5. 三维平面电磁场仿真技术

电磁场仿真是单片移相器设计环节中必不可少的步骤。由于在单片移相器中广泛使用电感、电容和电阻,其电导体的金属宽度、间距和金属厚度这三个参量在相同数量级时,经典的平面电磁场仿真会带来较大的误差,这就需要在三维电磁场仿真中引入厚金属和水平电流来解决。

利用微波设计软件的优化功能,可以拟合出等效电路解析模型,以子电路形式用于电路仿真。

下面以平面电感为例,讲述如何实现电磁场仿真。平面电感的相关物理参数:线宽为 $7\mu m$,线间距为 $6\mu m$,半径为 $20\mu m$,圈数为 4.5。图 5.13 中的 S 参数曲线是对电磁场仿真与电感测量之间精度的对比。$S_{11(sim)}$、$S_{22(sim)}$、$S_{21(sim)}$ 是电感的两端口 S 参数 S_{11}、S_{22}、S_{21} 的电磁场仿真结果,用实线表示；$S_{11(mes)}$、$S_{22(mes)}$、$S_{21(mes)}$ 是电感的 S 参数 S_{11}、S_{22}、S_{21} 的测试结果,用虚线表示；频率(2.00 ~ 20.00GHz)表示频率范围 2 ~ 20GHz。从图 5.13 可以看出,从 2GHz 一直到 20GHz,电磁场仿真与模型测试之间都拟合得相当好,只是在二端口与测试有一些微小区别,主要原因为空气桥电感在版图上模拟时采取了近似措施(如空气桥高度的近似及桥金属与底层金属之间氮化硅介质的忽略),此时的电磁场仿真精度能够完全满足 MMIC 电路设计的需求。

另外,还可以对电感进行 AMC(Advanced Momentum Component)仿真,产生一些数据库文件,在微波设计软件中生成简单易用的设计包。AMC 技术是指在微波设计软件中对某种元件(电感、电容、电阻、Lange 耦合器、T 形头、十字接头、微带线、拐角等)进行电磁场设置和仿真,在设定的工作频段内和设定的元件尺寸范围内,生成有限个不同尺寸元件的电磁场仿真结果,组成该元件的电磁仿真模型库,可以以子电路的形式用于电路仿真。

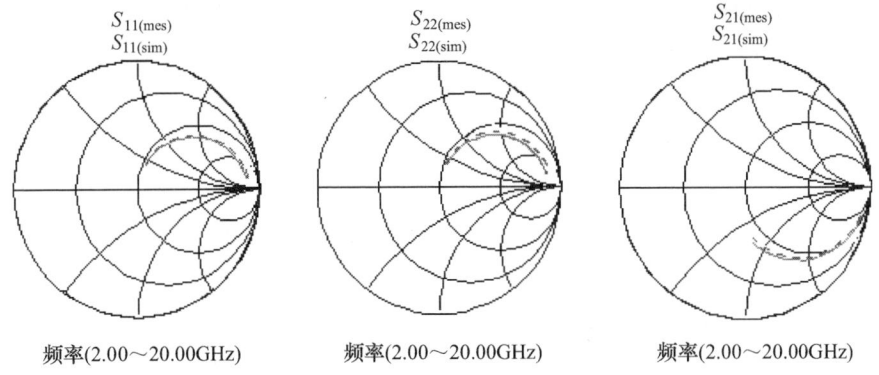

图 5.13 电磁场仿真 vs. 电感 S 参数测量

图 5.14 总结出移相器单片电路的设计流程。工艺加工完成后,对芯片进行微波在片测试,然后对测试结果进行分析,判断设计和实际情况的差异,分析引起设计值和实测值的差别的原因,为设计的改进提供依据。

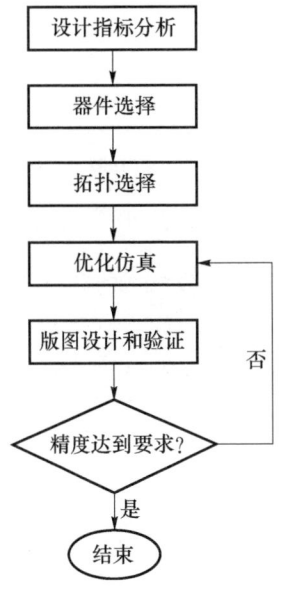

图 5.14 MMIC 设计流程

5.3.2 移相器芯片测试技术

单片移相器的插入损耗、移相精度、幅度波动、输入输出驻波、相位温度稳定性可以用微波探针测试系统和矢量网络分析仪相连测试移相器的 S 参数来获得,如图 5.15(a)所示。1dB 压缩点输入功率和切换时间的测试方法更复杂一些,需要重新搭建测试系统,见图 5.15(b)和图 5.15(c)。数控移相器的测试难点是移相器的状态多,n 位数控移相器要测 2^n 个状态。图 5.16 是一款 GaAs 五位数控移相器芯片的照片。

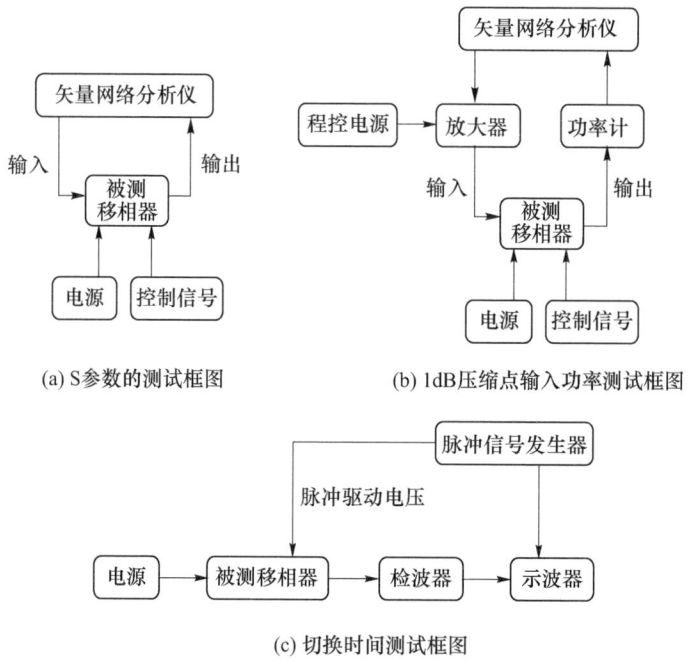

图 5.15　数控移相器芯片测试框图

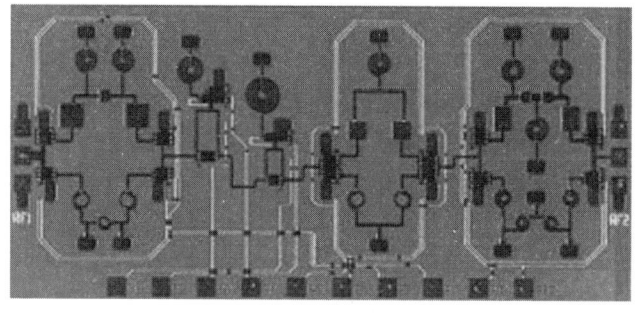

图 5.16　GaAs 五位数控移相器芯片照片(见彩图)

5.4　衰减器芯片

衰减器也分为数控衰减器和模拟衰减器两类。数控衰减器的衰减范围由最小衰减步进和位数决定,给衰减器的控制端加控制电平可以得到相应的衰减量。

模拟衰减器又称电压可变衰减器或电调衰减器,和模拟移相器类似,衰减量是控制电压的函数。在雷达 T/R 组件中,数控衰减器和放大器一起作为可变增益放大器使用,能够调整天线波束宽度和旁瓣电平,也可以在一定程度上补偿数控移相器随相位状态的改变而产生的幅度变化。

5.4.1 衰减器芯片设计技术

在数控衰减器的设计中,主要目标是在需要的频率范围内,满足每一个离散的衰减状态下要求的相对衰减量。在理想情况下,通过衰减器的插入相位在各种衰减状态下应当恒定不变,这样不需要调整其他的参数以适应不同状态下的插入相位变化。若衰减器插损不变则有利于实际应用。当衰减器与移相、放大器、开关或其他元件级联时,要求衰减器具有优良的输入输出端口回波损耗特性,以避免引起插入损耗和插入相位波动。此外,单个衰减位具有好的阻抗匹配特性对衰减器的整体性能非常重要,衰减器的零态(参考态)插入损耗应设计得尽可能小。从整个系统考虑,衰减器还应有温度稳定性和功率处理能力等其他要求。所有这些要求不可能同时满足和实现,在具体设计单片衰减器时,对性能指标要适度折中。

1. 主要技术指标

数控衰减器芯片的主要技术指标有工作频率、衰减位数、最小衰减量、插入损耗、衰减精度、衰减精度方差、附加相移、输入驻波比、输出驻波比、控制电平、切换时间、1dB 压缩点输入功率、相位温度稳定性等。下面简单介绍两个指标,其他性能指标的定义可以参考数控移相器。

1)衰减位数和最小衰减量

一个 m 位衰减器共有 2^m 个离散衰减状态。若最小衰减量(衰减步进)用 LSB_A 表示,最大衰减量为 A_{max},则

$$LSB_A = \frac{A_{max}}{2^m - 1} \tag{5.25}$$

2)衰减精度和衰减精度方差

衰减精度定义为 $\Delta A =$ 衰减量 $-$ 标称值。

衰减精度方差也称作衰减精度均方根误差。假设衰减器第 i 个状态的衰减量与第 i 个状态衰减量的标称值之差即衰减精度为 $\Delta A_i (i=1,2,\cdots,n)$,通过式(5.26)可以计算出衰减精度方差即

$$RMS = \sqrt{\sum_{i=1}^{n} \frac{(\Delta A_i)^2}{n}} \tag{5.26}$$

2. 拓扑结构

衰减器在结构上是由开关管和电阻、微带线组合而成,通过控制开关的通断

使信号经过不同的路径产生不同的插损,两路插损的差值即衰减量。单片数控衰减器由各个基本衰减位组成。如图 5.17 所示,各个基本衰减位的衰减结构通常是 π 型、T 型和开关选择路径型等典型衰减结构中的一种[14]。不同的衰减结构均是由开关管和薄膜电阻组成的衰减网络来实现。小衰减位常采用并联 T 形衰减器结构,如 0.5dB、1dB 等,T 型结构可以进一步简化,去掉图 5.17(a)中串联的 FET 管和电阻 R_1[15],见图 5.17(d)。对于大衰减位(如 2dB、4dB、8dB 和 16dB 位等),常采用 π 型衰减器结构或开关选择路径型衰减器结构[16]。

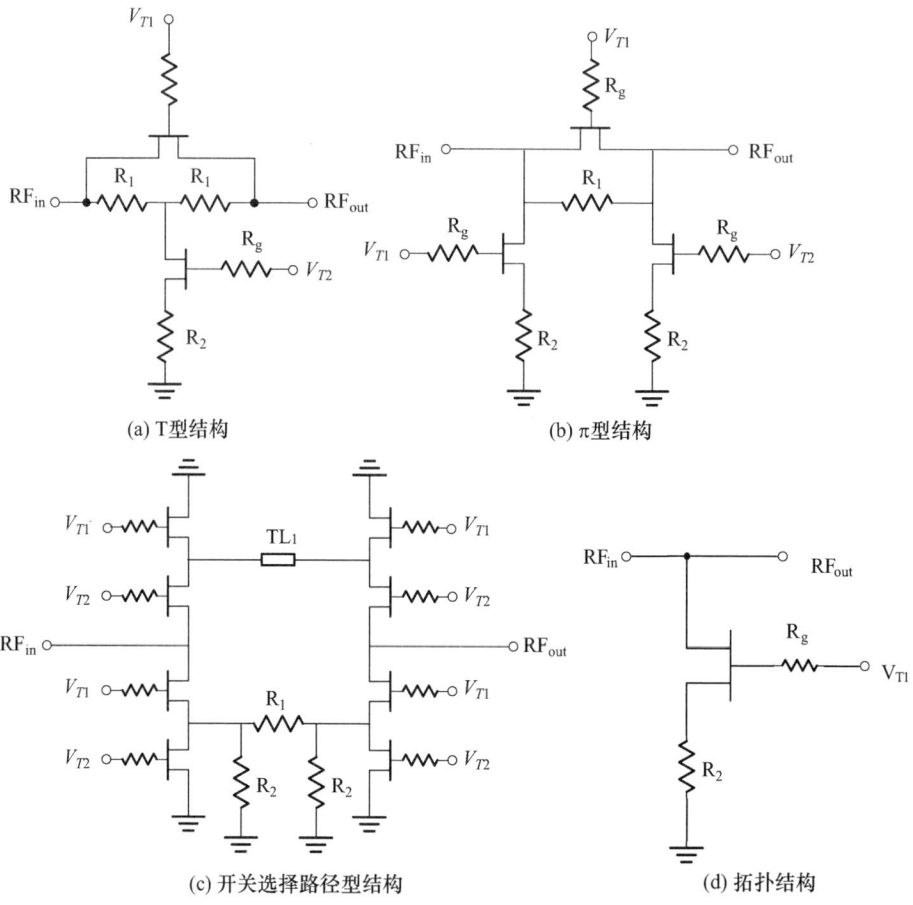

图 5.17 衰减器常用拓扑结构

图 5.17 中,V_{T1} 和 V_{T2} 为控制电平;R_g 为 FET 开关外接栅电阻(起隔离信号的作用);R_1、R_2 为电阻元件;TL_1 为微带线。图 5.18 给出衰减器原理图,衰减单元由 FET 开关器件与电阻组成的衰减网络共同构成,开关在两支微波传输路径间切换,通过不同的传输路径的微波信号的幅度不同,从而实现微波信号的幅度调制[6]。

以图 5.17(a)所示的开关式 T 型结构衰减器为例,该结构具有导通态插入

第 5 章　雷达收发组件幅相控制芯片

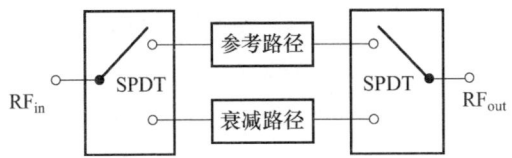

图 5.18　衰减器原理图

损耗小、衰减精度高的优点。衰减量可以由下面的公式给出

$$IL = 20\lg \frac{2Z_{21}R_2}{(R_1+R_2+Z_0)-R_2^2} \qquad (5.27)$$

式中：Z_0 为微波传输线的特性阻抗；Z_{21} 为两端口衰减网络的 Z 参数；R_1 和 R_2 为图 5.17(a)中衰减网络的电阻元件。

图 5.19 举例给出六位数控衰减器电路拓扑图，这种电路拓扑能够在较小的芯片面积上实现较好的电路指标[17]，具有较高的性价比。

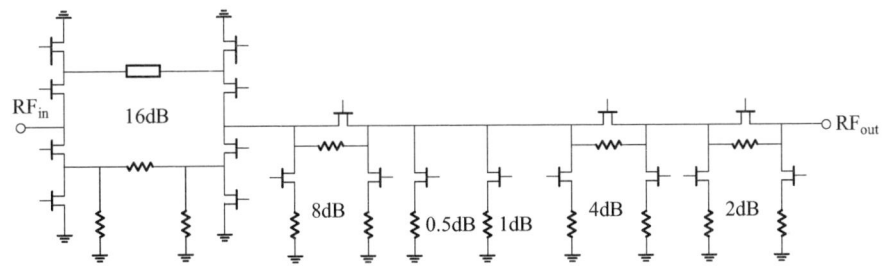

图 5.19　六位数控衰减器拓扑图

3. 设计优化仿真

根据所选择的衰减器电路拓扑，选择合适的器件栅宽以及元器件的模型，通过微波电路设计软件，根据电路具体电性能要求，对单片衰减器的性能进行优化设计，并考虑工艺加工的容差，对衰减器电路进行指标冗余度设计和电路灵敏度分析，在获得最佳的电路性能的同时获得较好的产品成品率。

根据电性能指标，每一个衰减状态需制定的优化目标有输入驻波、输出驻波、衰减量、插入损耗、插损波动、衰减误差等。6 位数控衰减器共有 64 种状态，优化目标非常多。因此合理地设定电路设计优化途径极为重要。

数控衰减器电路设计优化途径：

(1) 把器件模型代入选择好的电路拓扑中，确定各个元件的初值。

(2) 把初值代入电路进行初步优化，使其基本满足性能指标。

(3) 把集总元件转成分布元件，即集总参量转成分布参量，然后进行系统、全面的优化，使其完全满足性能指标。

4. 版图设计和验证

考虑实际工程应用需要，电路的输入输出键合压点尽量放置在芯片输入和输出端边缘,且输入输出压点位置对称,分别处于芯片两端垂直传输方向的中间位置,方便芯片前后级联。直流控制端键合压点均匀分布在芯片垂直传输方向的一侧边缘的中间位置,且各个控制压点间距尽量加大、等间距,以方便工程应用键合的需要。在电阻版图上,考虑工艺加工的误差,合理选择小阻值电阻版图的长宽比,减少工艺误差对小电阻阻值的影响,从而提高衰减精度。在芯片版图设计时还考虑到版图引入的寄生参数的影响,采用电磁场仿真对设计进行修正。

数控衰减器的设计流程参考图 5.14。工艺加工完成后,对芯片进行微波在片测试,然后对测试结果进行分析。

5.4.2 衰减器芯片测试技术

数控衰减器芯片可通过矢量网络分析仪和微波探针系统进行在片测试。微波小信号参数主要包括插入损耗 IL、衰减精度 ΔA_i、衰减平坦度 ΔA、衰减附加相移 $\Delta \phi$、最大衰减量 A_{max}、输入电压驻波比 $VSWR_{in}$、输出电压驻波比 $VSWR_{out}$。这些指标的测试结果可以用微波探针测试系统和矢量网络分析仪相连接测试 S 参数来获得,如图 5.20(a)所示。切换时间和 1dB 压缩点输入功率的测试方法更复杂一些,需要重新搭建测试系统,如图 5.20(b)和图 5.20(c)所示。数控衰减器的测试状态多,n 位数控衰减器要测 2^n 个状态。图 5.21 是并行驱动六位数控衰减器芯片的照片。

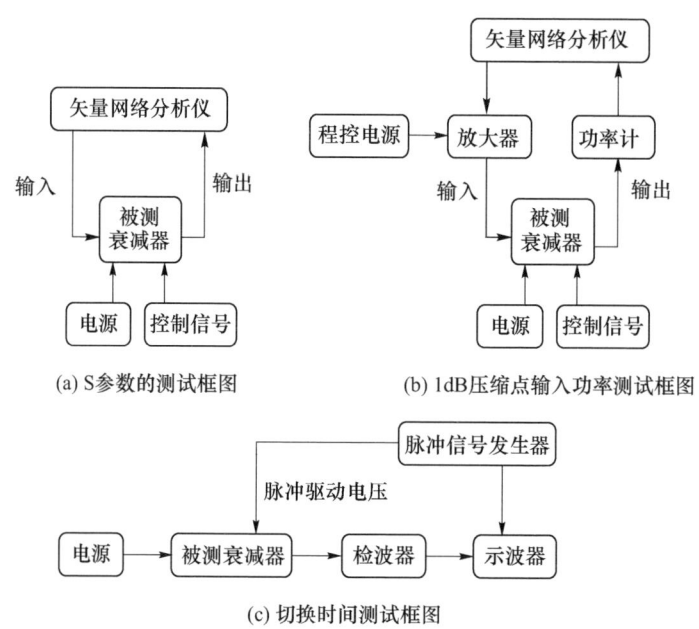

图 5.20 数控衰减器芯片测试框图

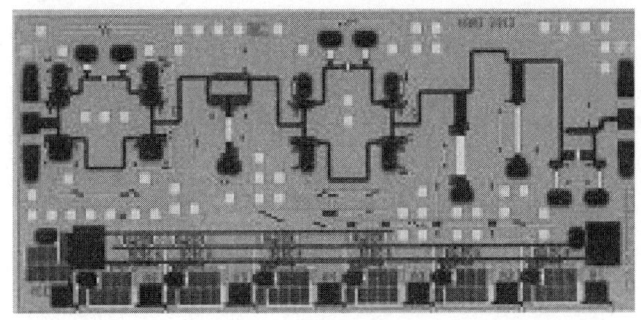

图 5.21　并行驱动六位数控衰减器芯片照片（见彩图）

5.5　开关芯片

微波开关按通路划分为单刀单掷或单刀多掷开关。在 T/R 组件中，通常采用几个单刀双掷（SPDT）开关的组合来实现发射和接收模式的转变。有的 T/R 组件也使用单刀三掷（SP3T）开关，其中一个支路接 50Ω 负载，使组件在待机状态下切换到负载态。

5.5.1　开关芯片设计技术

常用的开关芯片有 PIN 开关和 FET 开关。PIN 二极管能提供更快的开关速度，能处理中功率到大功率的 RF 电平。PIN 二极管的偏置要求在开态提供高正向电流，关态需要加高反向偏置电压。PIN 二极管开关特性高度依赖其个体特性。近年来 PIN 二极管开关逐渐被 GaAs FET 开关替代。GaAs FET 开关与 PIN 二极管开关相比具有偏置网络简单、控制电流小、驱动电路简单、开关速度快等优势，但在功率特性方面不及 PIN 开关。可以采用设计 PIN 二极管开关的方法来设计 FET 开关电路。随着 GaN 技术的进步，GaN 开关的功率特性逐渐显现出来，已可以部分取代环形器用于 T/R 组件的收发前端。

1. 主要技术指标

开关芯片的主要技术指标包括工作频率、插入损耗、隔离度、输入驻波比、输出驻波比、控制电平、切换时间、1dB 压缩点输入功率、相位温度稳定性等。性能指标的定义可以参考数控移相器，下面简单介绍两个指标。

1）插入损耗

如果开关的各条支路是对称结构，则各个支路的插入损耗应该相等，只需要设计其中一条支路的插入损耗；如果开关是非对称结构，则需要设计全部支路的插入损耗。

测量开关某条支路在导通状态下的 S_{21} 传输系数或 V_{in} 和 V_{out}，仿照数控移相器的插入损耗计算方法,通过式(5.18)计算插入损耗。

2) 隔离度

开关芯片的隔离度是指某条支路在关断的状态下的输出端和输入端之间的隔离度。测量开关某条关断支路的 S_{21} 传输系数或 V_{in} 和 V_{out} 计算隔离度

$$\mathrm{ISO} = 20\lg|S_{21}| = -20\lg\left(\frac{V_{in}}{V_{out}}\right) \tag{5.28}$$

2. 拓扑结构

微波单片开关芯片通常采用集总电路形式,集总型开关经常以集总电感(或长微带线)、FET 等效的电感、电容组成。在 FET 开关的两个状态中,栅处于零偏或反偏,而源漏之间在低阻抗和高阻抗之间切换,简单串联一个 FET 就可以达到开关电路的目的。图 5.22 是一个最简单的单刀双掷开关结构。

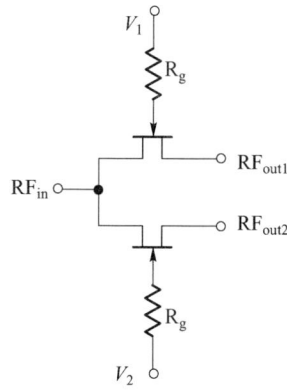

图 5.22 简单结构的 SPDT 开关

通常用单个 FET 管的 on 和 off 两种状态性能并不好,因此通常采用串并联配合形式的结构来获得更好的插入损耗、隔离度和输入输出驻波性能[19]。图 5.23(a)为串并反射式开关。根据关态时开关输出匹配状态还分为反射式和吸收式两种。反射式开关在关态时输出端处于开路或者短路状态,将信号全部反射回去实现高隔离度;而吸收式开关关态时将输出切换到 50Ω 负载上,实现好的输出驻波,这种开关有利于整个微波系统的稳定,特别是开关与放大器连接时。

图 5.23 的简单结构开关覆盖频带很低,如果开关的设计频带比较宽,则必须采用更复杂一些的结构以实现宽带性能。另外,FET 开关具有类似低通滤波器的幅频特性,因此在低频范围内性能会更好。

吸收式开关,又叫匹配式或者非反射式开关,采用在输出端加上 50Ω 负载,目的是让开关在处于关态时,输出端处于 50Ω 负载状态,这种开关具有良好的关态驻波。如图 5.23(b)采用的是输出端并联一个带 50Ω 负载的开关 FET,另外还有一种串联负载的吸收式开关结构,如图 5.24 所示。前面采用一串两并结

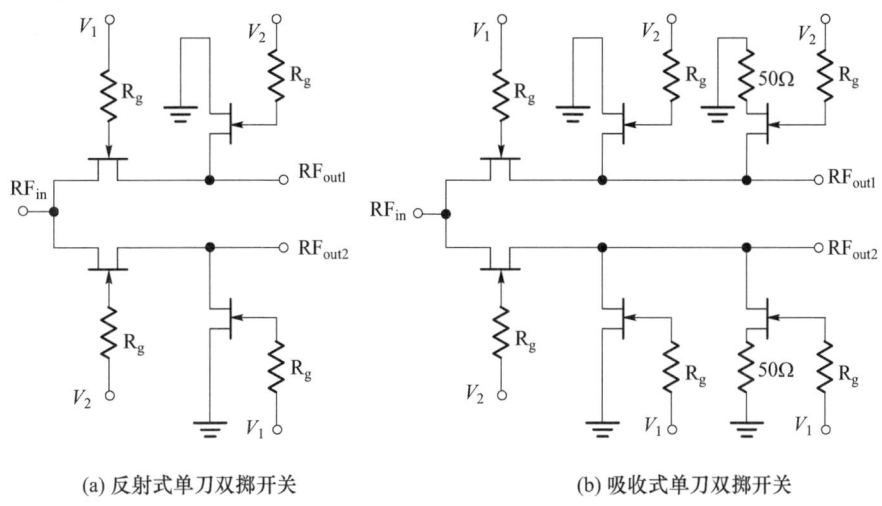

(a) 反射式单刀双掷开关　　　　　　　(b) 吸收式单刀双掷开关

图 5.23　结构简单的串并形式的 SPDT 开关

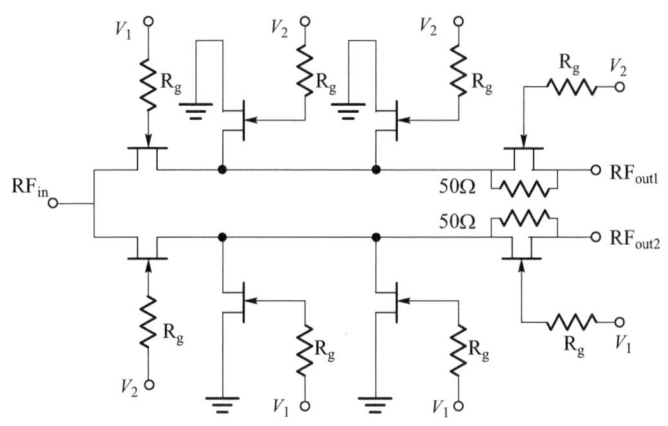

图 5.24　串联负载的吸收式 SPDT 开关

构,最后是 FET 和负载电阻并联实现关态吸收[20]。

因为单刀双掷开关总是一路处于开通状态,另一路处于关断状态,本文选择其中一路进行分析。先不考虑输出吸收负载部分,图 5.25(a)电路可以等效为如图 5.25(b)的形式,然后按照简化的阻抗如图 5.25(c)进行分析。

当串联器件在低阻状态而并联器件在高阻状态时,整个网络相当于一个低通滤波器;当串联器件处于高阻状态而并联器件处于低阻状态时,相当于高通滤波器,让高通时的截止频率高于低通时的截止频率,那么就得到了一个网络特性类似低通滤波器的宽带开关。对于通态,串联阻抗 Z_{se} 由低阻抗 Z_l 来表示,而并联阻抗 Z_{sh} 由高阻抗 Z_h 来表示。这样,插入损耗可以表示为

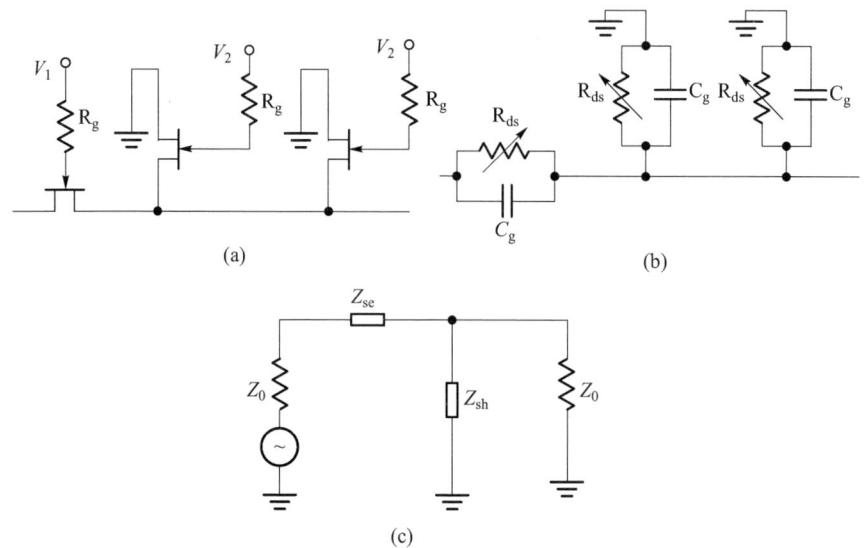

图 5.25 串并联开关分析

$$\text{IL} = \left| \frac{1}{2} + \frac{(Z_0 + Z_h)(Z_0 + Z_1)}{2Z_0 Z_h} \right|^2 \tag{5.29}$$

隔离度可以表示为

$$\text{ISO} = \left| \frac{1}{2} + \frac{(Z_0 + Z_1)(Z_0 + Z_h)}{2Z_0 Z_1} \right|^2 \tag{5.30}$$

输出吸收负载部分为一个 FET 和 50Ω 电阻并联,当开关处于开态时,FET 也开通,这样,由于 FET 处于低阻状态 FET 与 50Ω 电阻并联的网络也处于低阻状态;当开关处于关态时,FET 处于高阻状态,并联后相当于输出端接 50Ω 电阻。采用与 50Ω 电阻并联 FET 的终端形式是因为串联形式往往需要更小栅宽的 FET,而小栅宽的 FET 抗功率能力比较差并且模型定标后精度较差。

3. 设计优化仿真

根据所选择的开关电路拓扑,选择合适的器件栅宽以及元器件的模型,通过微波电路设计软件,根据电路具体电性能要求,对所设计的开关的性能进行优化并采取指标冗余设计,电路灵敏度分析和成品率统计分析等设计方法,获得最佳的电性能和较高的成品率。

根据电性能指标,需制定的优化目标包括输入驻波、输出驻波、插入损耗、隔离度等。MMIC 开关电路设计优化途径:

(1) 把器件模型代入选择好的电路拓扑中,确定各个元件的初值。

(2) 把初值代入电路进行初步优化,使其基本满足性能指标。

(3) 把集总元件转成分布元件,即集总参数转成分布参数,然后进行系统、全面的优化,使其完全满足性能指标。

4. 版图设计和验证

版图设计遵循减小芯片尺寸和减少无源元件之间,无源元件与有源器件之间电磁互扰效应为基础,对优化好的数据进行布局和电磁场仿真,一般微波传输线之间保持4倍以上线宽的间距来避免电磁耦合。电路原理图不能准确地反映电磁特性,布线时产生的电磁耦合影响芯片的特性,需要进行电磁场仿真。

高频电路电磁场仿真技术使MMIC设计成功率大大提高。电磁场仿真的另一项重要设置就是网格划分(Mesh)。网格划分得越密,仿真精度就越高,但是仿真所需时间和内存随边界电流的密度成几何级数增加,在设计时需要折中考虑。

电磁场仿真只能仿真无源部分,去掉有源器件,并在器件连接的位置加入内部端口,可以进行原理图版图混合仿真,如图5.26所示。在原理图中调用电磁场仿真结果,和有源器件一起仿真。图5.27是电磁场仿真和电路仿真的结果对比,其中虚线是原理图仿真结果,实线是电磁场仿真结果。可见,由于传输线布局产生了电磁耦合,电磁场仿真结果比原理图仿真结果恶化。

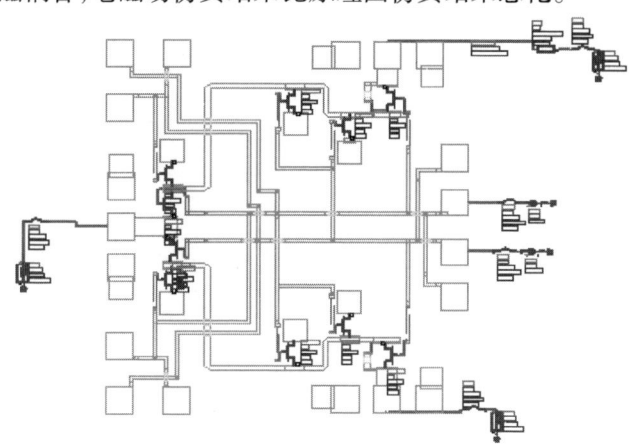

图5.26 原理图和电磁场混合仿真

微波开关的设计流程参考图5.14。

5.5.2 开关芯片测试技术

按照图5.28的测试框图建立开关芯片的测试系统。可以获得开关芯片的插入损耗、隔离度、输入输出电压驻波比、1dB压缩点输入功率和切换时间等电性能的测试结果。图5.29给出一款单刀双掷开关芯片在片测试的照片。

探针测试只能体现芯片性能的好坏,一般用于芯片产品的筛选检验,但是为了保证测试结果和用户使用环境一致,如键合引线、PCB板等,需要把芯片装在

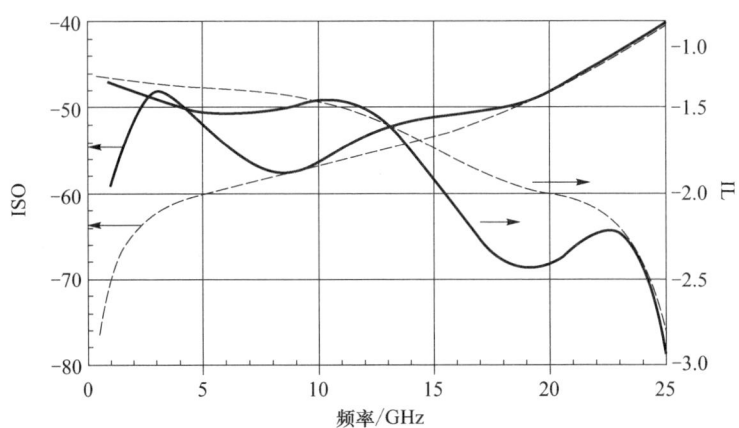

图 5.27 原理图仿真和电磁场仿真对比(虚线为原理图仿真)

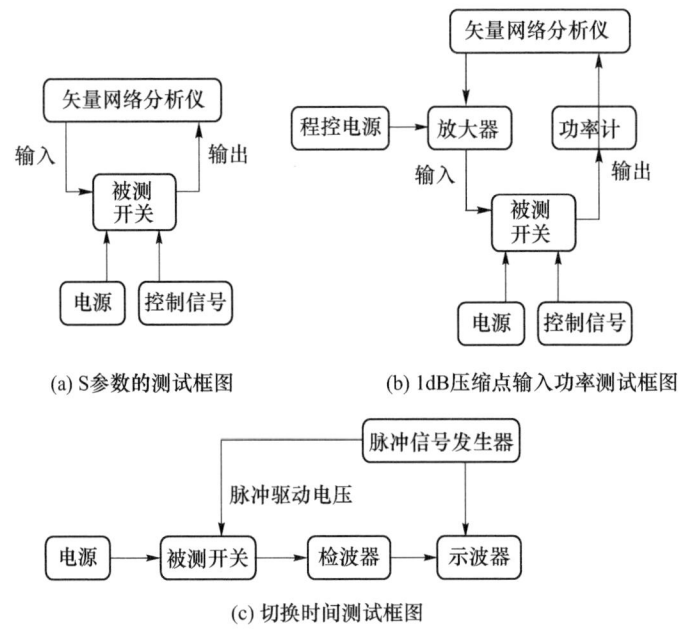

(a) S参数的测试框图

(b) 1dB压缩点输入功率测试框图

(c) 切换时间测试框图

图 5.28 微波开关芯片测试框图

盒体里进行测试。

  MMIC 的电学性能与测量条件直接相关。在不同的夹具、安装、接头、端接阻抗、接地状况下测量微波性能,得到的结果也会不同。盒体的制作应当充分考虑这些条件,对封装的评价也必须估计到不同的状况。接地不好一般会使频率性能尤其是高端的性能恶化。如图 5.30 为测试盒体装配示意图。由于频率较高,频带很宽,用高频结构仿真软件对盒体进行三维电磁仿真,确保整个频带内

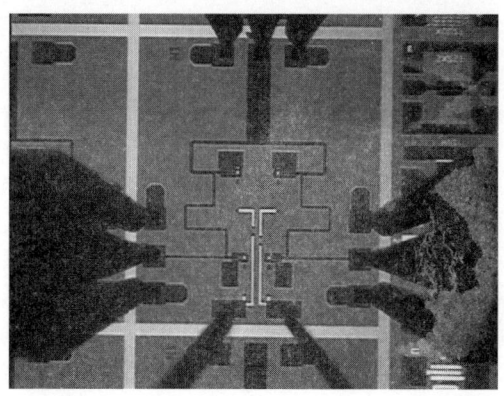

图 5.29　单刀双掷开关芯片照片(见彩图)

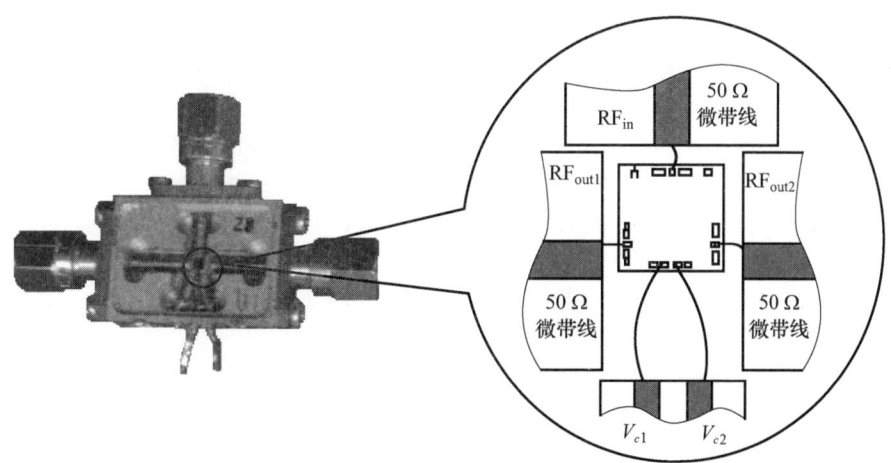

图 5.30　开关测试盒和芯片装配图

没有谐振和吸收。输入输出端采用 SMA 插头连接同轴电缆。

MMIC 开关测试盒包括一个镀金的金属盒体,三个 SMA 插头,芯片安装采用导电环氧树脂胶粘贴或合金烧结工艺。微带线和加电 PCB 板用聚四氟乙烯基片,将芯片、加电 PCB 板,微带线一起粘贴或烧结在盒体的底部,保证牢固。安装 SMA 插头,保证插头的绝缘子芯与微带线可靠地连接,然后就可以进行测试了。

参考文献

[1] 李浩模. 单片微波集成电路 T/R 组件[J] 现代雷达,1993,15(3):39.
[2] Carlson D J, Weigand C, Boles T. MMIC Based Phased Array Radar T/R Modules [C]. Proceedings of the 7th European Radar Conference(EuRAD), Paris, France, 2010: 455 – 458.

[3] 李润旗,李国定,陈兆清,等. 微波电路 CAD 软件应用技术[M]. 北京:国防工业出版社,1996.

[4] Mayarm K, Lee D C, Moinian S, et al. Computer-aided Circuit Analysis Tools for RFIC design: Algorithms, Features, and Limitations [J]. IEEE Transactions on Circuits and Systems – II: Analog and Digital Signal Processing, 2000, 47(4): 274 – 285.

[5] Bahl I J. Monolithic Microwave Integrated Circuits[C]. Proceedings of in Wiley Encyclopedia of Electrical and Electronics,Wiley,New York,1999,13:490 – 513.

[6] Robertson I D, Lucyszyn S. RFIC and MMIC Design and Technology[M]. London: The Institution of Electrical Engineers, 2001.

[7] Eron M. Small and Large Signal Analysis of MESFETs as Switches [J]. Microwave Journal, 1992,128 – 140.

[8] 谢媛媛,高学邦,魏洪涛,等. GaAs PHEMT 开关模型的研究[J]. 半导体技术,2006,31(3):183 – 185.

[9] 高建军. 场效应晶体管射频微波建模技术[M]. 北京:电子工业出版社,2007.

[10] 高葆新,胡南山,洪兴楠,等. 微波集成电路[M]. 北京: 国防工业出版社, 1995.

[11] Dai Y S. A Novel Multi-octave GaAs Monolithic 5-bit Digital Phase Shifters with Suitable Different Control Signals[J]. Research & Progress of SSE 2000, 20(2):236.

[12] Andricos C, Bahl I J, Griffin E L. C-band 6-bit GaAs Monolithic Phase Shifter[J]. IEEE Transactions on Microwave theory and techniques, 1985, 33(12): 1591 – 1596.

[13] 谢媛媛, 高学邦,方圆, 等. 数控单片移相器的 CAD[J], 半导体技术, 2006, 31(6): 456 – 459.

[14] Bookham Technology: 0.5-16GHz 6-Bit Digital Attenuator P35-4304-000-200[R]. Datasheet,2003.

[15] 刘志军,方圆,高学邦,等. DC~20GHz 宽带单片数控衰减器[J].半导体技术, 2009, 34(3): 287 – 290.

[16] 戴永胜,李平,孙宏途. 高性能 2~18GHz 超宽带 MMIC 6 位数字衰减器[J]. 微波学报, 2012, 28(6): 80 – 83.

[17] 谢媛媛,陈凤霞,高学邦. 一种超小型 DC~18GHz MMIC 6 bit 数字衰减器[J]. 半导体技术, 2016, 41(8): 580 – 585.

[18] 李效白. 砷化镓微波功率场效应晶体管及其集成电路[M]. 北京:科学出版社, 1998.

[19] 戴永胜,陈堂胜,岑元飞,等.高性能 DC~20GHz 反射型 GaAs MMIC SPST 和 SPDT 开关[J].固体电子学研究与进展,2000,20(2).

[20] Devlin L. The Design of Integrated Switches and Phase Shifters, Design of RFICs and MMICs [C]. Proceedings of IEE Tutorial Colloguium,London,UK,1999,24:211 – 214.

第 6 章
雷达收发组件波控驱动器芯片

6.1 引　　言

波控驱动器芯片是雷达收发波束的数字化控制芯片,在雷达收发组件中主要用于控制移相器改变波束的相位,控制衰减器改变波束的幅度,控制收/发开关改变波束的传输路径等[1]。波控驱动器芯片是波控芯片和移相器、衰减器、开关等之间的接口,用于把波控信号转换成驱动移相器、衰减器、开关的电平,图 6.1 中虚线部分为波控驱动器芯片在收发组件中的典型应用框图。

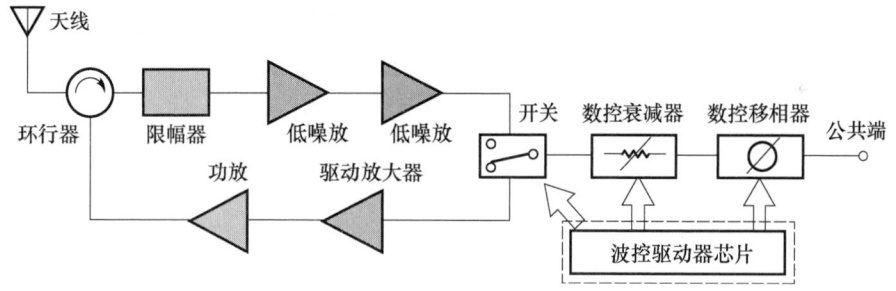

图 6.1　典型 T/R 组件应用框图

波控驱动器芯片按电路结构可分为单路或多路波控驱动器芯片、复杂逻辑功能的波控驱动器芯片等。

单路或多路波控驱动器芯片是指将一路或多路数字信号经过电平转换和驱动放大后控制 T/R 组件中的移相器、衰减器和开关等微波电路的芯片。它们具有电路结构简单、响应速度快等优点;缺点是控制信号位数越多,信号线就越多,占用较大的布线通道面积,这一缺点在某些大型的相控阵系统中是不能容忍的。

复杂逻辑功能的波控驱动器芯片是指可以包含串转并、译码、编码等逻辑功能的芯片。例如串转并波控驱动器芯片可将一帧数据,采用串行输入的方式,在时钟的控制下,依次从一个串入端输入到芯片内部,在锁存(加载)信号控制下,通过移位寄存器转换成并行数据输出。串转并波控驱动器芯片结构复杂,但不论输入的数据位数有多少,针对一个收发通道都仅有一个数据串入端,所需的信号线少,极大地节省了布线面积,非常适用于大型多通道相控阵系统。

从工艺和材料的角度来说波控驱动器芯片主要包括两种类型:一种是基于CMOS 工艺的波控驱动器芯片;另一种是基于 GaAs ED PHEMT 工艺的波控驱动器芯片。

本章将重点讲述波控驱动器芯片的主要技术指标、CMOS 波控驱动器芯片和 GaAs 波控驱动器芯片的设计技术和测试技术。

6.2 波控驱动器芯片主要技术指标

波控驱动器芯片除包含一定的逻辑功能外,最重要的功能就是将数字电平转换为驱动 T/R 组件中的微波电路所需的控制电平。在设计时需要考虑的性能指标包括静态电流、输出高电平电压、输出低电平电压、输出驱动电流、电路阈值、输出信号上升时间、输出信号下降时间、输出信号延迟时间、最高工作频率等。下面对其中部分指标进行简单说明。

1. 输出高、低电平电压和输出驱动电流

输出高、低电平电压和输出驱动电流是衡量波控驱动器芯片的驱动能力的重要指标。在满足驱动微波电路所需要的电流条件下,应达到所要求输出的电压。

根据波控驱动器芯片控制的微波电路不同,驱动能力要求也不同。波控驱动器芯片控制可分为 FET 驱动器芯片和 PIN 驱动器芯片。

FET 驱动器芯片所控制的这些微波电路采用 GaAs、GaN 工艺制造。由 GaAs FET 移相器、衰减器和开关等组成的微波控制电路,控制电平通常为 0V/−5V,由于这些微波电路的控制端阻抗很高,几乎没有直流电流,所以,GaAs FET 驱动器芯片的驱动电流一般为 0.2~4mA。GaN FET 开关的控制电平为 0V/−40V,GaN FET 开关的控制端也几乎没有直流电流,但由于开关管尺寸较大,寄生电容较大,并且控制电压较高,GaN FET 驱动器芯片的驱动电流一般为 5~10mA 或更高,以便提供更快的开关速度。

PIN 驱动器芯片控制 PIN 开关,控制电平通常为 +5V/−5V,有时根据不同应用,PIN 开关要获得更高的耐功率特性,控制电压还会更高,如 +5/−40V。由于 PIN 二极管导通需要一定的电流,所以该类驱动器芯片都有较高的驱动能力,驱动电流一般都为几十毫安或更高。

2. 电路阈值

电路阈值是指在达到某一电平后,使电路的工作状态发生改变的输入信号电压值。对于 TTL 电平,输入高电平大于 2.4V,输入低电平小于 0.4V。电路阈值要在 2.4V 和 0.4V 之间才能满足 TTL 电平要求。通常在 5V 电源或 3.3V 电源条件下,设计 TTL 电平兼容的电路阈值在 1.6V 左右。

3. 输出信号上升时间、输出信号下降时间、信号延迟时间

输出信号上升时间、输出信号下降时间、信号延迟时间是衡量电路输出信号瞬态特性的重要指标。要想获得较快的开关速度,就必须要降低这三种指标的数值。

输出信号上升时间 t_r 是指该信号从稳态低电平的 10% 到稳态高电平的 90% 所需要的时间。输出信号下降时间 t_f 是指该信号从稳态高电平的 90% 到稳态低电平的 10% 所需要的时间。信号延迟时间 t_d 是指输入信号稳态高低电平的 50% 到输出信号稳态高低电平的 50% 所需要的时间。稳态高低电平为信号在稳定时的高低电平,如图 6.2 和图 6.3 所示。

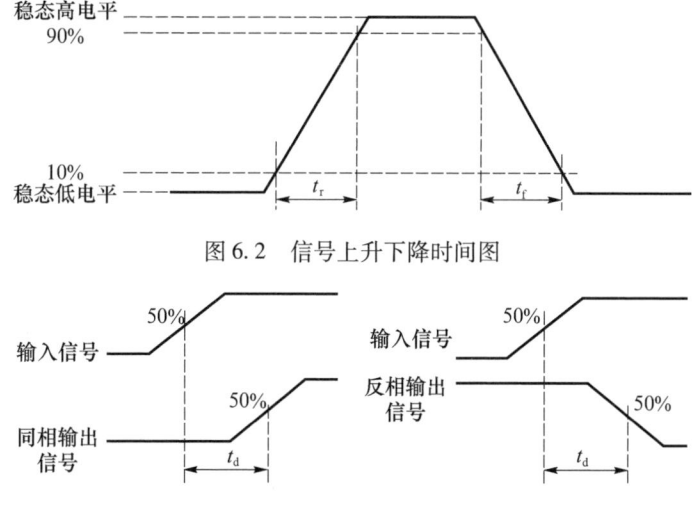

图 6.2 信号上升下降时间图

图 6.3 信号延迟时间图

4. 最高工作频率

最高工作频率是指电路在满足所有逻辑功能和性能指标正常工作的前提下,输入信号的最高频率。对于一路或多路波控驱动器芯片,TTL 输入端的信号最高频率作为该电路的最高工作频率,该类芯片的输出信号频率和输入信号频率相同。对于复杂逻辑的波控驱动器芯片,如串转并波控驱动器芯片,最高工作频率通常指串转并的时钟信号的最高频率,该类芯片的输出信号频率比时钟频率慢,输出信号频率由锁存信号或收发控制信号频率决定。

6.3 CMOS 波控驱动器芯片

CMOS 芯片具有集成度高、功耗低和电路种类多样等特点,可以将许多复杂

的逻辑功能集成在一个芯片中,提高相控阵系统的集成度,实现 T/R 模块小型化。

6.3.1 CMOS 器件模型

CMOS 波控驱动器芯片主要由 PMOSFET 和 NMOSFET 组成,为了分析由这两种管子组成的多种单元电路的工作状态,需要对电路的工作电压和电流进行详细分析才能得到最优的工作模式。

BSIM3 模型是分析 CMOS 电路最常用的模型之一,可以提供比较精确的设计仿真。经后续改进,目前常用的是 BSIM 3v3 模型[2]。

BSIM 3v3 模型等效电路图如图 6.4 所示。

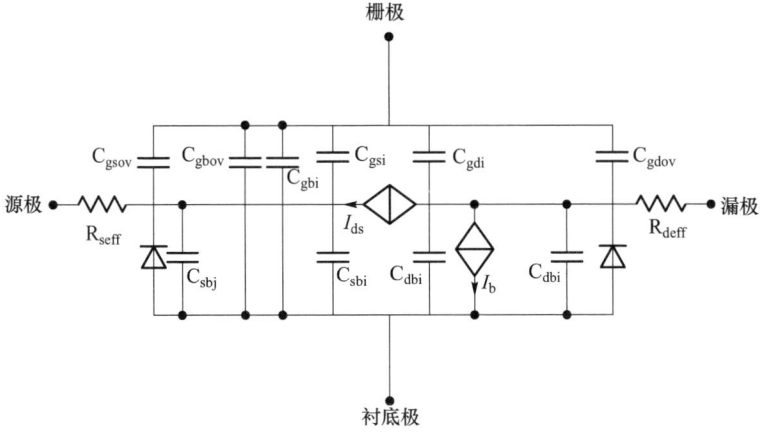

图 6.4　BSIM 3v3 模型等效电路图

主要模型参数物理意义:

R_{seff} 和 R_{deff} 分别表征源端和漏端的有效串联寄生电阻;I_{ds} 和 I_b 分别为漏 – 源间沟道电流和衬底电流;C_{gsov}、C_{gdov} 和 C_{gbov} 分别为栅 – 源覆盖电容、栅 – 漏覆盖电容和栅 – 体覆盖电容;C_{sbj} 和 C_{dbj} 分别为源 – 体结电容和漏 – 体结电容;C_{gsi}、C_{gdi}、C_{gbi}、C_{sbi} 和 C_{dbi} 分别为在扩散区的栅 – 源覆盖电容、栅 – 漏覆盖电容、栅 – 体覆盖电容、源 – 体覆盖电容和漏 – 体覆盖电容。

(1) 阈值电压的表达式为

$$V_{th} = V_{th0} + K_1 \left(\sqrt{\phi_S - V_{bseff}} - \sqrt{\phi_S} \right) - K_2 V_{bseff}$$
$$+ K_1 \left(\sqrt{1 + \frac{N_{lx}}{L_{eff}}} - 1 \right) \sqrt{\phi_S} + (K_3 + K_{3b} V_{bseff}) \times \frac{T_{ox}}{W_{eff} + W_0} \phi_S$$
$$- D_{vt0} \left[\exp\left(-D_{vt1} \frac{L_{eff}}{2l_t} \right) + 2\exp\left(-D_{vt1} \frac{L_{eff}}{l_t} \right) \right] (V_{bi} - \phi_S)$$

$$-D_{\text{vtow}}\left[\exp\left(-D_{\text{vt1w}}\frac{W_{\text{eff}}L_{\text{eff}}}{2l_{\text{tw}}}\right)+2\exp\left(-D_{\text{vt1w}}\frac{W_{\text{eff}}L_{\text{eff}}}{l_{\text{tw}}}\right)\right](V_{\text{bi}}-\phi_{\text{S}})$$

$$-\left[\exp\left(-D_{\text{sub}}\frac{L_{\text{eff}}}{2l_{t0}}\right)+2\exp\left(-D_{\text{sub}}\frac{L_{\text{eff}}}{l_{t0}}\right)\right](E_{\text{ta0}}+E_{\text{tab}}V_{\text{bseff}})V_{\text{ds}} \quad (6.1)$$

式中：V_{th0}为零衬底偏置条件下理想阈值电压；K_1为阈值电压一次体效应系数，表征体效应对阈值电压的影响程度；$\phi_{\text{S}}=-2\phi_{\text{F}}$，$\phi_{\text{F}}$为费米势，对于典型的 P 型衬底硅，$\phi_{\text{F}}\approx-0.3\text{V}$；$K_2$为阈值电压的二次体效应系数，表征体效应对阈值电压的影响程度；N_{lx}为横向非均匀掺杂系数，表征短沟效应对阈值电压的影响；L_{eff}为有效沟道长度；K_3为窄沟道效应的比例参数，可用于调节窄沟道阈值电压；$K_{3\text{b}}$为有衬底偏置时的窄沟道效应系数，可用于调节衬偏时的窄沟道阈值电压；V_{bseff}为有效衬底偏置电压；T_{ox}为栅氧层厚度；W_{eff}为有效沟道宽度；W_0为W_{eff}的偏移修正量，W_0越大，器件阈值电压的窄沟道效应越弱；D_{vt0}为短沟道时沟道效应对阈值的影响，是一个比例参数；D_{vt1}为一个指数参数，D_{vt0}和D_{vt1}都是用来调节短沟道时的阈值电压，都表征了沟道电荷分享时阈值电压下降的效应；l_t为沟道特征长度，与工艺材料、耗尽区宽度有关；V_{bi}为衬底和源极之间 PN 结的内建电压，与源极和衬底的掺杂浓度有关；D_{vt0w}、D_{vt1w}和l_{tw}分别为小尺寸器件的阈值电压偏移和沟道特征长度，与前面的D_{vt0}、D_{vt1}和l_t相似；D_{sub}为漏极感应势垒降低效应对阈值电压的影响，是亚阈区的漏极感应势垒降低效应系数的指数项；l_{t0}为衬底偏置电压为 0 时的沟道特征长度；E_{ta0}为无衬偏时亚阈区的漏极感应势垒降低效应系数；E_{tab}为有衬偏时亚阈区的漏极感应势垒降低效应系数；V_{bs}为衬底偏置电压。

（2）迁移率的表达式（迁移率模式为 1 时）为

$$\mu_{\text{eff}}=\frac{U_0}{1+(u_a+u_c V_{\text{bseff}})\left(\dfrac{V_{\text{gsteff}}+2V_{\text{th}}}{T_{\text{ox}}}\right)+u_b\left(\dfrac{V_{\text{gsteff}}+2V_{\text{th}}}{T_{\text{ox}}}\right)^2} \quad (6.2)$$

式中：U_0为无衬偏时的载流子迁移率，是迁移率的一个基准量；U_a为载流子一次迁移率降低系数，随着栅压不断增加，纵向电场不断变大，将不断减小；U_b为载流子二次迁移率降低系数，变化趋势和U_a相似；U_c为迁移率降低的体效应系数，衬底电压变化时，纵向电场也会发生变化，表征衬底电压对迁移率的影响；V_{bseff}为衬底有效偏置电压；V_{gsteff}为亚阈值区的栅源有效偏置电压。

迁移率模式为 2 时，考虑了耗尽模式迁移率表达式为

$$\mu_{\text{eff}}=\frac{U_0}{1+(U_a+u_c V_{\text{bseff}})\left(\dfrac{V_{\text{gsteff}}}{T_{\text{ox}}}\right)+U_b\left(\dfrac{V_{\text{gsteff}}}{T_{\text{ox}}}\right)^2} \quad (6.3)$$

迁移率模式为 3 时，考虑了体偏相关性的迁移率表达式为

$$\mu_{\text{eff}} = \frac{U_0}{1 + \left[U_a \left(\frac{V_{\text{gsteff}} + 2V_{\text{th}}}{T_{\text{ox}}} \right) + U_b \left(\frac{V_{\text{gsteff}} + 2V_{\text{th}}}{T_{\text{ox}}} \right)^2 \right] (1 + U_c V_{\text{bseff}})} \quad (6.4)$$

（3）漏－源电流表达式为

$$I_{\text{ds}} = \frac{I_{\text{ds0}}}{1 + \frac{R_{\text{ds}} I_{\text{ds0}}}{V_{\text{dseff}}}} \left(1 + \frac{V_{\text{ds}} - V_{\text{dseff}}}{V_a} \right) \left(1 + \frac{V_{\text{ds}} - V_{\text{dseff}}}{V_{\text{ascbe}}} \right) \quad (6.5)$$

式中：I_{ds0}为没有寄生电阻的情况下的源漏电流；R_{ds}为漏源寄生电阻；V_{dseff}为有效漏源偏置电压；V_{ds}为漏源偏置电压；V_a为厄力电压；V_{ascbe}为考虑衬底电流感应效应时的厄力电压。

（4）衬底电流表达式为

$$I_{\text{sub}} = \frac{\alpha}{L_{\text{eff}}} (V_{\text{ds}} - V_{\text{dseff}}) \exp\left(-\frac{\beta_0}{V_{\text{ds}} - V_{\text{dseff}}} \right) \frac{I_{\text{ds0}}}{1 + \frac{R_{\text{ds}} I_{\text{ds0}}}{V_{\text{dseff}}}} \left(1 + \frac{V_{\text{ds}} - V_{\text{dseff}}}{V_a} \right) \quad (6.6)$$

式中：$\alpha = \alpha_0 + \alpha_1 L_{\text{eff}}$；

其中：α_0为碰撞电离电流的第一参数；α_1为栅长缩减的衬底电流的参数；β_0为碰撞电离电流的第二参数；L_{eff}为有效沟道长度。

6.3.2 CMOS单路和并行多路波控驱动器芯片设计技术

CMOS单路波控驱动器芯片由输入接口电路、电平转换电路、预驱动电路、驱动电路和芯片的防静电保护电路组成，如图6.5所示。

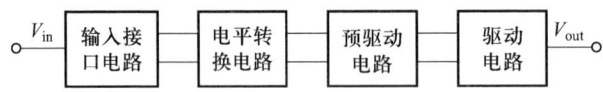

图6.5 单路波控驱动器芯片结构框图

下面根据CMOS工艺特有的结构特点进行介绍。

1. 输入接口电路

输入接口电路通常是由CMOS反相器或缓冲器组成的单元电路。反相器是CMOS电路最基本的单元电路，如图6.6所示。缓冲器是由两个反相器级联组成的。

1）CMOS反相器电路设计

CMOS反相器是由一个增强型PMOS管和一个增强型NMOS管组成，PMOS管的源极接电源V_{dd}，作为负载管，NMOS管的源极接地，作为输入管，如图6.6所示。

PMOS管阈值电压$V_{\text{GSthp}} < 0$，当栅源电压小于阈值电压时，器件导通；NMOS

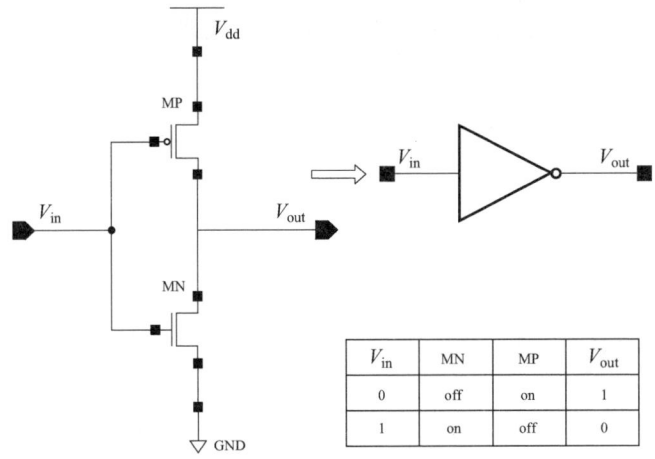

图 6.6 CMOS 反相器的原理图和真值表

管阈值电压 $V_{GSthn} > 0$,当栅源电压小于阈值电压时,器件截止。为了保证电路正常工作,电源电压必须大于这两个器件阈值电压绝对值之和,即 $V_{dd} > |V_{GSthp}| + V_{GSthn}$。

当输入 V_{in} 为低电平时,$V_{in} = 0V$,输入管 NMOS 的栅压 $V_{gsn} = V_{in} = 0V$,$V_{gsn} < V_{GSthn}$,NMOS 管处于截止状态,截止电阻 R_{off} 非常大,约 $10^9 \sim 10^{12} \Omega$,相当于与地断开。同时,负载管 PMOS 的栅压 $V_{gsp} = V_{in} - V_{dd} = -V_{dd}$,$V_{gsp} < V_{GSthp}$,所以 PMOS 管处于导通状态,导通电阻 R_{on} 比较小,约 $10^3 \Omega$。

输出电压 V_o 为

$$V_{out} = \frac{R_{off}}{R_{off} + R_{on}} V_{dd} \approx V_{dd} \tag{6.7}$$

式中:R_{on} 为导通电阻;R_{off} 为截止电阻;V_{dd} 为电源电压。

当输入 V_{in} 为高电平时,$V_{in} = V_{dd}$,输入管 NMOS 的栅压 $V_{gsn} = V_{in} = V_{dd}$,$V_{gsn} > V_{GSthn}$,NMOS 管导通;负载管 PMOS 的栅压 $V_{gsp} = V_{in} - V_{dd} = 0$,$V_{gsp} > V_{GSthp}$,PMOS 管处于截止状态,输出电压 V_{out} 为

$$V_{out} = \frac{R_{on}}{R_{off} + R_{on}} V_{dd} \approx 0 \tag{6.8}$$

由此可见,该反相器的输出电压与输入电压是反相的,并且反相器处于稳态时,无论输出为高电平还是低电平,PMOS 管和 NMOS 管必有一个是截止的,仅仅有电源向反相器提供的纳安级漏电流,所以这种类型的 CMOS 电路的静态功耗在微瓦级以下,非常低。

CMOS 反相器的传输特性曲线如图 6.7 所示。CMOS 反相器电源电流随输入电压变化曲线如图 6.8 所示。

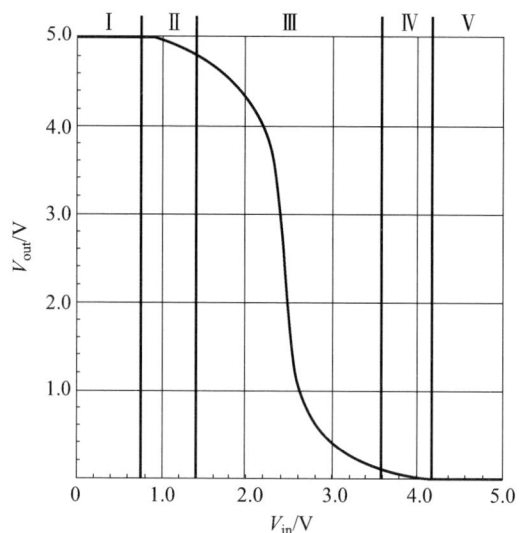

图 6.7 CMOS 反相器传输特性曲线

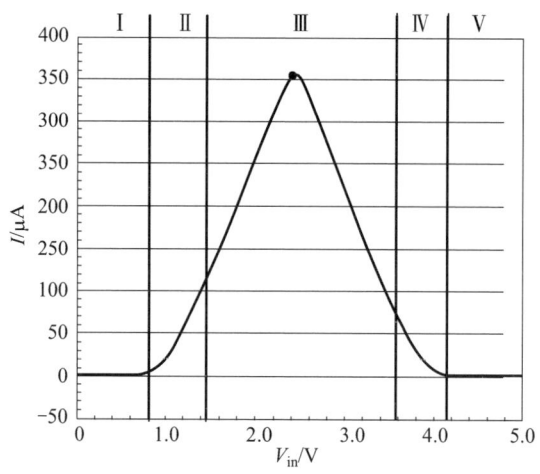

图 6.8 CMOS 反相器电源电流随输入电压变化曲线

可以看出：在工作区 I，由于输入管截止，$V_{out} = V_{dd}$，处于稳定关态；在工作区 V，由于负载管截止，$V_{out} = 0V$，处于稳定开态；在工作区 II 和工作区 IV，PMOS 管和 NMOS 管交替处于非饱和或饱和状态；在工作区 III，此时 PMOS 管和 NMOS 管均处于饱和状态，会产生较大电流。NMOS 管饱和电流方程[3]为

$$I_{DSN} = k_N (V_{in} - V_{GSthn})^2 \tag{6.9}$$

式中：$k_N = \dfrac{1}{2}\mu_n C_{ox} \dfrac{W}{L}$；$\mu_n$ 为 NMOS 管载流子迁移率；C_{ox} 为栅氧层厚度；W 为栅

宽；L 为栅长；V_{in} 为输入电压；V_{GSthn} 为 NMOS 管阈值电压。

同理，PMOS 管饱和电流方程为

$$I_{DSP} = k_P (V_{in} - V_{dd} - V_{GSthp})^2 \tag{6.10}$$

式中：$K_P = \dfrac{1}{2}\mu_p C_{ox} \dfrac{W}{L}$；$\mu_p$ 为 PMOS 管载流子迁移率；V_{GSthp} 为 PMOS 管阈值电压。

因为 NMOS 管饱和电流和 PMOS 管饱和电流大小相等，可得

$$V_{in} = \frac{V_{dd} V_{GSthp} + V_{GSthn} \sqrt{K_N/K_P}}{1 + \sqrt{K_N/K_P}} = V_{th} \tag{6.11}$$

此时的 V_{in} 值就是 CMOS 反相器电路的阈值电压 V_{th}。如果 $k_N = k_P$，$V_{GSthn} = -V_{GSthp}$，则

$$V_{in} = V_{th} = \frac{1}{2} V_{dd} \tag{6.12}$$

由此可见，CMOS 电路的噪声容限是很高的，噪声容限为电源电压的 1/2。但由于考虑到 3.3V TTL 电平兼容，输入级单元电路的 V_{th} 要调整到电源电压 3.3V 的 1/2，即 1.65V，此时的噪声容限为

低噪声容限 = $V_{ILmax} - V_{OLmax}$ = 1.65 - 0 = 1.65V

高噪声容限 = $V_{OHmin} - V_{IHmin}$ = 5 - 1.65 = 3.35V

可以看出，对于兼容 TTL 电平的 CMOS 电路，高电平噪声容限高于低电平噪声容限。

综上所述，CMOS 反相器有以下特点：

(1) 静态功耗极低。在稳定时，CMOS 反相器是工作在 I 区或 V 区，这时总有一个 MOS 管处于截止状态，电流为极小的漏电流。只有在急剧翻转的 III 区，才有较大的电流，动态功耗才会增大，所以 CMOS 反相器在低频工作时，功耗极小，低功耗就是 CMOS 电路最大优点。

(2) 抗干扰能力强。由于其阈值电平接近 V_{dd}，在输入信号变化时，过渡变化陡峭，所以低电平噪声容限和高电平噪声容限近似相等，而且随电源电压升高，抗干扰能力增加。

(3) 电源利用率高和电源变化范围大。输出高电平为 V_{dd}，输出电平没有电压损失。由于其阈值电压随 V_{dd} 变化而变化，因此，允许 V_{dd} 可以在一个较宽的范围变化。

(4) 输入阻抗高，带负载能力强。由于输入端为 MOS 管的栅极，栅极的栅氧化层是绝缘的，电阻率非常高，几乎没有输入电流，所以 CMOS 电路之间相互控制时，带负载能力强。

由图 6.8 可知，CMOS 反相器工作在 I 区或 V 区时电流很小，但其余 3 个工作区反相器都有电流，尤其在 III 区，电流急剧变化，根据 MOS 的栅宽尺寸增大，

饱和电流也会变大,可以达到静态电流的几百倍,甚至几千倍。同时,因2个MOS管都同时长时间导通,其输出电压也处于反相器的阈值电压附近,使得其后一级的工作状态也处于Ⅲ区,一级跟着一级,整个芯片的大多数单元都处于Ⅲ区,芯片会因长时间处于大电流而造成损坏。这也就是CMOS电路输入信号电压处于中间电平的过渡时间不能太长的原因。

2) CMOS施密特触发器电路设计

在数字电路系统中,信号是以矩形脉冲形式传播,往往会发生波形畸变。例如,当传输线上有较大电容时,会造成波形的上升和下降沿明显变缓;当接收端阻抗与传输端阻抗不匹配时,会造成波形的上升沿和下降沿产生振荡;当传输过程中接收到干扰时,在脉冲信号上叠加了噪声;当产生脉冲信号的前一级电路使用较低频率的ADC电路时,其产生的脉冲上升沿和下降沿非常缓慢,有可能达到毫秒量级,这就出现了因过渡时间过长使得电路处于大电流工作状态而造成损坏的问题。为了解决上述问题,通常使用施密特触发器[4]来实现该类畸变信号的接收。

CMOS施密特触发器如图6.9所示。该电路由三部分组成,MP_1、MP_2、MP_3和MN_1、MN_2、MN_3构成施密特触发器;MP_4、MP_5及MN_4、MN_5构成两个首尾相连的反相器,用于改善输出波形;MP_6和MN_6组成输出缓冲级,提高电路带负载能力,同时也起到隔离作用。

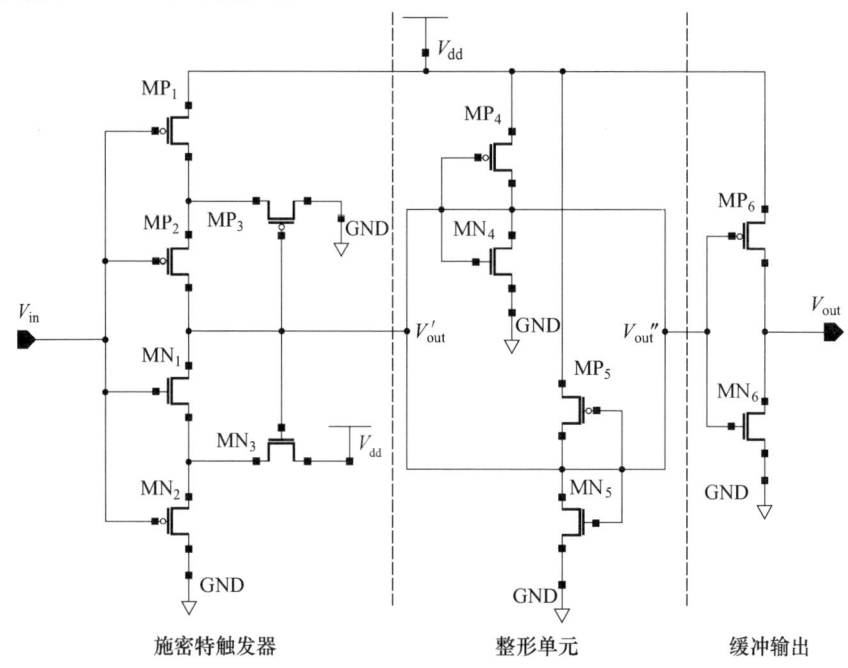

图6.9 CMOS施密特触发器原理图

当输入 $V_{in}=0V$ 时,MP_1 和 MP_2 导通,MN_1 和 MN_2 截止,输出 V'_{out} 为高电平,经 MP_4、MN_4 反向,使输出 $V_{out}=V_{oh}=V_{dd}$。V'''_{out} 又作为 MP_5、MN_5 的输入,维持 V'_{out} 为高电平。当 V'_{out} 为高电平时,MP_3 截止,MN_3 导通,并处于源极跟随器状态,使 MN_1 的源极(MN_2 的漏极)电位为 $V_{dd}-V_{GSthn3}$。

V_{in} 逐步上升,当上升到 V_{GSthn2} 以上时,MN_2 开始导通,这时 MN_2 和 MN_3 均处于导通状态,MN_2 的漏极电位约为 MN_3 和 MN_2 对 V_{dd} 的分压,近似为 V_{dd},因此 MN_1 仍处于截止状态。

当输入电压 V_{in} 继续上升时,MP_1 和 MP_2 导通减弱,内阻增大,使得输出 V'_{out} 下降,即 MN_2 的源极电位下降。但当达到 $V_{GSn1}>V_{GSthn1}$ 时,MN_1 开始导通,使得 V'_{out} 电压急剧下降。由于 V'_{out} 下降,使 MN_1 导通增强,形成正反馈,进而使得 MP_1 和 MP_2 趋于截止,MN_1 和 MN_2 导通,使 V'_{out} 输出低电平,触发器发生翻转。

V'_{out} 为低电平时,MP_3 导通,MN_3 截止,MP_3 导通处于源极输出跟随器状态。V'_{out} 输出低电平,经反相器 MP_4 和 MN_4 反相输出,V'''_{out} 为高电平,再经 MP_6 和 MN_6 反相,使输出 $V_{out}=V_{out1}=0V$。V'''_{out} 又作为 MP_5 和 MN_5 的输入,维持 V'_{out} 为低电平。

当 V'_{in} 逐步下降时,其工作过程与 V_{in} 逐步上升相类似,不再赘述。

CMOS 施密特触发器输入电压与输出电压的传输特性曲线如图 6.10 所示。可以看出当输入信号电压从低电平到高电平变化时,输出电压阈值为 V_{T+},当输入信号电压从高电平到低电平变化时,输出电压阈值为 V_{T-}。当输入信号从低电平升高,到达 V_{T+} 后,输出始终保持高电平,只有当输入信号降至 V_{T-} 后,输出才翻转。该电路有较强的抗干扰能力和波形整形能力。另外,考虑到兼容低压 TTL 信号(电压为 3.3V),阈值电压设计 $V_{T+}=1.95V$,同时 $V_{T-}=1.25V$。

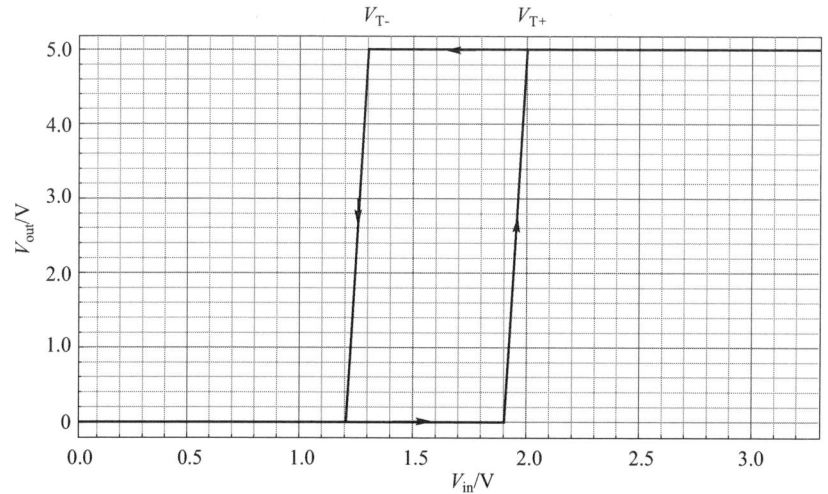

图 6.10 CMOS 施密特触发器传输特性曲线

2. 电平转换电路设计

由于数字信号通常为 0V/5V 电平,微波电路中的控制电压有的为 0V/−5V、+5V/−5V 或者需要更高的电压,所以控制微波电路的驱动器必须提供高、低电压信号的转换。下面介绍两种基本的升压电路和降压电路。

1) 升压电路

升压电路的核心单元[5]是由 2 个高压 PMOS 管和 2 个高压 NMOS 管组成的一个差分放大器。如图 6.11 所示。图中 V_{ddl} 为低压电源,V_{ddl} = 5V,V_{ddh} 为高压电源,$V_{ddh}>V_{ddl}$。

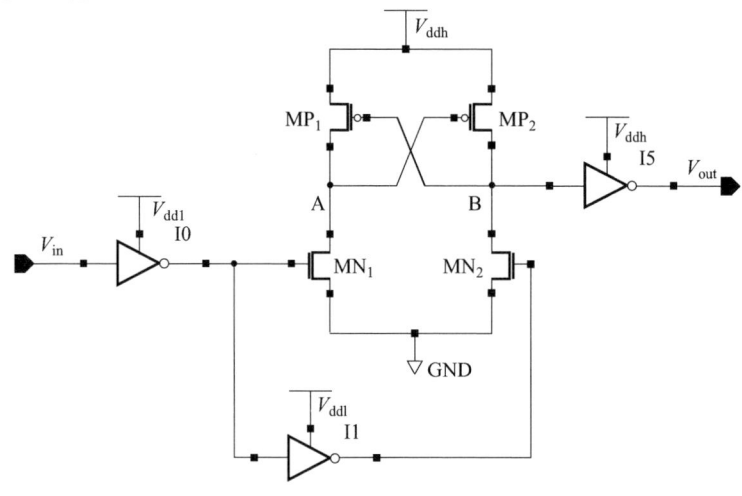

图 6.11 升压电路原理图

当 $V_{in}=0$ 时,MN_1 管导通,MN_2 管截止,A 点的电平被拉低到地,从而 MP_2 管导通,$V_B=V_{ddh}$,MP_1 管截止,B 点电压经反相器反向,使得 $V_{out}=0$。

当 $V_{in}=V_{ddl}$ 时,MN_1 管截止,MN_2 管导通,B 点电平被拉低到地,从而 MP_1 管导通,MP_2 管截止,$V_{out}=V_{ddh}$。

2) 降压电路

与升压电路相同的核心单元,只是连接方法不同,如图 6.12 所示。图中,V_{dd} 为 5V 电源,V_{ee} 为负电压电源。

当 $V_{in}=0$ 时,MP_2 管导通,MP_1 管截止,B 点的电平被拉高到 V_{dd},从而 MN_1 管导通,$V_A=V_{ee}$,MN_2 管截止,B 点电压经反相器反向,使得 $V_{out}=V_{ee}$。

当 $V_{in}=V_{dd}$ 时,MP_2 管截止,MP_1 管导通,A 点电平被拉高到 V_{dd},从而 MN_2 管导通,MN_1 管截止,$V_{out}=V_{dd}$。

3. 预驱动电路设计

预驱动电路可以根据末级驱动负载的大小设计预驱动电路的结构。对于末级驱动能力较小的,可采用逐级驱动的方法,逐渐增大每一级的驱动能力。对于

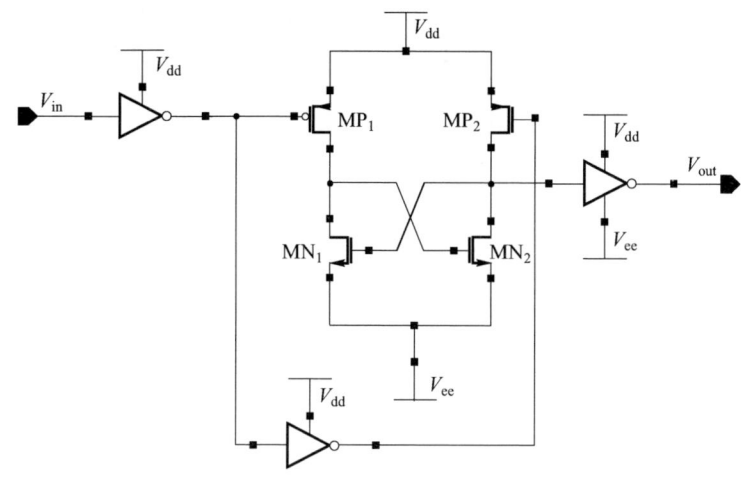

图 6.12 降压电路原理图

末级较大驱动能力的情况,除采用逐级驱动外,还得需要采用死区控制技术来实现。

所谓死区是由于末级大尺寸的 PMOS 管和 NMOS 管栅电容较大,不可能被快速打开或关闭,当这两个管子都处在打开状态时,这两个管子等效电阻较小,将会有较大电流从电源端经 PMOS 管和 NMOS 管到地,这样将对 MOS 管造成损坏。所以,要避免死区的发生。

死区控制电路最简单的办法是用不同的长宽比的反相器链,通过调整 PMOS 管和 NMOS 管的长宽比,改变反相器阈值,来提前或延迟信号变化,达到提前关闭 PMOS 管,延迟打开 NMOS 管,或提前关闭 NMOS 管,延迟打开 PMOS 管。这样就不会出现两个管子同时打开造成较大电流的情况。

死区控制电路控制死区的时间不能太短,如果时间太短,会由于工艺偏差的影响、寄生电路的影响,以及温度的影响等,在实际工作中不起作用;也不能太长,如果出现较长时间 PMOS 管和 NMOS 管都关闭状态的话,微波通道的状态就会混乱,出现射频泄漏情况,这在设计时也要根据实际情况加以考虑。

4. 驱动电路设计

驱动电路通常情况是由一组尺寸较大的多指栅 PMOS 管和 NMOS 管组成,这组管子的栅长由工艺决定。栅宽 W 根据实际应用情况的驱动电流 I_{out} 来决定,即

$$W = \frac{I_{out}}{I_{ds}} \tag{6.13}$$

式中: W 为 PMOS 或 NMOS 的总栅宽; I_{out} 为电路要求的驱动电流; I_{ds} 为单位栅宽

的 PMOS 或 NMOS 的饱和电流。

例如，某种 PIN 驱动能力设计要求为 $I_{out} = 40\text{mA}$，需要根据工艺线提供的器件模型进行设计。若在典型工艺条件下，PMOS 管 $1\mu m$ 栅宽的饱和电流 $I_{dsp} = 0.05\text{mA}$，NMOS 管 $1\mu m$ 栅宽的饱和电流 $I_{dsn} = 0.1\text{mA}$。可以计算得到 PMOS 管和 NMOS 总栅宽分别为 $W_p = 40/0.05 = 800\mu m$；$W_n = 40/0.1 = 400\mu m$。

该数值还要考虑到高低温环境温度变化以及工艺的变化，适当增加 10%～20%，以保证驱动级有足够的驱动能力。

因为 MOS 管的栅是由多晶硅制备而成，方块电阻在 $10\Omega/$方块以上，栅长较小，栅宽较大时，会造成栅上电位不一致，管子不能全部开启或截止，所以单指栅宽不宜很长，单指栅宽一般为 $40\sim50\mu m$，通常采用多指结构来实现大栅宽的驱动管。

5. 防静电保护电路设计

由于 MOS 管的栅极输入电阻很高，多晶硅栅下的 SiO_2 层很薄，击穿电压较低。栅电压的建立计算公式为

$$V = I \times \frac{\Delta t}{C_g} \tag{6.14}$$

式中：V 为栅电压；I 为充电电流；Δt 为充电时间；C_g 为栅电容。

如果 $I = 10\mu A$，$C_g = 0.03\text{pF}$，$\Delta t = 1\mu s$，则在栅上产生的电压近似为 330V，栅极很容易被击穿。因此，对 CMOS 电路必须加保护电路。通常，该保护电路是由限流电阻和钳位二极管组成，如图 6.13 所示。

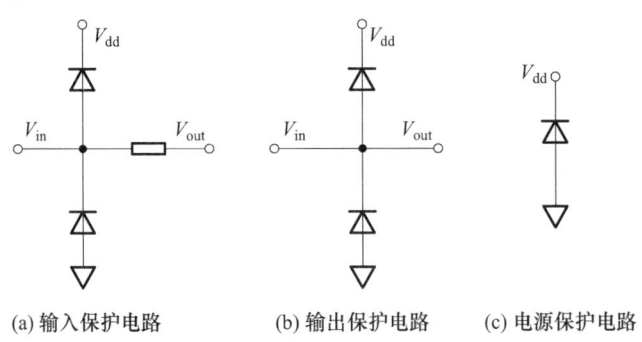

(a) 输入保护电路　　(b) 输出保护电路　　(c) 电源保护电路

图 6.13　CMOS 电路保护电路

在芯片版图的焊盘到内部电路之间，可以串联一段电阻加以连接，阻值为 $100\sim3000\Omega$，用于限制流入后一级的峰值电流。制作这种电阻，可以采用多晶硅电阻，也可采用扩散电阻。多晶硅电阻周围的氧化层起着热隔离的作用，其散热性能比扩散电阻差，承受的功率小。所以，如果用多晶硅电阻做静电保护，则应采用更大的电阻条宽，形状上采用长方形，占面积较大。扩散电阻的抗静电能

力优于多晶硅电阻,因为扩散电阻的衬底可提供有效热阱,但扩散电阻可能产生注入衬底的额外电荷,引起 CMOS 电路的闩锁效应,但可以通过保护环结构抑制闩锁效应。

钳位二极管可用栅极接地的 NMOS 管(GGNMOS)[6]代替,采用多指的 GGN-MOS 管,总栅宽达到 200μm 以上,抗静电能力比二极管效果要好。但由于 GGN-MOS 管尺寸较大,这种结构不适合较高频率的 RF 电路,对于较高频率 RF 电路多数采用多个小二极管并联的结构。

6. CMOS 电路抗闩锁设计

闩锁效应(Latch – up)是指在体硅 CMOS 结构中,从电源到地存在的 PNPN 寄生可控硅结构,在满足可控硅触发条件下,电源到地会产生极大电流,破坏电路正常工作,甚至烧毁整个电路的现象,也称自锁效应。它是 CMOS 电路特有的失效模式[7]。

CMOS 反相器是 CMOS 电路最基本的电路结构,下面以 CMOS 反相器来说明闩锁效应产生的机理。图 6.14 为 CMOS 反相器单元电路芯片的剖面图。从图中可以看出,在形成 CMOS 电路的同时,也不可避免地产生了两个寄生双极晶体管。横向的 PNP 晶体管 LT_1,其发射极、基极及集电极分别由 P 沟道 MOSFET 的漏(源)极、N 型衬底和 P 阱构成;纵向 NPN 晶体管 VT_1,其发射极、基极及集电极分别由 N 沟道 MOSFET 的漏(源)极、P 阱及 N 型衬底构成。由这两种横向的 PNP 型晶体管和纵向的 NPN 晶体管构成的 PNPN 器件,即可控硅(SCR)。寄生可控硅结构的等效电路图,如图 6.15 所示。

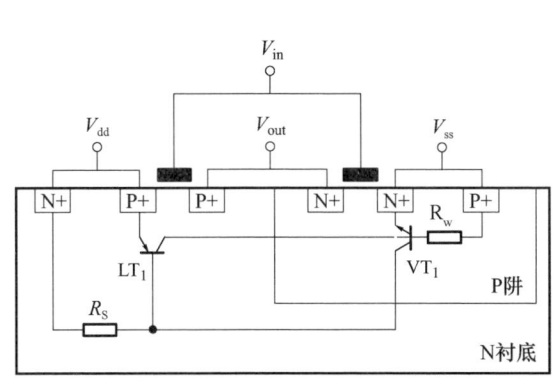
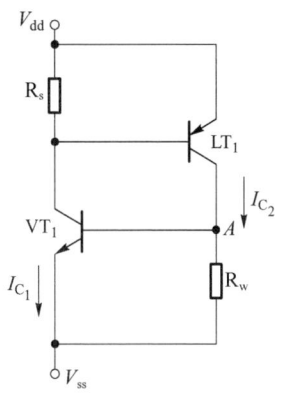

图 6.14 CMOS 电路的剖面图　　图 6.15 可控硅结构等效电路

由图 6.15 可见寄生电路在 LT_1 和 VT_1 之间形成了一个正反馈回路,在正常情况下,由于 V_{dd} 与 V_{ss} 之间有一个反偏的阱与衬底 PN 结隔离,只有很小的二极管漏电流,不会对电路正常工作产生影响。但当电路电源接通后,如果在 A 点受到外界干扰产生注入电流,A 点电压就会上升,使得纵向 NPN 管 VT_1

的 V_{be} 增大,当 $V_{be}>0.7V$ 时,NPN 晶体管 VT_1 将导通进入放大区,导致 I_{C_1} 增大,使得 B 点电压下降,则横向 LT_1 的 V_{be} 也增大,使得 $|I_{C_2}|$ 增大,最终导致 V_A 进一步上升,如果 LT_1 和 VT_1 之间形成的正反馈回路增益大于或等于 1,上述过程将持续下去,直至两个晶体管完全导通,在 V_{dd} 与 V_{ss} 之间产生很大的电流。此时,即使 A 点外界干扰消失,V_{dd} 与 V_{ss} 之间的电流仍然存在,由于这种闩锁效应,电流就会越来越大,如果没有必要的预防措施,电路就会发热,乃至烧毁。要使电路稳定、可靠,就必须采取适当的措施,以防止闩锁效应的产生。

下面分析产生闩锁效应的条件,假设 NPN 管的共射电流增益为 β_1,基极电流为 I_{B_1},集电极电流为 I_{C_1},流过阱电阻 R_w 的电流为 I_{R_w},PNP 管的共射电流增益为 β_2,基极电流为 I_{B_2},集电极电流为 I_{C_2},流过衬底电阻 R_s 的电流为 I_{R_s},A 点的注入电流为 I_A。根据发射极、集电极和基极的电流关系有

$$I_A = I_{R_w} + I_{B_1}, I_{C_1} = \beta_1 I_{B_1}, I_{C_1} = I_{R_s} + I_{B_2}, I_{C_2} = \beta_2 I_{B_2} \tag{6.15}$$

可得:

$$I_{C_2} = \beta_2 (I_{C_1} - I_{R_s}) = \beta_2 [(I_A - I_{R_w})\beta_1 - I_{R_s}] \tag{6.16}$$

式中:I_{R_w} 和 I_{R_s} 较小,则有 $I_{C_2} \approx \beta_1 \beta_2 I_A$。

若 $\beta_1 \beta_2 > 1$,则 I_A 的反馈量 $I_{C_2} > I_A$。这样两个寄生管同时工作,形成正反馈回路,加深了可控硅导通,在电源和地之间形成极大的导通电流,并使电源和地之间锁定在一个很低的电压,即该电路被闩锁。

由上述分析可总结出产生闩锁效应的三个基本条件,即:
(1) 环路增益必须大于 1,即 $\beta_1 \times \beta_2 \geq 1$。
(2) 横向 PNP 管和纵向 PNP 管的发射结都被加正偏电压。
(3) 电源所提供的最大电流大于寄生可控硅导通电流。

由产生闩锁效应的基本条件可知,减小电阻 R_s 和 R_w,降低寄生三极管的电流放大倍数 β_1 和 β_2,可有效提高抗闩锁的能力。

为了降低寄生晶体管的电流增益,应尽可能加大该晶体管的基区宽度,即加大 N 沟道 MOS 管与 P 沟道 MOS 管的间距。尽可能缩短寄生晶体管基极与发射极的 N+ 区与 P+ 区的距离,以降低寄生电阻。

在电路版图上,应尽可能多开设电源孔和接地孔,以便增长周界;尽量减小 P 阱面积,以减少寄生电流;电源孔尽量设置在 P 沟道 MOS 管与 P 阱之间,接地孔开设在靠近 P 沟道 MOS 管的 P 阱内。增加保护环结构。将 P 阱中的 P 沟道 MOS 管用接地的 P+ 环包围起来,将 N 阱中的 N 沟道 MOS 管用接地的 N+ 环包围起来。这样,当寄生晶体管的发射结处于正偏时,流入的载流子不是被与产生闩锁效应相关的晶体管所收集,而是直接流向保护环。N+ 环增加了寄生 NPN

管的基区宽度和掺杂浓度,从而降低了其电流放大系数,而 P+环减小了 P 阱寄生电阻 R_w。如图 6.16 所示,图 6.16(a)为电路版图,图 6.16(b)为在电路版图中 AA'连线上的芯片纵向剖面图。这种保护环能有效防止 CMOS 电路的闩锁效应,但也使版图面积显著增加,因此仅用于输入保护电路和有大电流流过的电路单元。

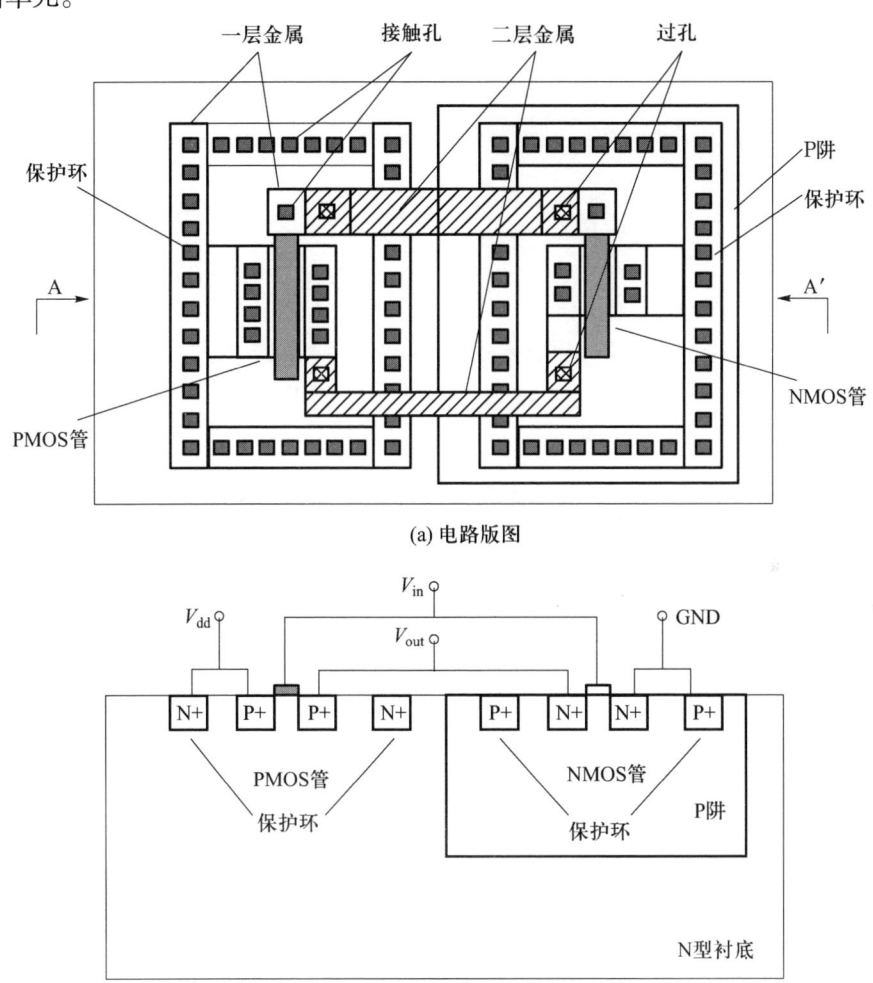

图 6.16 带保护环的版图结构

7. 并行多路波控驱动器芯片

并行多路波控驱动器芯片由多个单路波控驱动器芯片组成,如图 6.17 所示。根据微波通道中移相器、衰减器和开关的位数,并行多路波控驱动器芯片的位数通常为 2~7 路。

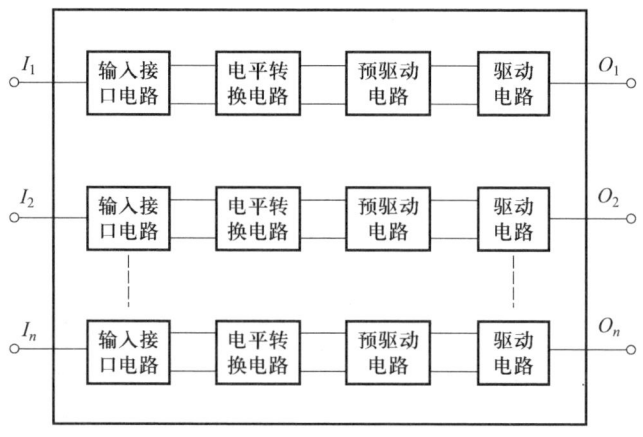

图 6.17 并行多路波控驱动器芯片结构框图

6.3.3 CMOS 串转并波控驱动器芯片设计技术

在 T/R 通道中采用多路波控驱动器芯片所需的输入数据线数量较多，占用布线通道面积较大，为了节省布线通道，缩小 T/R 组件的体积，采用串转并波控驱动器芯片是最常用的方法，将多路数据信号串成一路数据，由串转并波控驱动器芯片转换成并行数据，实现串并转换和电平转换，这只需时钟、数据和锁存三个信号即可完成。根据系统的不同需求，串转并波控驱动器芯片可以集成片选、上电复位、接收数据和发射数据的二选一、串出等功能，如图 6.18 所示。

串转并波控驱动器芯片的组成除了包含单路波控驱动器芯片的各种单元电路外，还有核心单元 D 触发器。为了提高电路的抗干扰能力，采用边沿触发式 D 触发器。

下面介绍边沿触发式 D 触发器，以及由它组成的一款 26 位串转并波控驱动器芯片。

1. 边沿触发式 D 触发器

边沿触发式 D 触发器的原理图如图 6.19 所示。该触发器的时钟 CLK 上升沿采样输入信号 D，并更新输出信号 Q 和 Q_n，输出信号 Q 与输入信号 D 同相，输出信号 Q_n 与输入信号 D 反相。该触发器带复位信号 R，当 R 为低电平时，触发器输出复位，Q 为低电平，Q_n 为高电平；当 R 为高电平，触发器正常工作，在时钟 CLK 的下降沿，触发器更新输出 Q 和 Q_n。D 触发器功能表如表 6.1 所列。符号如图 6.20 所示。

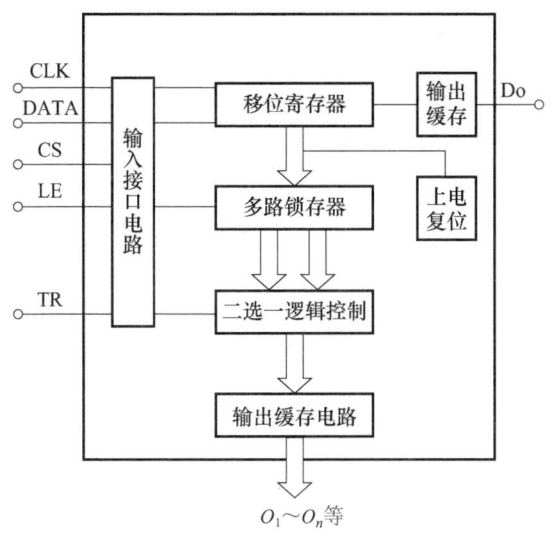

图 6.18　串转并波控驱动器芯片基本结构框图

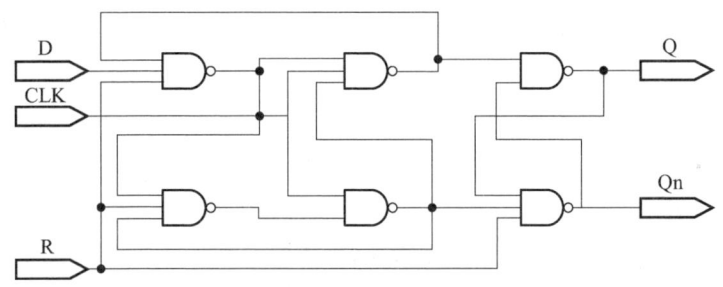

图 6.19　边沿触发式 D 触发器的原理图

表 6.1　D 触发器功能表

R	CLK	D	Q	Qn
0	×	×	0	1
1	↑	0	0	1
1	↑	1	1	0

注:"×"表示任意,"↑"表示上升沿

2. 移位寄存器

移位寄存器是由多个 D 触发器级联而成,前一个触发器的输出信号 Q 连接下一个触发器的输入信号 D,所有触发器分别共用一个时钟信号 CLK 和一个复位信号 R。移位寄存器可以实现数据信号串行输入到并行数据信号输出的转换。移位寄存器原理图如图 6.21 所示。

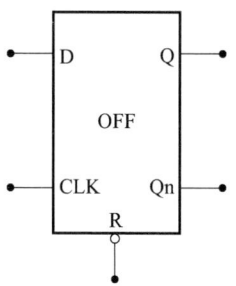

图 6.20　D 触发器符号

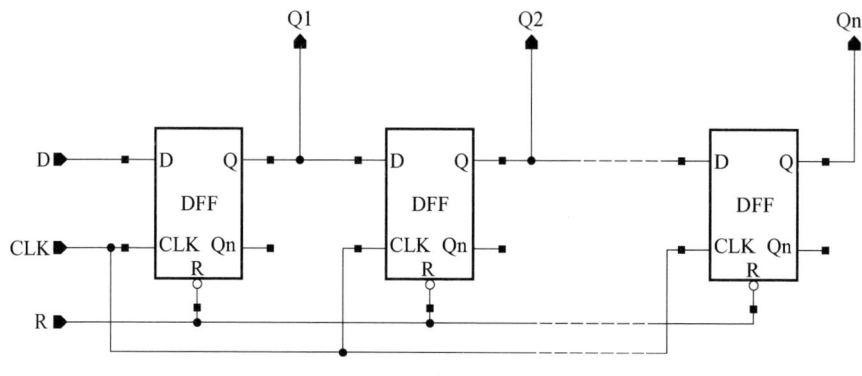

图 6.21　移位寄存器原理图

3. 多路锁存器

多路锁存器是由多个 D 触发器组成，每个触发器独立使用数据信号 D，分别共用一个时钟信号 CLK 和一个复位信号 R。多路锁存器原理图如图 6.22 所示。

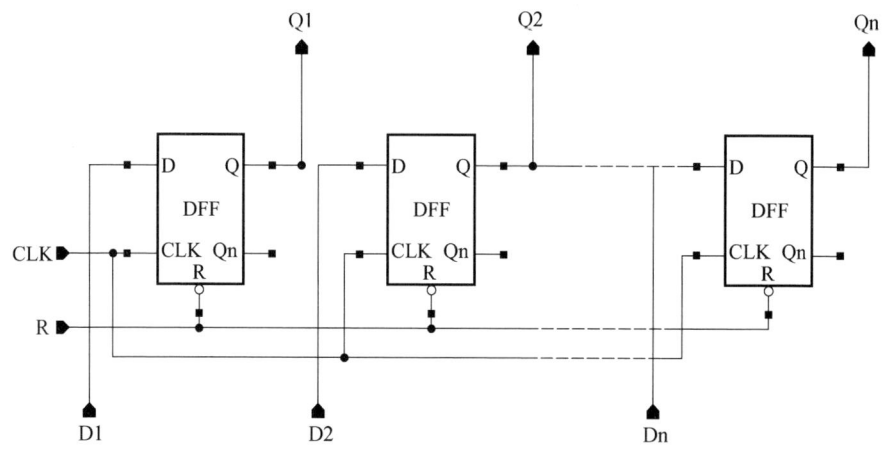

图 6.22　多路锁存器原理图

4. 26 位串转并波控驱动器芯片

26 位串转并波控驱动器芯片包含输入缓冲和电平转换单元、26 位移位寄存器单元、26 位锁存器单元、二选一单元和输出缓冲单元。电路原理图如图 6.23 所示。

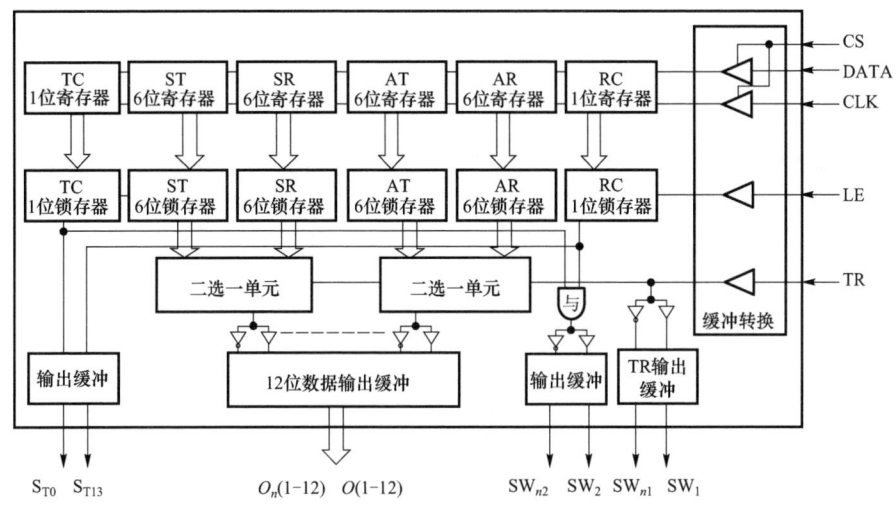

图 6.23 26 位串转并波控驱动器芯片原理图

芯片有 5 个输入信号,片选 CS、时钟 CLK、锁存 LE、数据 DATA 和收发控制 TR 均为 TTL 电平。

串入的数据以 26 位为一帧,低位先入,高位后入。数据具体定义如表 6.2 所列。

表 6.2 26 位数据结构表

B_{25}	$B_{24} \sim B_{19}$	$B_{18} \sim B_{13}$	$B_{12} \sim B_7$	$B_6 \sim B_1$	B_0
接收控制位 RC	数据 AR	数据 AT	数据 SR	数据 ST	发射控制位 TC
1 位	6 位	6 位	6 位	6 位	1 位

CS 低电平有效。CS 为高电平时,芯片不接收时钟和数据信号;当 CS 为低电平时,串行数据从 DATA 串入, CLK 下降沿接收数据,LE 上升沿将 26 位移位寄存器中的数据锁存到 26 位锁存器中。

当 TR 为高电平时,输出发射通道数据,即输出位 $O_1 \sim O_6$ 输出 $B_1 \sim B_6$ 数据,控制发射状态的移相器,输出位 07~012 输出 $B_{13} \sim B_{18}$ 数据,控制发射状态的衰减器;当 TR 为低电平时,输出接收状态数据,即:输出位 $O_1 \sim O_6$ 输出 $B_7 \sim B_{12}$ 数据,控制接收状态的移相器,输出位 07~012 输出 $B_{19} \sim B_{24}$ 数据,控制接收状态的衰减器。01~012 为同相输出位,$O_{n1} \sim O_{n12}$ 为反相输出位。输出高电平为 0V;输出低电平为 −5V。

收发状态控制输出 ST_0、ST_{13}、SW_2 和 SW_{n2} 由串入数据的接收控制位 RC（B_{25}）和发射控制位 TC（B_0）确定。输入信号为 TTL 电平，ST_0 和 ST_{13} 输出 CMOS 电平 0V/5V，SW_2 和 SW_{n2} 输出负电平 −5V/0V。ST_0、ST_{13}、SW_2 和 SW_{n2} 作为发射通道和接收通道电源管理的使能或控制信号，打开或关闭 T/R 通道的电源。逻辑关系真值表如表 6.3~6.5 所列。

收发控制输出 SW_1 与 TR 同相，SW_{n1} 与 TR 反相，为负电平 −5V/0V。SW_1 和 SW_{n1} 控制 T/R 通道的收/发开关，打开（或关闭）发射通道，关闭（或打开）接收通道。逻辑关系真值表如表 6.6 所列。

表 6.3　发射控制 ST_0 真值表

TC	ST_0
0	0
1	1

表 6.4　接收控制 ST_{13} 真值表

RC	ST_{13}
0	0
1	1

表 6.5　收发使能 SW_2 和 SW_{n2} 真值表

TC	RC	SW_2	SW_{n2}
X	0	0	1
0	X	0	1
1	1	1	0

表 6.6　收发控制输出真值表

TR	SW_1	SW_{n1}
0	0	1
1	1	0

26 位串转并波控驱动器芯片照片如图 6.24 所示。

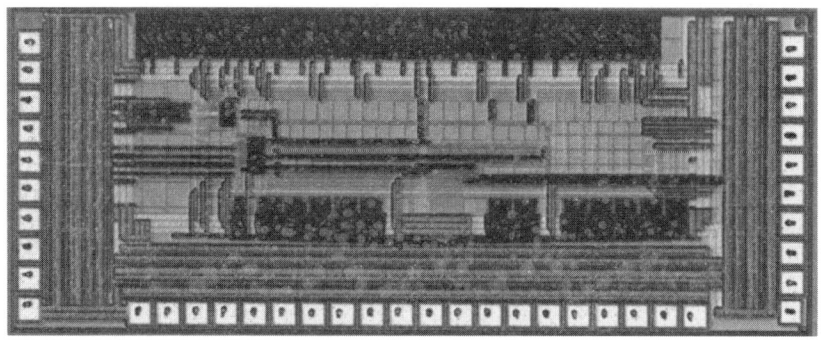

图 6.24　26 位串转并波控驱动器芯片照片（见彩图）

6.4　GaAs 波控驱动器芯片

在宇航级应用系统中，常规的 CMOS 芯片的抗辐射能力不是很理想，需要在专门抗辐射工艺线或 SOI 工艺[8]上开发才能达到预期效果，成本将大幅度增加。而基于 GaAs 工艺的芯片的天然抗辐射性能是常规的 CMOS 工艺无法比拟的，

GaAs PHEMT 是以"多子"来输运电流的有源器件,抗中子辐射能力较双极型晶体管强,抗 γ 总剂量辐射能力也比 MOS 器件高出几个数量级。因此以 PHEMT 为基础的 GaAs ED 工艺平台上生产的波控驱动器芯片具有较高的抗辐照特性。

另外用户对相控阵系统的集成化程度也提出了越来越高的要求,希望能够将控制电路、微波电路集成到一个单片上。近年来基于 GaAs 工艺的数字控制电路在工艺得到突破的基础上获得了快速发展,已开发出了基于 GaAs 工艺的并行波控驱动器芯片和串转并波控驱动器芯片。由于和微波电路的工艺相同,也就能够实现和 GaAs 工艺的数控移相器、数控衰减器、开关、放大器等多种微波电路的集成,进而大大提高 T/R 组件的集成度,实现小型化。

6.4.1 GaAs 器件模型

对于基于 GaAs 工艺的数字电路,考虑到在仿真工具环境下的仿真准确性、速度和收敛性的要求,通常选用 TOM2 模型[9],该模型详细描述了与偏置条件和温度条件有关的漏-源电流 I_{ds}、栅-源电流 I_{gs}、栅-漏电流 I_{gd}、栅-漏电容 C_{gd} 和栅-源电容 C_{gs} 等模型参数。TOM2 模型可用于 GaAs MESFET 器件,也可用于 GaAs PHEMT 器件,等效电路模型参见图 6.25。

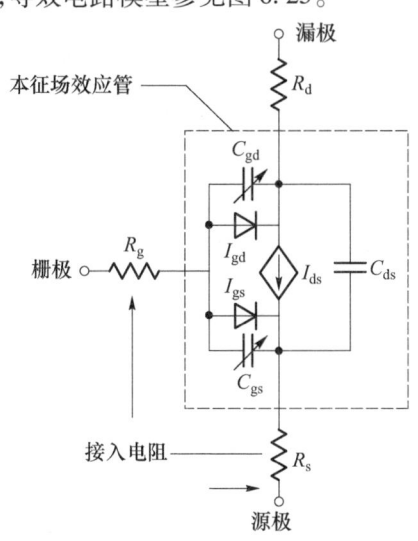

图 6.25　TOM2 非线性等效电路模型

主要模型参数的物理意义:

R_g、R_d 和 R_s 分别表征栅端、漏端和源端的串联寄生电阻,一般都在 Ω 量级;I_{ds}、I_{gs}、I_{gd} 分别表征漏源间沟道电流、栅源间电流和栅漏间电流;C_{ds}、C_{gs} 和 C_{gd} 分别表征漏源结电容和栅源结电容和栅漏结电容,其中 C_{ds} 的数值不随偏置条件而变化,是一个固定值。

1. 漏-源间沟道电流 I_{ds} 表达式

$$I_{ds} = \frac{I_{ds0}}{1 + \delta V_{ds} I_{ds0}} \tag{6.17}$$

式中

$$I_{ds0} = W\beta V_g^Q \cdot F_d(\alpha V_{ds})$$

$$F_d(X) = \frac{x}{\sqrt{1+x^2}}$$

$$V_g = QV_{st}\ln\left[\exp\left(\frac{V_{gs} - V_{t0} + \gamma V_{ds}}{QV_{st}}\right) + 1\right]$$

其中:V_{t0} 为零偏条件下器件的阈值电压,是一个常数;γ 为描述器件阈值电压随 V_{ds} 变化的变化因子,是一个常数;W 为器件栅宽;β 为跨导;δ 为输出反馈系数;α 为模型参数,用于描述线性区和饱和区的拐点;Q 为模型参数,用于模拟 I-V 非平方特性,改善模型在 V_{ds}/I_{ds} 较高区域和 $V_{ds} \approx V_{t0}$ 区域漏电导的拟合度;V_{gs} 为栅源电压;V_{ds} 为漏源电压;V_{st} 为其值近似为热电压 kT/q,常温条件下是 26mV。

2. 栅-源间电流 I_{gs} 表达式

$$I_{gs} = I_s\left[e^{\frac{V_{gs}}{\eta V_T}} - 1\right] \tag{6.18}$$

式中:I_s 为栅源间寄生的肖特基势垒二极管的饱和电流;V_T 为热电压 kT/q,常温条件下是 26mV;η 为肖特基势垒二极管的理想因子。

3. 栅-漏间电流 I_{gd} 表达式

$$I_{gd} = I_s\left[e^{\frac{V_{gd}}{\eta V_T}} - 1\right] \tag{6.19}$$

式中:I_s 为栅漏间寄生的肖特基势垒二极管的饱和电流。

4. 栅-源间电容 C_{gs} 表达式

$$\begin{aligned}C_{gs} = & \frac{C_{gs0}}{\sqrt{1 - V_n/V_{bi}}} \times \frac{1}{2}\left\{1 + \frac{V_{eff} - V_{t0}}{\sqrt{(V_{eff} - V_{t0})^2 + V_\delta^2}}\right\} \\ & \times \frac{1}{2}\left\{1 + \frac{V_{gs} - V_{gd}}{\sqrt{(V_{gs} - V_{gd})^2 + (1/\alpha)^2}}\right\} \\ & + C_{gd0} \times \frac{1}{2}\left\{1 - \frac{V_{gs} - V_{gd}}{\sqrt{(V_{gs} - V_{gd})^2 + (1/\alpha)^2}}\right\}\end{aligned} \tag{6.20}$$

式中:C_{gs0} 为零偏条件下栅源结电容;C_{gd0} 为零偏条件下栅漏结电容;V_{bi} 为栅二极管内建电势;V_δ 为模型参数。

$$V_{eff} = \frac{1}{2}(V_{gs} + V_{gd} + \sqrt{(V_{gs} - V_{gd})^2 + (1/\alpha)^2})$$

$$V_n = \frac{1}{2}(V_{eff} + V_{t0} + \sqrt{(V_{eff} - V_{t0})^2 + V_\delta^2})$$

5. 栅-漏间电容 C_{gd} 表达式

$$C_{gd} = \frac{C_{gs0}}{\sqrt{1 - V_n/V_{bi}}} \times \frac{1}{2} \left\{ 1 + \frac{V_{eff} - V_{t0}}{\sqrt{(V_{eff} - V_{t0})^2 + V_\delta^2}} \right\}$$
$$\times \frac{1}{2} \left\{ 1 - \frac{V_{gs} - V_{gd}}{\sqrt{(V_{gs} - V_{gd})^2 + (1/\alpha)^2}} \right\}$$
$$+ C_{gd0} \times \frac{1}{2} \left\{ 1 + \frac{V_{gs} - V_{gd}}{\sqrt{(V_{gs} - V_{gd})^2 + (1/\alpha)^2}} \right\} \tag{6.21}$$

TOM2 模型中的 C_{gs} 和 C_{gd} 引用的是 STATZ 模型。

6.4.2 GaAs 单路波控驱动器芯片设计技术

在介绍基于 GaAs 波控驱动器芯片之前,先介绍基于 GaAs 工艺的数字电路的主要电路形式和基本单元。到目前为止,已发展了多种 GaAs IC 的电路形式,基本数字单元电路包括 DCFL 直接耦合场效应管逻辑电路、缓冲场效应管逻辑(BFL)电路、肖特基二极管场效应管逻辑(SDFL)电路和源耦合场效应管逻辑(SCFL)电路等。它们在速度、逻辑功能、功耗、集成度、成品率、制造工艺的难易等方面各有优缺点,其中以 DCFL 形式最简单、单电源供电、功耗最小、速度快、集成度高,可以作为驱动器的首选基本电路形式,参见图 6.26。该电路需要在同一晶圆上同时制作增强型 PHEMT 和耗尽型 PHEMT,增加了工艺难度。近些年随着 GaAs 工艺的进步,在同一晶圆上制造这两种类型的器件的成品率有了很大的提高,为该类电路的广泛应用打下了很好的基础。

1. DCFL 工作原理

图 6.26 为 DCFL 基本电路,图中 T_1 为耗尽型 N 沟三极管(D),栅极和源极连接在一起,称为上拉管或负载管;T_2 为增强型 N 沟三极管(E),称为开关管或驱动管。

当输入为低电平时,开关管 T_2 截止,输出高电平不是 V_{dd},而是被后级 DCFL 的开关管的栅源间肖特基二极管的导通电压所限定,如图 6.27 所示。当输入为高电平(0.6～0.9V)时,开关管 T_2 导通,则输出为低电平。参见图 6.28 DCFL 反相器的转移特性曲线。

为降低功耗、提高速度,应将 DCFL 反相器的电压摆幅限定在小于 0.8V。然而小的逻辑摆幅要求对器件参数,特别是阈值电压进行严格控制,否则会造成逻辑错误,因此提高了工艺难度。

由图 6.28 可以看出噪声容限可由下式得出:低噪声容限 $V_{NML} = V_{ILmax} - V_{OLmax}$;高噪声容限 $V_{NMH} = V_{OHmin} - V_{IHmin}$。

不同栅宽比对噪声容限的影响:当开关管 T_2 和负载管 T_1 的栅宽比 $W_{T_2}/W_{T_1} =$

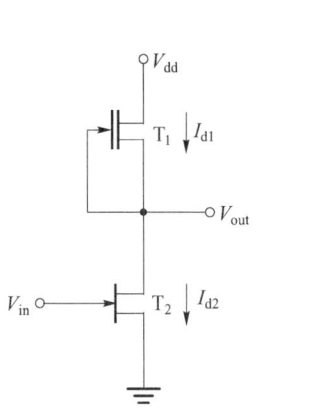

图 6.26　DCFL 基本电路(E/D 反相器)　　图 6.27　带负载的 DCFL 反相器

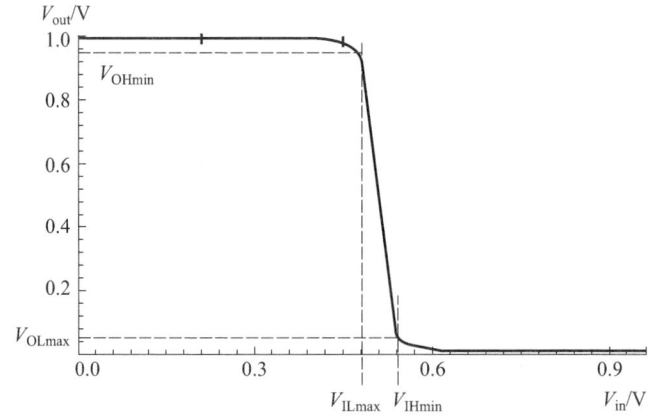

图 6.28　DCFL 反相器的转移特性曲线

3/1 左右时,低电平噪声容限 V_{NML} 和高电平噪声容限 V_{NMH} 大致相等。有文献[10]表明,随着 W_{T_2}/W_{T_1} 增加,低电平噪声容限 V_{NML} 增加,而高电平噪声容限 V_{NMH} 却下降。在实际电路设计时,根据提取的器件模型通过仿真可得到合适的栅宽比,使得高电平噪声容限与低电平噪声容限大致相等。

2. DCFL 电路的改进

DCFL 反相器的功耗主要由三部分组成: $P_{Tot} = P_{Static} + P_{Dynamic} + P_{Leakage}$。

(1) P_{Static} 是最主要的功耗。对于 DCFL 门电路,不管输出是高电平还是低电平都消耗功率。如图 6.27 所示,当输入为低电平时,开关管 T_2 截止使得输出不是高电平 V_{dd},而是被下一级 DCFL 反相器开关管的栅源间寄生的肖特基二极管导通电压所限定,这是由于基于 GaAs 工艺的三极管的栅源间、栅漏间有寄生的肖特基二极管,如图 6.29 所示。因此负载管 T_1 中的电流即使在 T_2 管截止时也不为零,产生了功耗;当输入高电平时,开关管 T_2 导通,电流由 V_{dd} 到地,也产生了功耗。P_{Static} 就是 DCFL 单元电路在开关管导通和截止这两种状态下耗散功率的平均值[11]。

(2) $P_{Dynamic}$ 主要由后级总的负载电容所决定,远小于 P_{Static}。这是由于肖特基二极管的导通电平是 0.8V 左右,输出电压摆幅小于 0.8V。

(3) $P_{Leakage}$ 当输入端的栅源间电压小于开关管的开启电压时,栅源间的泄漏电流产生的功耗,与 P_{Static} 相比很小,可以忽略不计。

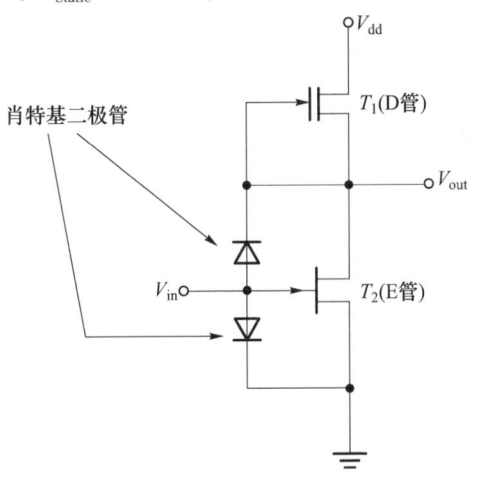

图 6.29 寄生肖特基二极管的 DCFL 反相器

基于 GaAs 工艺的 DCFL 电路组成的 E/D 反相器与基于 Si 衬底的 CMOS 工艺的电路形式的反相器相比,前者的功耗远大于后者,导致电路总体功耗远大于同规模的 CMOS 电路,严重地阻碍了 GaAs 工艺数字电路的应用和发展。要想有效降低功耗,使 GaAs 数字电路能够广泛应用于抗辐照等恶劣环境中,必须从降低 DCFL 反相器的前两项功耗尤其第一项即静态功耗上对电路加以改进。

降低 DCFL 形式的反相器的静态功耗的最直接的方法是在 GaAs 工艺的三极管的栅长固定的前提下,减小 E 管和 D 管的宽度,进而降低功耗,但是由于受工艺所限,减小器件的栅宽不可能是无限的,必须保证成品率和易生产性。因此在工艺允许最小栅宽的条件下,为降低功耗采用了改进的 D 管和 R 管串联型反相器电路,见图 6.30,可以把图 6.30 中串联的 D 管和电阻看成一个导通电阻更大的组合形式的 D 管,该电阻的取值应保证本级反相器的输出电压摆幅小于 0.8V,以降低后级反相器的肖特基二极管电流。试验结果表明,这种改进的 DCFL 反相器的静态电流与传统的 DCFL 反相器相比可以降低一个数量级。

3. 带超级缓冲器的 DCFL 反相器

由图 6.30 的电路形式可以看出该电路的扇出能力较差,可通过增加一级超级缓冲器提高电路的带负载能力,电路形式如图 6.31 所示。由于 T_{S1} 和 T_{S2} 不是同时导通,因此可以忽略引入超级缓冲器带来的直流功耗。在工艺线限定栅长的条件下,这两个管子的栅宽可以根据需要给出。

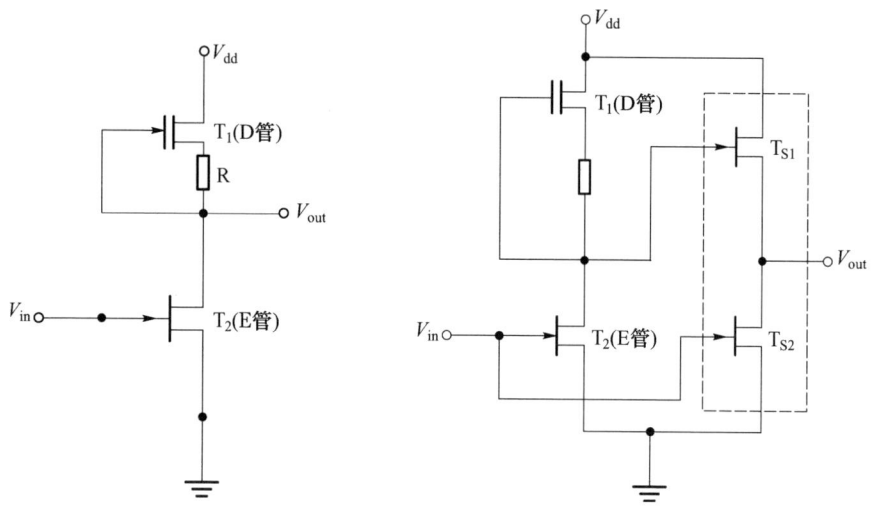

图 6.30　改进的 DCFL E/D 反相器　　图 6.31　带超级缓冲器的 DCFL 反相器
（虚线框内是超级缓冲器）

4. 或非门和与非门等基本逻辑单元

GaAs 工艺的基本逻辑单元有反相器、与门、或门、与非门、或非门等,其中最基本、用的最多的是反相器、或非门、与非门,而与门、或门等单元可以通过反相器、或非门、与非门的组合得到。在驱动器中输入接口电路、D 触发器、输出缓冲电路中都会用到这些基本逻辑单元。图 6.32 包括了或非门、与非门、或门、与门这四个基本单元,其中图 6.32(a)是或非门,图 6.32(b)是与非门,图 6.32(c)是或门,图 6.32(d)是与门。

5. GaAs 单路波控驱动器芯片设计

GaAs 单路波控驱动器芯片的作用是把接收的一路 TTL 信号转换成高电平为 0V、低电平为 -5V 的一对互补输出信号,这对互补的输出信号与数控移相器、数控衰减器或微波开关的控制端直接相连,完成控制功能。GaAs 单路波控驱动器芯片通常由输入接口电路、反相器、超级缓冲器组成。下面对单路波控驱动器电路进行介绍,电路框图如图 6.33 所示。

输入接口电路如图 6.34 所示,$D_1 \sim D_9$ 是静电保护二极管,起到泄放静电的作用,平时不影响电路的正常工作状态。R_1、$D_{10} \sim D_{16}$ 完成电平位移功能,当 V_{in} 输入高电平 5V 时,$D_{10} \sim D_{16}$ 这 7 个二极管导通,V_{out} 电位为 -4.2V,比 -5V 电源电压高 0.8V;当 V_{in} 输入低电平 0V 时,$D_{10} \sim D_{16}$ 这 7 个二极管截止,V_{out} 电位被 T_d

第 6 章 雷达收发组件波控驱动器芯片

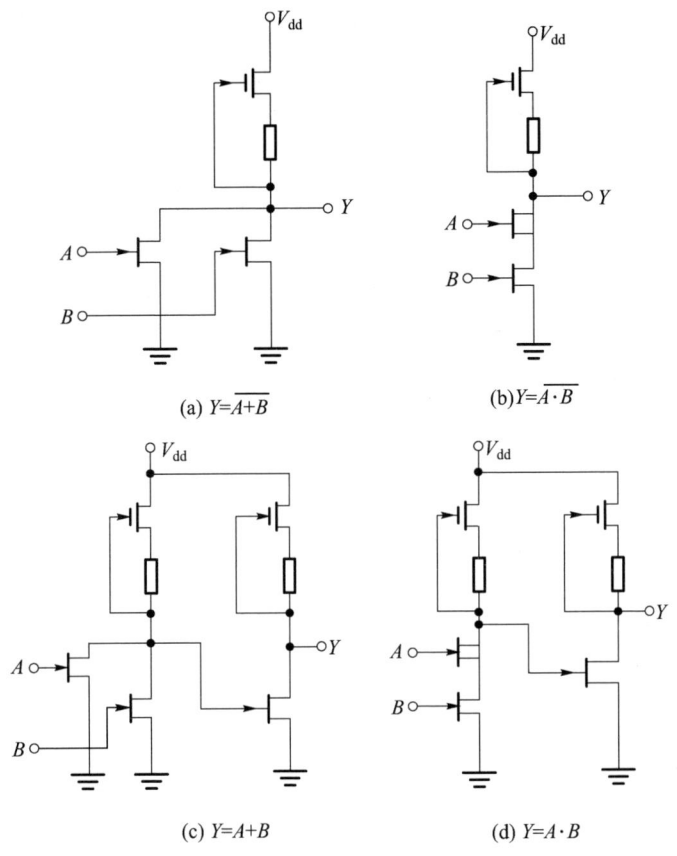

图 6.32 GaAs ED 工艺基本逻辑单元

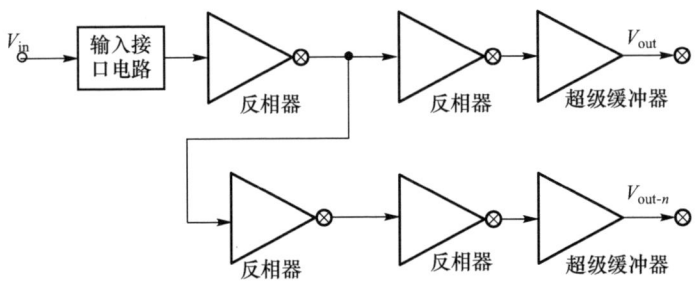

图 6.33 单路波控驱动器电路结构框图

和 R_2 这个支路下拉到 $-5V$。

图 6.33 中的 4 个反相器采用了改进的 DCFL 反相器电路形式,参见图 6.35。反相器的输入信号 V_{in} 是前级电路的输出。当 V_{in} 是高电平 $-4.2V$ 时,T_2 管导通,V_{out} 输出低电平 $-5V$;当 V_{in} 是低电平 $-5V$ 时,T_2 管截止,输出电压不

· 159 ·

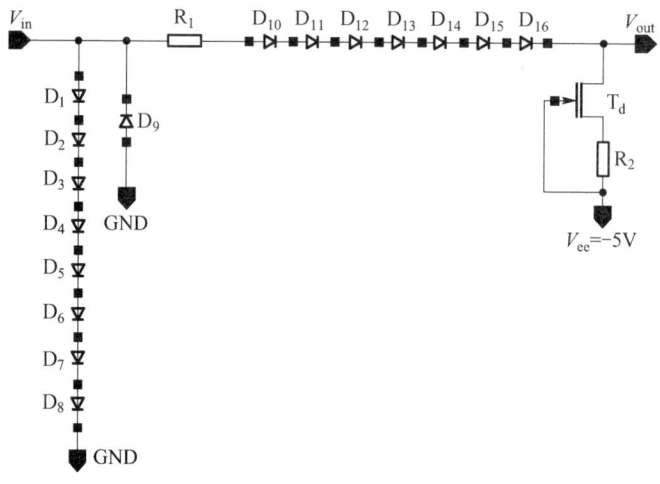

图 6.34　单路波控驱动器的输入接口电路

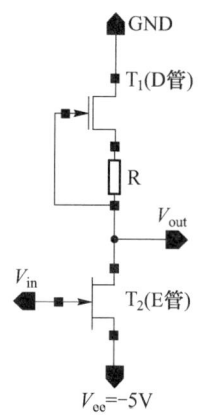

图 6.35　单路波控驱动器的反相器

是 0V，而是被下一级 DCFL 反相器的开关管的栅源间寄生的肖特基二极管的导通电压所限定，使得反相器的输出 V_{out} 为高电平 $-4.2V$。

　　超级缓冲器如图 6.36 的虚线框内所示，其作用是把反相器输出的高低电平 $-4.2V/-5V$ 信号转换成移相器、衰减器等电路所需的 $0V/-5V$ 信号，同时提高输出的带负载能力。

　　图 6.37 为 GaAs 工艺单路波控驱动器芯片的照片。

　　GaAs 多路波控驱动器芯片由单路波控驱动器组合而成，其电路形式和 CMOS 多路波控驱动器一样，如图 6.17 所示。一路 TTL 输入信号对应一对 0V/$-5V$ 输出信号，具有结构简单、测试方便的优点。但缺点也很明显，就是需要的控制信号线多，不适用于多通道、对控制信号线数量有严格要求的系统。

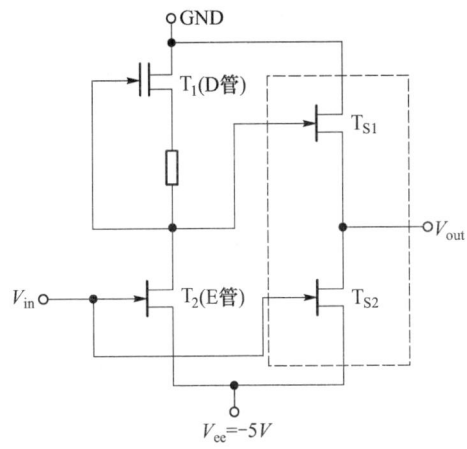
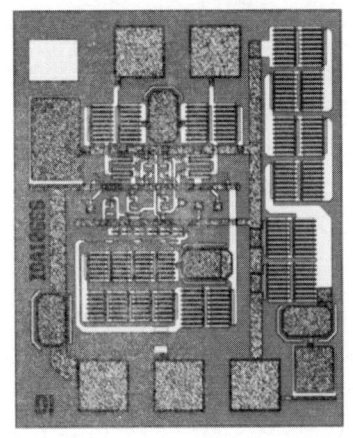

图 6.36　带反相器的超级缓冲器　　　图 6.37　GaAs 单路波控驱动器芯片照片（见彩图）

6.4.3　GaAs 串转并波控驱动器芯片设计技术

常见的基于 GaAs 工艺的串转并波控驱动器芯片有 6 位、12 位、24 位、32 位等串转并驱动器，根据系统要求还可以增加上电清零、串出、片选等辅助功能和其他简单的逻辑电路。GaAs 工艺的串转并波控驱动器芯片的基本拓扑结构与 CMOS 工艺的相同，主要的不同是组成锁存器、移位寄存器的基本单元 D 触发器所采用的具体电路形式不同，另外还有一个主要不同是供电方式的不同。

1. GaAs 工艺的 D 触发器

在实际电路中用的较多的是边沿 D 触发器，边沿触发方式可以克服电位触发方式的多次翻转现象，仅在时钟信号 CLK 的上升沿或下降沿时刻才对输入激励信号响应，这样大大提高了抗干扰能力。边沿 D 触发器有主从结构的边沿触发式 D 触发器和维持-阻塞结构的边沿触发式 D 触发器。

1）主从结构的边沿触发式 D 触发器

主从结构的边沿触发式 D 触发器由两个 D 锁存器构成，如图 6.38 所示，该电路只在时钟信号 CLK 上升沿到来时刻采样 DATA 信号，并据此改变触发器的输出。第一个锁存器为主锁存器，当时钟信号 CLK 为 0 时，主锁存器打开并且跟踪数据信号 DATA 的变化。当 CLK 从 0 变 1 时，主锁存器关闭，并且它的输出传送到第二个锁存器，这第二个锁存器称为从锁存器。从锁存器在 CLK 为 1 期间始终保持打开，但是由于主锁存器在此期间处于关闭状态并且其输出保持不变，因此从锁存器的输出只在这一期间的开始时刻发生变化。

2）维持-阻塞结构的边沿触发式 D 触发器

与主从结构的边沿触发式 D 触发器相比，更多地采用了 6 或非门结构的维

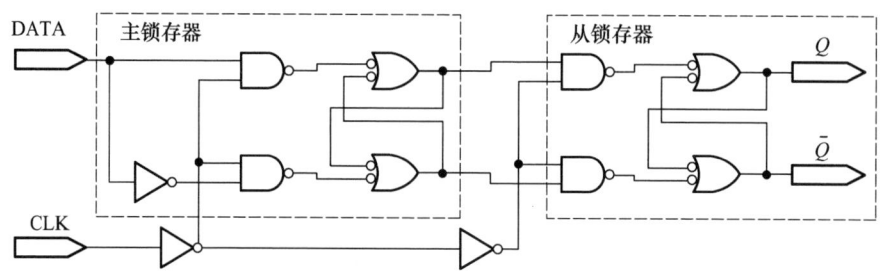

图 6.38　主从结构的边沿触发式 D 触发器

持-阻塞结构的边沿触发式 D 触发器,这样电路可以做得面积更小、速度更快。考虑到进一步提高抗干扰能力,可采取让时钟信号平时为高、下降沿触发方式。在 GaAs 工艺中,或非门组成的 D 触发器比与非门性能要好,所以 GaAs 工艺的 D 触发器采用了 6 个或非门组成的维持-阻塞边沿 D 触发器,如图 6.39 所示。

从图 6.39 的电路结构可以看出,该维持-阻塞触发器是在基本 RS 触发器的基础上增加了 4 个逻辑门而构成的。A 和 B 组成基本 RS 触发器,C 门的输出是 RS 触发器的置"0"通道,D 门的输出是 RS 触发器的置"1"通道。C 门和 D 门可以在时钟 CLK 信号控制下,决定数据 DATA 是否能传输到基本 RS 触发器的输入端。F 门将数据 DATA 以反变量的形式送到 D 门输入端,再通过 E 门以原变量的形式送到 C 门输入端,使数据 DATA 等待时钟信号 CLK 到来后,通过 C 和 D 门送到基本 RS 触发器,以实现置"0"或置"1"。

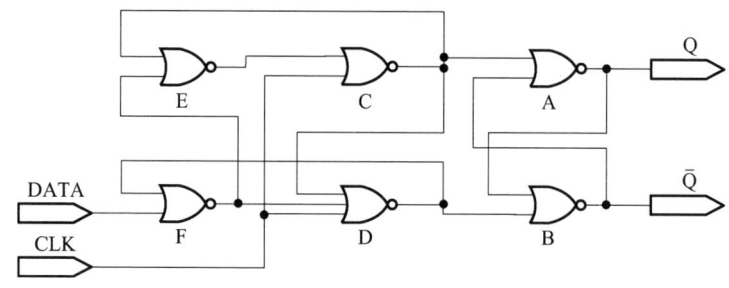

图 6.39　使用或非门组成的维持-阻塞下降沿 D 触发器

2. GaAs 串转并波控驱动器芯片

与 CMOS 工艺的串转并的芯片相比,基于 GaAs 工艺的串转并波控驱动器芯片还具有其他不同的设计技术。

GaAs 工艺的数字电路与 CMOS 工艺的同规模数字电路相比功耗大,为了降低功耗,对基本单元电路即传统的 DCFL 反相器进行了改进,如图 6.30 所示。但这一改进也带来了不可避免的缺点,即增加了反相器的开关时间,进而影响了电路的工作频率。针对存在的这一问题,可以设计电源转换电路将 -5V 电源转

换为 -2.5V 提供给串转并的内核电路,如图 6.40 所示。这样做的好处是提高了电路的工作频率,也降低了电路的整体功耗。对于单路或多路波控驱动器芯片,电路简单,整体功耗小,在满足工作频率的基础上,为减小芯片面积,可直接用 -5V 供电。

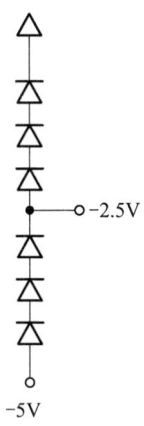

图 6.40　-5V→-2.5V 电源转换电路

对于集成了串转并电路的幅相控制多功能芯片,由于高频微波电路和低频的波控数字电路集成在一个芯片上,如果版图布局不合理,则微波信号和数字信号之间会存在互相干扰。在干扰严重的情况下,波控电路的输出会产生误码操作,数字信号也会影响微波信号的移相精度和衰减精度。因此,在芯片面积允许的条件下,数字信号通路和微波信号的通路要尽量远离。另外也可在数字电路的周围增加一个带缺口的接地环,达到隔离数字信号和微波信号的目的。

3. 24 位串转并波控驱动器芯片

图 6.41 是一款基于 GaAs 工艺的 24 位串转并波控驱动器芯片电路框图。

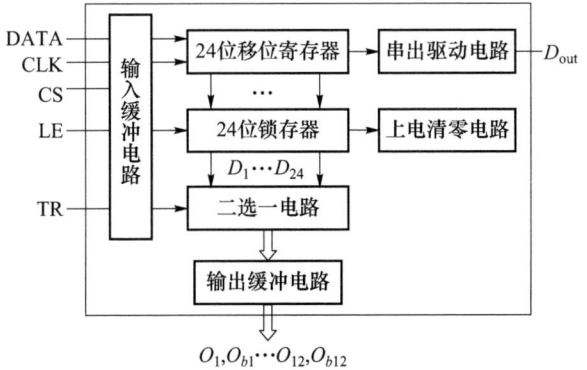

图 6.41　24 位串转并波控驱动器芯片电路框图

该款串转并波控驱动器芯片的内核电路由 24 位移位寄存器和 24 位锁存器组成,它们的基本单元电路是 D 触发器。D 触发器的基本门电路是二输入或非门和三输入或非门。芯片的工作电源是 -5V,内核电路的工作电源是 -2.5V。图 6.41 中的输入缓冲电路把输入的 TTL/CMOS 电平信号转换成 DCFL 逻辑电平信号:逻辑高为 -4.2V,逻辑低为 -5V。二选一电路完成数据位选择功能,当 TR 为高电平时选择 $D_1 \sim D_6$ 和 $D_{13} \sim D_{18}$ 这 12 个数据位,当 T/R 为低电平时选择 $D_7 \sim D_{12}$ 和 $D_{19} \sim D_{24}$ 这 12 个数据位。选择的这 12 个数据位送至互补输出缓冲电路,被转换成 12 对互补输出(0V/-5V)的逻辑电平。串出驱动电路可把串入的数据再转换成 0V/5V 的输出数据,该功能可用于芯片的级联使用。上电清零电路可完成上电清零功能。图 6.42 是该款 24 位串转并波控驱动器芯片的照片。

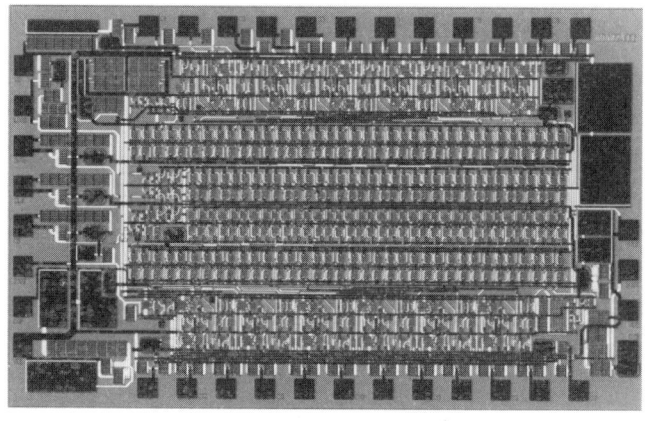

图 6.42　24 位串转并波控驱动器芯片照片

6.5　波控驱动器芯片测试技术

波控驱动器芯片可以通过制作直流探针卡,利用脉冲信号发生器或逻辑分析仪产生测试向量,用多功能数字万用表和示波器进行测试。测试的指标主要包括静态电流、输出高电平电压、输出低电平电压、输出驱动电流、电路阈值、最高工作频率、输出信号上升时间、输出信号下降时间、输出信号延迟时间等。

测试连接图如图 6.43 所示。

为了对电源进行去耦和滤波,在靠近芯片一端的电源线上并联 $0.1\mu F$ 的对地电容,对于输出加大电流的驱动器滤波电容为 $1 \sim 10\mu F$。为了降低信号连接长线带来数据的干扰,在靠近芯片一端的信号输入端口前串联 $100 \sim 1000\Omega$ 电阻,并采用屏蔽线来代替导线作为互联线。

静态电流、输出信号高电平、输出信号低电平和电路阈值参数可以用万用表

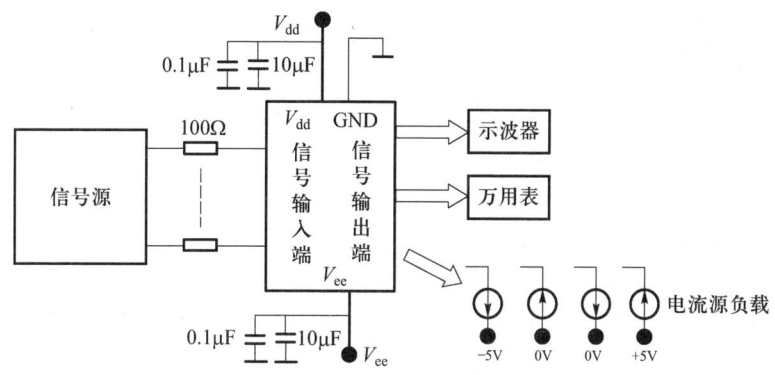

图 6.43　波控驱动器芯片测试连接图

的电流档和电压档进行测试。输入信号频率、输出信号上升时间、输出信号下降时间、信号延迟时间可以用示波器进行测试。

输出驱动电流参数需要使用电流源来测试。为了测试输出端口的输出和灌入电流能力,对于 0V/5V 正电平的输出端,当输出高电平时,恒流源接地;当输出低电平时,恒流源接 +5V;对于 0V/−5V 负电平的输出端,当输出高电平时,恒流源接 −5V;当输出低电平时,恒流源接地。测试时根据被测芯片输出指标,调整恒流源电流值,测试输出端的电压值。对于其他输出电平的测试方法与此相同。

以下是对各具体指标的测试。

1) 静态电流

在规定的工作温度下,按照图 6.43 接额定电源,使所有输入信号接 0V,从电流表读出电源电流值为静态电流。

2) 输出高低电平电压和输出驱动电流

在规定的工作温度下,根据驱动电流指标调整恒流源,并与输出端连接。由信号源产生测试向量,测试该端口输出高电平时的电压值,即为输出高电平值;测试输出低电平时的电压值,即为该端口输出低电平值。

3) 电路阈值

(1) 输入高电平阈值电压。调整某个输入信号电压从 0V 开始增加,测试某一输出端,输出电压翻转到另一状态时,此时的输入电压为输入高电平阈值电压。

(2) 输入低电平阈值电压。调整某个输入信号电压从 5V 开始降低,测试某一输出端,输出电压翻转到另一状态时,此时的输入电压为输入低电平阈值电压。

4）输出信号上升时间、输出信号下降时间、输出信号延迟时间

（1）输出信号上升时间。示波器测试输出端低电平电压的 10% 到输出高电平电压的 90% 之间的时间。

（2）输出信号下降时间。示波器测试输出端高电平电压的 90% 到输出高电平电压的 10% 之间的时间。

（3）输出信号延迟时间。示波器测试 TR 信号高低电平的 50% 到输出信号高低电平的 50% 之间的时间。

5）最高工作频率

在规定的工作温度下，采用逐渐递增时钟 CLK 频率的方法，测试输出数据无误时的最高时钟频率，即为最高工作频率。

参考文献

[1] 向敬成,张明有. 毫米波雷达及其应用[M]. 北京:国防工业出版社,2005.

[2] BSIM3 Version 3.0 Manual. Department of Electrical Engineering and Computer Sciences[R]. University of California. Berkeley. CA. 1996

[3] 拉扎维. 模拟 CMOS 集成电路设计[M]. 陈贵灿,等译. 西安:西安交通大学出版社,2002.

[4] Filanovsky I M, Baltes H. CMOS Schmitt Trigger Design[J]. IEEE Trans. Circ. Syst. ,1944,41(1).

[5] Mori K, Tanaka K, Kobayashi K. A 5 to 130 V Level Shifter Composed of Thin Gate Oxide Dual Terminal Drain PMOSFETS[J]. Power Semiconductor Devices and IC's,1997.

[6] Russ C C, Mergens M P J, Verhaegek G, et al. GGSCRs：GGNMOS Triggered Silicon Controlled Rectifiers for ESD Protection in Deep Submicron CMOS Processes [C]. Proc EOS/ESD Symp, NY, USA,2001.

[7] 庄奕琪. 微电子器件应用可靠性技术[M]. 北京:电子工业出版社,1996.

[8] 何君. 微电子器件的抗辐射加固技术[J]. 半导体情报. 2001,38(2).

[9] Butkovic Z, Baric A. Influence of Nonlinear MESFET Models on the Characterization of Resistive Mixers[J]. EUROCON 2003 Ljubjana, Slovenia,2003.

[10] 许艳阳,王长河,郑晓光,等. GaAs DCFL 超高速集成电路研究[J]. 半导体情报,1995,32(3)

[11] Nilsson T, Samuelsson C. Design of MMIC Serial to Parallel Converter in Gallium Ardenide [D]. University of Linkoping.

第 7 章 电源管理芯片

7.1 引言

电源管理芯片是实现 T/R 组件供电、调制、驱动、电源控制的一系列相关芯片的统称[1-8]。它通过产生和控制受调节的电压或电流,使加载的雷达收发组件电路正常工作。根据电源管理芯片在雷达收发组件中的应用关系,一般将其分为稳压型电源管理芯片、PA 栅极偏置芯片、漏极电源调制芯片三类。各种电源管理芯片的具体工作形式如图 7.1 所示。

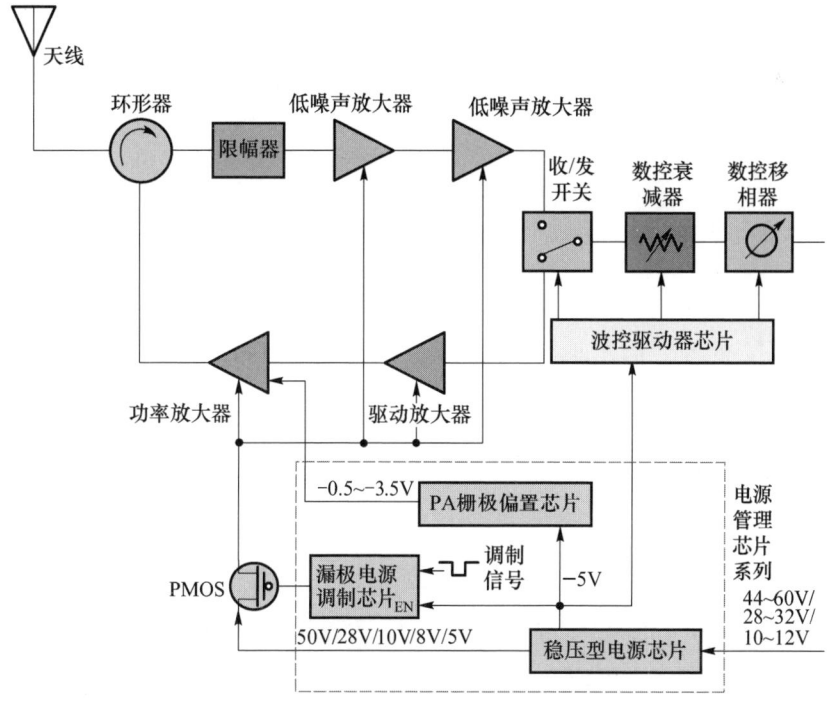

图 7.1 雷达收发组件系统中的电源管理芯片应用及分类(见彩图)

稳压型电源管理芯片主要用于给 T/R 组件中的各个芯片提供所需要的直流电源。由于雷达整机系统多提供给 T/R 组件一定数量和规格的标准直流电，其中最主要的是 28～32V 电平，或 8～10V 电平或 44～60V 电平和负电平，前三种电平是 T/R 组件模块的最高电平负电平则常用于功放栅极及波控电路。因此这里主要用到的稳压型电源芯片是降压型 DC-DC 开关变换器[9-14]、线性稳压型变换器（Linear Dropout Regulator, LDO）[15-19] 以及开关电容式电压逆变器[20]，这里统一称为"稳压型电源芯片"，用于产生稳定、低噪声、低纹波的 50V、28V、8V、5V、-5V 等电平，分别供给 T/R 组件中的各个芯片或电路。

PA 栅极偏置芯片，主要是为 PA 的栅极提供负压偏置，其驱动能力一般不大，但需要较高稳定性和较低噪声。

漏极电源调制芯片是配合 T/R 组件中的功率放大器、低噪声放大器等射频器件工作的，其主要功能是控制和驱动 PMOS 功率管在合适的时间导通关断，对 PA、LNA 等调制供电或连续供电。

本章在 7.2～7.6 节分别详细介绍了开关稳压型电源芯片、线性稳压型电源芯片、开关电容式电压逆变器芯片、PA 栅极偏置芯片以及漏极电源调制芯片的关键指标、内部组成结构、基本模块设计、整体电路设计仿真及测试技术等内容。在 7.7 节中详细介绍了各种电源芯片的版图设计技术。

7.2 开关稳压型电源芯片

开关稳压型电源芯片是利用现代电力电子技术，控制开关管导通和关断的时间比率，维持稳定输出电压的一种电源芯片。开关电源一般由脉冲宽度调制（PWM）或脉冲频率调制（PFM）控制模块和功率 MOSFET 构成，当功率较大时，MOSFET 也可外置。

7.2.1 开关稳压型电源芯片设计技术

开关稳压型芯片处于雷达收发组件供电的最顶层，技术指标要求最多，结构最复杂，设计难度最大。为了能够更好地设计满足雷达收发组件要求的开关稳压型电源芯片，需要就其主要技术指标、电路拓扑结构和主要模块设计进行详细阐述，具体如下。

1. 主要技术指标

开关稳压型芯片在设计时，考虑的主要参数包括电源噪声纹波[21-23]、开关上升沿、开关下降沿、开关频率、软启动时间[24-26]等指标，具体介绍如下。

1) 电源噪声纹波

开关电源以工作范围广、效率高、发热低的优点，在多个领域代替了线性电源,得到了大量的应用。但同时由于开关电源的开关管工作在高频的开关状态,每一个开关过程,电能从输入端被"泵到"输出端,在输出电容上形成一个充电和放电的过程,从而造成输出电压的波动。此波动的频率与开关管的开关频率相同,称为输出纹波(简称纹波),是叠加在输出直流上的交流成分。纹波的幅值是该交流成分的波峰与波谷之间的峰-峰值,其大小与开关电源的输出电容的容量和品质有关。对于纹波 V_{pp},通常用下式表示,即

$$V_{pp} = DI_O \left(ESR + \frac{1-D}{C_{in}F_S} \right) \quad (7.1)$$

式中:D 为开关稳压型芯片的开关占空比;I_O 为负载电流;ESR 为输入电容上的等效串联电阻;C_{in} 为输入电容;F_S 为开关频率。

由式(7.1)可知,纹波随输入电压波动,在占空比为50%时达到最大值。

而噪声是开关电源自身产生一种高频脉冲串,由发生在开关导通与截止瞬间产生的尖脉冲所造成,噪声的频率比开关频率高的多,通常可达100MHz以上,噪声电压的大小很大程度上与开关电源的拓扑、变压器的绕制、电路中的寄生参数、测试时外部的电磁环境以及PCB的布线设计有关。

纹波和噪声是两种不同的概念,但在工程上,在对电源进行测试时,一般并不刻意地去把它们分开。一般关注的是接受供电的电路是否会受到影响。所以测量的是纹波和噪声两者的合成干扰,用峰-峰值(V_{pp})表示,如图7.2所示。

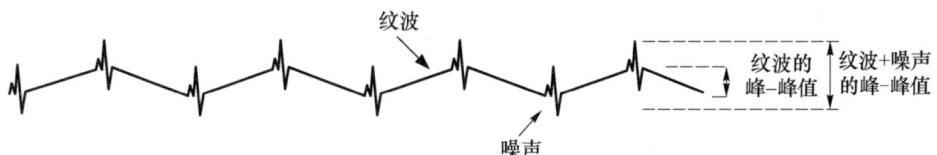

图7.2 开关电源的纹波和噪声关系图

2) 开关上升沿与下降沿

开关上升沿和下降沿是成对出现的两个参数,在开关电源中最为常见,是电源开关机时负载上电和掉电速度的衡量参数。其中,开关上升沿定义为负载电平由稳态电平的10%上升到90%的时间长度(对应的低电平为0V)。开关下降沿定义为负载电平由稳态电平的90%下降到10%的时间长度。通过电源开启和关断时负载上的电压波形测定。

3) 开关频率

开关频率是指开关稳压型电源芯片的工作频率。开关频率与开关稳压型电源系统整体相关,却是开关稳压型电源芯片内部产生的主要参数。该参数往往与负载能力、输出电压等共同决定着开关电源系统中电感 L、电容 C 的选定,还间接对负载能力等产生影响。开关频率 F_S 与电感 L 的关系式为

$$F_S = \frac{D(V_{in} - V_{out})}{LI_{pp}} \tag{7.2}$$

式中：D 为开关稳压型芯片的开关占空比；V_{out} 为负载电压；V_{in} 为输入电压；I_{pp} 为输出最大纹波电流。

4）工作效率

工作效率是指开关电源工作过程中，负载功率与开关电源系统功率的比值。由于开关稳压型留下电源芯片系统工作时，会存在导通损耗、开关损耗，因此效率一般小于100%。开关损耗与开关频率及系统电容相关，这个损耗往往难以降低，但与导通损耗相比，一般较小，因此设计时通常忽略。因此，工作效率η的公式为

$$\eta = \frac{P_{out}}{P_{out} + P_{LOOSE}} = \frac{V_{out}I_{out}}{V_{out}I_{out} + aI_{out}} = \frac{V_{out}}{V_{out} + a} \tag{7.3}$$

式中：P_{out} 为负载功率；P_{LOOSE} 为功率损耗；V_{out} 为负载电压；I_{out} 为负载电流；a 为导通损耗电压，一般由异步整流二极管或同步开关管提供。

2. 电路拓扑结构

根据架构不同，开关稳压型电源一般分为十种具体形式[27-31]，分别是降压（Buck）型[32-33]、升压（Boost）型[34]、升压-降压（Buck-Boost）型[35]、单端初级电感转换器（Single-ended Primary Inductance Converter，SEPIC）型[36]、反激式变换（Flyback）型[37]、正激变换（Forward）型[38]、半桥（Half Bridge）型[39]、推挽（Push Pull）型[40]、全桥（Full Bridge）型[41]、相移零电压开关传输（Phase Shift ZVT）型[42]。在收发组件中，一般用到的只有一种，就是 Buck 型开关变换器，这种稳压器，将 28～32V 的高压电平转换成多种标准电平，如 28V、8V、5V 等，其基本结构形式如图 7.3 所示。该类型开关变换器通过控制开关与储能电感、电容相结合，从而将高电平转化为需要的低电平。

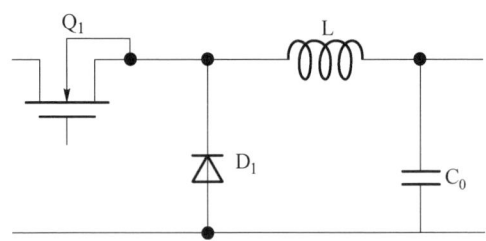

图 7.3　Buck 型变换器基本结构图

该类型变换器的工作过程是：开关导通时，电流从输入端口进入，有部分储存在电感 L 和电容 C_0 中，并给负载供电；开关关断时，电感 L 和电容 C_0 将储存能量释放为负载供电。其中，电感 L 是主要供电元件。通过调节开关管 Q_1 的导

通和关断时间长短,即调节 Q_1 控制信号的占空比,就可以调节输出电压的大小。占空比较大时,输出电压较大,占空比较小时,输出电压较小。具体的工作过程中电压、电流的波形变化如图 7.4 所示。其中,V_{in} 为输入电压,脉冲宽度调制 PWM 为开关管 Q_1 的控制信号,$V_{ds}(Q_1)$ 为 Q_1 的漏极与源极之间的电压差,I_{Q_1} 为流过 Q_1 的电流,I_{D_1} 为流过二极管 D_1 的电流,I_L 为流过电感 L 的电流值,t_{on} 为开关导通时间,T_p 为整个开关周期。

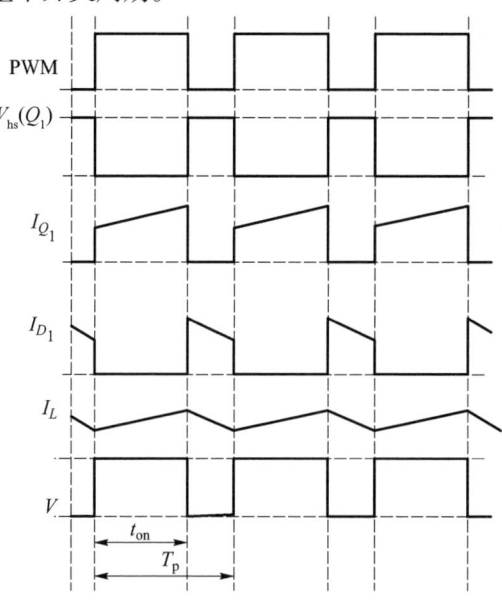

图 7.4 Buck 型变换器工作过程中的主要电压电流波形

由上面的介绍,可得该架构的理想传输公式为

$$\frac{V_{out}}{V_{in}} = \left(\frac{t_{on}}{T_p}\right) = D \tag{7.4}$$

式中:V_{out} 为输出电压;V_{in} 为输入电压;D 为占空比。Q_1 的漏极最大电流 $I_{Q_1}(\max)$ 为

$$I_{Q_1}(\max) = I_{out} \tag{7.5}$$

式中:I_{out} 为输出电流。

Q_1 的漏源电压 V_{ds} 为

$$V_{ds} = V_{in} \tag{7.6}$$

二极管 D_1 的平均电流及二极管反向电压为

$$I_{D_1} = I_{out} \times (1 - D) \tag{7.7}$$

$$V_{D_1} = V_{in} \tag{7.8}$$

由式(7.7)和式(7.8)可进一步了解降压型开关电源的所有工作状态。

在该架构中,开关稳压型电源芯片的作用是控制开关管 Q_1,进行设定的脉冲宽度调制工作过程。

为了实现以上应用模式,需要设计相应的 Buck 型脉冲宽度调制控制器,控制图 7.3 中所示功率管的开关动作与图 7.4 中的需求一致。一种典型的 Buck 型开关稳压型控制器芯片的内部结构框图如图 7.5 所示,其主要构成和功能描述如下。

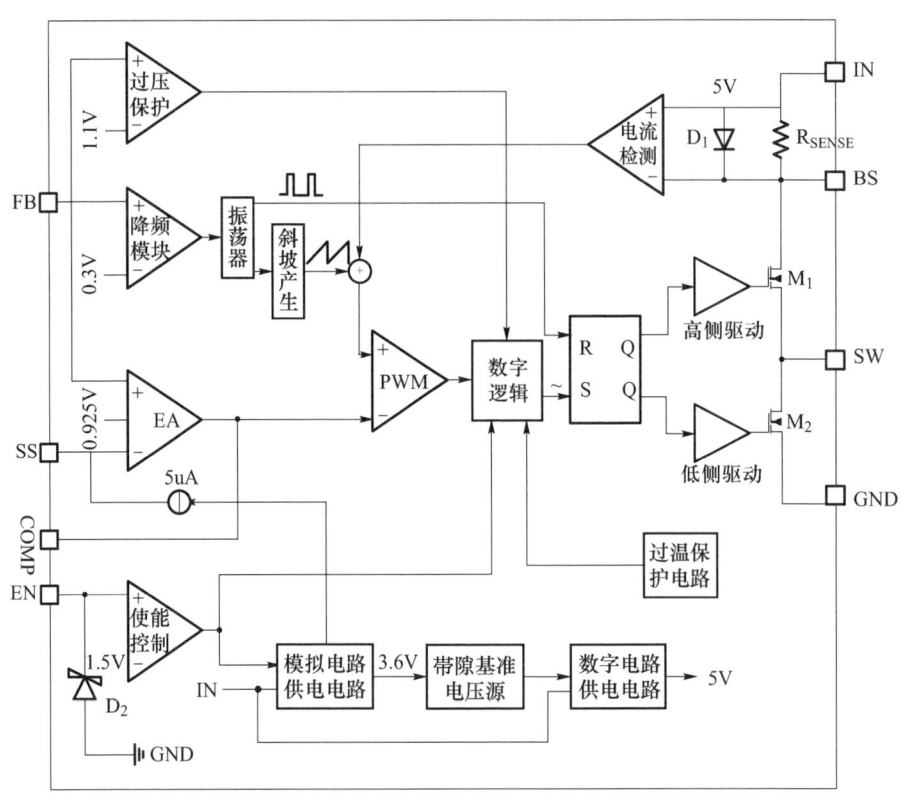

图 7.5 Buck 型脉冲宽度调制控制器内部结构框图

1)使能控制模块

该模块控制芯片正常工作或关停。这里,当 EN 引脚外接电压高于 2.4V(TTL 电平高阈值)时芯片正常工作。

2)模拟电路供电模块

为芯片内部的模拟电路供电。模拟信号和数字信号分开供电的方式避免了两种信号之间的相互干扰。

3)带隙基准电压源模块

该模块的主要功能是产生 1.25V 左右的带隙基准电压,给比较器和运放提供比较电平,基准电压的精度直接决定了其他模块的精度。基准电压电平的大小一般由组成带隙基准的三极管 BE 结电压温度特性决定。

4）数字电路供电模块

为芯片内部的数字逻辑模块等数字电路供电,电流能力较弱,但工作电压范围较宽,使数字电路部分能够较早工作。

5）误差放大器模块（EA）

将输出反馈回来的电压 VFB 与 0.925V 的基准电压作比较放大。该电平是负载电平的分压常规值,当负载大小处于芯片正常工作要求范围内时,稳态采样电压 VFB = 0.925V。

6）振荡器模块

产生 200~500kHz 的固定时钟频率作为整个芯片的主频。

7）斜坡产生模块

利用振荡器模块引出的定时电容上的电压产生斜坡补偿电流。

8）降频模块

当输出反馈电压 VFB 小于 0.3V（即负载过大,已超过正常负载的 3 倍）时,振荡器的频率下降到标称频率的 1/3,保证电感电流有足够的时间衰减,防止失控。

9）脉冲宽度调制模块（PWM）

将误差放大器输出的模拟信号与锯齿波信号进行比较,产生具有一定占空比的矩形波信号,进而控制开关管的导通与截止。

10）过温保护模块

对芯片温度进行检测,当温度高于关断阈值（140℃,此温度下芯片关断,温度处于芯片的正常存储温度范围,能够保证长时间不坏）时,关断主开关和同步开关;直至温度降至恢复阈值（125℃,此温度值为芯片正常工作的最高温度值）,芯片恢复正常工作。

11）数字逻辑模块

控制芯片其他各个功能模块的工作与否,并通过控制主开关和同步开关的关断与导通来实现稳压输出。

12）电流采样模块

该模块将电感的峰值电流采样后与斜坡补偿电流叠加,形成采样值。

此外电路中还有输入过压保护、过流保护、电平移位、死区控制、高低端驱动等模块。

3. 主要模块设计

设计一款适合需求的开关稳压型电源芯片,先要清楚各个模块的设计方法,进而在理解应用需求的基础上完成各模块的组合匹配。

1）电压基准设计

（1）模块功能及原理介绍。

该模块用于产生 1.25V 左右的基准电压,这一电压及其分压将作为系统中的比较器和运算放大器的基准电压。其精度直接影响系统的输出精度和动态响应的灵敏度。

集成电路带隙基准的工作原理是根据硅材料的带隙电压与电压和温度无关的特性,通过合并两个具有相当温度系数且方向相反的电压得到。这两个电压一个是具有大约 -2mV/℃ 温度系数的三极管基极-发射极电压 V_{BE},另一个是从 PN 结电压电流方程得到的热电压 V_T,它是与绝对温度成正比的,即

$$V_T = \frac{kT}{q} \tag{7.9}$$

式中:k 为是玻耳兹曼常数;q 为电子电量;T 为绝对温度。

热电压与增益常数 K 相乘后和 V_{BE} 相加产生一个理想的零温度系数的基准电压,即

$$V_{REF} = V_{BE} + KV_T \tag{7.10}$$

零温度系数时,V_{REF} 最小值在理论上等于硅半导体材料在绝对温度为 0 时的带隙电压(V_{g0},大约为 1.205V）。

正向工作时,三极管基极-发射极电流和电压的关系为

$$V_{BE} = V_T \ln\left(\frac{I_C}{I_S}\right) + V_{g0} \tag{7.11}$$

式中:I_S 为基极-发射极的反向饱和电流。

因此热电压可以通过两个 V_{BE} 之差来产生。对于给定的两个正向偏置的基极-发射极电压 V_{BE_1} 和 V_{BE_2},假设两个晶体管的基极-发射极面积比为 1:A($A>1$),则两个结的电压差 ΔV_{BE} 可表示为

$$\Delta V_{BE} = V_{BE_1} - V_{BE_2} = V_T \ln\left(\frac{I_{C_1}}{I_{S_1}}\right) - V_T \ln\left(\frac{I_{C_2}}{I_{S_2}}\right) = V_T \ln\left(A\frac{I_{C_1}}{I_{C_2}}\right) \tag{7.12}$$

由以上可知,选取合适的 K 值即可对带隙基准进行一阶温度补偿。若要使基准温度稳定性更高,则需加入更高阶补偿。

（2）典型基准电路设计。

典型的带隙电压基准电路如图 7.6 所示,Q_1 和 Q_2 发射区面积比设计为合适比例（一般为 1:4、1:8、1:16 等),以利于版图布局和有更好的匹配性。运算放大器负反馈保证 A 和 B 两点电压相等,设流过 R_4 和 R_2 的电流分别为 I_1 和 I_2,由 A 和 B 两点电压相等可得到

$$I_1 = \frac{R_2}{R_4}I_2 \tag{7.13}$$

$$I_2 = \frac{V_{BEQ_1} - V_{BEQ_2}}{R_3} \tag{7.14}$$

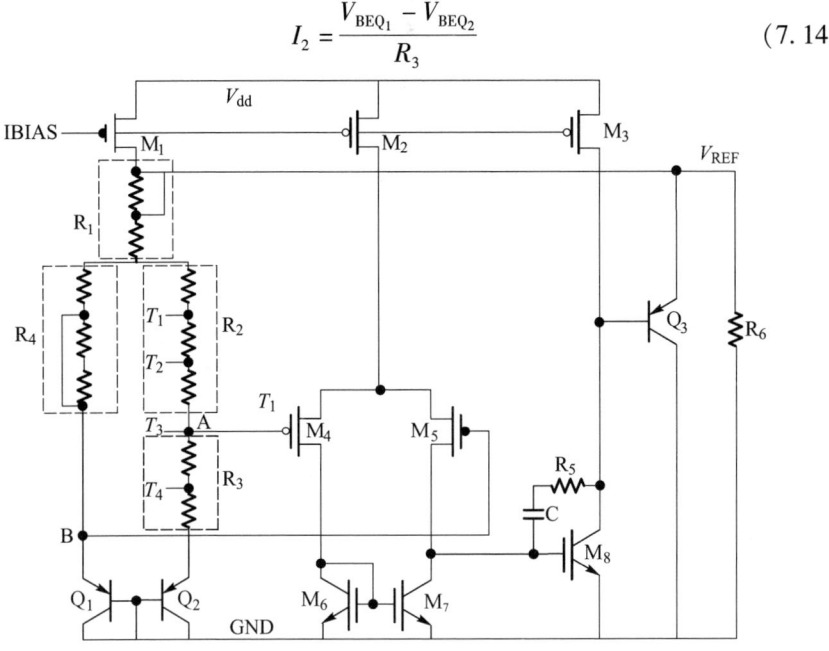

图 7.6　典型带隙电压基准电路图

进而可推得

$$I_2 = \frac{V_T}{R_3}\ln\left(A\frac{I_{C_1}}{I_{C_2}}\right) = \frac{V_T}{R_3}\ln\left(8\frac{R_2}{R_4}\right) \tag{7.15}$$

则图示基准电压 V_{REF} 可表示为

$$V_{REF} = V_{BEQ_1} + V_T\frac{R_2(R_1+R_4)+R_1R_4}{R_3R_4}\ln\left(8\frac{R_2}{R_4}\right) \tag{7.16}$$

因此只要适当的选取电阻 R_1、R_2、R_3 和 R_4 之间的比例就可以得到零温度系数带隙电压。

常见的能够提高基准温度稳定性的方法是加入曲率补偿,这样可使原来温度系数为 $(20 \sim 50) \times 10^{-6}/℃$ 的传统基准的温度系数降低到 $(5 \sim 10) \times 10^{-6}/℃$。

(3) 仿真结果。

如图 7.7 所示,输入电压变化的过程中,电路中产生的基准电压与电源电压的关系很小,所以在上电过程中,基准电压保持不变(基准电路正常工作后)。由仿真结果可知在模拟电源模块产生的电源电压大于 2.1V 以后,基准电路可以正常工作,基准电压变化量可以忽略。

如图 7.8 所示的仿真结果可知在典型模型下从 $-55℃$ 到 $125℃$ 的变化过程中基准电压输出有不到 $2mV$ 的波动,即温度系数约为 $10 \times 10^{-6}/℃$。

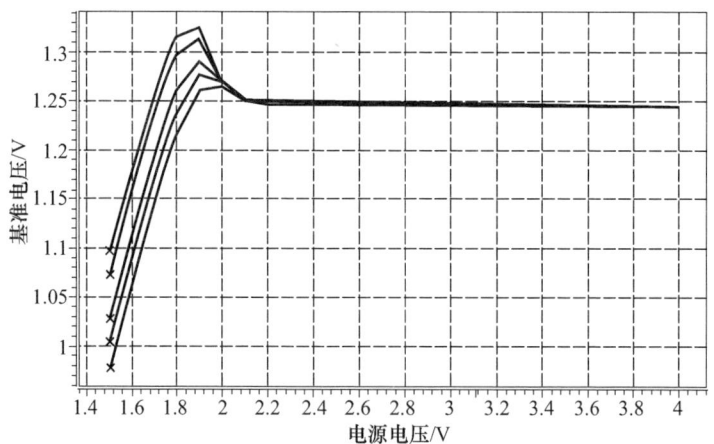

图 7.7 基准电压随电源电压变化曲线

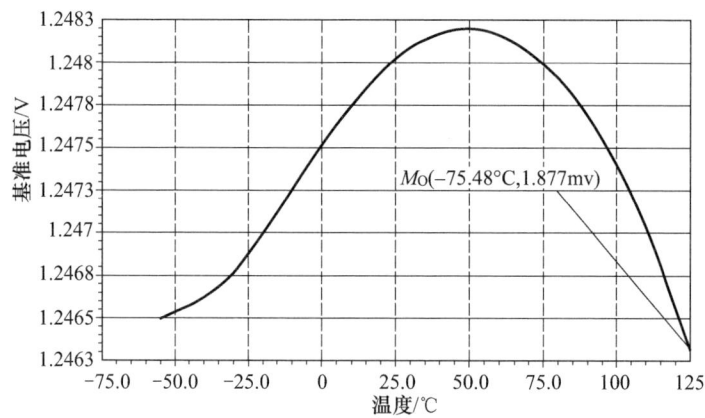

图 7.8 基准电压随温度变化曲线

2）误差放大器设计

误差放大器的连接关系如图 7.5 所示。芯片的输出电压信号通过外接分压电阻反馈至引脚 FB，信号 FB 在误差放大器中与 0.925V 基准比较后将误差放大信号输出至脉冲宽度调制器进行脉冲宽度调制。

（1）电路设计。

误差放大器常用的结构有差分放大器和带隙比较放大器，在设计了独立的基准源电路后，差分放大器是最佳选择。其正端接基准电压，负端接输出反馈电压。

如图 7.9 所示，误差放大器由四级组成：第一级由 Q_1、Q_2、M_2 和 M_3 构成，主要起电平移位作用；第二级由 M_9、M_{10}、M_4、M_5、M_{12}、M_{13} 构成折叠式共源共栅结构，作为放大器的增益放大级，这一级的输出阻抗很高，所以有很高的增益；第三

级由 M_6 和 M_{19} 组成,它进一步提高运算放大器的增益,为了保持环路的稳定性,这一级的输出可通过 COMP 引脚接片外电容进行频率补偿;第四级由 Q_4 和 R_2 构成的源跟随器组成,既提高了输出摆幅又减小了输出阻抗。

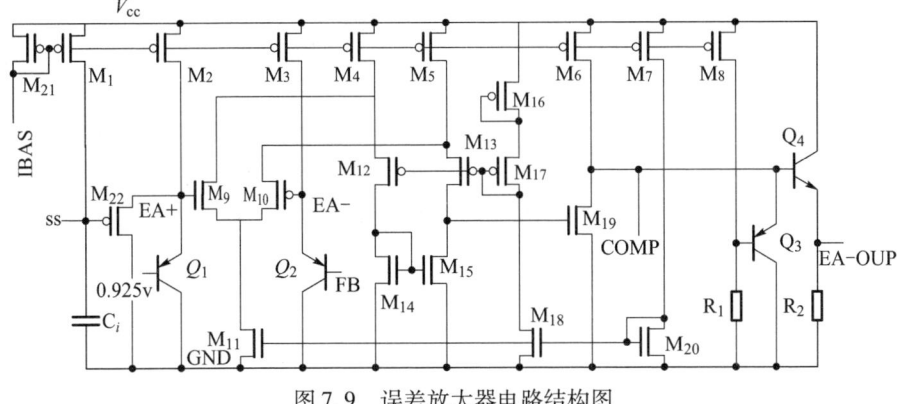

图 7.9 误差放大器电路结构图

下面计算运算放大器的增益。由于第一级和第四级增益接近为 1,第二级和第三级增益分别为

$$AV_2 = -G_{m_2} \times R_{o_2} \approx g_{m_{10}} \times [(g_{m_{13}} \times r_{o_{13}} \times (r_{o_5} \| r_{o_{10}})) \| r_{o_{15}}] \tag{7.17}$$

$$AV_3 = -G_{m_3} \times R_{o_3} \approx g_{m_{19}} \times r_{o_6} \| r_{o_{19}} \tag{7.18}$$

式中:G_{m_2} 和 G_{m_3} 分别为放大器第二级和第三级的跨导;R_{o_2}、R_{o_3} 为放大器第二级和第三级的输出阻抗;$g_{m_{10}}$、$g_{m_{13}}$ 和 $g_{m_{19}}$ 分别为晶体管 M_{10}、M_{13}、M_{19} 的跨导;$r_{o_{13}}$、r_{o_5}、$r_{o_{10}}$、$r_{o_{15}}$、r_{o_6}、$r_{o_{19}}$ 分为晶体管 M_{13}、M_5、M_{10}、M_{15}、M_6、M_{19} 的输出阻抗。因此放大增益可以表示为

$$AV = AV_2 \times AV_3 \approx g_{m_{10}} \times g_{m_{19}} \times [(g_{m_{13}} \times r_{o_{13}} \times (r_{o_5} \| r_{o_{10}})) \| r_{o_{15}}] \times (r_{o_6} \| r_{o_{19}}) \tag{7.19}$$

从式(7.19)可以看出,放大器可以得到很高的开环直流增益。

M_1、M_{22} 和片内电容 C_i 构成了软启动电路。开始的时候,SS 的电位小于 0.925V,M_{22} 导通,Q_1 的集电极电位被拉低。随着充电电荷的增加,SS 电位不断上升,Q_1 的集电极电位被慢慢抬高,当 SS 电位升高到 0.925V 左右时,M_{22} 关断,Q_1 的集电极的电位不受 SS 电位的影响,软启动过程完成。

软启动充电电流与输入偏置电流的镜像比例关系为

$$a = \frac{\left(\dfrac{W}{L}\right)_{M_1}}{\left(\dfrac{W}{L}\right)_{M_{21}}} \tag{7.20}$$

式中:$\left(\dfrac{W}{L}\right)_{M_1}$ 和 $\left(\dfrac{W}{L}\right)_{M_{21}}$ 分别为图 7.9 中的 M_1 和 M_{21} 管的宽长比。

如果在 SS 引脚接的片外电容为 C_{out},则软启电容的总电容 C_{SS} 为片内电容 C_{in} 与 SS 引脚在片外所接电容 C_{out} 并联,$C_{SS} = C_{in} + C_{out}$,软启动的有效最高电压为 V_{max},则软启时间为

$$T_{soft-start} = \frac{V_{max} \times C_{SS}}{a \times I_{BIAS}} \tag{7.21}$$

(2) 仿真分析。

对误差放大器的开环增益和相位裕度进行仿真,结果如图 7.10 所示,从图中可以看出,误差放大器的开环增益为 79dB,主极点位于 17kHz 处,单位增益带宽为 163MHz,相位裕度为 61°,能够保证环路稳定。

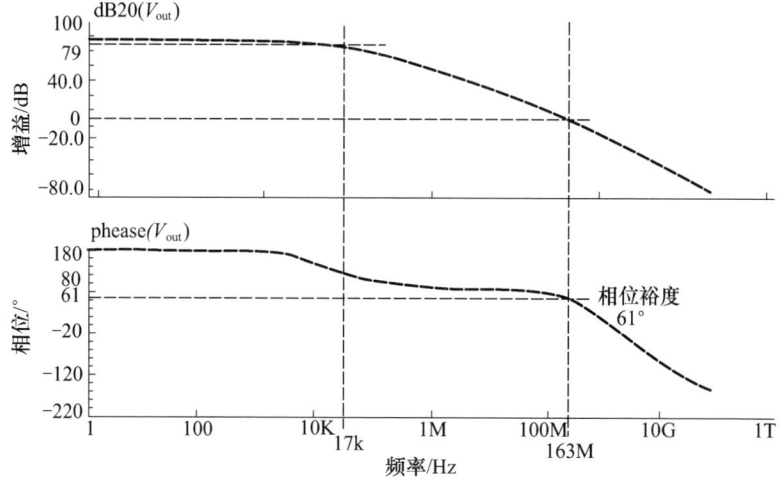

图 7.10 误差放大器的开环增益和相位裕度

通过对 SS 端的电容充电就可以实现软启,从而避免在启动过程中出现浪涌电流和过冲电压。当 SS 端电压随电容充电而不断上升时,EA + 和 EA - 两端电压的变化如图 7.11 所示。

3) 比例积分电路设计

比例积分电路用来为脉冲宽度调制电路提供 V_{ctrl},从而改变时钟信号的占空比。

比例积分(PI)控制器,可以使系统在进入稳态后无稳态误差。

比例积分电路见图 7.12。根据"虚短"和"虚断"的原则,P 点与 N 点的电位相等,为虚地。N 点的电流方程为

$$I_{R_2} = I_{C_1} = I_{R_1} \tag{7.22}$$

式中:R_2、C_1 和 R_1 上流过的电流。

又

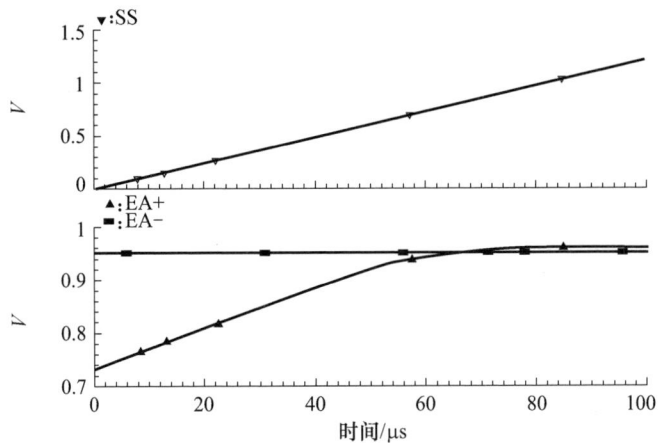

图 7.11 误差放大器的软启动特性仿真图

$$I_{R_1} = \frac{V_{in}}{R_1} \quad (7.23)$$

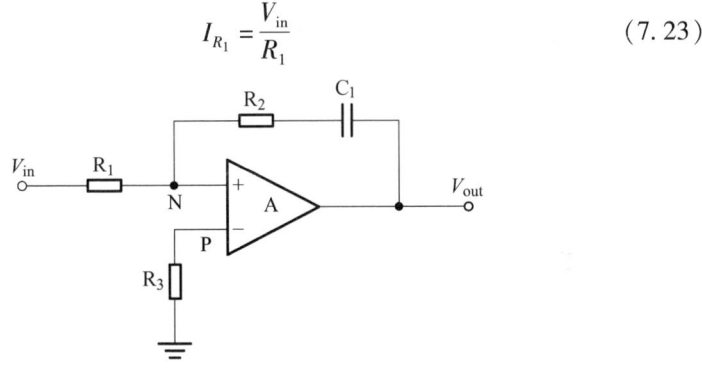

图 7.12 比例积分电路图

输出电压 V_{out} 等于 R_2 上电压和 C_1 上电压之和,而

$$V_{R_2} = -I_{R_2}R_2 = -\frac{R_2}{R_1}V_{in} \quad (7.24)$$

$$V_{C_1} = -\frac{1}{C_1}\int I_{C_1}dt = -\frac{1}{C_1}\int \frac{V_{in}}{R_1}dt = -\frac{1}{R_1C_1}\int V_{in}dt \quad (7.25)$$

所以有

$$V_{out} = -\frac{R_2}{R_1}V_{in} - \frac{1}{R_1C_1}\int V_{in}dt \quad (7.26)$$

当输入为方波时,输出电压波形如图 7.13 所示。

4) 脉冲宽度调制电路设计

脉冲宽度调制电路产生占空比可调的控制信号。图 7.14 所示为一种较为简单的实现脉冲宽度调制的电路形式。

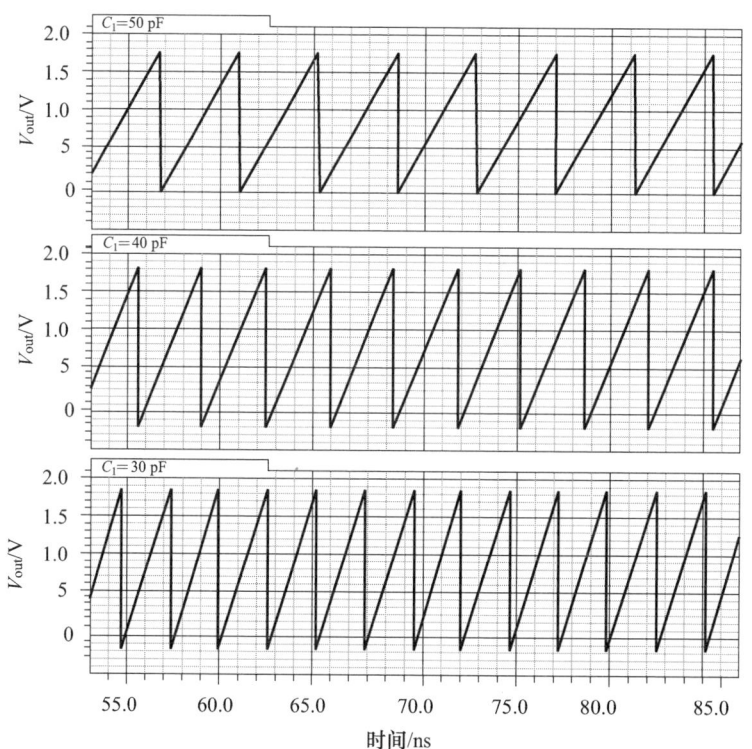

图 7.13　比例积分电路输出波形

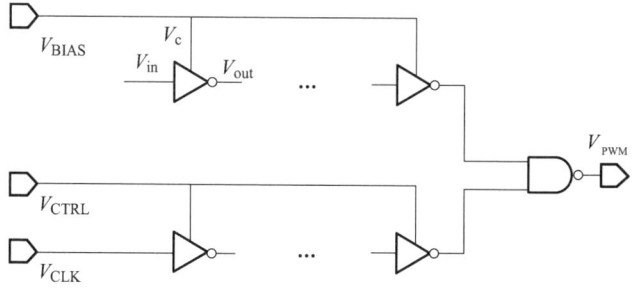

图 7.14　脉冲宽度调制电路

输入时钟通过两个相似的并行延迟通路被延迟。其中一条通路由固定控制电平 V_{BIAS} 控制,输出延迟固定,另外一通路的延迟由 V_{CTRL} 控制。将这两个延迟信号逻辑翻转后,与一个与非门相结合,即可产生一个具有可控占空比的时钟信号。

脉冲宽度调制单个单元内部电路图如图 7.15 所示。V_c 接 V_{BIAS} 时,NMOS 管 M_3 关断,输入电压经过固定的延迟后,反相输出。V_c 达到 NMOS 管 M_3 的阈值电压时，M_3 导通，电容 C_{out} 进行充电。通过调节 V_c 的控制时间长度，从而决定电路的延迟时间。脉冲宽度调制电路波形图如图 7.16 所示。

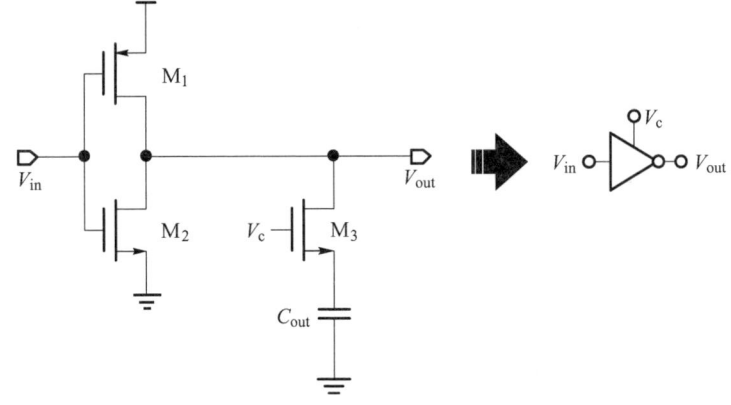

图 7.15　脉冲宽度调制单个单元内部电路图

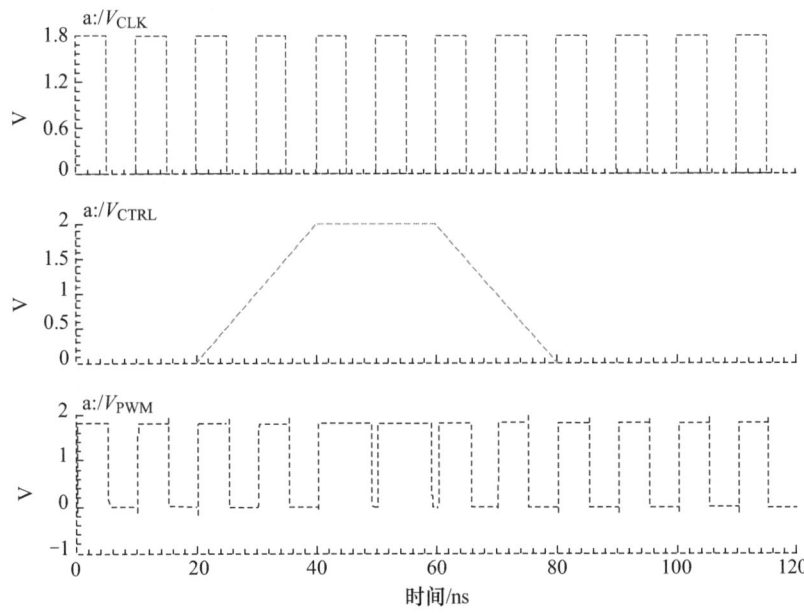

图 7.16　脉冲宽度调制电路波形图

5）电流检测及续流比较器设计

（1）电流检测原理。

根据检测点的不同，电流检测可以得到不同意义的电流值，从而完成相应的控制。例如，在 DC/DC 变换器中，为了实现对输出电感电流大小的限制，需要对输出电流进行采样，经过转换电路，将采样电流信号转换为适合比较的电压信号,通过与基准电压比较产生逻辑控制信号。因此,应该根据电流检测的意义,选择不同的检测方式。在同步整流技术中,由于需要对同步整流管电流降为零的点进行检测,因此采用图 7.17 给出的续流检测电路。

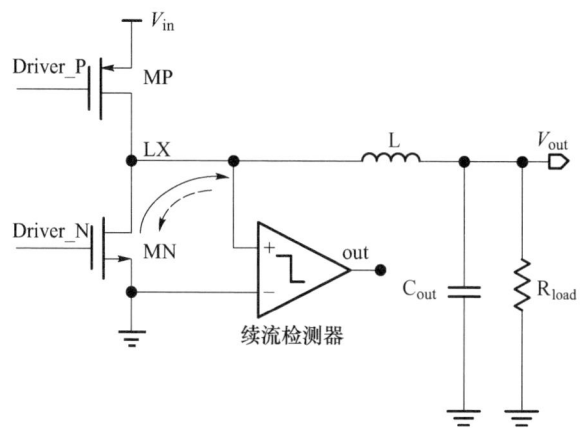

图 7.17 续流检测基本原理图

当同步整流管 MN 导通时,电流由地流向 LX 端,如图 7.17 中实线箭头所示,由于功率管存在导通电阻,此时 LX 端的电压为负。在同步整流管 MN 续流时,电感电流以恒定斜率减小,如果电感电流降为负值,即存在由 LX 端流向地的电流,图中虚线箭头所示,LX 端的电压变为正。因此,可以利用功率管固有的导通电阻,在同步整流管导通期间,检测 LX 端的电压是否为正值,并通过续流检测比较器产生控制信号,关断同步整流管。

(2) 续流检测比较器设计。

图 7.18 为续流检测比较器实际电路,其中,MP 为功率开关管,MN 为同步整流管,I_{bias1} 和 I_{bias2} 为基准电流源,为续流检测比较器提供偏置电流。$M_1 \sim M_7$ 以及 M_{11} 和 M_{12} 组成高摆幅共源共栅电流镜,提高电流镜像的精度,同时可以增大比较器的直流增益。$M_9 \sim M_{10}$ 构成了第一级放大器,并采用共源共栅电流镜作为负载,可以保证 M_9 和 M_{10} 的栅极电压不随电源电压发生变化,M_{13} 和 $M_{11} \sim M_{12}$ 构成为第二级放大器。

同步整流管 MN 导通时,由驱动信号 Driver_N 经前沿消隐电路产生开关信号 $V_{control}$,将 M_{14} 管导通,M_{15} 管关断,此时 LX 端经过电阻 R_1 连接到 M_{10} 的源端,而功率地 PGND 经过电阻 R_2 连接到 M_9 的源端,电路可以进行正常的续流检测,同时通过开关信号 $V_{control}$ 控制比较器的输出,防止产生误翻转信号;当同步整流管 MN 关断时,开关信号 $V_{control}$ 将 M_{15} 和 M_{16} 管导通,使 M_9 和 M_{10} 管的源端连接在一起,同时拉低 M_{13} 管的的栅极电压,M_{13} 管关断,比较器停止检测。由图 7.18 可以看出,$M_4 \sim M_7$ 作为放大器的电流镜负载,可以提高放大器的输出阻抗,因

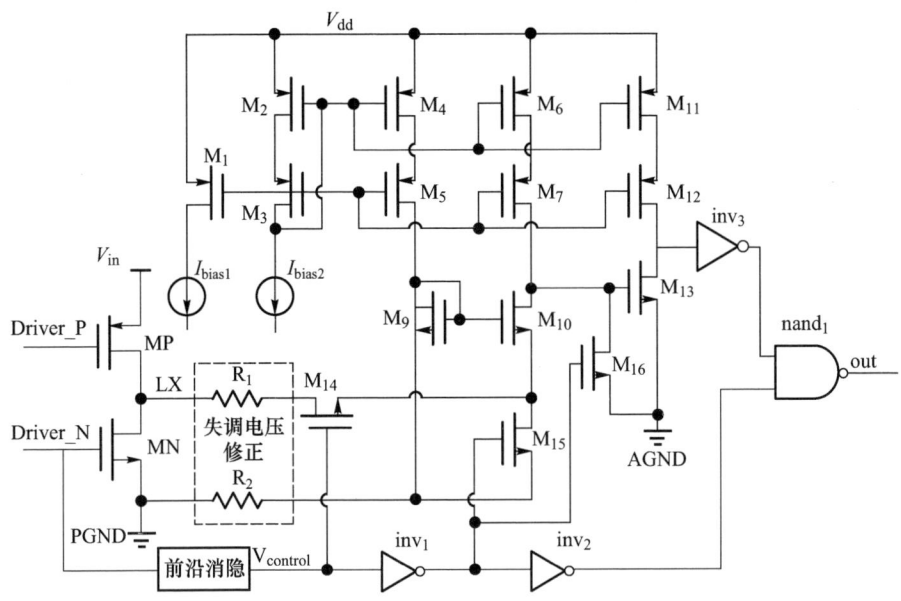

图 7.18 续流检测比较器电路

此,第一级放大器的直流增益可以表示为

$$AV_1 = g_{m_{10}}(r_{o_{10}} \| g_{m_7} r_{o_6} r_{o_7} |) \tag{7.27}$$

而第二级放大器为典型的共源级放大器,其直流增益为

$$AV_2 = g_{m_{13}}(r_{o_{13}} \| g_{m_{12}} r_{o_{11}} r_{o_{12}} |) \tag{7.28}$$

根据放大器级连的结构,总的电压增益为

$$AV = g_{m_{10}}(r_{o_{10}} \| g_{m_7} r_{o_6} r_{o_7} |) \cdot g_{m_{13}}(r_{o_{13}} \| g_{m_{12}} r_{o_{11}} r_{o_{12}} |) \tag{7.29}$$

与其他比较器设计一样,这里会更加要求续流检测比较器有较小的失调电压,同时具有较小的延迟和较大的直流增益,上述这些因素决定控制信号能否精确地在电感电流为零的点关断同步整流管,以防止电感电流反向。在图 7.18 中,若比较器存在失调电压时,可以通过电阻 R_1 和 R_2 进行微调,以满足设计要求。同时,实际电路设计中,应根据比较器的电路结构,在保证较小失调电压的情况下,尽量增大比较器的直流增益,提高比较器的精度。

7.2.2 开关稳压型电源芯片测试技术

开关型稳压源的测试项目较多,这里仅就设计中较关注的几个加以说明。其测试电路的主要结构如图 7.19 所示,主要仪器是示波器和可编程电子负载,主要通过调节电子负载的状态、电源电压值等,通过示波器检测各指标情况。

1. 纹波噪声测试

该测试的目的主要是确定直流输出电压的纹波 Ripple 及噪声 Noise 大小,

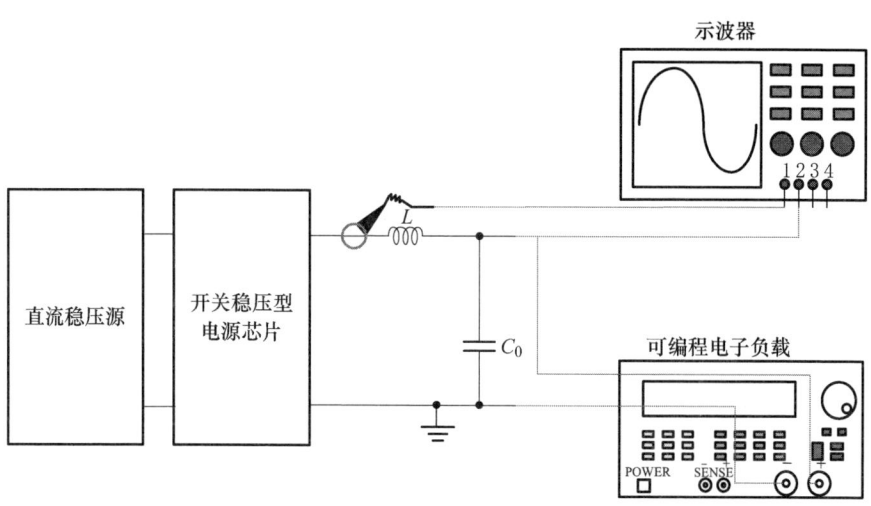

图 7.19　开关型稳压源测试电路的主要结构图

一般情况下,纹波、噪声之和不大于输出电压的 1%,则满足测试要求。

纹波和噪声电压如何精准测量是一个十分重要的问题。目前测量纹波和噪声电压是利用宽频带示波器来测量的方法,它能精准地测出纹波和噪声电压值。一般需使用电子负载、示波器、高低温箱等设备,在不同负载条件、温度条件、输入电压条件下进行测试。典型的方法是将开关型稳压源芯片的输出连接负载后连接示波器电压探头,通过直接观察输出电压信号上的纹波,并使用示波器直接测量该纹波的大小实现该测量。如图 7.20 所示,即为典型的纹波噪声测试波形。

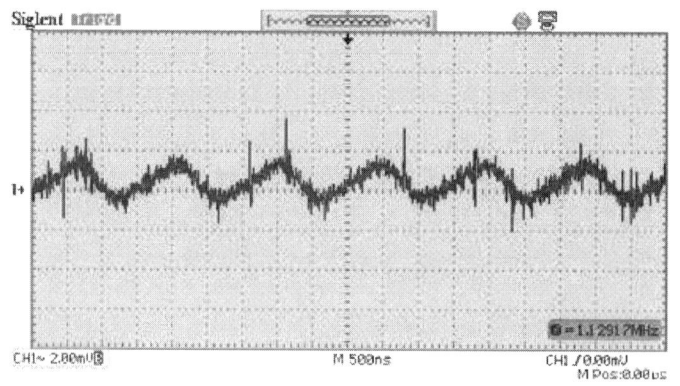

图 7.20　典型纹波噪声测试波形图

2. 上升沿时间

该测试主要查看输出信号的上升沿时间,其定义为输出从 10% 上升到 90% 时的上升时间。典型的上升沿时间测试波形如图 7.21 所示。

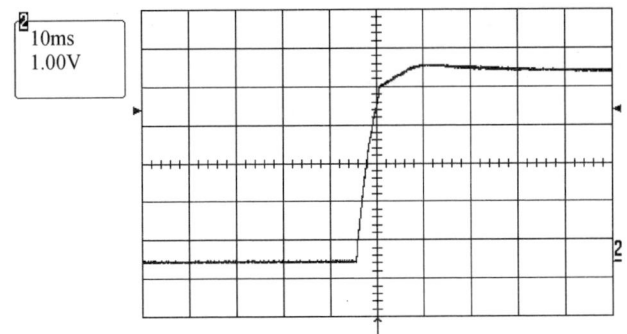

图 7.21　典型上升沿时间测试波形图

3. 下降沿时间

该测试主要查看输出信号的下降沿时间,其定义为输出从 90% 下降到 10% 时的下降时间。典型的下降沿时间测试波形如图 7.22 所示。

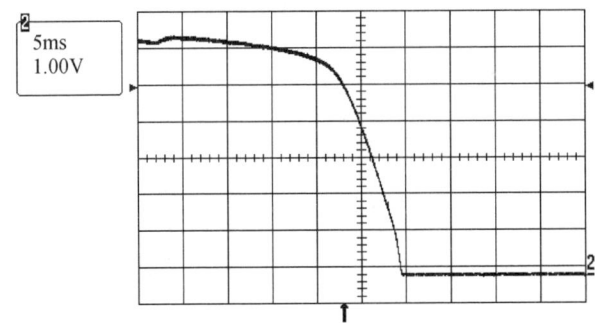

图 7.22　典型下降沿时间测试波形图

4. 过流保护测试

该测试的目的是查看芯片在输出电流过高时是否保护,保护点是否在规格要求内。一般方法是:将待测电路输出负载设定在最大负载处,以一定斜率递增负载(通常为 1A/S),加大输出电流直至电源保护,当保护后,将所加大的电流值递减,视其输出是否会自动恢复。典型的过流保护测试波形图如图 7.23 所示。

5. 短路保护测试

该测试主要检测输出端在开机前和工作中短路时,产品是否有保护功能。测试方法是:①各组输出相互短路或对地短路,侦测输出特性;②开机后短路和短路后开机各十次。当短路电路排除后,检测待测品是否自动恢复或重新启动,并测试产品是否正常或有无零件损坏。此测试要求产品不能有安全危险产生,否则,则不具有短路保护功能。典型的测试波形如图 7.24 所示。

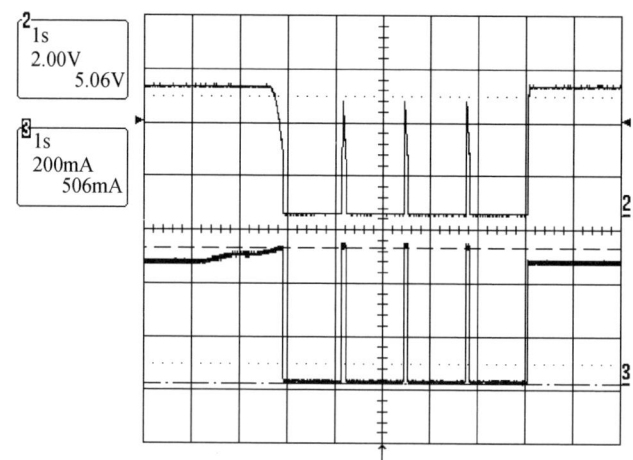

图 7.23　典型过流保护测试波形

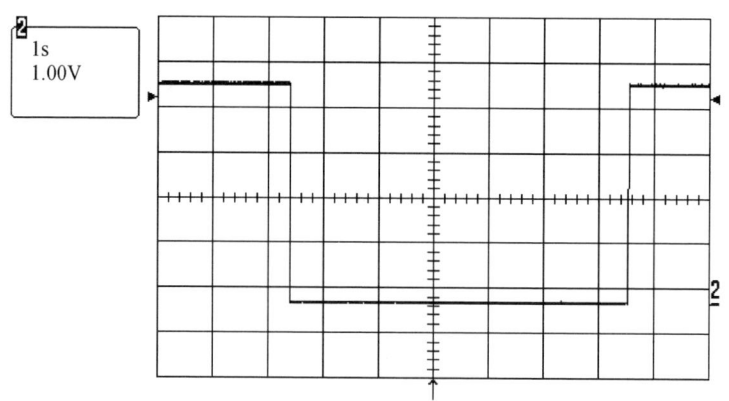

图 7.24　典型短路保护测试波形图

6. 过压保护测试

该测试的目的是看芯片在输出电压过高时是否保护,保护点是否在规格要求范围内,是否会对芯片造成损伤(通常,输出电压小于 12V 时,保护点为 1.8 倍的输出电压;输出电压大于 12V 时,保护点为 1.5 倍的输出电压)。测试方法是外加一个可变电压于样品的输出上,缓慢增大电压值,找出过压保护 OVP 点。典型的过压保护测试波形如图 7.25 所示。

7. 轻重负载变化测试

该测试主要目的是查看输出负载在重轻载切换时对输出电压的影响。测量时,保证输入电压稳定,将最大、最小负载来回切换,从而确定输出电压的变化范围。一般情况下,测得电压最大与最小值不超过输出规格的 ±10%。典型的轻重负载变化测试波形如图 7.26 所示。

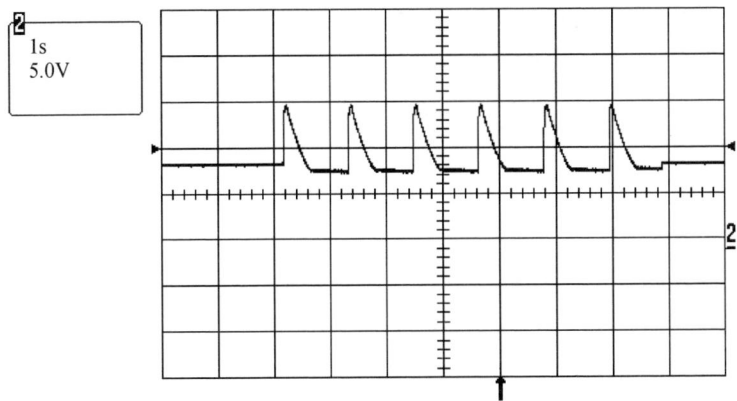

图 7.25 过压保护测试波形图

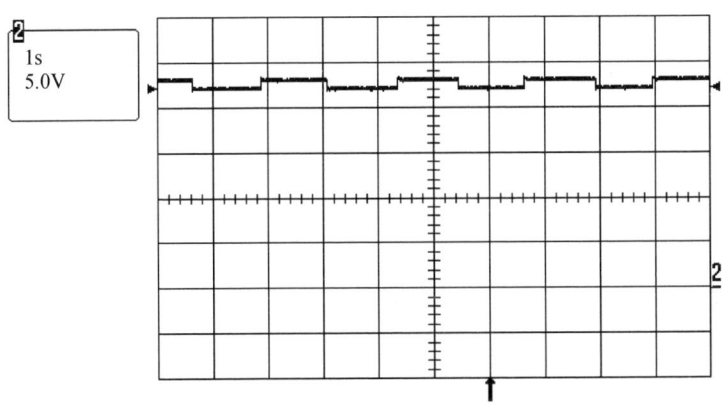

图 7.26 轻重负载变化测试波形图

7.3 线性稳压型电源芯片

在雷达收发组件中,线性稳压型电源芯片是开关稳压型电源芯片的重要补充,往往与开关稳压型电源芯片成对出现,开关稳压型芯片负责降压稳压、线性稳压型电源芯片负责降压滤波。

7.3.1 线性稳压型电源芯片设计技术

线性稳压型电源芯片主要用于电源高低转换、恒定电压/电流偏置提供等功能[43,44]。如图 7.27 所示,它具有简单的组成结构。基本的线性稳压型电源芯片包括调整管、缓冲器、误差放大器、电压基准、电阻采样网络五个部分[45]。在设计中,首先对其主要指标进行必要分析,然后就除了电阻采样网络部分外的其他部分进行具体描述,最后对细节模块进行设计。

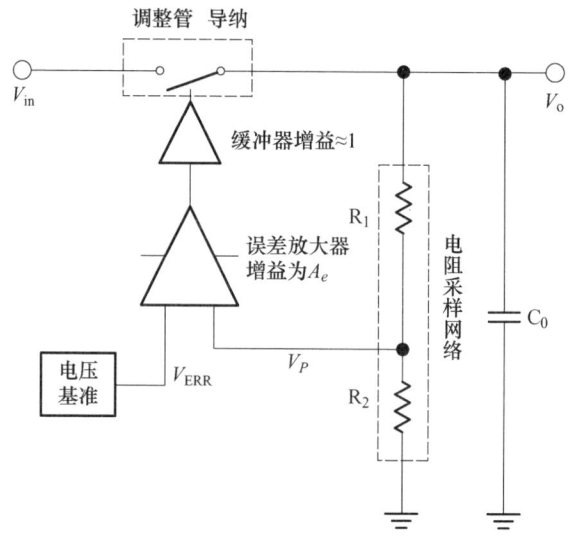

图 7.27　线性稳压型电源芯片基本结构

1. 主要技术指标

线性稳压型电源芯片的性能指标主要包括调整性能、功率特性和使用要求三类。调整性能通过负载调整率、线性调整率、电源抑制比、温度漂移、瞬态负载变化以及压差电压这些指标来衡量;功率特性通过静态电流、休眠模式电流、转换效率、电流效率以及跌落电压来描述;输入电压、输出电压、输出电容和极限负载电流则定义了稳压芯片的使用要求。

1) 静态电流

静态电流通常也被叫做"地电流",是指稳压器的输出电流为零时,电源电压提供给稳压器的工作电流。通常理想的低压差稳压器芯片的静态电流都很小。该参数主要由线性稳压器芯片中基准的偏置电流、误差放大器和保护电路的工作电流以及限流电路的采样电流决定。当输出电流为零时,静态电流等于输入电流,主要由功率管的漏电流产生。静态电流 I_Q 为

$$I_Q = I_{CC} - I_{out} \tag{7.30}$$

式中:I_{CC} 为流过线性稳压型芯片的全部电流;I_{out} 为负载电流。量取时,即可由式(7.30),分别量取全部电流和负载电流后求差;也可直接量取芯片到"地"的电流大小。

2) 转换效率

转换效率定义为线性稳压器芯片的输出功率与输入功率之间的比值。它反映了线性稳压器芯片转换能量的高低。稳压器在满载时效率最高,空载时效率

最低。与开关稳压型芯片相比线性稳压型芯片的转换效率一般都不高,这是由芯片的工作原理决定的。在负载较大时(远大于芯片工作电流时),可以忽略芯片带来的功率损耗,因此效率可近似为

$$\eta = \frac{P_{\text{out}}}{P_{\text{out}} + P_{\text{LOOSE}}} \frac{V_{\text{out}} I_{\text{out}}}{V_0 I_{\text{out}}} \approx \frac{V_{\text{out}}}{V_{\text{in}}} \quad (7.31)$$

式中:P_{out}为负载功率;P_{LOOSE}为功率损耗;V_0为负载电压;I_{out}为负载电流;V_{in}为输入电压,I_Q为静态电流。可见,效率主要与输入输出电压相关,由于T/R组件对效率的要求较高,线性稳压型电源芯片一般用在开关稳压型电源的输出端,以便抑制开关电源噪声;或用于电流较小的场合。当压降较大且负载电流过大时,芯片调整管容易发热,一般选用其他方案。

3) 跌落电压

跌落电压V_{dropout}也是线性稳压型电源芯片的重要参数,它是指稳压输入和稳压后输出之间的最小电压差。当输入电压大于某一临界数值V_{IO}时,系统具有稳定输出电压的能力;当输入电压低于该临界值V_{IO}时,系统失去对输出电压的调整能力,跌落电压即为临界点V_{IO}处输入电压与输出电压之间的差值。这个电压差代表了线性稳压型电源芯片消耗的最小功率损耗,最小功率损耗取决于负载电流和此压差绝对值的乘积。图7.28为线性稳压型电源芯片的典型输入输出特性曲线。

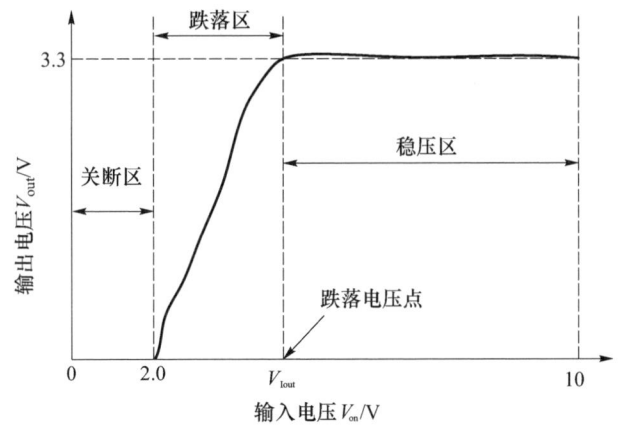

图7.28 线性稳压型电源芯片的典型输入输出特性曲线

从图7.28可直观看到输入电压临界点V_I和跌落电压V_{dropout},具体计算公式为

$$V_{\text{dropout}} = V_{\text{in}} - V_{\text{out}} = R_{\text{ON}} I_{\text{out}} \quad (7.32)$$

式中:V_{out}为负载电压;I_{out}为临界处负载电流;V_{in}为输入电压;R_{ON}为临界点处调整管的线性电阻。

4）负载调整率

负载调整率也称电流调整率，是用来衡量负载变化时，线性稳压型电源芯片的稳压能力；负载调整率越小表示芯片的稳压能力越强。它定义为在输入电压不变时，输出随负载电流变化值与输出电压的百分比，即

$$\mathrm{LDR} = \frac{\Delta V_{\mathrm{out}}}{\Delta I_{\mathrm{out}} \cdot V_{\mathrm{out}}} \times 100\% \tag{7.33}$$

式中：V_{out} 为标称值时的输出电压；ΔV_{out} 为空载时输出电压与标称电压的差值；ΔI_{out} 为标称时与空载时输出电流的变化量。

5）线性调整率

线性调整率也称电压调整率，反映了输入直流电压改变引起线性稳压型电源芯片输出电压变化的程度，是一个非常重要的直流参数。线性调整率越小表示线性稳压型芯片的稳压能力越强。它定义为在负载不变时，输出随输入电压变化量与输出电压的百分比

$$\mathrm{LNR} = \frac{\Delta V_{\mathrm{out}}}{\Delta V_{\mathrm{in}} \cdot V_{\mathrm{out}}} \times 100\% \tag{7.34}$$

式中：V_{out} 为标称值时的输出电压；ΔV_{out} 为输出电压变化量；ΔV_{in} 为输入电压变化量。

6）电源抑制比

线性稳压型电源芯片的电源抑制比（power-supply ripple rejection，PSR）通常也称为电源纹波抑制比或简称纹波抑制比。它指在电源输入端出现低频或者高频小信号变化时，电路对于输出的调节能力。电源抑制比的值越大，说明输入端外来信号对输出的影响越小。

芯片的 PSR 定义为交流电源-输出增益 $A_{\mathrm{in}} = \frac{V_{\mathrm{out}}}{V_{\mathrm{in}}}$ 的倒数，即

$$\mathrm{PSR} = \frac{1}{A_{\mathrm{in}}} = \frac{V_{\mathrm{in}}}{V_{\mathrm{out}}} \tag{7.35}$$

对数表示为

$$\mathrm{PSR} = 20\lg \frac{\Delta V_{\mathrm{in,ripple}}}{\Delta V_{\mathrm{out,ripple}}} \tag{7.36}$$

式中：$\Delta V_{\mathrm{in,ripple}}$ 和 $\Delta V_{\mathrm{out,ripple}}$ 分别是输入端外来信号和其引起的输出端的变化量。

PSR 不是通过单一值来定义，因为它与频率相关。典型线性稳压型电源芯片在 10Hz 时可能具有高达 80dB 的 PSR，但在数十千赫时则可能降低至约 60dB。图 7.29 显示了表征线性稳压型电源芯片 PSR 的三个主要频域：基准电压 PSR 区、开环增益区和输出电容区。

基准电压 PSR 区。取决于基准电压的 PSRR 和线性稳压型电源芯片开环增

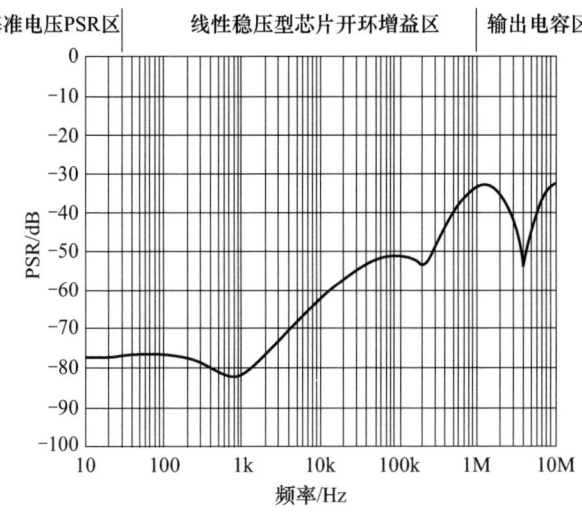

图 7.29 典型 PA 栅极偏置芯片 PSR 与频率的关系

益,该频域一般最高仅为数十赫兹。

开环增益区通常可表示为 $10\mathrm{Hz} \sim f_0$(f_0 是误差放大器的单位增益频率)。此区域的 PSR 是误差放大器增益带宽(最高为单位增益频率)的函数。在低频时,误差放大器的交流增益等于直流增益并保持不变,直至达到 3dB 滚降频率。高于 3dB 滚降频率时,误差放大器的交流增益随着频率提高而降低,变化速率通常为 20dB/10 倍频。

输出电容区。在误差放大器的单位增益频率以上,控制环路的反馈对 PSR 无影响,PSR 由输出电容和输入与输出电压之间的任何寄生效应决定。在这些频率,输出电容等效串联电阻(Equivalent Series Resistance, ESR)和等效串联电感(Equivalent Series Inductance, ESL)以及电路板布局布线会强烈影响 PSR。为了降低高频谐振的影响,必须特别注意布局布线[3]。

7) 负载瞬态响应

通常线性稳压型电源芯片的负载电流会发生瞬间变化,这样会使线性稳压型电源芯片的输出电压发生抖动,负载瞬态响应(Load Transient Response)如图 7.30 所示。

瞬态响应是包括输出电容值(C_{out})、输出电容的等效串联电阻(ESR)、旁路电容(C_b)以及最大负载电流($I_{\mathrm{out,max}}$)这些参数的函数。最大瞬态响应电压定义为

$$\Delta V_{\mathrm{tr,max}} = \frac{I_{\mathrm{out,max}}}{C_{\mathrm{out}} + C_b}\Delta t_1 + \Delta V_{\mathrm{ESR}} \qquad (7.37)$$

式中:Δt_1 的相当于线性稳压器的闭环带宽;ΔV_{ESR} 为输出电容 ESR 上出现电压

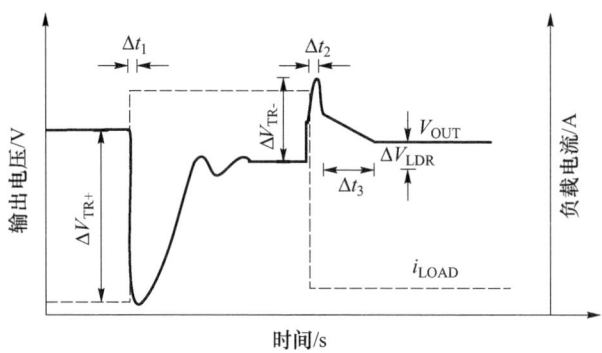

图 7.30　负载瞬态响应

突变的结果。

8) 输出电压及输出电压精度

通常根据输出电压是否可调,线性稳压型电源芯片分为固定输出式和可调输出式。前者的外围电路简单,使用方便,并且能节省外部取样电阻分压器的成本和空间,其输出电压精度高,一般为 ±5%。后者允许在规定范围内连续调节输出电压,但其稳定性不如固定输出式。如图 7.27 所示,线性稳压型电源芯片工作原理为

$$V_O = V_P \left(1 + \frac{R_1}{R_2} \right) \tag{7.38}$$

理想情况下,误差放大器的开环增益无穷大,输入端"虚短",于是有

$$V_P = V_{REF} \tag{7.39}$$

则

$$V_O = V_{REF} \left(1 + \frac{R_1}{R_2} \right) \tag{7.40}$$

式中:R_1 和 R_2 为电阻采样网络中电阻的阻值。

通过调节 R_2 的阻值,就能实现输出电压连续可调。

输出电压精度表征总输出电压的变化,既包括芯片系统性的成分,也包括随机性的成分。芯片系统性失调是一致的、单调的,大部分时候是线性的。几个系统性失调对输出电压总的影响就是各自影响的线性和。芯片系统性失调是有极性的,有时候会相互抵消,这取决于电路结构和具体应用。然而,随机失调(如阈值、跨导参数、反向饱和失配失调和工艺引起的基准变化)通常是不一致的,也不是单调的,必须用统计的方式来处理它们的响应,几种成分相结合的响应为每个构成因素响应的平方和开平方根。线性稳压型电源芯片的精度性能通常被简化为

$$\text{精度} \approx \frac{\Delta V_{\text{LDR}} + \Delta V_{\text{LNR}} + \Delta V_{\text{TC}} \pm \sqrt{\left(\Delta v^*_{\text{REF.OS}} \frac{V_{\text{out}}}{V_{\text{REF}}}\right)^2}}{V_{\text{out}}} \tag{7.41}$$

式中：ΔV_{LDR}、ΔV_{LNR} 和 ΔV_{TC} 分别是由负载调整、线性调整和温度漂移引起的系统性输出电压变化；$\Delta v^*_{\text{REF.OS}}$ 是基准电压的随机变化 Δv^*_{REF} 和误差放大器的输入失调电压的随机影响 Δv^*_{OS} 结合成的随机变化参数。

线性稳压型电源芯片总的精度通常不包括瞬态突变影响，并且精度通常为 1%~3%。根据应用时负载情况的不同，负载的影响通常会使精度的变化增加 1%~7%。

9) 最大负载电流

线性稳压型电源芯片的最大输出电流直接决定它的最大驱动能力，调整管为 MOS 管时，工作在饱和区的输出电流大于工作在线性区的输出电流，由饱和区电流公式，即

$$I = \frac{1}{2}\mu C_{\text{OX}}\left(\frac{W}{L}\right)(V_{\text{GS}} - V_{\text{TH}})^2 \tag{7.42}$$

式中：μ 为电子迁移率；C_{OX} 为栅氧层电容；W 为调整管的栅宽；L 为调整管的栅长；V_{GS} 为调整管栅极与源极之间的压差；V_{TH} 为阈值电压。可知调整管的宽长比 W/L 和过驱动电压 $(V_{\text{GS}} - V_{\text{TH}})$ 决定了最大负载电流。

2. 电路拓扑结构及主要模块设计

下面将主要就调整管、缓冲器、误差放大器、电压基准的具体结构、设计方法进行阐述。

1) 调整管

可供选择的调整管器件包括 PMOS、NMOS、NPN、PNP、达林顿 (Darlington) 管等[46]。跟调整管相关的线性稳压型电源芯片的最重要参数是跌落电压 (dropout voltage) V_{drop}。对于 PMOS 管，跌落电压 $V_{\text{drop}} = V_{\text{SAT}}$；NMOS 管，跌落电压 $V_{\text{drop}} = V_{\text{SAT}} + V_{\text{GS}}$；NPN 管，跌落电压 $V_{\text{drop}} = V_{\text{BE}} + V_{\text{SAT}}$；PNP 管，跌落电压 $V_{\text{drop}} = V_{\text{SAT}}$；达林顿管，$V_{\text{drop}} = 2V_{\text{BE}} + V_{\text{SAT}}$。其中，NMOS 管的源端与负载并联使得输出端是一个低阻抗节点，线性电源的输出阻抗比较小且受到负载波动的影响弱，输出端上的极点处在高频区域。但是为了导通 NMOS 管，栅端至少比源端高出一个阈值电压，一般情况下为 0.7V。如果要求的压降幅度比较小，只能通过自举电路来提升栅端电压，电路因此会变得复杂。不增加复杂度的情况下，PMOS 具有最低的跌落电压，但是 PMOS 的漏端与负载并联使得输出端是一个高阻抗节点，线性电源的输出阻抗大且受到负载电阻影响。输出端会给系统引入一个低频极点，对系统的稳定性影响较大。由于三极管的电流特性，当需要的负载电流

很大时,一般选用三极管作为调整管;当需要的负载电流小或调整管的静态损耗小时,一般选用 MOS 管作为调整管。从速度上选择,达林顿和 NPN 管最快,MOS 管居中,PNP 管最慢。

2)缓冲器

对于线性电源芯片,由于其调整管的栅极寄生电容引入的一个低频极点,降低了环路单位增益带宽和栅极驱动信号的压摆率,限制了输出电压的动态响应速度。为消除调整管栅极寄生电容的影响,通常的解决方案是在增益级和调整管栅极之间增加一缓冲级,以进一步减小驱动级的输出阻抗,从而将此低频极点推到较高的频率,达到增大驱动信号的压摆率的目的[47,48]。

通常采用的缓冲器结构是如图 7.31 所示的 PMOS 源级跟随器。因为其输出阻抗 $r_{ob}=1/g_{m_1}$,故可以通过增加 M_1 的跨导 g_{m_1} 使得 r_{ob} 降低,进而将 P_2 推向高频。提高 g_{m_1},可以通过增加 M_1 的宽长比 $(W/L)_1$,或增加它的偏置电流 I_1。但是,I_1 的提高会增加线性电源的静态工作电流,从而降低其工作效率;若增加 $(W/L)_1$,势必会增加缓冲级的输入电容 C_{ib},从而会将 P_1 推入低频,从而减小环路带宽,降低线性电源的瞬态特性。

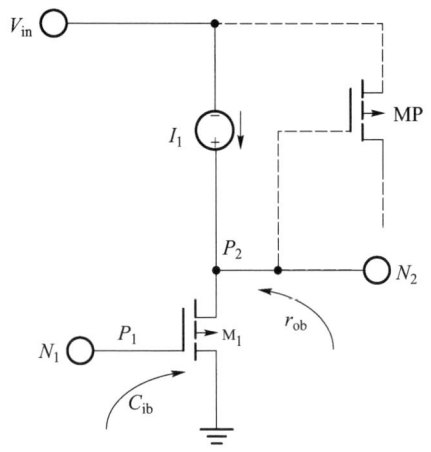

图 7.31 PMOS 源跟随器构成的缓冲器

3)误差放大器

误差放大器是用来控制输出电压的大小的控制模块[49]。如图 7.27 所示,反馈电压 $V_P = V_0 \times \dfrac{R_2}{R_1 \times R_2}$,$V_P$ 与基准电压 V_{REF} 进行比较,然后其比较结果来控制调整管的控制端电压的大小,从而可以调节输出电压 V_0 大小以满足所需的电压值大小。由于此误差放大器是负反馈类型,因此误差放大器的输入差分信号 $(V_{ERR}=V_P-V_{REF})$ 接近为零。故设 $V_{REF}=V_f$,则有

$$V_0 = V_{REF} \times \left(1 + \frac{R_1}{R_2}\right) \tag{7.43}$$

只有在 V_{in} 足够高,足以让误差放大器和调整管均工作在饱和区时,式(7.43)才成立。

4) 电压基准

基准电压源是所有变换器开始工作的起点[50]。它通常采用带隙结构,因为这种类型的基准电压源能够在较低的电源电压下工作,并且具有较高的精确度和热稳定性,因此能够满足电压变换器的需求。典型的带隙基准源的内部电源误差大小为 0.5% ~ 1.0%,温度系数为 $(25 \sim 50) \times 10^{-6}/℃$。其具体设计方法与开关型稳压型电源芯片的电压基准类似,这里不再赘述。

5) 线性稳压型电源芯片整体设计

如图 7.32 所示是一款低功耗的无片外电容线性稳压型电源芯片,主要用于收发组件的部分低电压供电结构中使用,同时也可扩展至多种开关稳压型电源芯片的内部供电结构。

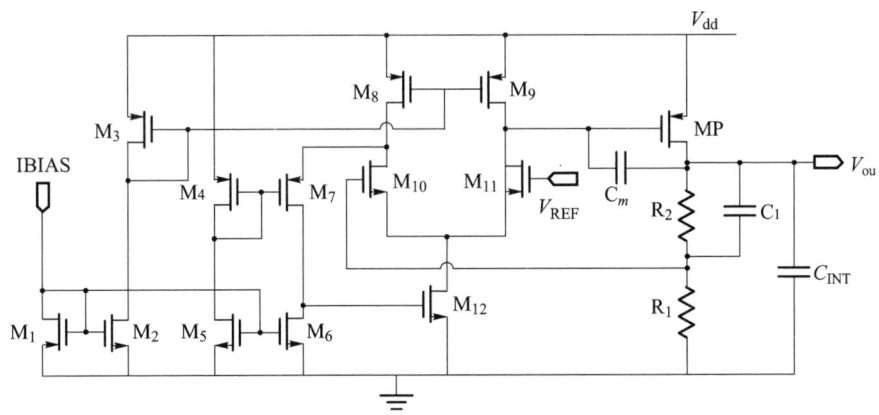

图 7.32 低功耗无片外电容线性稳压型电源芯片主体电路结构

电路主要包括误差放大器和调整管两部分,其中误差放大器是线性电源变换器的核心部分,它直接影响到线性电源变换器的诸多参数指标,对线性电源变换器的性能起到关键作用。其中,线性电源变换器的负载调整率和线性调整率与误差放大器的增益大小呈正相关。而增益的提高必然导致静态电流的增大,因此误差放大器的增益与功耗必须折衷考虑。

为了提高整个系统的稳定性并降低频率补偿难度,首先选用单级的误差放大器结构。同时,为了降低功耗的同时保证增益满足需求,误差放大器的输入对管工作区域调整至亚阈值区,这样就使增益与功耗得到了较好的折衷。

当 MOS 管工作在亚阈值区时,漏电流 I_D 可以表示为

$$I_D = I_0 \frac{W}{L} \exp\left(\frac{V_{GS} - V_{th}}{\eta V_T}\right) \tag{7.44}$$

式中：η 为亚阈值斜率因子；I_0 为栅源电压等于阈值电压且宽长比为 1 时的漏电流。

I_0 表示为

$$I_0 = \mu C_{ox}(\eta - 1)V_T^2 \tag{7.45}$$

采用跨导/漏电流的设计方法进行设计，对于 MOS 管，g_m/I_D 表示为

$$\frac{g_m}{I_D} = \frac{1}{I_D} \cdot \frac{\partial I_D}{\partial V_{GS}} = \frac{\partial(\ln I_D)}{\partial V_{GS}} \tag{7.46}$$

由式(7.44)可以看出，当 MOS 工作在亚阈值区时，漏电流 I_D 同栅源电压 V_{GS} 呈指数关系。而当 MOS 管工作在饱和区时，漏电流 I_D 同栅源电压 V_{GS} 呈平方律关系。由式(7.46)可以看出，相比之下 MOS 管工作在亚阈值区时的 g_m/I_D 值要比工作在饱和区的大。因此在相同漏电流下，处在亚阈值区的 MOS 管较之处在饱和区可以获得更大的跨导。进而，通过将运放输入对管偏置在亚阈值区，运放可以在低消耗电流的同时获得高增益。

误差放大器也如图 7.32 所示。图中，左边为误差放大器的偏置电路，右边为误差放大器的主体结构。误差放大器的输出对管 M_{10} 和 M_{11} 均工作在亚阈值区。其中 M_8 中的电流等于 M_9 中电流的两倍，而 M_7 和 M_{10} 中的电流与 M_9 相等。从而保证输入对管中的电流保持一致。M_8 与 M_9 电流不同的设计是为了实现摆率增强电路，具体原理如下。

当负载电流从轻载向重载跳变时，由于此时输出需要的电流远大于调整管所能提供的电流，这样导致电阻反馈网络中 R_1 中的电流降低，导致反馈电压 V_{FB} 迅速下降。由于 NMOS 管 M_{10} 为共源极接法，V_{FB} 下降时，其漏极电压将迅速上升。另外，当 V_{FB} 迅速下降时，导致 M_{10} 漏电流迅速减小，由于 M_8 中的电流保持不变，这样，M_7 中将流过大部分的电流。而此时 M_6 的漏极电压也将迅速升高。这样，M_{12} 的栅极电压大幅上升，从而使得误差放大器尾电流急剧升高。尾电流升高能够在瞬间提高误差放大器的摆率，迅速将调整管栅极的电荷通过 M_{11} 和 M_{12} 泄放到地。提高了调整管栅极电压的响应速度，当调整管栅极电压下降后，调整管将输出相应的负载电流。另一方面，密勒电容在高频时提供了一条低阻通路，与调整管形成了一个负反馈通路。当输出电压降低时，通过密勒电容，调整管栅极电压也将相应下降。与摆率增强电路一起提高了误差放大器的摆率。输出电压在经历了一个下降的过程后开始迅速回升，最终达到稳定值。当输出电压达到稳定值后，误差放大器的输入对管中的漏电流重新恢复相等，系统重新达到稳定状态。

当负载电流从重载向轻载跳变时,调整管在这一瞬间提供的电流远大于负载电流,因此,过多的电流将通过电阻反馈网络向地泄放。当电阻 R_1 流过的电流过大时,V_{FB} 也将迅速升高。相应的,M_{10} 漏电流迅速升高,M_7 中的电流将急剧降低,M_6 的漏极电压也将迅速下降。之后 M_{12} 的漏电流将大幅度下降,这样误差放大器的漏电流迅速减小。M_9 中的大部分电流将流向调整管的栅极,使得调整管栅极电压逐渐上升。当调整管栅极电压上升到相应值后,调整管提供的电流迅速下降,同时输出电压也将迅速降低,直至恢复正常值。

如图 7.33 所示,无片外电容线性电源变换器电路采用了密勒补偿以及相位超前补偿的方法保证环路的稳定性。采用该补偿方法,可有效地将主极点和次极点分离。相位超前补偿将产生一个零点和一个极点。采用该种方法主要利用产生的左半平面零点对相位进行抬升。而产生的极点必须将其设计超过单位增益带宽以外,使其成为一个高频极点,避免对环路稳定性产生影响。

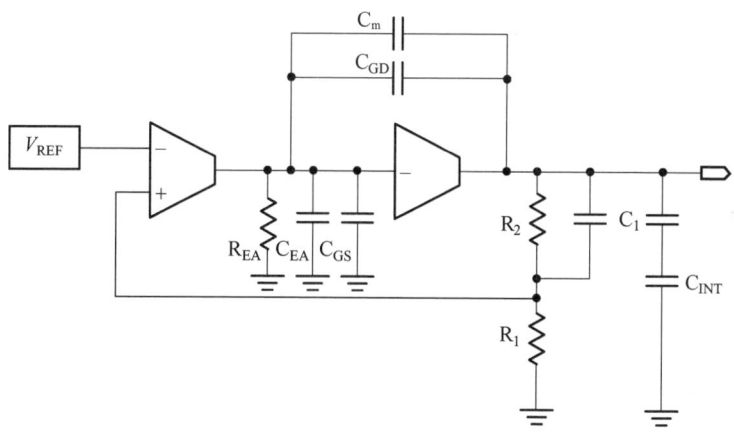

图 7.33 无片外电容线性电源变换器环路补偿示意图

7.3.2 线性稳压型电源芯片测试技术

线性稳压型电源芯片的放大照片如图 7.34 所示。它的测试方法较为简单,主要仪器有万用表、示波器、电子负载、直流电压源等。其主要的测试指标为跌落电压(Dropout Voltage)、静态电流(Quiescent Current)、瞬态响应(Transient Response)、线性调整率(Line Regulation,LNR)、负载调整率(Load Regulation,LDR)、电源抑制比(Power Supply Rejection,PSR)等,其测试技术具体介绍如下。

1. 跌落电压

跌落电压是指未经稳压输入和稳压后输出之间的最小电压差。它代表稳压

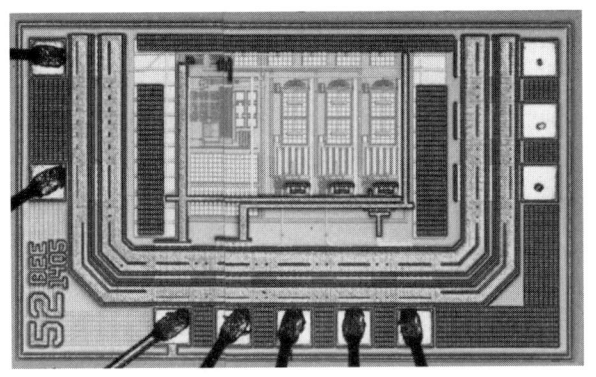

图 7.34　线性稳压型电源芯片照片（见彩图）

器消耗的最小功耗。其测试方法如图 7.35 所示。测试时,输入电压从 0V 开始逐渐上升到允许最大值,记录多个工作点,描绘出输出电压曲线,然后找到跌落电压点,用该点的输入电压减去输出电压即为跌落电压。

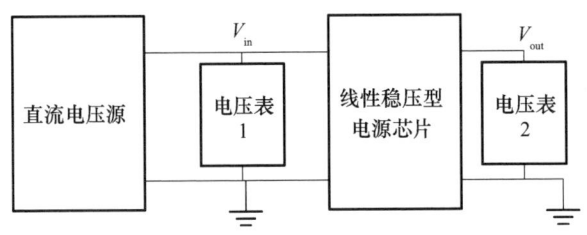

图 7.35　跌落电压测试方法

2. 静态电流

静态电流也称地电流,是输入与输出电流之差。其测试方法如图 7.36 所示。将电流表分别接入输入、输出点,测得两电流,求得其差值即可。

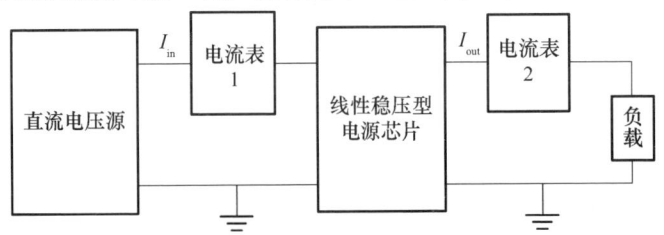

图 7.36　静态电流测试方法

3. 瞬态响应

瞬态相应是负载电流阶跃变化时最大的可容许输出电压变化。瞬态响应测试方法如图 7.37 所示。该输出电流的变化由负载的突变来实现。实际测试中,选用电子负载的阶跃功能来实现。具体的瞬态响应电压采用示波器来观察和记录,如图 7.38 所示。

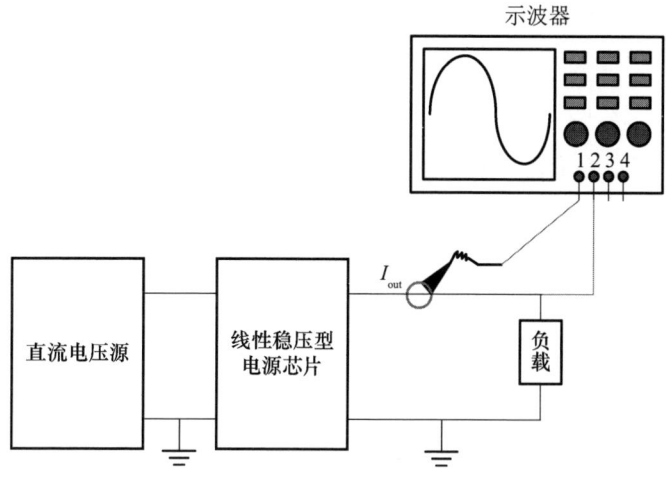

图 7.37 瞬态响应的测试方法

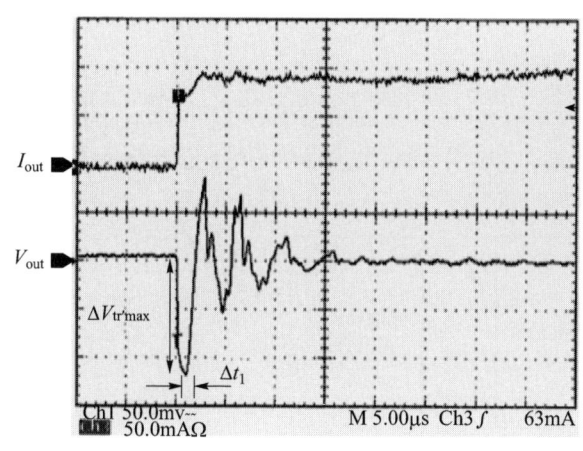

图 7.38 瞬态响应测试波形图

4. 线性调整率

线性调整率代表了输入电压变化时电路保持输出电压稳定的能力。按照其定义,选择测试方法如下。选用程控电压源作为输入,主动变动该电压值(在工作电压范围内),记录变化量,同时记录输出电压的变化量,使用式(7.34)计算即可得到线性调整率的结果。具体测试方法如图 7.39 所示。

5. 负载调整率

负载调整率的测试方法与瞬态响应的测试方法一致,都是通过电子负载模拟负载阶跃变化时的情况来测量。区别是瞬态响应记录的是负载电压的瞬态变

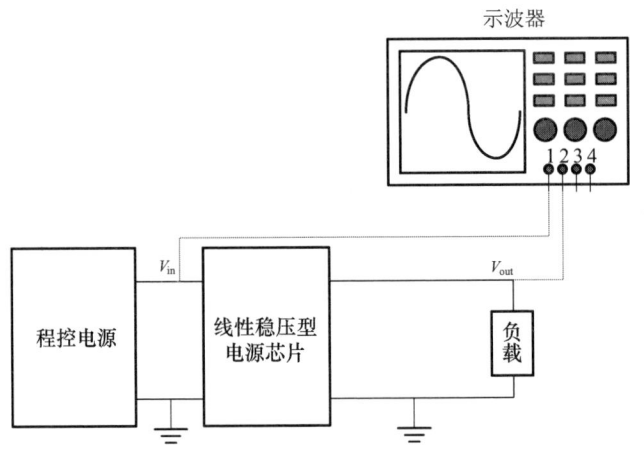

图 7.39 线性调整率的测试方法

化情况,负载调整率记录的是输出电流变化值和输出电压的变化值。测试方法如图 7.40 所示。

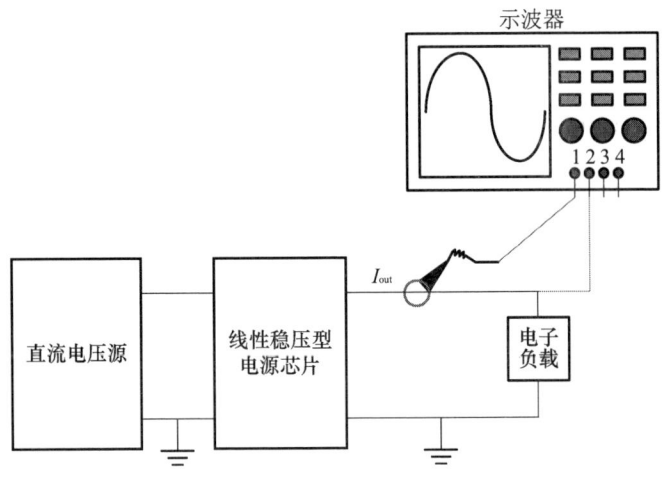

图 7.40 负载调整率的测试方法

6. 电源抑制比

电源抑制比是各个频率下的纹波抑制能力。其测试方法较为复杂,需要在不同频率分别进行测试,确定该频率下输入纹波与输出纹波的比值,再将各点在 PSRR 为纵轴、频率为横轴的图上连接起来。为方便测试,一般分别选取 10Hz、100Hz、1kHz 直至 10MHz 个点采样,然后连接。为了提高精度,还会在低频部分选取更多的频率点采样。测试方法及结果如图 7.41 所示。特别注意为了更准确采样,示波器对 V_{in} 和 V_{out} 采样都要采用交流耦合,去除直流分量。

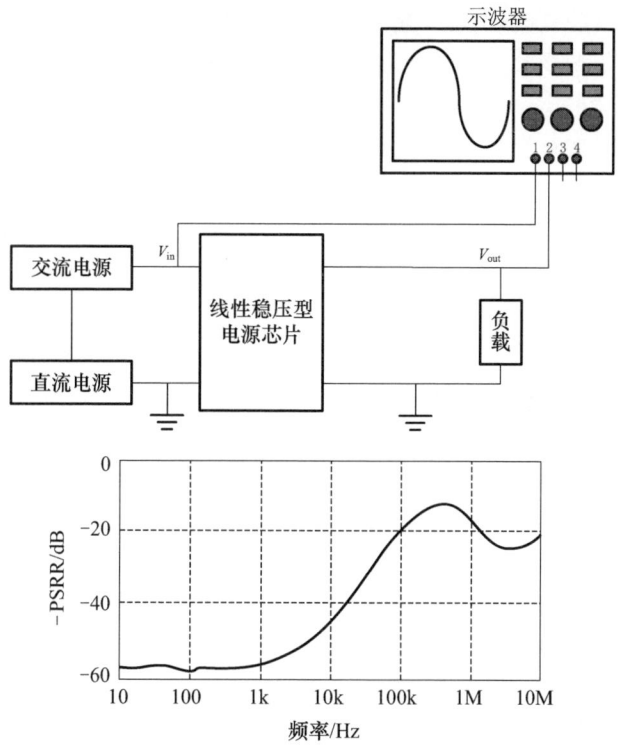

图 7.41 电源抑制比的测试方法及测试结果

7.4 开关电容式电压逆变器

雷达收发组件的功率放大器外围需要 -5V 的负压供电,因此需要相应的正压转负压芯片。开关电容式电压逆变器,又称负压电荷泵变换器,属于电荷泵电源类[51-55]。它是利用电容的充电、放电实现电荷转移的原理,从而实现电压反转输出,它可以将输入的正电压转换为相应的负电压,即 $V_{\text{out}} = -V_{\text{in}}$,也可以得到约两倍输入电压的负输出电压,即 $V_{\text{out}} = -2V_{\text{in}}$。相对于电感作为储能元件的开关电源来说,开关电容式电压逆变器仅需外接两个电容,降低了由于电感影响而增加的开关管功耗,缩小了外围电路尺寸,电路更简单,尺寸小,且转换效率高、功耗小。开关电容式电压逆变器符合现代集成电路小型化、集成化的发展方向,所以在 T/R 组件中获得广泛的应用。

7.4.1 开关电容式电压逆变器设计技术

1. 主要技术指标

开关电容式电压逆变器设计主要关注的技术指标包括输出电压、电流驱动能力和输出电压建立时间、输出电压纹波噪声、电压转换效率等,其中输出电压纹波噪声在7.2.1小节中已有介绍,其他指标具体介绍如下。

1) 输出电压

输出电压是在系统设计中最先关注的指标,是指逆变器正常工作时的输出电压值。理想的电压逆变器能够完全使电压逆变而不损失输出电压,因此输出电压V_{out}等于输入电压V_{in}。实际电路则因为导通电阻等因素而存在损耗,造成输出电压小于输入电压。该电压与系统工作频率f_{OSC}、飞跨电容C等有关,具体表达式为

$$V_{out} = \left(\frac{C}{C+C_S}\right)V_{CLK} + \frac{I_{out}}{(C+C_S)f_{OSC}} = -\left(\frac{C}{C+C_S}\right)V_I + \frac{I_{out}}{(C+C_S)f_{OSC}} \quad (7.47)$$

式中:C_S为系统中等效在飞跨电容连接点的寄生电容的总和;V_{CLK}为加载在开关MOS栅端的时钟电压最大值,一般$V_{CLK} = -V_{in}$;I_{out}为输出电流。

2) 电流驱动能力和输出电压建立时间

电流驱动能力是雷达收发组件中要求的又一重要指标,因此设计中也要重点考量。电流驱动能力是指输入工作电压一定的情况下,能够满足输出电压要求的最大输出电流值。输出电压建立时间是指输出电压由0V到要求电压的建立时间长度。两指标相互关联,即

$$I = C_{LOAD}\frac{V_{out}}{T_{setup}} \quad (7.48)$$

式中:I为电流驱动能力;C_{LOAD}为负载电容;V_{out}为输出电压;T_{setup}为输出电压建立时间。

3) 电压转换效率

电压转换效率η是描述电源电压转换为输出电压的能力,与普通的转换效率关注输出功率不同。一般用输出电压与输入电源电压的比值表示。它与输出电流、开关频率、飞跨电容、寄生电容等都有关系,即

$$\eta = \frac{V_{out}}{V_{in}} = -\frac{C}{C+C_S} + \frac{I_{out}}{V_{in}(C+C_S)f_{OSC}} \quad (7.49)$$

式中:C为飞跨电容容值;C_S为系统中等效在飞跨电容连接点的寄生电容的总和;V_{in}为输入电压;V_{out}为输出电压;I_{out}为输出电流。

2. 电路拓扑结构

开关电容电压型逆变器采用负压电荷泵原理,实现正压输入转负压输出的功能,下文对负压电荷泵的电路拓扑结构进行详细分析。

1) 电荷泵的基本原理

Dickson最早提出理想电荷泵模型,其基本思想是通过电容对电荷的积累效应产生高压,使电流从低电势点流向高电势点,以得到所需电压。图7.42为简

单的 N 阶 Dickson 电荷泵的基本原理图。

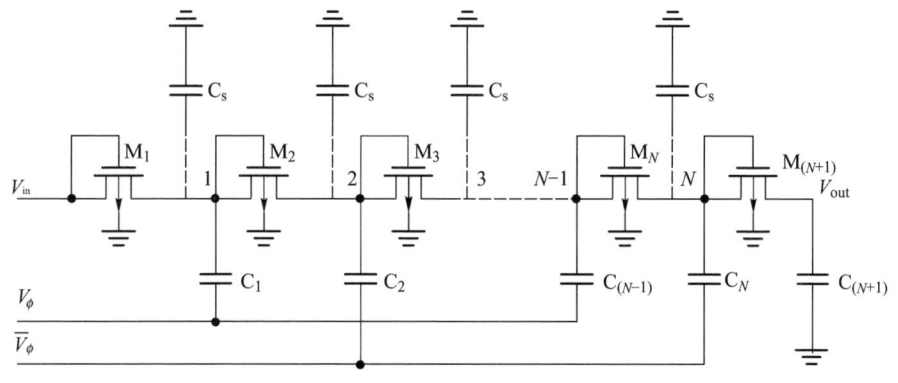

图 7.42 Dickson 电荷泵原理图

图 7.42 中,在不考虑开关管寄生电容 C_S 影响的前提下,当 V_ϕ 为低电平时,M_1 管导通,输入电压 V_{in} 对电容 C_1 进行充电,直到结点 1 处的电压为 $V_{in} - V_{th}$(V_{th} 为 NMOS 管的阈值电压);当 V_ϕ 为高电平时,由于电容两端的电势差不能跳变,结点 1 的电压变为 $V_{in} + V_\phi - V_{th}$,此时 M_2 导通,对电容 C_2 进行充电,结点 2 的电压变为 $V_{in} + V_\phi - 2V_{th}$;当 V_ϕ 再度为低电平时,结点 2 的电压变成 $V_{in} + 2V_\phi - 2V_{th}$,依此循环,直到完成 N 级电容的充放电过程,从而得到对于 N 阶倍压电荷泵的输出电压为

$$V_{out} = V_{in} + N(V_\phi - V_{th}) - V_{th} \tag{7.50}$$

在实际电路中,由于开关管寄生电容 C_s 的影响,V_ϕ 的真实值应为 $V'_\phi = (C/(C + C_s)) \times V_\phi$;考虑负载的影响,由于负载抽取输出电流 I_{out} 引起每个周期的电压降,当时钟频率为 f_{osc} 时,该电压降大小为 $I_{out}/(f_{osc}(C + C_S))$,将其代入式(7.50),得

$$V_{out} = V_{in} + N\left[\left(\frac{C}{C + C_S}\right)V_\phi - \frac{I_{out}}{f_{osc}(C + C_S)} - V_{th}\right] - V_{th} \tag{7.51}$$

对于 Dickson 电荷泵,其单级电压增益为

$$V_N - V_{N-1} = \left(\frac{C}{C + C_S}\right)V_\phi - \frac{I_{out}}{f_{osc}(C + C_S)} - V_{th} \tag{7.52}$$

根据式(7.52)可以看出 Dickson 电荷泵增益与 N 无关,理论上可通过增加级数得到想要电压值。但对于大尺寸的 MOS 管而言,由于阱区大的体电容和衬底电容的影响,通常 MOS 管衬底接固定电位以保证器件工作稳定。然而衬底电压的固定不可避免地产生体效应,体效应的存在会使 V_{th} 变大。由式(7.52)可知,Dickson 倍压电荷泵单级电压增益必须大于零,才使电压随级数增多而增加,即满足

$$\left(\frac{C}{C+C_s}V_\phi - \frac{I_{out}}{f_{osc}(C+C_s)} - V_{th} > 0\right) \tag{7.53}$$

但当体效应使 V_{th} 增大到一定值时,式(7.53)可能不再成立,即 Dickson 电荷泵的最大输出电压会受到限制。

由以上分析可知,由于存在开关管的阈值电压损失,随着级数增加,Dickson 电荷泵转换效率不断下降。为消除体效应引起的阈值电压损失,提高电荷泵的转换效率,目前采用了很多改进电路,比如 Kiuchi 电荷泵电路、Tsujimoto 电荷泵电路、四相位电荷泵电路、反向控制 CTS(Charge Transfer Switches)电荷泵电路、浮阱(Floating Well)电荷泵电路等。

然而,Kiuchi 电荷泵和 Tsujimoto 电荷泵虽然基于 Dickson 电荷泵电路有所改进,但没完全消除阈值电压损失带来的效率下降的影响;而 CTS 和浮阱电荷泵电路虽然消除了阈值电压损失的影响,但 CTS 存在电荷反向馈入现象,浮阱电荷泵由于衬底电流的原因会触发闩锁效应。针对这几种电荷泵电路存在缺陷,可以采用辅助 MOS 管的开关结构,使开关管的衬底电压跟随源极电压,避免因源衬电压变化而引起的阈值电压损失。具体的辅助 MOS 管结构在下文负压电荷泵电路中详细介绍。

2) 负压电荷泵原理

负压电荷泵基本原理与 Dickson 电荷泵原理一致,利用电容两端电压差不会跳变的特性,当电路保持充放电状态时,电容两端电压差保持恒定。对于负压电荷泵而言,只要将输出端的电容的相对高电位端接地,就可以得到负电压输出。产生负电压的原理如图 7.43 所示,图中,$S_1 \sim S_4$ 为负压电荷泵电路的开关。在设计中,负压电荷泵的开关功能由 MOS 功率开关管实现,通过对功率开关管的栅极施加不同控制电压来控制开关管的导通和关断。四个开关管的栅极控制电压由一个专门的不交叠的时钟产生电路提供,S_1 和 S_3 同时导通时,S_2 和 S_4 同时关断;S_2 和 S_4 同时导通时,S_1 和 S_3 同时关断。C_{fly} 为电荷从输入到输出转移过程中用来存储电荷的飞电容。

开关 S_1 输入电压为 V_{in},输出电压理想状态下在 0V 到 V_{in} 之间变化,所以用 PMOS 器件实现。S_3 的源端接地,理想状态下,其漏端电压在 0V 和 V_{out} 之间变化,由于输出电压为负值,只能采用 NMOS 管来实现,同样的分析,S_2 和 S_4 应选择 NMOS 器件实现。

负压电荷泵的电压转换过程就是电荷传递过程,如图 7.44 所示,可将电荷传递过程分为三步。第一步:开关管 S_1 和 S_3 导通,S_2 和 S_4 关断时,V_{in} 对飞电容 C_{fly} 充电。根据上面分析,开关管 S_1 采用 PMOS 器件实现,S_2、S_3 和 S_4 用 NMOS 器件实现,则 $V_{CAP+} = V_{in} - V_{OP}$($V_{OP}$ 为 PMOS 管的工作时的漏源压降),$V_{CAP-} = 0$;第二步:开关管 S_1 和 S_3 关断,而 S_2 和 S_4 导通时,C_{fly} 将部分电荷转移给 C_{out},

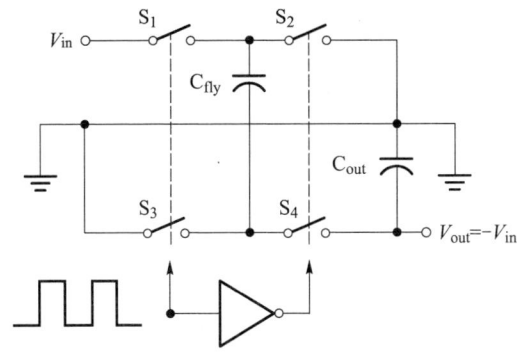

图 7.43 负压电荷泵原理图

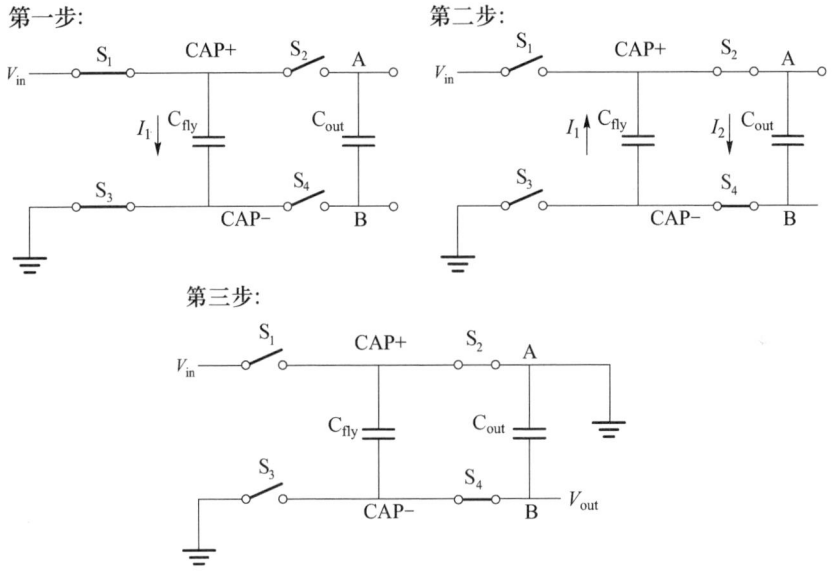

图 7.44 电荷传输转换过程

直到两电容间电荷转移达到平衡,考虑到 MOS 开关管源漏之间的压降,此时 A 点输出电压为 $V_A = V_{in} - V_{on} - V_{OP}$($V_{on}$ 为 NMOS 管工作时的源漏压降)。无论 C_{fly} 和 C_{out} 容值多大,如果没有内部损耗,总会试图让它们两端的电压相等;第三步:当电路状态最终达到平衡时,C_{out} 高电位端接地使得输出电压 V_{out} 变为 $-V_A$,当电路状态最终达到平衡时,输出端电压 $V_{out} = -(V_{in} - V_{on} - V_{OP})$。

基于上面对负压电荷泵基本原理的阐述,通过如图 7.45 所示负压电荷泵的等效电路的分析,可以得出具体指标的影响因素,从而进行相应的参数优化设计,下面着重对负压电荷泵主要的性能指标进行分析。

(1) 输出阻抗,如图 7.45 所示,其中 C_{fly} 为飞电容,C_{out} 为输出电容,R_L 为负

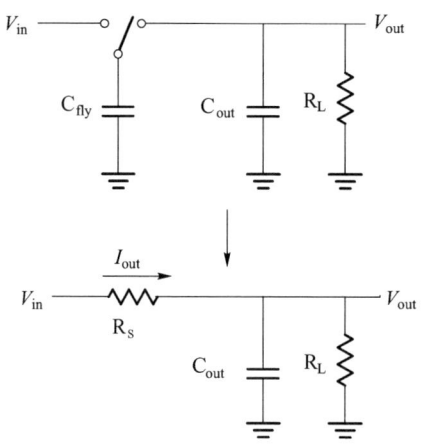

图 7.45 开关电容等效电路

载,输出阻抗 R_{out} 计算过程如下

$$R_{out} = R_S + 2R_{switch} + ESR \quad (7.54)$$

$$R_S = 1/(f_{OSC} \times C_{out}) \quad (7.55)$$

R_{switch} 是开关管导通时等效阻值,它随着管子面积增大而减小,设计中采用大宽长比的 MOS 开关管可大大减小该值;ESR 是 C_{out} 的等效串联电阻,一般很小;高频下,R_S 是高频率时钟控制信号下由电路产生的阻抗也几乎可以忽略,所以输出电阻主要由开关管导通电阻决定,设计中,在芯片面积以及其他寄生效应允许的条件下,开关管尺寸设计的尽可能大,以得到足够小的开关管导通电阻。

(2)输出电压纹波,当 C_{out} 进行充放电的时候,由于负载电阻 R_L 的存在,必然会在 R_L 上产生小的输出纹波电压 V_{Ripple},其值约等于

$$V_{Ripple} = I_{out}/(f_{OSC} \times C_{out}) = V_{out}/(f_{OSC}/C_{out} \times R_L) \quad (7.56)$$

由式(7.56)可知,通常设计中 C_{out} 都会足够大使 V_{Ripple} 远小于 V_{out},也可看出振荡器频率设计的越大,纹波越小。确定输出电容的选用可以参照,即

$$C_{out} \geq I_{out}/(f_{osc} \times V_{Ripple}) \quad (7.57)$$

(3)电荷泵的建立时间,电荷泵的建立时间是电路设计中的一个重要参数,它决定了电路的响应速度和性能好坏。本设计中建立时间 T_{setup} 即为电路输出从 0V 到 V_{out} 所需要的时间。

如图 7.43 的开关电路所示,设输入为 V_{in},输出为 V_{out},飞电容为 C_{fly},输出电容为 C_{out}。开关管的通断过程中的电荷转移时间均由振荡器的周期决定,根据 $Q = CV$,电路刚启动时 S_1 和 S_3 断开且 S_2 和 S_4 导通时 C_{fly} 将一半电荷传送给 C_{out},根据电荷平衡,第一个周期结束后有

$$V_{in} \times C_{fly} = -V_{out} \times (C_{fly} + C_{out}) \quad (7.58)$$

第 N 个周期后有

$$|V_{out}| = \sum_{n=1}^{N}[V_{in} \times C_{fly}/(C_{fly} + C_{out})^n] \times C_{out}^{n-1} \qquad (7.59)$$

建立时间为

$$T_{setup} = n \times \frac{1}{f_{OSC}} \qquad (7.60)$$

在输出负载固定的情况下,电路的振荡频率越高建立时间就越短,由此可见高频控制信号不仅能够减小纹波,还可以提高系统的动态响应速度。

3. 开关电容式电压逆变器电路设计

根据以上电路原理分析,设计的开关电容电压型逆变器主要功能模块如图 7.46 所示。

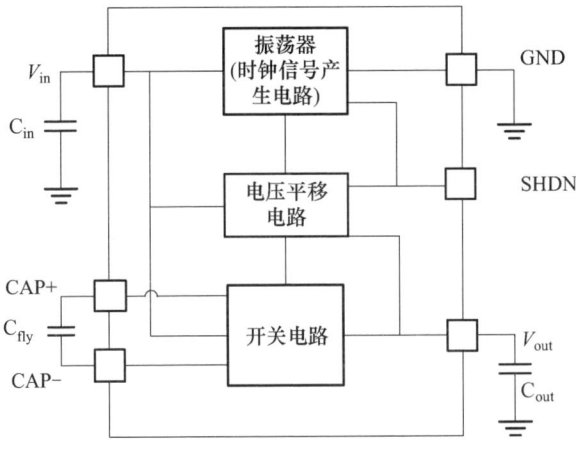

图 7.46 开关电容电压型逆变器电路功能框图

如产品功能模块框图所示,该开关电容电压型逆变器主要包括振荡器、电压平移电路和开关电路等子模块。

(1) 振荡器电路:用于产生两路反向的时钟控制信号。

(2) 电压平移电路:将两路反向时钟信号通过电压平移,得到不同的栅极控制电平,输出给开关电路控制开关管。

(3) 开关电路模块:包含四个功率 MOSFET 开关管,通过控制开关管的通断,实现电容的充放电,最终获得稳定的输出电压。

下面对主要的电路模块进行分析。

1) 非交叠时钟信号产生电路

根据上面分析,在电荷泵的工作过程中,可能会出现当 S_1 和 S_3 尚未关断时,S_2 和 S_4 就已经导通的现象,这样会使得电路输入端与输出端直接连通,在电路中表现为竞争-冒险现象,降低电源的转换效率。为避免这一现象的出现,就要在电荷泵工作过程中的第一步和第二步之间存在一定时间间隔,因此要求对功率开关控制的时钟信号非交叠,如图7.47所示,为典型的非交叠时钟信号产生电路,可将原始的时钟信号 CLK 转换为一组反向不交叠的时钟信号 CLK_1 和 CLK_2。

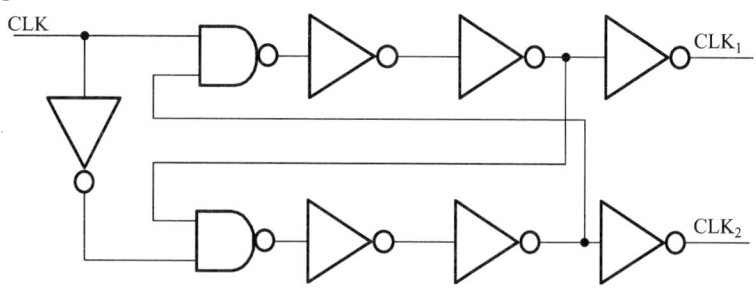

图7.47 非交叠时钟信号产生电路原理

2）电压平移电路分析

时钟信号驱动功率开关管前需要经过必要的电压平移电路。开关管 S_4 和 S_3 为 NMOS 管,其关断条件必须满足 $V_{GS} < V_{th}$。

如果不应用电压平移电路,那么随着输出端 V_{out} 的电压降低为负值,S_3 和 S_4 之间连线上的电压也为负值,即使开关管 S_3 和 S_4 栅极电压等于 0V,而此时也不能满足以上关断条件,即开关管一直处于导通状态,则负压电荷泵系统对地会存在漏电流,飞电容 C_{fly} 的放电也就必然不会充分。另一方面,此状态下输出端 V_{out} 的最终负压也就满足不了应用要求。

为了提高电压转换效率,必须使功率开关管的时钟控制信号的低电压随着输出电压的下降而下降,保证其该关断时能完全关断。分析电路结构,由于栅极控制电压信号最高电平由输入电压提供,而最低电平可由输出端 V_{out} 获取。这可以用如图7.48所示的电压平移电路来实现。其中,CLK_1 和 CLK_2 为反向时钟信号,INV 模块为反相器,高低电平分别为电源输入电压 V_{in} 和输出电压 V_{out},S_1、S_2、S_3 和 S_4 为所需的栅极控制电平信号。

3）辅助 MOS 管结构分析

对负压电荷泵的工作原理进行分析和研究后,必须要消除开关管 S_3 和 S_4 的衬偏效应。开关电路中,采用辅助 MOS 管的结构,使功率开关管的衬底电压可以跟随源极电压,从而保持衬源电压的恒定,以此消除衬偏效应,具体的辅助电路结构如图7.49所示。在图7.44中单一开关管的基础上,增加了两个辅助管,构成如图7.50功能模块,原开关管 S_3 的漏端连接辅助管 M_2 的栅端和辅助管 M_1 的漏端,S_3 的源端连接辅助管 M_2 的漏端,辅助管 M_1 的栅端连接原开关管的栅端,这三个管子衬底全部相连。同样的,开关管 S_4 也由同类型的 MOS 管构成。

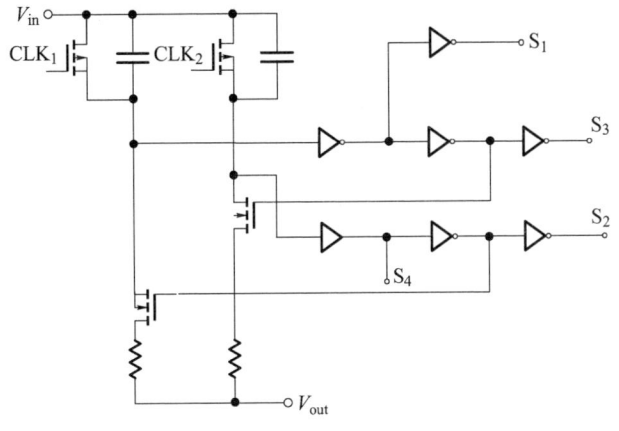

图 7.48 电压平移电路

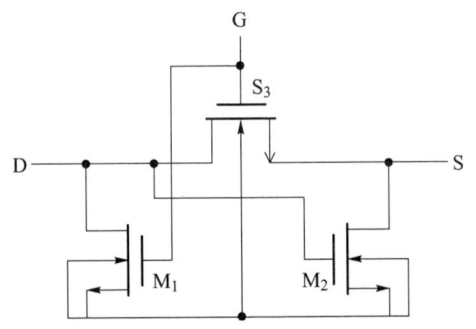

图 7.49 增加辅助管后的功率管结构

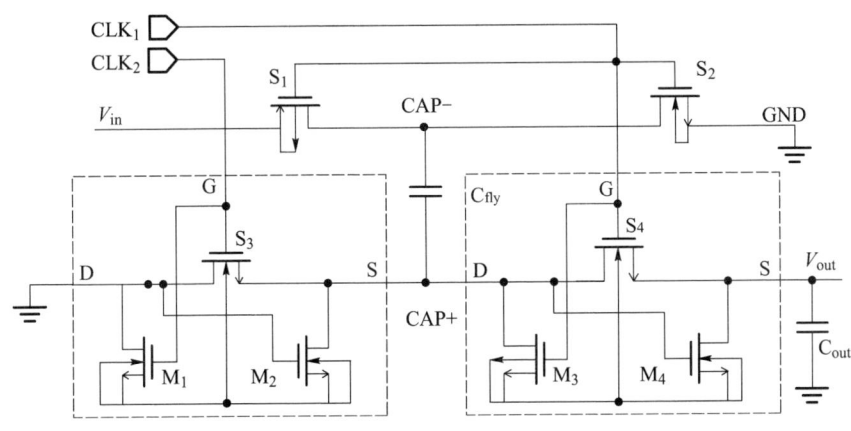

图 7.50 增加辅助管后的负压电荷泵电路

改进后的负压电荷泵电路,如图 7.50 所示,可以看出,开关管 S_1 和 S_2 不变,开关管 S_3 和 S_4 分别用以上加了辅助管的开关管模块代替。分析电荷泵电路工作情况,当开关导通时,原始开关管 S_3 漏极的辅助 MOS 管导通,保持原开关管衬底与漏极之间的电势差不变;当开关关断时,原始开关管源端的辅助 MOS 管导通,使得开关模块的源极和衬底连接,防止衬底悬空。因此,随着时钟控制信号始终跟随开关源极和漏极中比较高的电压值。增加开关管的辅助管结构,能显著提高负压电荷泵电路的转换效率,改善整体电路性能。

7.4.2 开关电容式电压逆变器测试技术

开关电容式电压逆变器芯片的测试与线性稳压器芯片测试类似,甚至仅需电源、示波器、电子负载等仪器即可,用来测试芯片的静态功耗、不同负载时输出电压等指标。如图 7.51 所示,为一款经放大显示的电压逆变器芯片。

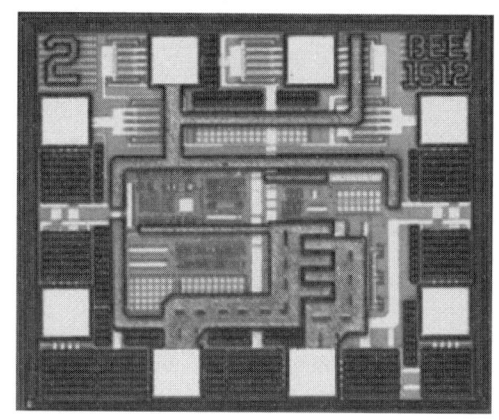

图 7.51 开关电容式电压逆变器芯片照片(见彩图)

图 7.52 为其典型测试图,采用该连接图进行测试,对测试数据进行数据拟合,绘制出的部分典型特性曲线如图 7.53 所示。图中 FSEL 为频率选择,R_{LOAD} 为负载电阻,T_A 为温度。

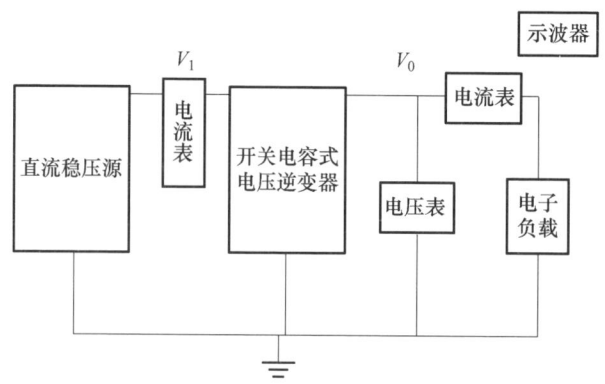

图 7.52 开关电容式电压逆变器测试连接关系

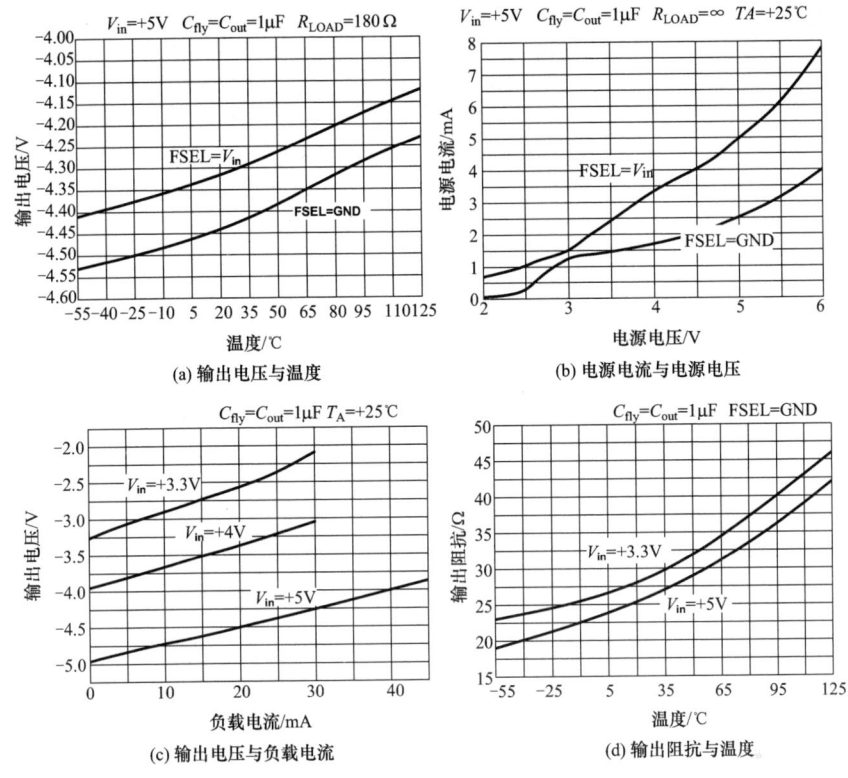

图 7.53 开关电容式电压逆变器芯片典型特性曲线

7.5 PA 栅极偏置电源芯片

PA 栅极偏置芯片本质上属于线性稳压型电源芯片,为 PA 的栅极提供稳定的电压。但由于其在雷达收发组件中工作特点独特,工作电压为负压,其结构和设计方法与普通线性稳压型电源也有较大差别,因此需要单独说明。

7.5.1 PA 栅极偏置芯片设计技术

1. PA 栅极偏置芯片的主要技术指标

在 PA 栅极偏置芯片设计中要考虑的指标与线性稳压型电源芯片要考虑的指标基本一致。下面仅就与线性稳压型电源芯片有差别的指标进行描述。

1)跌落电压

与正电压的线性稳压型电源芯片类似,"跌落电压"$V_{dropout}$也是 PA 栅极偏置芯片的重要参数。由于工作电压为负,在参数读取时,按图 7.54 所示 PA 栅极偏置芯片的典型输入输出特性曲线上的标识进行读取。

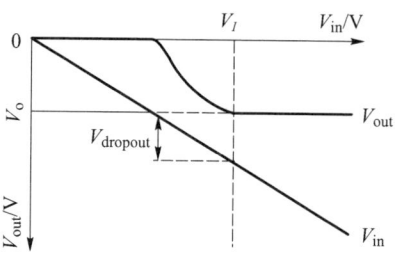

图 7.54 PA 栅极偏置芯片典型输入/输出特性曲线

从图 7.54 可直观看到输入电压临界点 V_I 和跌落电压 $V_{dropout}$。设临界点处调整管的线性电阻是 R_{on},负载电流是 I_{LOAD},则 PA 栅极偏置芯片的跌落电压可以表示为

$$V_{dropout} = V_I - V_O = -R_{on} \cdot I_{LOAD} \tag{7.61}$$

2）输入电压范围

PA 栅极偏置芯片的输入电压范围决定了最高可用的输入电源电压。指标可能提供宽的输入电压范围,但最高输入电压必须小于跌落电压加上想要的输出电压值。例如, -300mV 的跌落电压对于稳定的 -3V 输出来说意味着输入电压必须小于 -3.3V。如果输入电压高于 -3.3V,输出电压将偏离 -3V。

3）静态电流 I_Q 及效率 η

静态电流 I_Q 表征 PA 栅极偏置芯片正常工作时内部消耗的电流,定义为输入输出电流差。设电源输入电流为 I_{in},输出电流为 I_{out},则静态电流 I_Q 可写成

$$I_Q = I_{in} - I_{out} \tag{7.62}$$

静态功耗由静态电流与输入负电源电压绝对值决定。

效率 η 是指 PA 栅极偏置芯片的电源转换效率,表征 PA 栅极偏置芯片电源能量的有效利用率,定义为输出功率与输入功率的比值,设输出电压为 V_{out},输入电压为 V_{in},则效率 η 可表示成

$$\eta = \frac{|I_{out} V_{out}|}{|(I_{out} + I_Q) V_{in}|} \times 100\% \tag{7.63}$$

由此可知,可通过两方面提高效率 η：一是降低静态电流 I_Q,二是缩小输入与输出电压差值,即降低跌落电压 $V_{dropout}$。

4）温度漂移

广义而言,负压基准的任何变化都会通过 PA 栅极偏置芯片等效的闭环增益传递至其输出端。据此,温度对于负压基准的任何影响同样会对 PA 栅极偏置芯片的输出产生不利影响。温度对 PA 栅极偏置芯片稳定性的不利影响还通过等效输入失调电压表现出来。用来衡量温度对输出影响程度的指标是温度系

数(TC),即单位温度的输出变化百分比

$$TC = \frac{1}{V_{out}} \cdot \left(\frac{dv_{out}}{dT}\right) \approx \frac{1}{V_{out}}\left(\frac{\Delta v_{out}}{\Delta T}\right) = \frac{(\Delta v_{REF} + \Delta v_{OS})\frac{V_{out}}{V_{REF}}}{V_{out}\Delta T}$$

$$= \left(\frac{\Delta v_{REF} + \Delta v_{OS}}{V_{REF}}\right)\frac{1}{\Delta T} \tag{7.64}$$

式中：Δv_{REF} 和 Δv_{OS} 分别为由温度引起的负压基准电压变化和等效输入失调电压变化；ΔT 为相应的温度变化。

由此可见,负压基准的精确度和误差放大器的等效输入失调电压是决定 PA 栅极偏置芯片总的温度漂移性能的关键因素；PA 栅极偏置芯片要得到受温度影响很小的输出电压,必须降低负压基准源的输出电压和误差放大器输入失调电压的温度漂移。

2. 电路拓扑结构与基本工作原理

PA 栅极偏置芯片是输出电压为负的恒压源,其等效电阻能够随着负载电阻的改变而改变,从而使输出端的输出电压为恒定值。图 7.55 为 PA 栅极偏置芯片电路基本原理图,该偏置芯片的输出电压可表示为

$$V_{out} = V_{in} \cdot \frac{R_{LOAD}}{R_{LOAD} + R_{in}} = V_{in} \cdot \frac{1}{1 + \frac{R_{in}}{R_{LOAD}}} \tag{7.65}$$

式中：V_{in} 为负电压；R_{LOAD} 为负载电阻；R_{in} 为芯片电路的等效内部电阻。

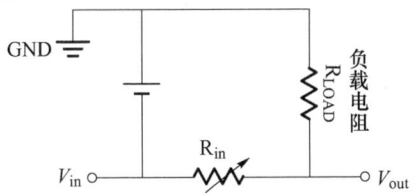

图 7.55　PA 栅极偏置芯片电路基本原理图

由式(7.65)可知,要保证输出恒定,R_{in}/R_{LOAD} 必须为一常数。可实际上负载通常是变化的,因此,只有当 $R_{in} \ll R_{LOAD}$ 时,才能保证输出电压基本恒定。当 PA 栅极偏置芯片无负载($R_{LOAD} = \infty$)时,最小输出电压等于输入电压($V_{out\_min} = V_{in}$)。当 PA 栅极偏置芯片外接负载时,输出电压会随着负载的降低而升高(变化极小)。为了便于描述,这里引入一个参数：输出电压误差率 E_{VO},定义为 PA 栅极偏置芯片空载时输出电压 V_{out_min} 与带载时输出电压 V_{out} 的差值的百分率,可表示为

$$E_{VO} = \frac{V_{out\_min} - V_{out}}{V_{out\_min}} \times 100\% \tag{7.66}$$

将式(7.65)与 $V_{\text{out\_min}} = V_{\text{in}}$ 代入式(7.66),可得

$$E_{\text{VO}} = \frac{R_{\text{in}}}{R_{\text{in}} + R_{\text{LOAD}}} \times 100\% \qquad (7.67)$$

可见,输出电压误差率 E_{VO} 随着负载电阻 R_{LOAD} 的降低而升高。为了使输出电压误差率 E_{VO} 最小化,需要引进一个负反馈网络,以便在 PA 栅极偏置芯片正常工作时,实时监测负载电阻的变化,并且调整 PA 栅极偏置芯片自身内阻 R_{in},使其与负载电阻 R_{LOAD} 成一固定比值 k,即 $R_{\text{in}} = k \cdot R_{\text{LOAD}}$,如此保证恒压功能。PA 栅极偏置芯片正是基于此原理提出的。

典型的 PA 栅极偏置芯片的架构图[2]如图 7.56 所示。

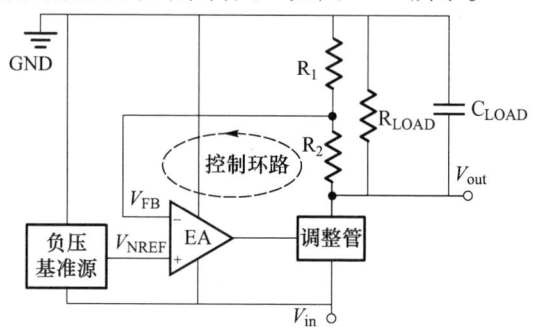

图 7.56 典型的 PA 栅极偏置芯片结构框图

可见,PA 栅极偏置芯片由两个关键模块构成:负压基准源和控制环路。负压基准源提供了一个不随温度和电源电压变化的直流基准负电压 V_{NREF};控制环路包括误差放大器 EA、电阻反馈网络和功率调整管。误差放大器 EA 将输出反馈电压 V_{FB} 与基准电压 V_{NREF} 进行比较,并放大其差值用来控制调整管的导通状态,从而得到稳定的负电压输出 V_{out},可以用以下公式表示

$$V_{\text{out}} = V_{\text{NREF}} \left(1 + \frac{R_2}{R_1} \right) \qquad (7.68)$$

在 PA 栅极偏置芯片稳定工作时,如果外界因素引起输出电压增大,电阻反馈网络则将反应这一变化的反馈电压 V_{FB} 反馈给误差放大器 EA,使输出电压升高,调整管的栅极 - 源极电压增大,调整管的输出电流增大,输出电压被拉回到标定值。反之亦然。

3. 稳定性分析

PA 栅极偏置芯片本质是一个负反馈系统,稳定性是其正常工作的基本前提,本节对 PA 栅极偏置芯片的稳定性进行了详细分析。

(1) PA 栅极偏置芯片的交流小信号等效模型。

误差放大器和调整管的交流小信号等效模型分别代替图 7.56 中的误差放

大器和调整管,得到 PA 栅极偏置芯片的交流小信号等效模型,如图 7.57 所示。其中,G_A 和 R_{OA} 分别是误差放大器 EA 的有效跨导和输出电阻;C_{Par}、g_{mn} 和 r_{ds} 分别是调整管栅极 – 源极电容、跨导以及漏 – 源极间的等效电阻。假定调整管采用 NMOS 管,调整管的电流 I_D 在考虑沟道长度调制效应时为

$$I_D = \frac{1}{2}\mu_n C_{OX}\left(\frac{W}{L}\right)_N (V_{GS} - V_{THN})(1 + \lambda V_{DS}) \tag{7.69}$$

式中:λ 为沟道长度调制因子,则调整管的等效电阻可表示为

$$r_{ds} = \frac{\partial V_{DS}}{\partial I_D} = \frac{2L_N}{\mu_n C_{OX} W_N (V_{GS} - V_{THN})\lambda} \approx \frac{1}{\lambda I_D} \tag{7.70}$$

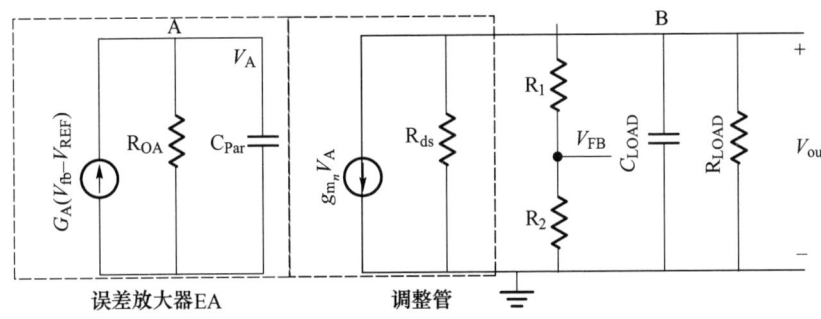

图 7.57　PA 栅极偏置芯片的交流小信号等效模型

(2) PA 栅极偏置芯片的闭环传输函数。

从图 7.56 可以看出,PA 栅极偏置芯片是一个闭环系统;图 7.57 中,交流小信号模型是将闭环系统中反馈网络输出端 V_{FB} 断开;在计算 PA 栅极偏置芯片的闭环传输函数时,交流信号必须从断开点流入,最后从断开点流出。因此,闭环传输函数求解过程如下。

图 7.57 中,在节点 A、B 处,分别列出基尔霍夫电流公式。其中节点 A 为

$$G_A(V_{fb} - V_{REF}) = \frac{V_A}{R_{OA}} + sC_{Par}V_A \tag{7.71}$$

节点 B 为

$$-g_{mn}V_A = \frac{V_{out}}{R_{ds}} + \frac{V_{out}}{R_1 + R_2} + \frac{V_{out}}{R_{LOAD}} + sC_{LOAD}V_{out} \tag{7.72}$$

又为

$$V_{FB} = V_{out}\frac{R_2}{R_1 + R_2} \tag{7.73}$$

由式(7.71)~式(7.73)可得闭环传输函数为

$$A_f(s) = \frac{V_{FB}}{v_{fb} - V_{REF}} \approx -\frac{G_A g_{mn} R_{OA} R_{ds}}{(1 + sC_{Par} R_{OA})(1 + sC_{LOAD} r_{ds})} \cdot \frac{R_2}{R_1 + R_2} \quad (7.74)$$

式中：$R_{ds} \approx (R_1 + R_2) // R_{LOAD} // r_{ds}$。

式(7.74)表明此系统存在两个左半平面极点,分别为

$$P_1 = -\frac{1}{C_{LOAD} R_{ds}} = \frac{\lambda I_D}{C_{LOAD}} \quad (7.75)$$

$$P_2 = -\frac{1}{C_{Par} R_{OA}} \quad (7.76)$$

如果考虑调整管的栅极-漏极电容 C_{gd},可得右半平面零点为

$$Z_1 = \frac{g_{mn}}{C_{gd}} \quad (7.77)$$

由于 $C_{LOAD} \gg C_{Par}$，$r_{ds} < R_{OA}$，即极点 P_1 比 P_2 更靠近坐标原点,因此 P_1 为系统主极点,P_2 为次主极点,加之二者靠的很近使得系统在频域下的相位裕度很小,难保证稳定性。如果考虑右半平面零点 Z_1,则系统稳定性将更加糟糕。为了确保系统稳定,采用 ESR 补偿方法。

(3) PA 栅极偏置芯片的频率补偿。

ESR 补偿方法是在输出端接入一个带寄生串联等效电阻的电容,产生一个左半平面的零点,实现负压 PA 栅极偏置芯片稳定。图 7.58 给出了带 ESR 补偿的 PA 栅极偏置芯片交流小信号等效模型。

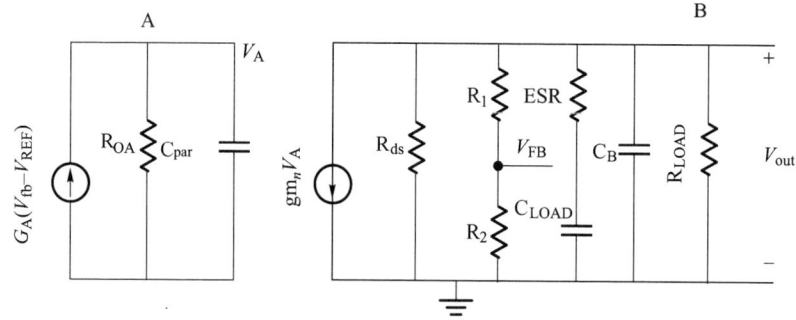

图 7.58　ESR 补偿法下 PA 栅极偏置芯片交流小信号等效模型

其中,电容 C_B 为高频旁路电容;此时在节点,列出基尔霍夫电流公式

$$-g_{mn} v_A = \frac{V_{out}}{r_{ds}} + \frac{V_{out}}{R_1 + R_2} + \frac{V_{out}}{R_{LOAD}} + sC_B V_{out} + \frac{V_{out}}{R_{ESR} + \frac{1}{sC_{LOAD}}} \quad (7.78)$$

由式(7.71)、式(7.73)和式(7.78)可以得到带 ESR 补偿的传输函数

$$A_f(s) = \frac{V_{FB}}{V_{fb} - V_{REF}}$$
$$\approx -\frac{G_A g_{mn} R_{OA} R_{ds}(1 + sC_L R_{ESR})}{(1 + sC_{Par} R_{OA})(1 + sC_{LOAD} R_{ds})(1 + sC_B R_{ESR})} \cdot \frac{R_2}{R_1 + R_2} \quad (7.79)$$

式中：$R_{ESR} \ll r_{ds} \ll R_L \ll R_1 + R_2$。

可见，ESR 补偿方法增加了一个左半平面极点和一个左半平面零点，即

$$P_3 = -\frac{1}{C_B R_{ESR}} \quad (7.80)$$

$$Z_2 = -\frac{1}{C_{LOAD} R_{ESR}} \quad (7.81)$$

对于 P_3 极点，可通过选取小的高频旁路电容 C_B 被推至系统单位增益频率以外；如前所述，P_1 为系统主极点，P_2 为次主极点；对于 Z_1 零点，由小值寄生电容 C_{gd} 决定其是高频零点。通过适当调节 ESR 补偿引入的左半平面零点 Z_2，可使系统的相位裕度不低于 45°，实现 PA 栅极偏置芯片稳定。图 7.59 给出了典型 ESR 补偿的波特图。

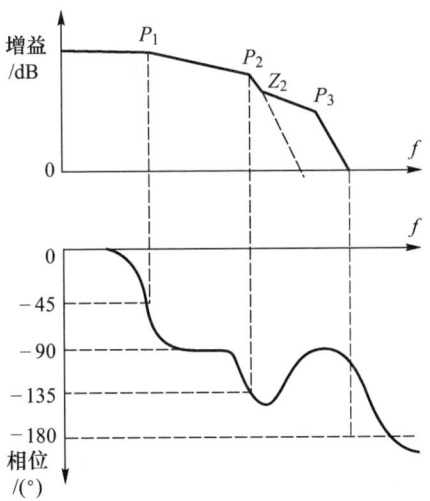

图 7.59　典型 ESR 补偿的波特图

4. PA 栅极偏置芯片电路设计

1) 总体电路设计

如图 7.60 所示，PA 栅极偏置芯片由关断电路(SHDN)、负压带隙基准源(V_{NREF}-1.2V)、预稳压模块(Pre-regulator)、控制环路、过温保护模块(OTP)和过流保护模块(OCP)构成。其中，基准缓冲器(误差放大器 EA_1、电阻 R_0 和 R_1)和 RC 低通滤波器组成预稳压模块；误差放大器 EA_2、调整管 MN_0 和电阻反馈网络

$R_{F_1} \sim R_{F_2}$ 组成控制环路。

负压带隙基准源输出不受温度和电源电压变化影响的直流基准负电压 V_{NREF} 给预稳压模块。预稳压模块将 V_{NREF} 调整为某一固定值后,通过 RC 低通滤波器输出预稳压电压 V_{PRE} 给控制环路中误差放大器 EA_2。EA_2 将输出反馈电压 V_{FB} 与预稳压电压 V_{PRE} 的差值放大,并用来控制调整管 MN_0 的导通状态,使输出电压 V_{out} 稳定,V_{out} 可表示为

$$V_{out} = V_{PRE}\left(1 + \frac{R_{F_2}}{R_{F_1}}\right) = V_{NREF}\frac{R_0}{R_0 + R_1}\left(1 + \frac{R_{F_2}}{R_{F_1}}\right) \tag{7.82}$$

式中 $V_{PRE} = V_{NREF}\dfrac{R_0}{R_0 + R_1}$。

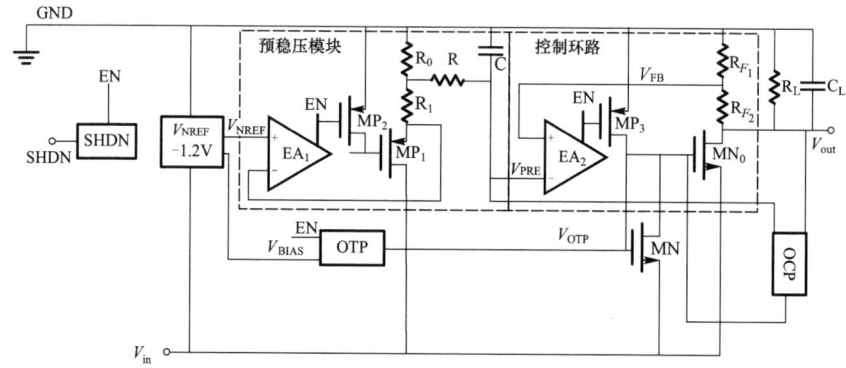

图 7.60　PA 栅极偏置芯片的总体框图

此外,负压带隙基准源还提供偏置电压 V_{BIAS} 给过温保护模块。关断电路使芯片工作状态可控;过温/过流保护增强芯片可靠性。

2) 关断电路

在外部 SHDN 数字信号控制下,关断电路使 PA 栅极偏置芯片在正常工作和关闭两种工作状态之间转换。正如上文所述,SHDN 模块和 MP_2、MP_3 组成关断电路。SHDN 模块的电路结构如图 7.61 所示。

SHDN 模块实质是迟滞反相器,能有效的抑制输入信号中的毛刺对输出信号的不利影响。图 7.62 是输入电压 V_{SHDN} 与输出电压 V_{en} 关系图。V_{tl} 和 V_{th} 是两个阈值电压,$0 > V_{th} > V_{tl}$。

3) 负压带隙基准源

负压带隙基准源的精度和稳定性直接影响 PA 栅极偏置芯片的温度漂移性能,电源抑制比,精度等性能。通常一阶补偿基准源的温度系数被限制在 $(20 \sim 100) \times 10^{-6}/℃$,这里用一种新颖的高阶曲率补偿技术——多级补偿法将温度系数降到 $10 \times 10^{-6}/℃$ 以内。图 7.63 给出了一种实现电路。

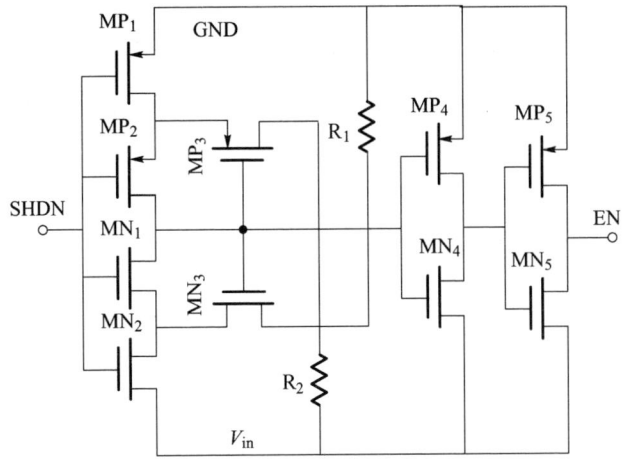

图 7.61 SHDN 模块的电路结构

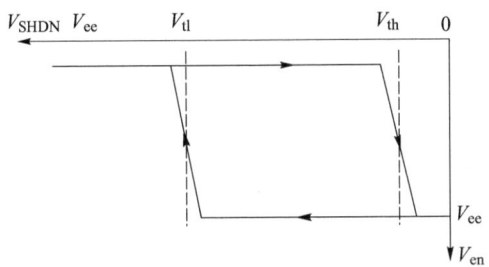

图 7.62 迟滞反相器的输入/输出关系

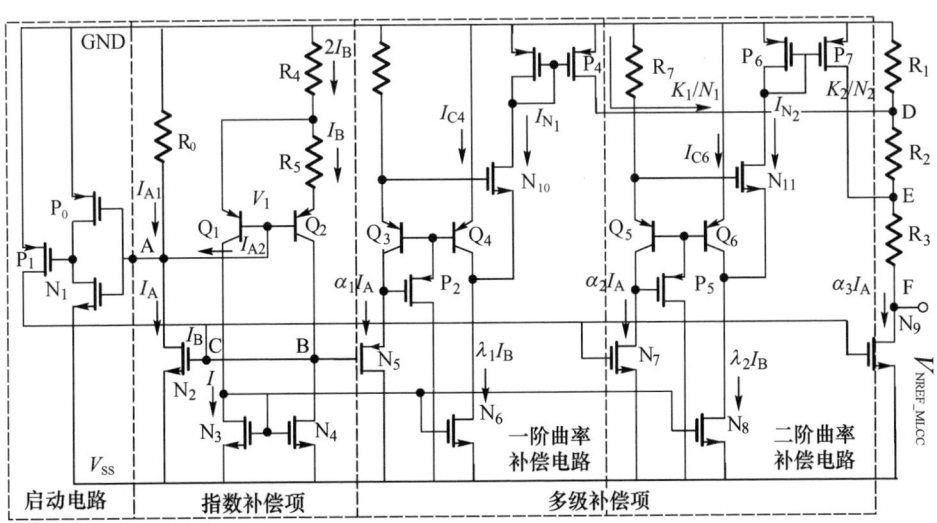

图 7.63 采用多级补偿技术的负压带隙基准源电路图

该电路主要由启动电路、指数补偿项和多级补偿项构成,简化的补偿原理见图 7.64。

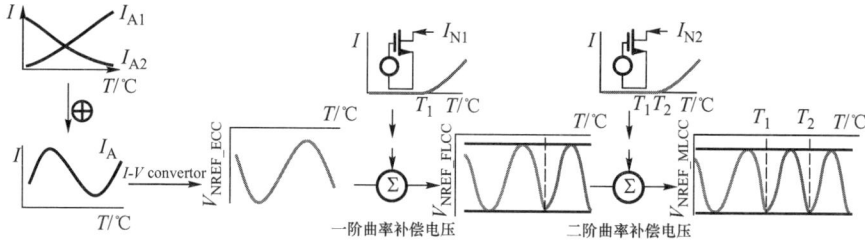

图 7.64 补偿原理示意图

4）预稳压模块

从图 7.60 可以直观得到预稳压模块的输出电压 V_{PRE},即

$$V_{PRE} = V_{NREF} \frac{R_0}{R_0 + R_1} \tag{7.83}$$

式中:V_{NREF} 为负压带隙基准电压源的输出电压,通过调整电阻比 R_1/R_0,可得到想要的 V_{PRE}。

误差放大器 EA_1 采用差分输入级和甲类输出级构成的两级放大的结构,如图 7.65 所示。

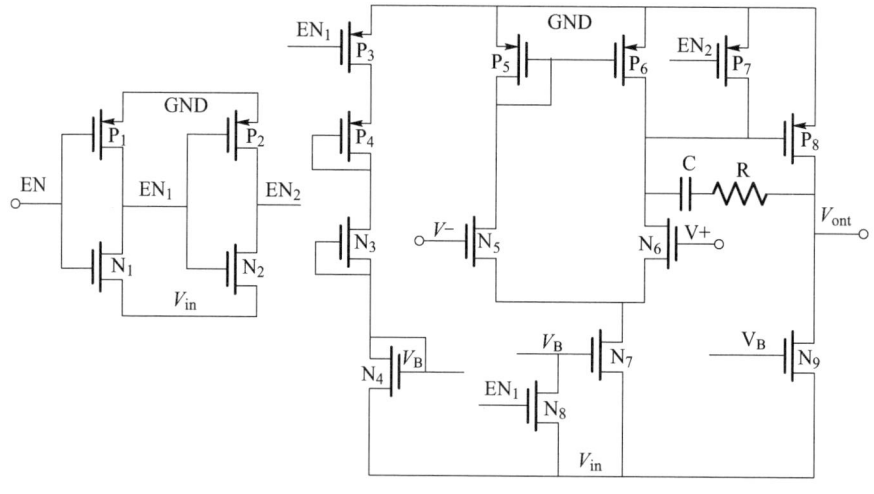

图 7.65 EA1 结构图

使能引脚 EN 的信号由关断模块 SHDN 产生,高电位时 EA_1 正常工作,低电位时 EA_1 关断;电阻 R 和电容 C 对 EA_1 进行弥勒补偿,保证其稳定工作。

5）控制环路

从图 7.60 可以直观得到 PA 栅极偏置芯片的输出电压 V_{out} 为

$$V_{\text{out}} = V_{\text{PRE}}\left(1 + \frac{R_{F_2}}{R_{F_1}}\right) \tag{7.84}$$

控制环路具体设计遵循以下步骤:第一,电阻反馈网络的比值 R_{F_2}/R_{F_1} 由预定的输出电压 V_{out} 和预稳压电压 V_{PRE} 确定;第二,调整管的基本工作要求由输入电压 V_{in}、最大负载电流、跌落电压和效率决定;第三,误差放大器 EA_2 的基本工作要求由调整管的预期驱动能力(如 500mA)、负载调整率、线性调整率和精度决定。

这里重点对调整管和误差放大器 EA_2 进行详细说明。

(1) 调整管。

调整管就是一个晶体管,控制环路仅仅需要根据负载情况调节晶体管的输入控制端,控制输入端 V_{in} 和输出端 V_{out} 之间的电阻,就可实现稳定输出。接下来详细分析常见的四种调整管:PNP 型、PMOS 型、NPN 型和 NMOS 型。为了便于阐述,本章将 PNP 型、PMOS 型归类为 P 型调整管;NPN 型和 NMOS 型归类为 N 型调整管。

① P 型调整管。

由于 PA 栅极偏置芯片需要负电源供电(输出电压 V_{out} 低于地电压),PNP 型调整管 QP_0 的发射极连接至 V_{out},PMOS 型调整管 MP_0 的源极连接至 V_{out},如图 7.66 所示。这种结构的明显优势是,调整管 QP_0 和 MP_0 的输出阻抗小,分别约等于 $1/\text{gm}(\text{BJT})$、$1/\text{gm}(\text{MOS})$,这意味着调整管 QP_0 和 MP_0 对负载突变情况可以迅速响应。由于 BJT 晶体管 QP_0 集电极电流与发射结电压 V_{EB} 是指数关系,而 MP_0 的漏极电流与源栅电压 V_{SG} 仅是平方关系,所以 QP_0 的输出阻抗比 MP_0 的输出阻抗更小,即 QP_0 的响应速度比 MP_0 的响应速度更快。此外,调整管 QP_0 的基极电流构成了输出电流,因此无电流损失。

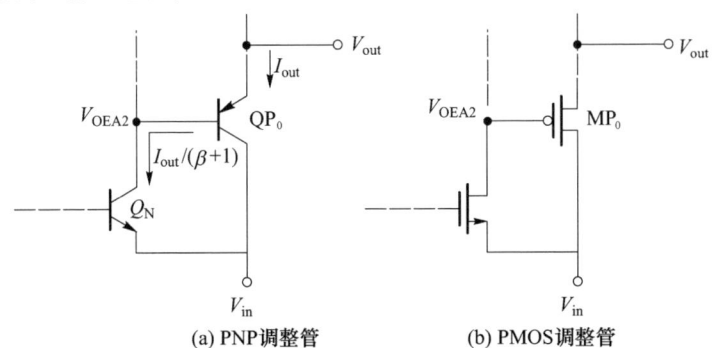

图 7.66 两种 P 型调整管原理结构

P 型调整管的主要缺点是其跌落电压较高,对于调整管 QP_0 和 MP_0,在 V_{out} 端和 V_{in} 端之间引入电流 I_{outmax} 所需要的电压最小净空分别是 $V_{\text{EB}} + V_{\text{CE(min)}}$ 和 $V_{\text{SG}} + V_{\text{DS(min)}}$。

② N 型调整管。

与 P 型调整管相反，N 型调整管 QN_0 的集电极连接至 V_{out}，MN_0 的漏极连接至 V_{out}，如图 7.67 所示。这种结构的输出阻抗相对较高（QN_0 的输出电阻为 r_{out}，MN_0 的输出电阻为 R_{ds}），对负载突变情况的响应速度慢于 P 型调整管。N 型调整管的突出优点是其跌落电压更低，对于调整管 QN_0 和 MN_0，在 V_{out} 端和 V_{in} 端之间引入电流 I_{outmax} 所需要的电压最小净空仅仅是 $V_{CE(min)}$ 和 $V_{DS(min)}$。此外，相比于 MN_0，调整管 QN_0 的基极电流属于静态电流，从而降低了效率。

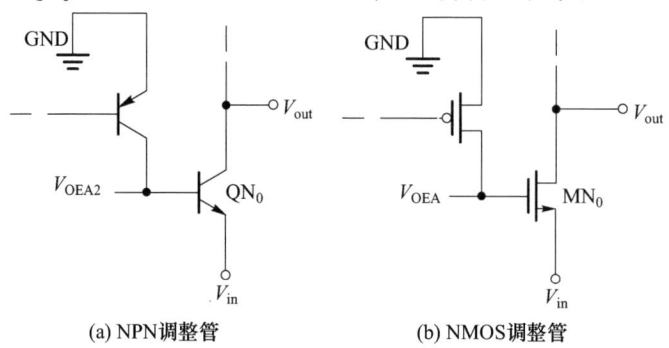

(a) NPN调整管 (b) NMOS调整管

图 7.67　两种 N 型调整管原理结构

表 7.1 总结了这四种调整管的重要特点，依此为依据，在设计 PA 栅极偏置芯片时，为实现低静态电流、低跌落电压设计指标，采用 NMOS 晶体管作为调整管。

表 7.1　调整管

参数	P 型调整管		N 型调整管	
	BJT	MOS	BJT	MOS
跌落电压 $V_{dropout}$/V	$V_{EB} + V_{CE(min)}$	$V_{SG} + V_{DS(min)}$	$V_{CE(min)}$	$V_{DS(min)}$
静态电流/A	0	0	$I_{O(max)}/\beta$	0
输出阻抗/Ω	1/gm(BJT)	1/gm(MOS)	r_o	r_{ds}

NMOS 调整管的具体尺寸由芯片要求的最大输出电流 I_{max} 和跌落电压 $V_{dropout}$ 确定。对于某一确定的输出电流，增大功率管的宽长比（W/L），有利于降低 $V_{dropout}$；但是一直增大调整管的 W/L，其栅极寄生电容必然相应地增加，这会增大误差放大器的响应时间；此外，也会造成寄生极点左移，相位裕度减小，系统稳定性变差。调整管尺寸确定时，大输出电流时的 $V_{dropout}$ 大于小输出电流时的 $V_{dropout}$；因此，在要求大输出电流和低跌落电压的 PA 栅极偏置芯片设计中，优化功率管的宽长比是非常重要的。

(2) 误差放大器 EA_2。

图 7.68 给出了 EA_2 结构图,包括四部分:折叠式共源共栅放大级(Ⅰ)、甲类输出级(Ⅱ)、偏置电路(Ⅲ)和控制电路(Ⅳ)。

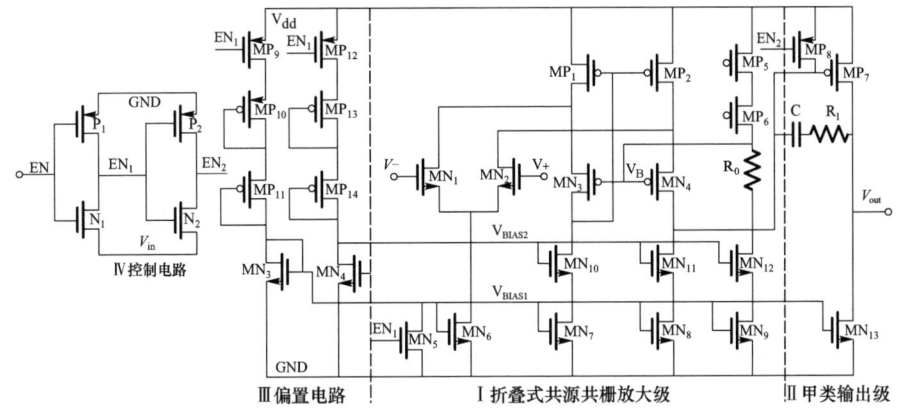

图 7.68 EA_2 结构图

该结构有诸多优点,开环增益高、输出摆幅大,并且输入和输出可以短接,输入共模电平更容易选取。

折叠式共源共栅放大级(Ⅰ)的低频小信号增益为

$$AV = g_{mMN_1}\{[(g_{mMP_3}+g_{mbMP_3})r_{oMP_3}(r_{oMP_1}//r_{oMN_1})]//[(g_{mMN_{10}}+g_{mbMN_{10}})r_{oMN_{10}}r_{oMN_7}]\} \quad (7.85)$$

甲类输出级(Ⅱ)的交流输出电阻为

$$r_{out} = \frac{1}{g_{dsMP_7}+g_{dsMN_{13}}} = \frac{1}{(\lambda_{MP_7}+\lambda_{MN_{13}})I_D} \quad (7.86)$$

式中:I_D 为流过电流源负载管 MN_{13} 的电流。

甲类输出级(Ⅱ)的小信号电压增益为

$$\frac{V_{out}}{V_{in}} = \frac{-g_{mMP_7}}{g_{dsMP_7}+g_{dsMN_{13}}} \quad (7.87)$$

折叠式共源共栅放大级(Ⅰ)的低频小信号增益与甲类输出级(Ⅱ)的小信号电压增益的乘积就是误差放大器 EA_2 的增益。

弥勒电容 C 和电阻 R_1 对 EA_2 进行频率补偿保证其稳定工作。第三级(Ⅲ)偏置电路为 EA_2 提供偏置电压。

第四级(Ⅳ)控制电路中使能信号 EN 为高电位时,EA_2 正常工作,低电位时,EA_2 关断。

6) 过温保护模块

如图 7.69 所示,偏置电路、温敏器件、滞回功能电路和比较器组成了过温保护电路(OTP)。

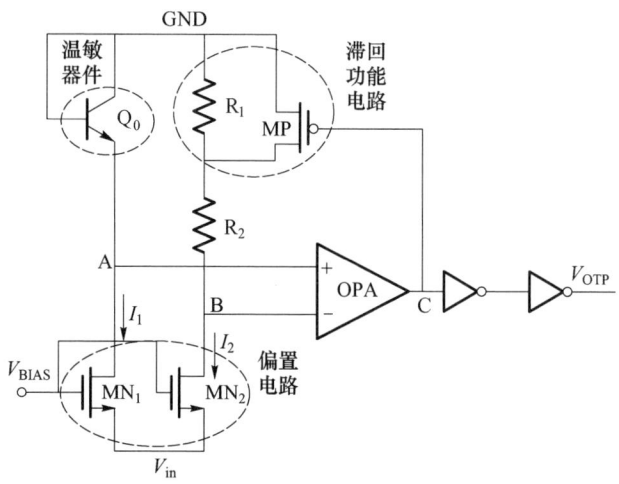

图 7.69　OTP 原理图

OTP 基于正温度系数的电流 I_1、I_2 与负温度系数的温敏器件工作,原理如下:常温下 $V_A < V_B < 0\text{V}$,MN 管导通,输出信号 V_{OTP} 为逻辑低电平,图 7.60 中 MN 管关闭,功率管 MN_0 不受 OTP 模块影响,正常工作;随着环境温度升高,V_A 升高 V_B 降低,当 $-I_2R_2 = V_B < V_A < 0\text{V}$ 时($V_B = V_A = -I_2R_2$ 时的温度称为热关断触发点 T_H),C 点电平翻转,MP 管关断,输出信号 V_{OTP} 为逻辑高电平,图 7.60 中 MN 管导通,功率管 MN_0 的栅极电位被拉低,芯片关断;环境温度回落时,V_A 降低 V_B 升高,当 $V_A < V_B = -I_2(R_1+R_2) < 0\text{V}$ 时($V_A = V_B = -I_2(R_1+R_2)$ 时的温度称为热开启触发点 T_L),输出信号 V_{OTP} 恢复为逻辑低电平,解除对功率管 MN_0 栅极电位的控制,芯片回到正常工作状态;MP 和电阻 R_1 用来实现温度迟滞,适合的温度迟滞可以有效的防止热震荡发生。热关断触发点 T_H 和热开启触发点 T_L 的理论推倒过程如下。

假设电流 I_2 与图 7.63 负压带隙基准模块中正比于温度的电流 I_B 相等且电流 I_2 与电流 I_1 满足关系式 $I_2 = 2I_1$ 则有

$$I_1 = I_B = \frac{1}{R_5}\frac{kT}{q}\ln N \tag{7.88}$$

温敏器件 Q_0 管的基极 - 发射极电压 V_{BE0} 可以近似表示为

$$V_{\text{BE0}} = V_{G0} - K_N T \tag{7.89}$$

节点 A 和节点 B 的电压可以表示为

$$V_A = 0\text{V} - V_{\text{BE0}} = -(V_{G0} - K_N T) \tag{7.90}$$

$$V_B = 0\text{V} - R_2 \cdot I_2 = -2 \cdot R_2 \cdot \left(\frac{1}{R_5}\frac{kT}{q}\ln N\right) \tag{7.91}$$

式中：V_{G0} 为 0K 时的带隙电压；K_N 为基极 – 发射极的负温度系数。

热关断触发点 T_H 处有关系式 $V_A = V_B = -R_2 \cdot I_2$，即

$$-(V_{G0} - K_N T_H) = -\frac{2 \cdot R_2}{R_5} \frac{kT_H}{q} \ln N \qquad (7.92)$$

得到 T_H 为

$$T_H = \frac{V_{G0}}{K_N + \dfrac{2 \cdot R_2 k}{R_5 q} \ln N} \qquad (7.93)$$

热开启触发点 T_L 处有关系式 $V_A = V_B = -I_2 \cdot (R_1 + R_2)$，即

$$-(V_{G0} - K_N T_L) = -\frac{2 \cdot (R_1 + R_2)}{R_5} \frac{kT_L}{q} \ln N \qquad (7.94)$$

得到 T_L 为

$$T_L = \frac{V_{G0}}{K_N + \dfrac{2 \cdot (R_1 + R_2)}{R_5} \dfrac{k}{q} \ln N} \qquad (7.95)$$

可见热关断触发点 T_H、热开启触发点 T_L 和迟滞温度 $(T_H - T_L)$ 可以根据实际情况调节[13-17]。

7）过流保护模块

PA 栅极偏置芯片中的调整管具有较弱的承受短暂过载的能力，限流保护电路对于高可靠芯片是必须的。这里介绍一种减流型限流保护电路，如图 7.70 所示。

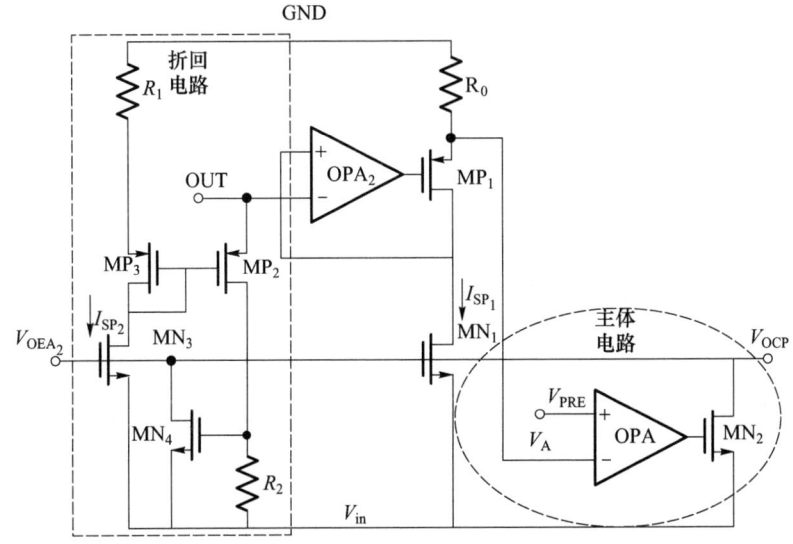

图 7.70 OCP 电路原理图

由图 7.70 可直观看到其主要组成部分:主体电路和折回电路。放大器 OPA$_2$ 虚短虚断特性,可使电流采样管 MN$_1$ 的漏极电位与芯片的输出电位相等,从而保证电流采样的精确性;主体电路可在过流发生时将输出电流限定在一定值;折回电路,可在过流发生时使得输出电流随着输出电压绝对值的降低而降低。

电路的具体参数如下:

设采样管 MN$_1$ 的电流为 I_{SP_1},采样管 MN$_3$ 的电流为 I_{SP_2},PA 栅极偏置芯片的输出电流为 I_{out},则有:

$$I_{SP_1} = \frac{\dfrac{W_{MN_1}}{L_{MN_1}}}{\dfrac{W_{MN_0}}{L_{MN_0}}} \cdot I_{out} \quad (7.96)$$

$$I_{SP_2} = \frac{\dfrac{W_{MN_3}}{L_{MN_3}}}{\dfrac{W_{MN_0}}{L_{MN_0}}} \cdot I_{out} \quad (7.97)$$

主体电路电压 V_A 可表示为

$$V_A = -I_{SP_1} \cdot R_0 \quad (7.98)$$

折回电路中 MP$_2$ 栅极电压 V_{G,MP_2} 可通过电阻 R_1、MP$_3$ 管和 MN$_3$ 管所在支路得到,即

$$V_{G,MP_2} = V_{G,MP_3} = -\sqrt{\frac{2I_{SP_2}}{u_p C_{OX} \dfrac{W_{MP_3}}{L_{MP_3}}}} - |V_{THP}| - I_{SP_2} \cdot R_1 \quad (7.99)$$

于是 MP$_2$ 管的源-栅电压可表示为

$$V_{SG,MP_2} = V_{out} - \left(-\sqrt{\frac{2I_{SP_2}}{u_p C_{OX} \dfrac{W_{MP_3}}{L_{MP_3}}}} - |V_{THP}| - I_{SP_2} \cdot R_1 \right) \quad (7.100)$$

可见,芯片的输出电压 V_{out} 和采样电流 I_{SP_2} 是影响 V_{SG,MP_2} 的主要因素。

工作原理如下:

芯片正常工作时,主体电路的比较器 OPA 同相输入端电压低于反相端,即 $V_{PRE} < V_A$,输出逻辑低电平,MN$_2$ 关断;并且,折回电路的 MP$_2$ 管源-栅电压低于其导通条件,即 $V_{SG,MP_2} < |V_{THP}|$,MP$_2$ 关断,电阻 R_2 所在支路无电流,所以 MN$_4$ 也截止,因此图 7.60 中功率管 MN$_0$ 不受 OTP 模块影响,正常工作;当芯片输出电流超过设定值或输出短路时,主体电路的比较器 OPA 同相输入端电压高于反相

端,即 $V_{PRE} > V_A$,输出逻辑高电平,MN_2 导通,图 7.60 中功率管 MN_0 的栅极电压被拉低,输出电流被限定在一个定值,芯片的输出电压升高;当 V_{out} 升高到某一定值时,折回电路的 MP_2 管源-栅电压高于其导通条件,即 $V_{SG,MP_2} > |V_{THP}|$,MP_2 导通,折回电路开始工作,电阻 R_2 所在支路的电流随着输出电压的升高而增大,当电阻 R_2 上的压降大于 MN_4 的阈值电压时 MN_4 导通,图 7.60 中功率管 MN_0 的栅极电压被进一步拉低,输出电流迅速减小,降低系统的功耗,实现减流型过流保护功能。

7.5.2　PA 栅极偏置芯片测试技术

由于 PA 栅极偏置芯片与线性稳压源芯片的测试方法一致,因此仅对 PA 栅极偏置芯片的测试技术加以介绍。图 7.71 所示为 PA 栅极偏置芯片的放大后照片。与电源调制芯片不同,PA 栅极偏置芯片直接测试的结果更少,一般只通过精度较高的万用表电压档(或电流档)对不同情况下的输出电压等读数并加以记录。为了更好的了解其特性,要通过描点拟合的方法,将这些变化数据组合在一起形成直观的结果。图 7.72 为典型的测试连接关系,可见该芯片的测试主要靠数字万用表完成,通过温度、电源电压等的变化,描点得出测试结果曲线。

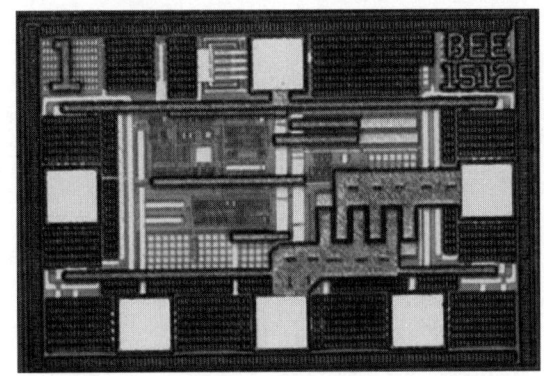

图 7.71　PA 栅极偏置芯片照片(见彩图)

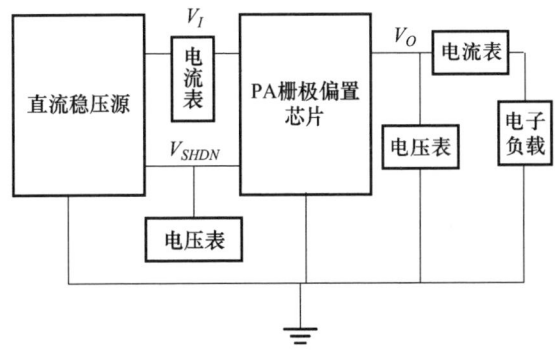

图 7.72　PA 栅极偏置芯片测试连接图

图 7.73 所示为 PA 栅极偏置芯片测试拟合出的波形图。温度特性曲线一般选取不同温度下基准或芯片输出电压点数个，通过描点并拟合曲线将各个点连接，从而形成温度特性曲线，用以显示芯片的温度特性。

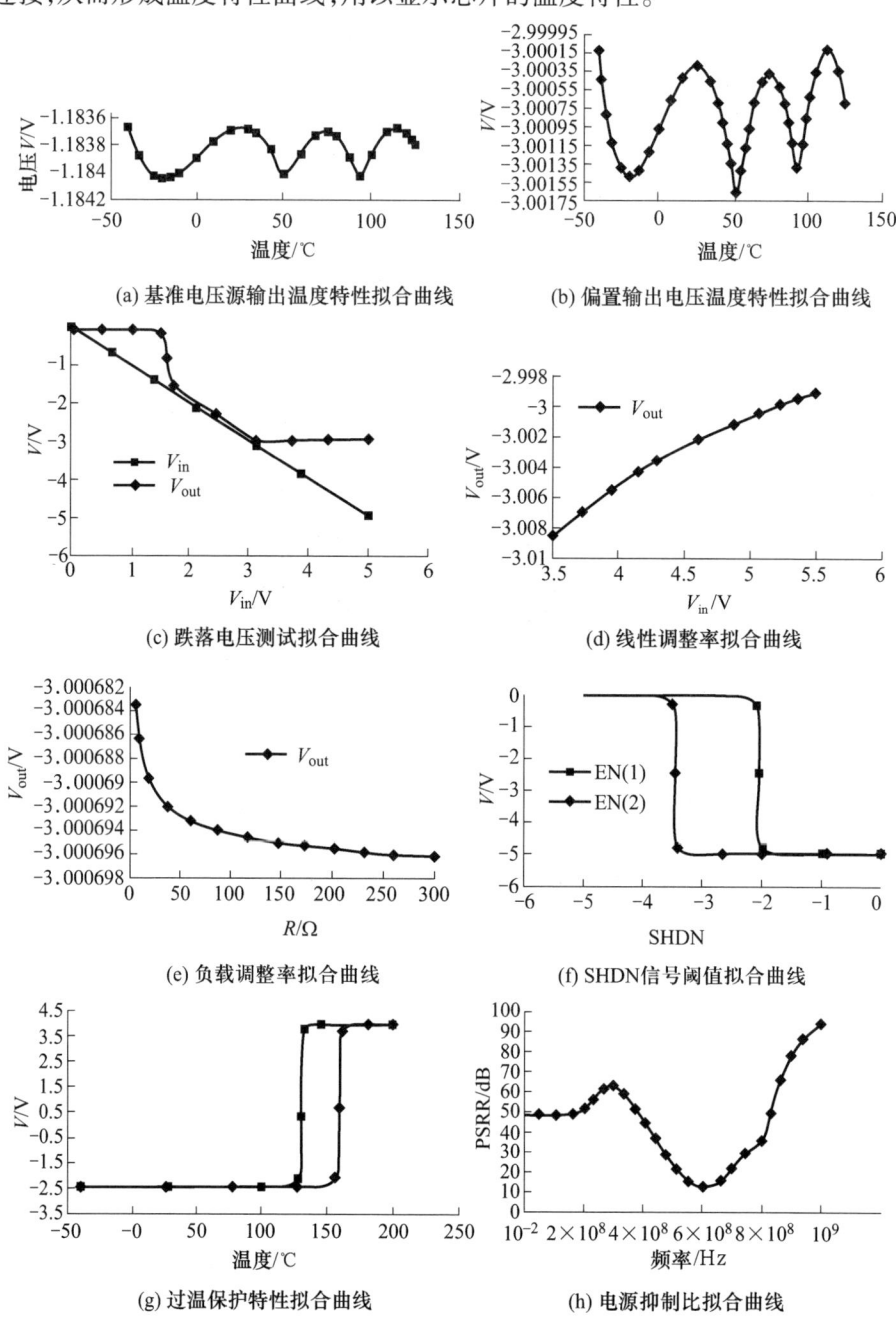

(a) 基准电压源输出温度特性拟合曲线
(b) 偏置输出电压温度特性拟合曲线
(c) 跌落电压测试拟合曲线
(d) 线性调整率拟合曲线
(e) 负载调整率拟合曲线
(f) SHDN 信号阈值拟合曲线
(g) 过温保护特性拟合曲线
(h) 电源抑制比拟合曲线

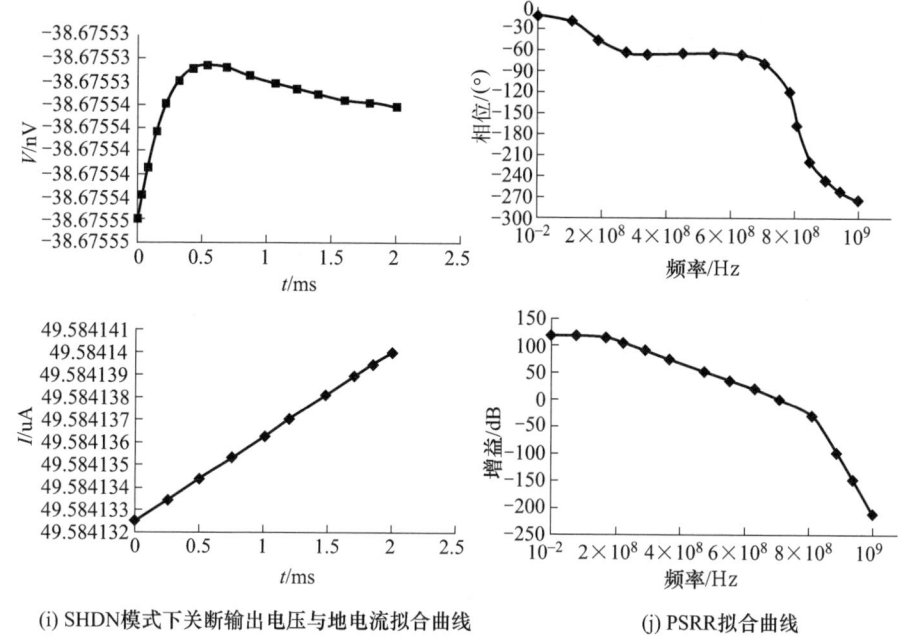

(i) SHDN模式下关断输出电压与地电流拟合曲线　　(j) PSRR拟合曲线

图7.73　PA栅极偏置芯片测试拟合波形图

7.6　电源调制芯片

电源调制芯片是T/R组件电源转换与辅助电路中最重要的部分之一,它替代了传统的分立元件调制电路,实现了调制驱动、负控正、放电回路等功能,使电路可靠性大幅度提升,电路规模减小。

电源调制技术是为T/R组件中的功率放大器(PA)及低噪声放大器(LNA)提供受控的供电电源的一种技术,其典型的使用方法是通过外接调制信号,将调制信号加载在PA或LNA漏极的电源上来控制PA或LNA上电源的通断,从而实现PA、LNA与射频信号的同步加载。所述的电源调制芯片,通过将调制信号转化成能够直接控制独立高功率PMOS管的驱动信号,从而控制该PMOS适时开关,保证PA与LNA的漏极电源与栅极射频信号同步稳定。

7.6.1　电源调制芯片设计技术

1. 主要技术指标

主要指标有:静态工作电流、输入阈值范围、输出高低电压、输出峰值电流、使能阈值、输出上升沿时间、输出下降沿时间、延迟时间等,由于前面对这些指标均有介绍,这里不再赘述。

2. 电路拓扑结构

典型的电源调制芯片的结构框图如图7.74所示。

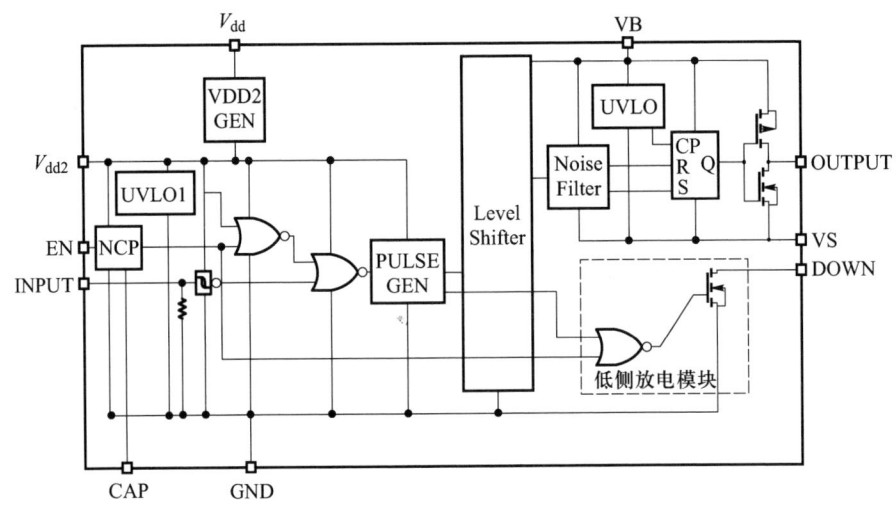

图7.74 电源调制芯片结构框图

与传统分立式电路不同,为了将性能提升与功能集成一体,在设计中以多个独立的功能模块为基础,主要包括负控正控制单元(NCP)、欠压锁存模块(UVLO)、低电平产生模块(VDD2 GEN)、脉冲产生模块(PULSE GEN)、电平移位模块(Level Shifter)、去噪声模块(Noise Filter)、驱动恢复模块及低侧放电模块等。

3. 关键模块设计技术

1) 负控正单元电路分析与设计

由于T/R组件中的功率放大器多为GaN或GaAs耗尽型放大器,需要对漏极电压和栅极电压的加载顺序进行控制,保证栅极电压早于漏极电压加载,因此在电源调制芯片中加入负控正控制单元(NCP),如图7.75所示。

NCP由一个基准电压源、放大器和一个电流比较器组成,其中V_{REF}与AMP主要是给电路一个精确的电流,M_1的电流为V_{REF}/R_1。当EN电平为0即GND电平时,此时M_5和M_6工作在线性区,CAP端输出电平为0,当EN电平为$-5V$时,此时M_5和M_6工作在饱和区,M_4工作在线性区,CAP端输出电平为电源电平。CAP引脚接入一个较大的电容,由于电路电流可较精确的控制,因此可以通过调节电容大小,来调节电路的延时时间,从而保证功放栅极和漏极的加电顺序。

2) 输入级电路分析与设计

如图7.76所示的电路结构为输入级电路设计框图。INPUT是初始输入信号经过施密特触发器以及两级反相器后将逻辑高电平升到5V得到的信号,然

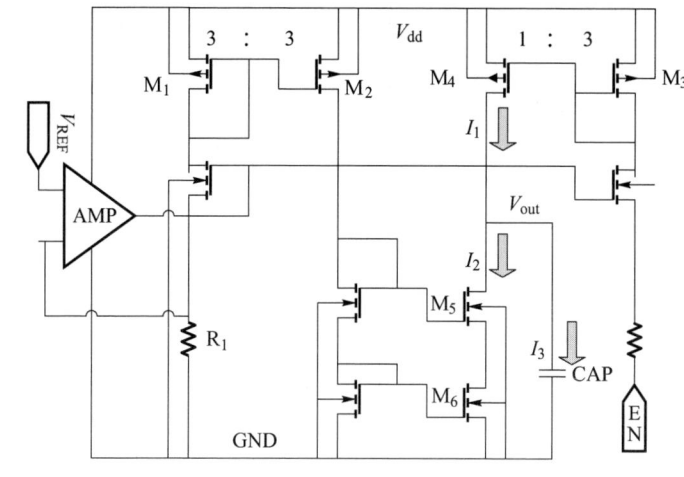

图 7.75　负控正单元电路

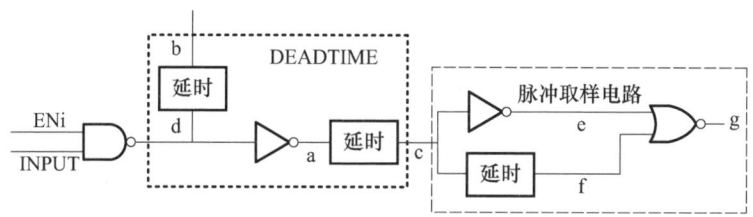

图 7.76　输入级电路框图

后和使能信号 EN_i 进行"与非"运算,使能信号 EN_i 正常工作保持逻辑"1"。电路的关键是把第一步逻辑运算的输出信号转化为两个相位相反,大小相等的方波信号,并通过一定的延时处理使两个信号在翻转时刻存在一定的时间差,如图 7.77(a)所示。

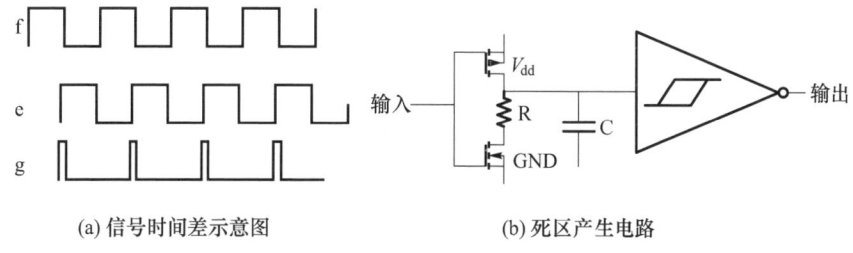

(a) 信号时间差示意图　　　　(b) 死区产生电路

图 7.77　死区时间产生及信号关系图

将上述信号输入"或非"门后即可得到宽度一定的脉冲信号。为了保证信号传输衰减量,脉冲信号的宽度需达到 80~120ns。采用的取样延时处理单元为 RC 电路和施密特触发器结构,如图 7.77(b)所示。延迟时间的计算公式为:
$T = V_{TH} \cdot C/I_{平均}$ 且 $I_{平均} = \alpha V_{TH}/R$ 所以 $T = \alpha RC$。

此单元电路中为了保证 PMOS 功率管开启时,放电回路驱动管处于关闭;PMOS 功率管关闭时,放电回路驱动管处于开启,也就是存在一定死区时间。因此在输入信号的脉冲取样之前同样要利用延迟模块。

如图 7.76 所示,信号 c 与信号 a 相比上升沿滞后,信号 b 与信号 d 相比上升沿滞后,由于信号 a 与信号 d 是相反信号,所以信号 c 和信号 b 的波形应如图 7.78(a)所示。PMOS 功率管栅极电压信号和放电回路驱动管 NMOS 栅极电压信号的波形如图 7.78(b)所示。

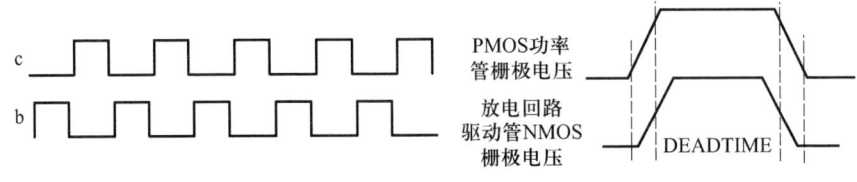

(a) c信号和b信号对比　　　　　(b) 死区时间显示

图 7.78　死区时间关系信号示意

3) 输入信号恢复电路分析与设计

电平转移模块的输出信号虽然在电平数值上满足了设计要求,但输出的信号宽度很窄,不能直接作为驱动器电路的输入信号。因此,需要把电平转移模块的输出信号高电压的持续时间进行恢复。图 7.79 所示的是信号恢复电路的简单框图,图中缓冲器的作用是对电平转移的输出信号进行整形。RS 触发器是恢复信号的关键部分。RS 触发器电路采用三个与非门级联实现相应的逻辑运算,如图 7.80(a)所示。具体的运算结果可参照图 7.80(b)的真值表,触发器的两个输入脉冲信号出现的时间存在一定延迟,从而不会出现两个信号同时为"0"的情况,保证了 RS 触发器的输出状态为确定值。

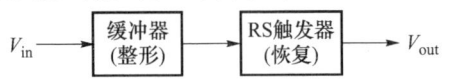

图 7.79　信号恢复电路的简单框图

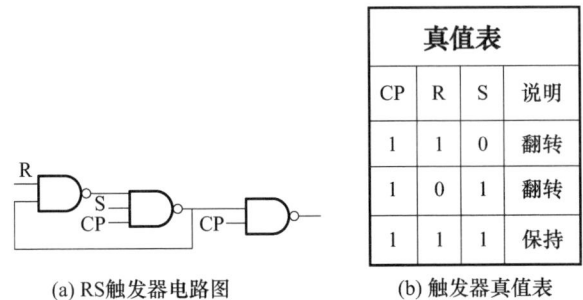

(a) RS触发器电路图　　　　　(b) 触发器真值表

图 7.80　RS 触发器原理

4) 整体设计技术

图 7.81 为电源调制芯片的电路整体仿真连接关系图。根据图 7.82 的仿真结果分析:EN 为 0 时 VS(DOWN)引脚输出为 0,即 DOWN 导通,OUTPUT 与 VS 电压均为 0,输出关断;EN 下降到 $-5V$ 后,OUTPUT 输出逻辑正常,VB 随着 OUTPUT 开启升高、随其关闭降低,同时 VS 引脚电平随着 OUTPUT 关闭下降、开启上升。VB 与 VS 电压差始终保持与 V_{dd} 电压值相等。

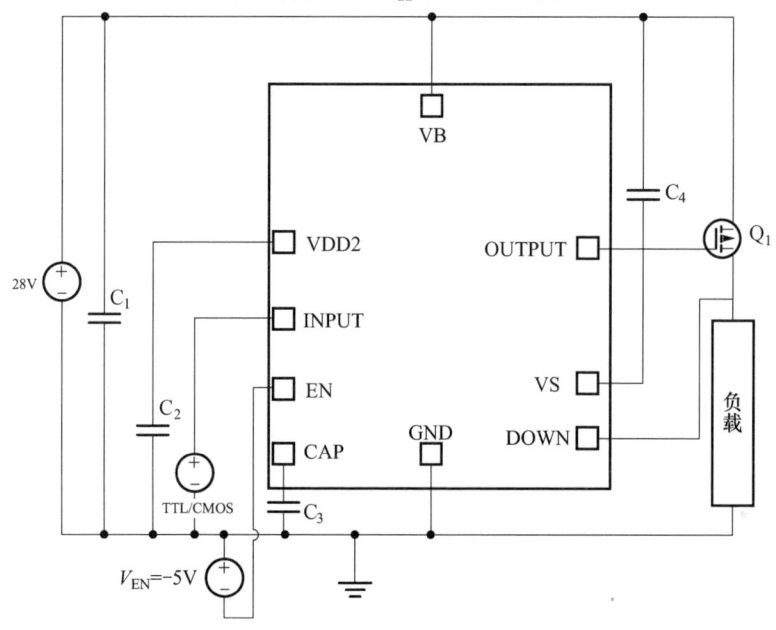

图 7.81 整体电路仿真连接关系

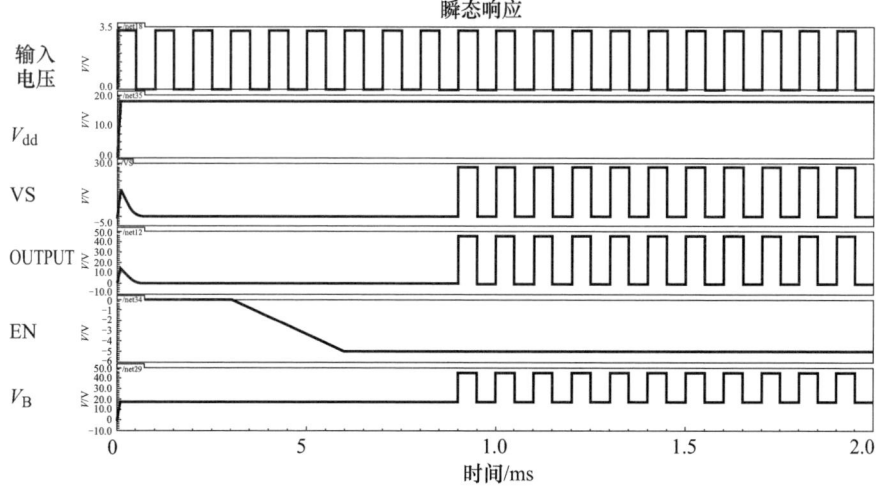

图 7.82 整体输出信号仿真分析

7.6.2　电源调制芯片测试技术

如图 7.83 所示,为电源调制芯片的照片。为了便于完成手工抽查全指标测试,首选需要将芯片键合封装,与其他元器件组合成测试电路,而后再进行测试。静态指标主要由万用表读取,动态指标如频率、高低电平、上升下降沿等则直接由精度较高的示波器读出,如图 7.84 所示。调制驱动芯片的主要测试结果波形如图 7.85 所示。由图 7.85(a) 和图 7.85(b) 可知,该测试波形主要具有以下特点:高侧输出信号的最高电平为最高电源电压 V_B,高侧输出信号的最低电平为 V_B-14V;低侧输出信号的最高电平为 13～14V,高侧输出信号的最低电平为 GND;负载信号的最高电平为 V_B,最低电平为 GND。高侧信号能够有效驱动高侧 PMOS 功率管;低侧信号可以驱动低侧 NMOS 管正常工作;负载信号在 V_B 与 GND 之间不断切换,符合电源调制的基本要求。由图 7.85(c) 和图 7.85(d) 可

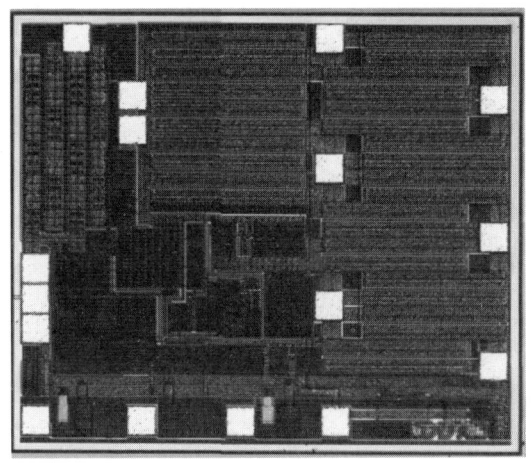

图 7.83　电源调制芯片照片(见彩图)

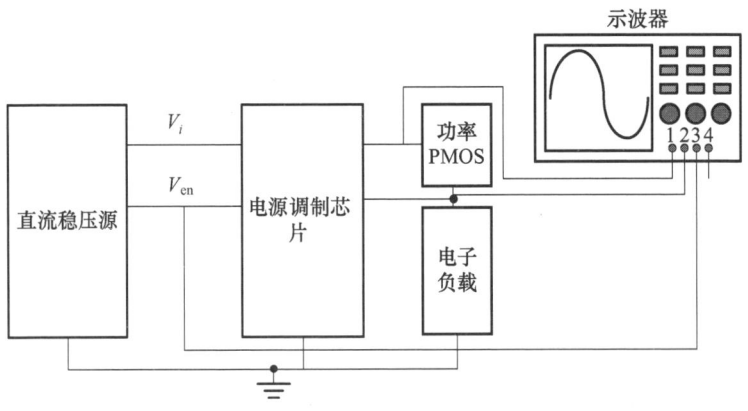

图 7.84　电源调制芯片测试连接关系图

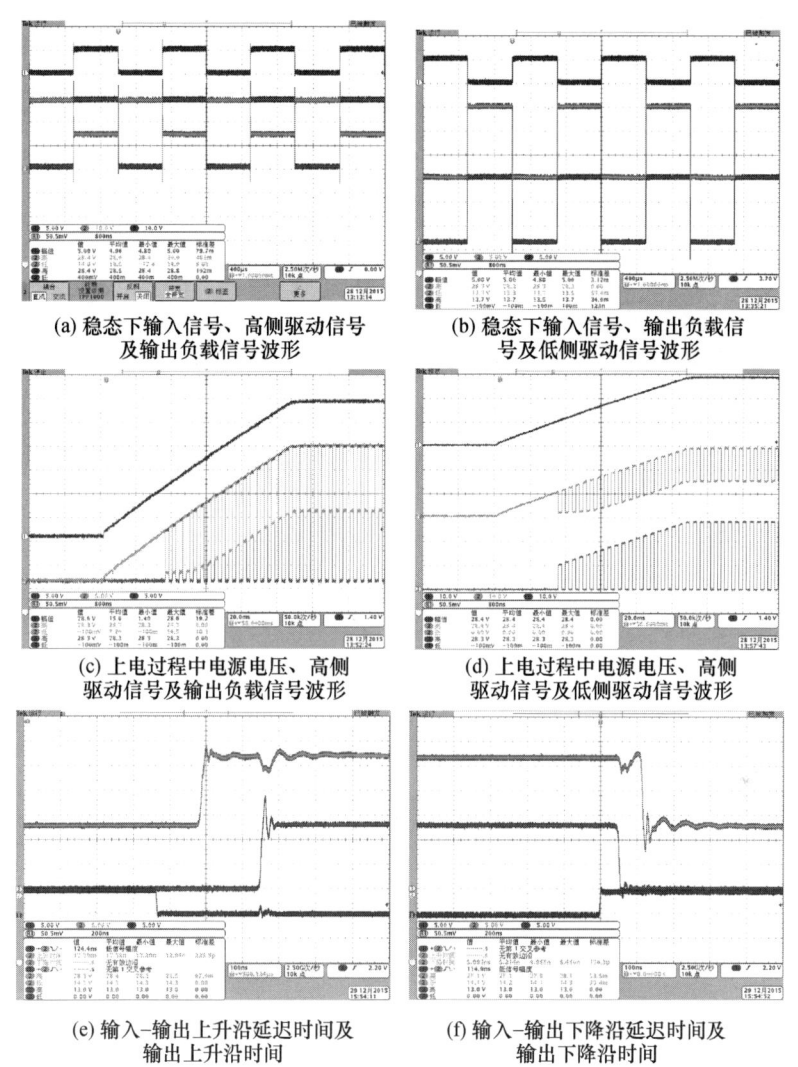

图 7.85 电源调制芯片动态测试波形图

知,在初始上电过程中,高侧输出信号开始保持为"高",从而关断 PMOS 管,负载上的电平为"低";当芯片电压超过 UVLO 上电阈值后,芯片开始工作,负载上电压正常调制。由图 7.85(e)和图 7.85(f)可知,高侧输出驱动信号的上升沿和下降沿都在 15ns 以内,具有较好的开关特性和驱动能力;输出信号两个沿与输入信号延迟时间基本一致,误差不足 10ns,输出信号较好的保持了输入信号的形状,一般不需过多附加调节即可保证系统的调制需求。

综上可见,调制芯片的主要性能在动态测试中更易确定,因此动态可见的测试是必需的。

7.7 电源管理芯片版图技术

雷达收发组件中使用的各种电源管理芯片,虽然种类较多,功能各不相同,但在版图设计方面的关键点却基本相同。

7.7.1 功率管设计

电源管理类芯片设计中,芯片内集成功率管已变得非常普遍,这不仅可以减少外围器件的数目,而且能够降低系统的设计成本。通常,开关型稳压器、线性稳压器、PA 栅极偏置芯片等均有将功率管集成在片内的设计。在片内集成功率管的设计中,通常会采用 MOS 功率晶体管,与双极型功率器件相比,MOS 功率晶体管具有没有饱和延迟,驱动电路简单,正向导通压降小等优点,同时在保证漏源电压很小的情况下,增加 MOS 晶体管的尺寸(宽长比 W/L)可以传导大的电流,因此,小信号晶体管采用的叉指状版图也在一定范围内适用于功率器件。

在常规的自对准多晶硅晶体管是由一系列相互交叉的源漏叉指组成,虽然这样的排布非常简单,但却不是最紧凑的结构。在功率管版图设计中,还可以通过其他设计把结构巧妙的源漏单元紧密地排布成阵列形式,以获得更小的特定导通电阻。同时,可以使功率管面积最优化,节省设计成本。

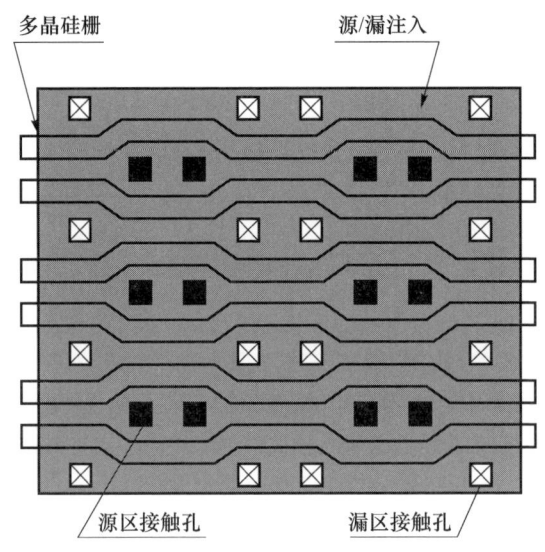

图 7.86　曲栅式 MOS 晶体管版图

图 7.86 为曲栅式 MOS 晶体管版图。采用曲栅式 MOS 晶体管制作功率管

版图时,可以增加栅极的宽度,同时使得栅极的排布能够更加紧密。在不牺牲更多版图面积的同时,这种结构的版图可以轻易地容纳分布式背栅接触孔。而在实际制作栅极时,没有采用90°的弯曲,而是采用了更加平缓的135°弯曲,以保证在大电流情况下不易发生局部雪崩击穿。同时,源区和漏区接触孔的对角放置结构也可以增加源/漏限流作用,从而改善器件在极限条件下的稳定性,保证功率管的安全性。

7.7.2 电源线、地线布局

在有电流通过电源线和地线时,应避免使用多晶硅(Poly)走线。结合实际电路的设计,了解芯片中有大电流通过主要的电源线和地线,查看库文件中金属走线的技术说明,计算电流密度,从而选择合理的金属宽度(以及顶层金属厚度)进行走线,防止发生电迁徙,影响芯片的正常工作。同时,采用多层金属进行电源线和地线布局时,应注意它们彼此间的干扰,尽量采用梳状走线。

7.7.3 元器件的匹配设计

在版图设计中,匹配的主要规则是要把匹配器件相互靠近放置,同时还要注意器件的尺寸、取向的一致性、周围环境等影响。例如,在各种模拟电路中都会用到MOS管的匹配,这些电路(如差动对)主要是利用栅源电压的匹配,而其他电路(如电流镜)则是利用漏极电流的匹配,因此可以做到优化MOS晶体管的电压匹配或者电流匹配,但不能同时优化两者。

MOS管的匹配一般有以下五方面考虑:

(1) 在要求匹配的电路中采用相同的单元结构,常用叉指结构,同时各匹配MOS管的叉指长宽值完全相等。MOS管的尺寸是受工艺波动影响很严重的参数,因此要保证相对精度,必须在需要匹配的结构中采用统一的叉指尺寸。

(2) 电流成比例关系的MOS管,应使电流方向一致,版图中晶体管尽量同向,开关管可以忽略。

(3) 中心对称布图。这是模拟电路版图中最重要的一点思想,将匹配MOS管的叉指对进行排列分布,使两个匹配管在总体上具有共同的几何中心,并且相互对称。

(4) 配置dummy管,使版图周边条件一致,结构更加对称。dummy管要和MOS叉指对管具有同样的宽度和间距,最好能接到产生沟道阻断的固定电平。dummy管的主要作用是在光刻和掺杂注入时使最外端MOS管的漏极或源极与其余有源注入相匹配。

(5) 接触孔、金属走线不要放在有源区内,如果金属走线一定要跨过有源区的话就应加入dummy走线。

电阻的匹配主要有以下五方面考虑：

（1）为了减小光刻精度对阻值的影响，在版图面积允许的条件下应尽量增加多晶硅电阻的宽度。

（2）为了减小多晶硅电阻中电流的不均匀，版图一般采用长条型布局。由于每个电阻条都必须经过接触孔与别的器件连接，而接触孔的引入不可避免地带来电阻阻值的误差，为把这个误差控制在较小范围内，要尽量避免使用短条电阻，对精度要求较高的电阻，其长宽比至少要大于 5 甚至更高。

（3）利用比值电阻的方法来获得精度较高的电阻值。精度大小主要取决于电阻间的匹配性，与单个电阻阻值的精度联系相对较弱。

（4）在两个比值电阻的两端各加一条 dummy 电阻，但 dummy 电阻也必须与其余的电阻在宽度和间距上保持一致，这样才能保证电阻周围的环境相同。

（5）尽量避免在要求匹配的多晶硅电阻上面走线，当避免不了时，走线必须按同样的方式经过所有电阻，以使走线带来的影响对每个电阻都是相同的。

正确地构造电容能够达到其他任何集成元件所不能达到的匹配程度。下面是一些版图设计中电容匹配的九方面考虑：

（1）遵循三个匹配原则，它们应该具有相同方向、相同的电容类型以及尽可能的靠近。这些规则能够有效的减少工艺误差以确保模拟器件的功能。

（2）使用单位电容来构造需要匹配的电容，所有需要匹配的电容都应该使用这些单位电容来组成，并且这些电容应该被并联，而不是串联。

（3）使用正方块电容，并且四个角最好能够切成 45 度角。周长变化是导致不匹配的最主要的随机因素，周长和面积的比值越小，就越容易达到高精度的匹配。在需要匹配的电容之间使用相同的单位电容就能最大可能的实现匹配。

（4）在匹配的电容四周摆放一些虚构的电容（dummy 电容），能够有效减少工艺误差，这些 dummy 电容也要和匹配的单位电容有相同的形状和大小，并有相同间距。

（5）尽可能是需要匹配的电容大些。增加电容的面积能有效减少随机的不匹配。一般在 CMOS 工艺中比较适当的大小是 $20\mu m \times 20\mu m$ 到 $50\mu m \times 50\mu m$。如果电容的面积大于 $1000\mu m^2$，建议把它分成一些单位电容，做交叉耦合处理能够减少梯度影响以及提高全面匹配。

（6）对于矩形阵列，尽可能减小纵横比，1∶1 是最佳的。

（7）连接匹配电容的上极板到高阻抗信号上，这样比接下极板能够减少寄生电容。如果衬底的噪声耦合也是非常关心，建议在整个电容建一个 N 阱，这个阱最好连接到一个干净的模拟基准电压，比如地线。

（8）需要匹配的电容要远离大功耗的器件、开关晶体管以及数字晶体管，以减少耦合的影响。

（9）不要在匹配电容上走金属线，减少噪声和耦合的影响。

7.7.4 基准源的布局设计

在模拟电路系统中，许多内部模块的偏置电流与偏置电压都是来源于一个或多个带隙基准电路产生器。这些基准电路在整个芯片上的分布带来了很多严重的问题。图7.87所示为用于电流镜偏置的基准电压分布。

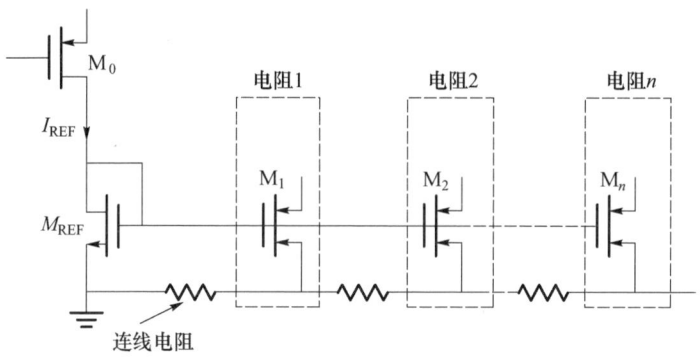

图7.87 用于电流镜偏置的基准电压分布

例如，当 $M_1 \sim M_n$ 作为许多模块的偏置电流源远离镜像管 M_{REF}，且相互之间也离得较远，此时电流镜之间的匹配性就显得很重要了，也必须考虑到沿地线所产生的连线电阻的电压降。为了解决上述的困难，可以将基准源按电流（而不是按电压）进行分配，如下图7.88所示。

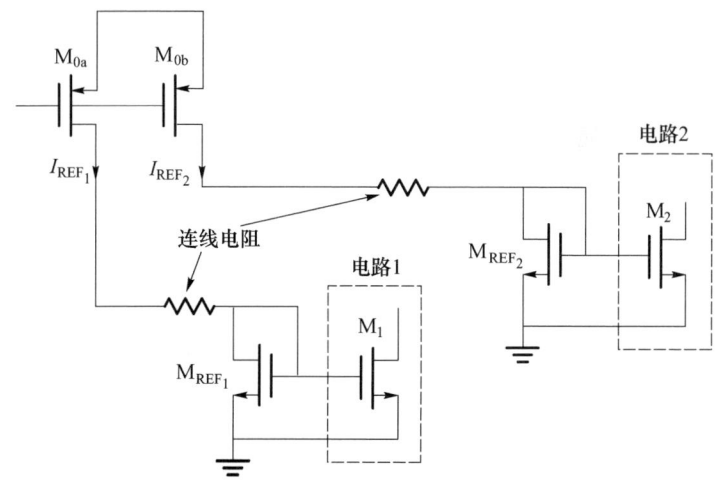

图7.88 电流分布减小连线电阻影响示意图

其主要思想是将基准电流走线连到临近的模块，并且就地生成镜像电流。

将连线电阻与电流源串连,如果电路模块密集地出现在芯片上不同区域,这种方法可减小系统的误差。但是,I_{REF_1} 与 I_{REF_2} 之间以及 M_{REF_1} 与 M_{REF_2} 之间的失配还是会带来误差。因此,在大的系统设计中,为了减小布线难度,最好多采用几个局部的带隙基准电路,但会以牺牲面积为代价。

7.7.5 避免衬底噪声的设计

衬底噪声定义为源、漏与衬底 PN 结正偏导通或者电源连接点引入的串扰。该串扰会使衬底电位产生抖动偏差,影响电路的可靠性。一般情况下,对于轻掺杂的衬底,可以用保护环把敏感部分电路包围起来,同时,敏感电路加了保护环以后,还可防止电路出现闩锁效应;在芯片内设计中,可以将地线 GND 与芯片衬底连在一起,然后由一条线连到片外的全局地线,使地线 GND 和衬底的跳动一致,也可有效消除衬底噪声。

7.7.6 互连线设计

在设计模拟集成电路版图时,互连线布局是必须考虑的一个因素。例如,在进行芯片内走线时,若走线比较长,则由连线所产生的平板电容和边缘电容就会增大,继而产生显著的耦合效应,降低系统的工作速度。在芯片的整体版图设计中,应根据各单元模块的工作特性和作用,选择合理的版图布局,尽量减少长距离走线。对于一些敏感信号线,还应采取相应的预防措施——在其两侧各放置一条地线,使"噪声源"发出的干扰终止于地线而不是敏感信号线。而在双层金属设计中,通道布线一般采用一层金属用于垂直布线,另一层金属用于水平布线。这样,可以防止因采用任意金属布线时,带来的大量不方便的金属跳线。因为大量金属跳线不但会带来布局的混乱不堪,也可能引起信号的串扰加剧。

当大面积的金属与栅极相连时,金属就会作为一个天线,在离子刻蚀(或离子注入)过程中收集周围游离的带电离子,增加金属上的电势,进而使栅电势增加,一旦电势增加到一定程度,就会导致栅氧化层击穿,这被称作天线效应。大面积的多晶硅也可能出现天线效应。为了避免天线效应,应减小直接连接栅的多晶硅和金属的面积,这可以通过用另外更高一层的过渡金属层来桥接割断本层金属,从而实现较小面积的本层金属的方法。在刻蚀本层金属的时候,过渡金属层还没有加工,因此直接连接到晶体管栅极的金属面积大大减小,减小或避免了天线效应。

7.7.7 闩锁效应(Latch-up)考虑

应对闩锁效应的版图方法较多,在第 6 章中均有介绍,本节不再赘述。

7.7.8 其他注意事项

考虑到芯片的可测性以及部分器件尺寸的调整,在关键单元模块应留有足够的余地,比如基准电压、误差放大器、输出驱动等单元模块,以方便后续版图的修改。

为了保证金属密度和 layout 层强度,应在空白处添加 dummy 金属。

由于键合工艺要求,PAD 的大小与选择的键合线直径、材质、键合工艺相关,PAD 与周围电路、金属应保持一定距离。

参考文献

[1] 汪军,张维平.一体化固态 T/R 组件前级电源设计[J].火控雷达技术,2014,(2).
[2] 王波,马强,陈兴国,等.一种采用三维集成封装的 T/R 组件的电源调制模块及其封装方法[Z].CN105742276A,2016.
[3] 魏宪举.宽带 T/R 组件的研究与设计[D].上海:上海交通大学,2008.
[4] 苏辰飞.基于系统级封装(SIP)技术 T/R 组件电磁兼容性研究[D].成都:电子科技大学,2014.
[5] 徐小帆,徐熹.一种新型的小型化脉冲调制电源的设计实现方法[Z].CN102983742A,2013.
[6] 何亮.机载火控雷达分布式电源系统研究[J].现代雷达,2005,(8).
[7] 王高飞.P 波段有源相控阵雷达数字 T/R 组件设计研究[D].南京:南京航空航天大学,2012.
[8] 郝金中,张瑜.一种 X 波段宽带 T/R 组件的实现[J].成都:电子科技,2015,(4).
[9] 袁冰.高效率大负载高集成电源芯片设计技术研究[D].西安:西安电子科技大学,2009.
[10] 袁冰,来新泉,叶强,等.集成于电流模降压型 DC-DC 变换器的电流采样电路[J].半导体学报,2008,(8).
[11] 袁冰,来新泉,贾新章,等.片内频率补偿实现电流模 DC-DC 高稳定性[J].西安电子科技大学学报,2008,(4).
[12] 李演明,来新泉,王红义.降压型 DC-DC 转换器自调节型斜坡补偿电路设计[J].微电子学与计算机,2005,(3).
[13] 王辉.高性能集成降压型 DC-DC 设计技术研究[D].西安:西安电子科技大学,2011.
[14] 刘洁.高效率电压模同步降压型 DC-DC 转换器的研究与设计[D].西安:西安电子科技大学,2012.
[15] 陈东坡,何乐年,严晓浪.一种低静态电流、高稳定性的 LDO 线性稳压器[J].电子与信息学报,2006,(8).
[16] 代国定,庄奕琪,刘锋.超低压差 CMOS 线性稳压器的设计[J].电子器件,2004,(2).
[17] 王忆.高性能低压差线性稳压器研究与设计[D].杭州:浙江大学,2010.
[18] 王义凯,王忆,巩文超,等.大电流、高稳定性的 LDO 线形稳压器[J].半导体学报,2007,(7).

[19] 王忆,何乐年,严晓浪.温度补偿的30nA CMOS 电流源及在 LDO 中的应用[J].半导体学报,2006,(9).

[20] 徐骏宇,高正平.一种高效率低电压3倍负压电荷泵的设计[J].电子科技大学学报,2005,(1).

[21] 叶树栋.低功耗产品的电源纹波噪声测量研究[J].中国集成电路,2016,(3).

[22] 高晶.DC/DC 降低纹波噪声的方法[J].电源世界,2015,(10).

[23] 方文啸,陈立辉,何小琦,等.开关电源的纹波噪声检测方法和系统[Z].CN104459361A,2015.

[24] 李思臻,邹雪城,甘泉.应用于 DC-DC 开关电源的数字控制软启动电路[J].华中科技大学学报(自然科学版),2009,(7).

[25] 刘雨鑫.基于系统兼容性的 DC-DC 开关电源芯片研究[D].西安:西北工业大学,2015.

[26] 王松林,朱枫,来新泉.新型可内置软启动电路的设计及其应用[J].电子器件,2007,(6).

[27] 王凤岩,许峻峰,许建平.开关电源控制方法综述[J].机车电传动,2006,(1).

[28] 周志敏.开关电源的分类及应用[J].电子质量,2001,(11).

[29] 司明.一种开关电源 PWM 控制电路设计[D].沈阳:辽宁大学,2013.

[30] 王辉.高性能集成降压型 DC-DC 设计技术研究[D].西安:西安电子科技大学,2011.

[31] 裴倩.一种恒流型 DC-DC 大功率 LED 驱动电路的设计[D].杭州:浙江大学,2010.

[32] Xu S, Sun F, Yang M, et al. A Wide Output Range Voltage-mode Buck Converter with Fast Voltage-tracking Speed for RF Power Amplifiers[J]. Microelectronics Journal, 2015, 46(1): 111-120.

[33] Xiao J, Peterchev A V, Zhang J, et al. A 4-μA Quiescent-current Dual-mode Digitally Controlled Buck Converter IC for Cellular Phone Applications[J]. Solid-State Circuits, IEEE Journal of, 2004, 39(12): 2342-2348.

[34] Nymand M, Andersen M A E. High-efficiency Isolated Boost DC-DC Converter for High-power Low-voltage Fuel-cell Applications [J]. Industrial Electronics, IEEE Transactions on, 2010, 57(2): 505-514.

[35] Gaboriault M, Notman A. A High Efficiency, Noninverting, Buck-boost DC-DC Converter[C]. Applied Power Electronics Conference and Exposition, 2004. APEC'04. Nineteenth Annual IEEE. IEEE, 2004, 3: 1411-1415.

[36] Kim I D, Kim J Y, Nho E C, et al. Analysis and Design of a Soft-switched Pwm Sepic DC-DC Converter[J]. Journal of Power Electronics, 2010, 10(5): 461-467.

[37] Kang S H, Maksimovic D, Cohen I. Efficiency Optimization in Digitally Controlled Flyback DC-DC Converters Over Wide Ranges of Operating Conditions [J]. Power Electronics, IEEE Transactions on, 2012, 27(8): 3734-3748.

[38] Gu Y, Lu Z, Qian Z, et al. A Novel ZVS Resonant Reset Dual Switch Forward DC-DC Converter[J]. Power Electronics, IEEE Transactions on, 2007, 22(1): 96-103.

[39] Mao H, Abu-Qahouq J, Luo S, et al. Zero-voltage-switching Half-bridge DC-DC Converter

with Modified PWM Control Method[J]. Power Electronics, IEEE Transactions on, 2004, 19(4): 947 - 958.

[40] Boonyaroonate I, Mori S. A New ZVCS Resonant Push-pull DC/DC Converter Topology[C]. Applied Power Electronics Conference and Exposition, 2002. APEC 2002. Seventeenth Annual IEEE. IEEE, 2002, 2: 1097 - 1100.

[41] Redl R, Sokal N O, Balogh L. A Novel Soft-switching Full-bridge DC/DC Converter: Analysis, Design Considerations, and Experimental Results at 1.5 kW, 100 kHz[J]. IEEE Transactions on Power Electronics, 1991, 6(3): 408 - 418.

[42] Aigner H, Dierberger K, Grafham D. Improving the Full-bridge Phase-shift ZVT Converter for Failure-free Operation Under Extreme Conditions in Welding and Similar Applications [C]. Industry Applications Conference, 1998. Thirty-Third IAS Annual Meeting. The 1998 IEEE. IEEE, 1998, 2: 1341 - 1348.

[43] Crovetti P S, Fiori F L. A Linear Voltage Regulator Model for EMC Analysis[J]. IEEE Transactions on Power Electronics PE, 2007, 22(6): 2282.

[44] Alon E, Kim J, Pamarti S, et al. Replica Compensated Linear Regulators for Supply-Regulated Phase-locked Loops [J]. Solid-State Circuits, IEEE Journal of, 2006, 41 (2): 413 - 424.

[45] 王凤歌. 一种 LDO 线性稳压器的研究与设计[D]. 西安: 西北大学, 2010.

[46] 柳娟娟. 低压差线性稳压器中核心模块的设计[D]. 成都: 西南交通大学, 2007.

[47] Al-Shyoukh M, Lee H, Perez R. A Transient-enhanced Low-quiescent Current Low-dropout Regulator with Buffer Impedance Attenuation[J]. Solid-State Circuits, IEEE Journal of, 2007, 42(8): 1732 - 1742.

[48] Stanescu C. Buffer Stage for Fast Response LDO[C]. 8th International Conference on Solid-State and Integrated Circuit Tecnology, ICSICT. 2003, 6(28): 357 - 360.

[49] Oh W, Bakkaloglu B, Wang C, et al. A CMOS Low Noise, Chopper Stabilized Low-dropout Regulator with Current-mode Feedback Error Amplifier[J]. Circuits and Systems I: Regular Papers, IEEE Transactions on, 2008, 55(10): 3006 - 3015.

[50] Leung K N, Mok P K T. A CMOS Voltage Reference Based on Weighted ΔVGS for CMOS low-dropout Linear Regulators[J]. Solid-State Circuits, IEEE Journal of, 2003, 38(1): 146 - 150.

[51] 翟艳男. 高速片上 CMOS 电荷泵研究[D]. 哈尔滨: 哈尔滨理工大学, 2008.

[52] 殷科生. 锁相环用新型全差分 CMOS 电荷泵设计[D]. 长沙: 湖南大学, 2008.

[53] 姜凯. PFM 调制开关电容稳压电荷泵电路设计[D]. 南京: 南京邮电大学, 2015.

[54] 景卫兵. 高效自适应电荷泵研究[D]. 成都: 电子科技大学, 2006.

[55] 王云松. 一种电荷泵多通道恒流白光 LED 驱动设计[D]. 上海: 复旦大学, 2010.

第 8 章
雷达收发组件新技术芯片

8.1 引　　言

　　伴随相控阵雷达不断向着更多功能、更大作用距离、更高探测精度、更低成本的方向发展,雷达收发组件用 MMIC 技术也在日新月异地向前发展。其中多功能集成芯片、GaN 芯片和毫米波芯片就是这些 MMIC 新技术的代表。

　　十多年前,雷达收发组件用的 MMIC 都还是低噪声放大器、功率放大器、移相器、衰减器、波控电路等单一功能的芯片,一个收发组件通常需要十个以上的单功能芯片,装配的芯片数量多、键合线数量更多。随着增强型/耗尽型(E/D)和低噪声/功率等集成工艺的研发成功和走向生产,一个芯片能够设计和实现多种不同的功能,如幅度控制、相位控制、TTL 波控、放大、开关选择、均衡等原先多个不同的单一功能的芯片可以用一个幅相控制多功能芯片代替;又如低噪声放大器、功率放大器和双向选择开关等原先 4 个芯片也可以用一个收发一体多功能芯片取代;还有低噪声放大器、混频器、中频放大器、本振放大器等原先好几个芯片现在可用一个变频放大多功能芯片替换。多功能芯片技术,大大减少了雷达收发组件用的 MMIC 芯片数量、键合线数量,缩小了组件的体积,提高了组件装配效率,降低了组件复杂度与成本。

　　宽禁带微波半导体产品主要包括 GaN 微波功率器件及 MMIC。由于 SiC 衬底优良的导热特性、GaN 器件高击穿场强和高功率密度,使得以 SiC 为衬底的 GaN HEMT 发展成为目前主流的微波功率器件。GaN HEMT 工作电压为 28 ~ 50V,$0.25\mu m$ 和 $0.5\mu m$ 工艺主要应用于 20GHz 以内的器件及单片电路; $0.15\mu m$ 工艺主要应用于 40GHz 以内的毫米波功率芯片和低噪声芯片,与 GaAs 器件相比,SiC 基 GaN 微波功率器件输出功率可提高 5 ~ 8 倍、附加效率提高 10% 以上,GaN 开关的耐输入功率提高 20 ~ 50 倍,GaN 低噪声放大器的耐输入功率提高 30 ~ 50 倍。宽禁带高功率器件及单片电路的应用必将扩大相控阵雷达的作用距离、简化阵面功率合成、减小组件的体积。

　　随着毫米波频段雷达技术的发展和应用的增加,毫米波雷达收发组件所用的 MMIC 有了长足的进步。目前 Ka 波段、Q 波段与 V 波段的 MMIC 采用的技术路线主要是 GaAs 半导体，W 波段 MMIC 采用的技术路线主要是 InP 半导体，而 GaN 半导体更加适合于这 4 个频段的功率放大器研发和应用。多功能芯片已在 Ka 波段、Q 波段和 V 波段实现。在 W 波段已研发出功率放大器、低噪声放大器、倍频器、混频器、SPST（单刀单掷）和 SPDT（单刀双掷）开关等 MMIC。毫米波收发单片电路的迅速发展，必将有力地促进毫米波雷达技术的发展及雷达功能和指标的提升。

本章首先介绍了 GaAs 基的多功能 MMIC 芯片技术，包括了当前雷达收发组件应用最广泛的收发一体、幅相控制、变频放大以及矢量调制等类型的多功能芯片；然后介绍了日新月异的宽禁带半导体芯片，以 GaN HEMT 为代表较为系统地介绍了材料与器件的特点、芯片设计及测试等；最后介绍了蓬勃发展的毫米波 MMIC 技术，主要包括毫米波芯片的应用领域、模型提取、电路设计和芯片测试等关键技术。

8.2 多功能芯片

多功能芯片主要有以下几种：收发一体多功能芯片、幅相控制多功能芯片、变频放大多功能芯片、矢量调制多功能芯片、一片式 T/R 多功能芯片。收发一体多功能芯片位于雷达收发组件的射频前端，紧邻天线，把雷达发射信号放大输出给天线，再把天线接收到的微弱信号进行放大。幅相控制多功能芯片位于收发一体多功能芯片和功分网络之间，通过开关切换分别实现收发信号的幅度和相位控制。矢量调制多功能芯片同样能够实现幅相控制的功能，与幅相控制多功能芯片相比，只是不能够对收发信号进行放大。变频放大多功能芯片则是位于功分网络之后，通过频率变换连接基带信号和射频信号。

收发一体多功能芯片和幅相控制多功能芯片可以组成两片式 T/R 组件，如果把这两种多功能芯片同时集成在一个单芯片上，则称为一片式 T/R 多功能芯片，其集成度更加全面、复杂。

8.2.1 收发一体多功能芯片

收发一体多功能芯片是把开关、低噪声放大器和功率放大器这三种单功能电路集成在一个芯片内，其芯片的原理框图如图 8.1 所示。当开关单元切换到接收通道时，微波信号从 RF_1 端口进入，经过低噪声放大单元进行放大，通过 RF_2 端口输出；当开关单元切换到发射通道时，微波信号从 RF_2 端口进入，经过功率放大单元进行放大，通过 RF_1 端口输出。

收发一体多功能芯片通常处于雷达收发组件中的微波前端，其在多通道 T/

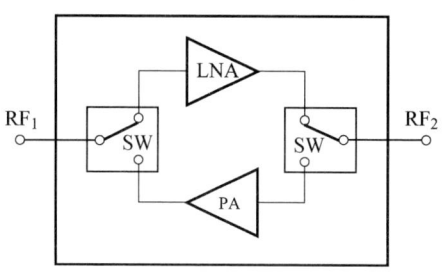

图 8.1　收发一体多功能芯片原理框图

R 组件中的典型应用框图如图 8.2 所示。合成网络前端的收发一体多功能芯片其接收通道用于接收外界信号,要求具有噪声低的特性;发射通道用于雷达信号的放大,然后通过天线辐射出去,要求具有效率高的特性。合成网络后端的收发一体多功能芯片用于补偿通道增益,弥补合成网络、幅相控制类芯片带来的插入损耗。

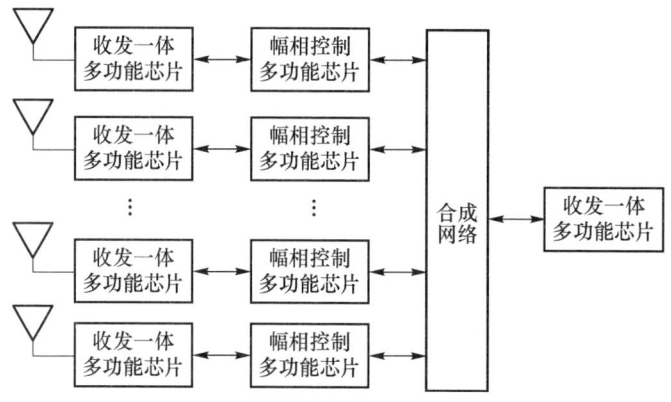

图 8.2　收发一体多功能芯片在雷达收发组件中的典型应用框图

收发一体多功能芯片要求器件同时具备优良的噪声特性和功率特性,其主要技术指标有:工作频率、收发增益及平坦度、接收支路噪声系数、发射支路输出功率和效率、输入电压驻波比、输出电压驻波比、工作电流等指标,通常采用能够同时兼容噪声和功率的工艺。目前用于雷达收发组件的收发一体多功能芯片采用的主流工艺都是基于 GaAs PHEMT 或 GaN HEMT 工艺。针对微波频段(20GHz 以下)的收发一体多功能芯片所采用器件典型栅长在 $0.25 \sim 0.5\mu m$ 之间,针对毫米波频段(20GHz 以上)的收发一体多功能芯片所采用器件典型栅长为 $0.15\mu m$ 甚至更细。

收发一体多功能芯片在设计过程中首先要考虑开关单元插入损耗对低噪声放大单元噪声性能的影响和对功率放大单元效率指标的影响;其次要分析开关的功率特性,即随着功率放大单元输出功率的提高,开关单元插入损耗的恶化程度;最后要考虑开关单元的隔离度是否足够大,当发射通道的输出功率通过开关泄漏到接收通道时,能够保护低噪声放大单元不被烧毁。综上所述,收发一体多功能芯片设计方法可概述为以下两条:

(1)对收发一体多功能芯片指标进行分解,合理分配到各个功能单元上,确定好如下指标:开关单元的插入损耗、低噪声放大单元的增益和噪声系数、功率放大单元的增益、输出功率和效率等指标。

(2)根据(1)确定好的指标,利用 EDA 软件优化开关单元、低噪声放大单元和功率放大单元,最终设计结果满足各项指标要求。

下面以一款基于 GaAs PHEMT 工艺的收发一体多功能芯片为例,阐述了收发一体多功能芯片的设计方法以及各个功能单元的设计指标情况。

图 8.3 为开关单元电路拓扑结构,每个开关支路由一个串联器件、两个并联器件组成。V_{in} 为输入端口,V_{out1}、V_{out2} 为输出端口,V_1 和 V_2 为加电端口,通过在 V_1 和 V_2 之间 0V/−5V 之间的切换实现信号通道的切换。

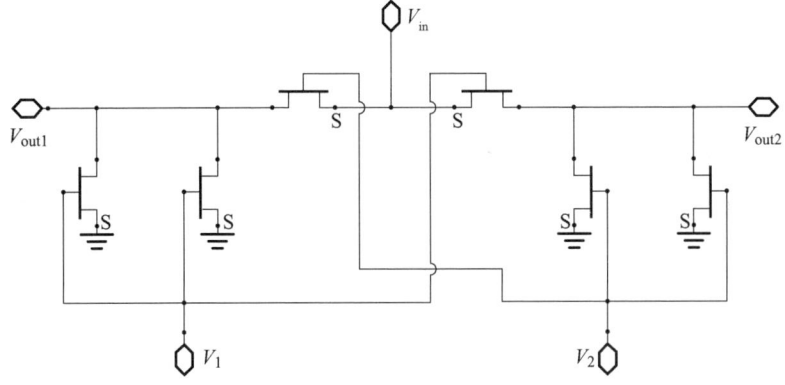

图 8.3 开关单元电路拓扑结构

通过优化器件尺寸及微波传输线电长度,在 X 波段范围内,实现插入损耗 IL≤1.0dB、隔离度 ISO≥37dB、开态输入电压驻波比 $VSWR_{in}$≤1.4∶1、开态输出电压驻波比 $VSWR_{out}$≤1.4∶1 的仿真结果。

图 8.4 为放大单元电路拓扑结构,采用了三级级联结构进行信号放大,每级器件的栅极通过电感或电阻接地指定为 0V;电路整体采用自偏置结构,通过源极串联电阻抬高电位,同时栅极直流接地来提供栅源偏置电压。V_{in} 为输入端口,V_{out} 为输出端口,V_D 为加电端口。

低噪声放大单元和功率放大单元均采用图 8.4 的电路拓扑结构,通过优化器件工作点、输入匹配网络、输出匹配网络和级间匹配网络,实现低噪声放大单元和功率放大单元的性能指标。

通过选取合适的器件尺寸及工作点,优化输入、输出和级间匹配网络,在 X

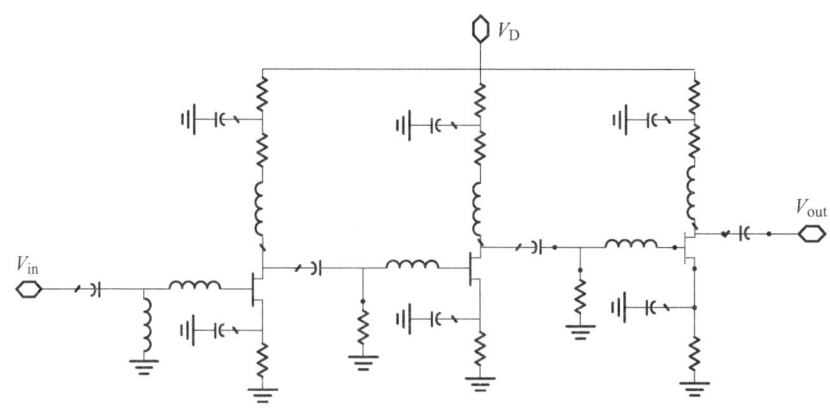

图 8.4　放大单元电路拓扑结构

波段范围内，低噪声放大单元实现线性增益 $G_{lin} \geqslant 30dB$、噪声系数 $NF \leqslant 1.4dB$、输入电压驻波比 $VSWR_{in} \leqslant 1.7:1$、输出电压驻波比 $VSWR_{out} \leqslant 1.6:1$ 的仿真结果，功率放大单元实现线性增益 $G_{lin} \geqslant 33dB$、饱和输出功率 $P_{out(sat)} \geqslant 22dBm$、输入电压驻波比 $VSWR_{in} \leqslant 1.9:1$、输出电压驻波比 $VSWR_{out} \leqslant 1.7:1$ 的仿真结果。

电路完成优化后需要根据相关工艺规则进行版图布局。在版图布局过程中要考虑到相邻微带传输线之间、微带传输线与无源元件(电容、电感和电阻)之间、微带传输线与有源器件之间的电磁耦合效应。例如微带传输线之间的线间距至少保持在三倍线宽以上。若设计的收发一体多功能芯片工作在毫米波频段，还需利用 EDA 软件进行电磁场仿真，获得较为准确的仿真结果。

最后根据相关工艺规则进行版图绘制，并进行光刻掩模版的制作，送交工艺线进行工艺流片。

图 8.5 所示为收发一体多功能芯片照片，开关单元采用串并联结构，低噪声放大单元和功率放大单元采用三级级联结构。开关单元工作电压为 0V/-5V，低噪声放大单元和功率放大单元工作电压为 +5V。

图 8.6 是收发一体多功能芯片的测试框图。利用多路输出电源和矢量网络分析仪可以测试芯片的增益、噪声系数、输出功率、效率、输入输出电压驻波比、工作电流等电性能指标。多路输出电源中的 D_1 和 D_3 端口提供 0V/-5V 电压，用于控制芯片的 SW_1 和 SW_2 端口电压，实现接收通道、发射通道的切换。多路电源中的 D_2 端口用于给收发一体多功能芯片中的低噪声放大单元和功率放大单元供电，当测试接收通道时，VD_RX 压点加 +5V 电，VD_TX 压点加 0V 电或悬空；当测试发射通道时，VD_TX 压点加 +5V 电，VD_RX 压点加 0V 电或悬空。

经过测试，该收发一体多功能芯片在 X 波段范围内，接收通道小信号增益为 29dB，噪声系数为 2.5dB，输入输出电压驻波比为 1.7:1，工作电流为 25mA；

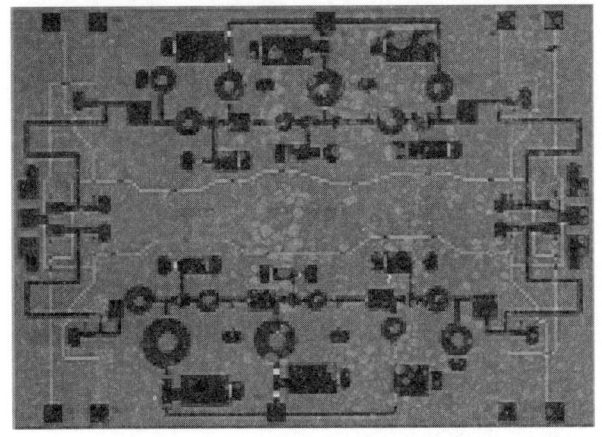

图 8.5 收发一体多功能芯片照片

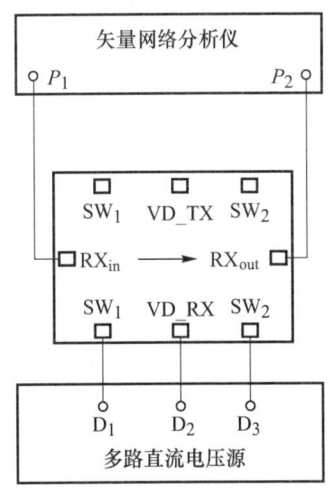 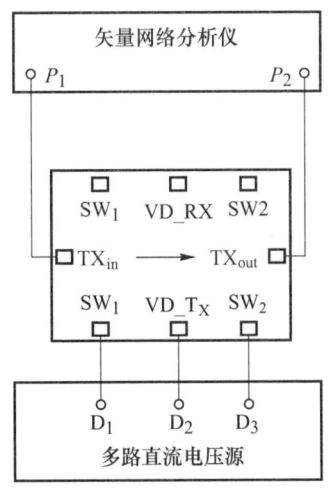

图 8.6 收发一体多功能芯片测试框图

发射通道小信号增益为 32dB,饱和输出功率为 21dBm,功率附加效率为 25%,输入输出电压驻波比为 1.5∶1,工作电流为 100mA。

8.2.2 幅相控制多功能芯片

幅相控制多功能芯片是指在一个芯片上集成了移相器、衰减器、放大器、开关以及数字驱动器等部分功能或全部功能的单片集成电路。该类多功能芯片能够随着外部控制条件的变化,改变芯片的幅度和相位,甚至控制接收发射通道的切换,实现收发组件所需要的各种功能。幅相控制多功能芯片在组件中的位置,如图 8.7 所示。在雷达收发组件中位于收发一体多功能芯片或功率放大器、低噪声放大器之后,多路功分网络之前,决定了收发组件的相位和幅度控制精度。

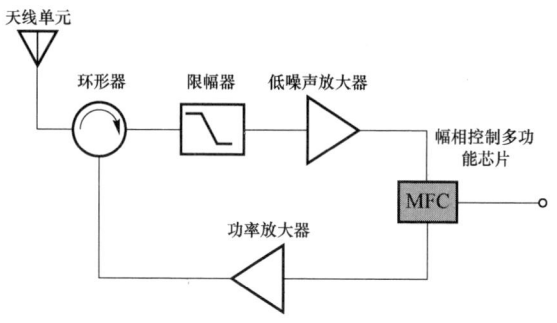

图 8.7 幅相控制多功能芯片在组件中的位置示意图

1. 幅相控制多功能芯片的种类

多功能芯片若只集成移相器、衰减器和数字驱动器则称之为移相衰减多功能芯片,这种多功能芯片一般为两端口形式,具有互易特性。除此之外,还集成有放大功能,则称之为幅相控制多功能芯片,这种多功能芯片多为三端口形式,接收输出端口和发射输入端口通过开关共用,也称为公共端。

典型的移相衰减多功能芯片框图如图 8.8 所示,集成了六位数控移相器、六位数控衰减器和数字驱动电路。移相衰减多功能芯片不集成放大器,因而具有互易性,微波发射信号可以从 RF_1 端口经移相器和衰减器到达 RF_2 端口,接收信号也可以从 RF_2 端口经衰减器和移相器到达 RF_1 端口。

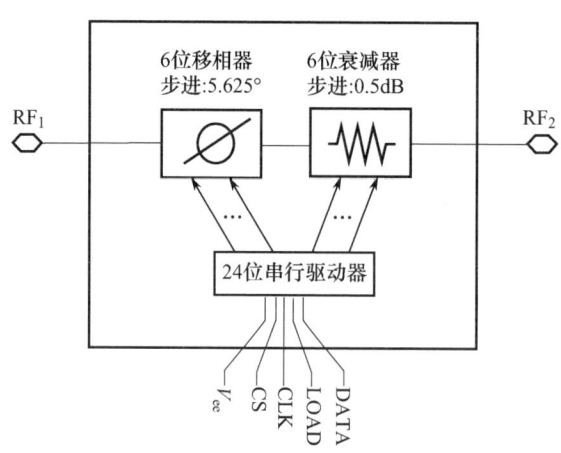

图 8.8 典型的移相衰减多功能芯片原理框图

典型的幅相控制多功能芯片的原理框图如图 8.9 所示,集成了单刀双掷开关、数控移相器、数控衰减器、放大器及串并转换电路等。

原理框图中所示意的开关状态为接收通道导通,微波信号从接收输入端口进入,经过接收放大器、公共通道的移相器、衰减器和放大器,最后从公共端口输

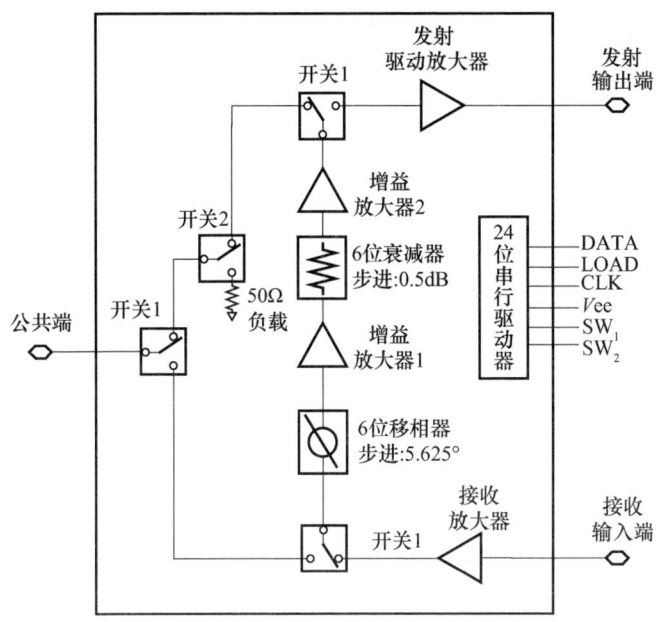

图 8.9 典型的幅相控制多功能芯片原理框图

出。当开关状态切换到发射通道时,微波信号从公共端口进入,经公共通道单元和发射驱动放大器,最后从发射输出端口输出。当收发组件处于待机状态时,微波信号从公共端口进入,经开关 1 和开关 2 接入到 50Ω 负载。

多功能芯片中六位数控移相器的最小移相步进为 5.625°,可以实现 0°~360°的移相范围,六位数控衰减器的最小衰减步进为 0.5dB,可以实现 0~31.5dB 的衰减范围。数控移相器和衰减器置于多功能芯片的公共通道,因而在组件的收发通道都能够实现相位和幅度的控制。

2. 幅相控制多功能芯片的工艺实现

幅相控制多功能芯片是伴随着 GaAs 衬底增强/耗尽型赝配高电子迁移率晶体管(E/D 模 PHEMT)工艺的发展而出现的一种新技术。传统的 PHEMT 工艺通常只采用一种耗尽型 PHEMT 器件,即 D 模器件,而 E/D 模 PHEMT 工艺则同时在衬底上集成增强型 PHEMT 和耗尽型 PHEMT,因而能够把驱动移相器和衰减器功能的数字驱动电路集成到一个芯片上。

GaAs 衬底 E/D 模 PHEMT 技术虽然出现得比较晚,但由于其在减小收发组件体积、降低组件装配的复杂性、降低组件成本、提高组件的装配效率方面所具有的独特优势,近几年在雷达收发组件中得到了广泛应用。

3. 幅相控制多功能芯片的设计举例

幅相控制多功能芯片的主要指标有工作频率、通道增益、线性增益平坦度、各端口电压驻波比、移相精度、移相幅度波动、衰减精度、衰减附加相移、接收噪声系数、发射输出功率、幅度一致性、相位一致性、电源静态电流、收发隔离度、收发转换时间等。

幅相控制多功能芯片的设计主要考虑如下问题：

（1）收发通道的固有损耗，需要进行增益补偿的放大器级数。

（2）根据接收动态范围的需求，设置各级放大器在芯片中的位置。

（3）根据收发通道增益情况，评估是否可以通过共用放大器来减小芯片面积。

（4）根据多功能芯片的幅相控制程度，合理的设计衰减步进、移相步进。

（5）根据整个多功能版图设计，合理地设计数字驱动与幅相控制单元之间的接口，尽力减少数据线、控制线和电源线之间的穿插，减少版图上的空间电磁耦合等。

多功能芯片通常采用以下设计流程：

（1）对幅相控制多功能芯片指标进行分解，合理分配到各个功能单元上，确定如下指标：移相器、衰减器、多个开关的插入损耗；放大器的增益补偿及输出功率。

（2）根据（1）确定的指标，利用软件优化移相器、衰减器、增益放大器、单刀双掷开关等单元电路，最终设计结果满足分解指标要求。

（3）进行单元电路级联匹配设计，优化级联后的工作带宽、增益平坦度、移相精度、衰减精度等指标。

（4）电路完成优化后根据相关工艺规则进行版图布局。在版图布局过程中要考虑到相邻微带传输线之间、微带传输线与无源元件（电容、电感和电阻）之间、微带传输线与有源器件之间的电磁耦合效应。例如微带传输线之间的线间距至少保持在三倍线宽以上。若设计的幅相控制多功能芯片工作在毫米波频段，必须利用 EDA 软件进行电磁场仿真，获得较为准确的仿真结果。

（5）最后是根据相关工艺规则绘制版图，并进行光刻掩模板的制作，送交工艺线进行工艺流片。

图 8.10(a)所示为 X 波段幅相控制多功能芯片的照片，图 8.10(b)为其电原理框图，芯片上集成三级放大器、移相器、衰减器、收发切换开关、24 位串行驱动器等五种单元电路。+5V 电源(V_{dd})为放大器供电，−5V 电源(V_{ee})为数字驱动器供电，SW_1 和 SW_2 分别为开关 1 和开关 2 的控制端，控制端口兼容 TTL 电平。时钟信号 CLK、数据锁存信号 LOAD、串行输入数据 DATA 均为 TTL 电平，其中 CLK、LOAD 信号为边沿触发，下降沿有效。

该幅相控制多功能芯片的测试采用在片探针测试台与多端口矢量网络分析仪组成的在片测试系统，以及多路程控电源、逻辑分析仪、高速示波器、频谱仪、

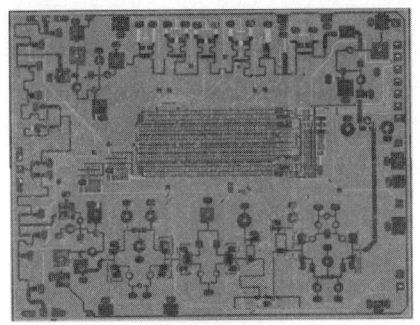

(a) 芯片照片

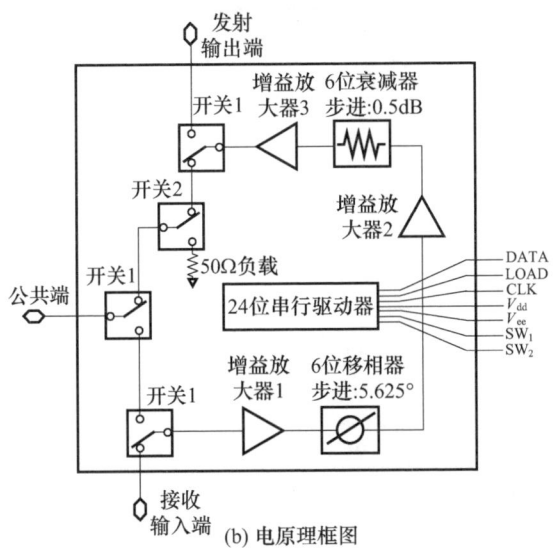

(b) 电原理框图

图 8.10　X 波段幅相控制多功能芯片

功率计和计算机等仪器,如图 8.11 所示。在片测试系统的校准采用陶瓷衬底的高精度多端口校准片,必要时使用示波器和逻辑分析仪对数字驱动的输入信号(如 CLK、LOAD、DATA)进行监测,监测时钟脉冲上升的幅度、迟滞的程度以及信号的完整性,确保数字信号可靠的进入多功能芯片。

该幅相控制多功能芯片工作频率为 X 波段,接收通道线性增益 $\geqslant$6dB,噪声系数 $\leqslant$5dB;发射通道功率增益 $\geqslant$7dB,饱和输出功率 $\geqslant$13dBm;64 态 RMS 移相精度 $\leqslant$2.5°,64 态移相幅度波动 $\pm$0.5dB,64 态 RMS 衰减精度 $\leqslant$0.8dB,64 态衰减附加相移 $\pm$7°,端口电压驻波比 $\leqslant$1.8:1,收发隔离度 $\geqslant$30dB。正电源静态功耗 $\leqslant$330mW,负电源静态功耗 $\leqslant$45mW。

4. 多通道幅相控制多功能芯片

收发一体多功能芯片和幅相控制多功能芯片可以组成两片式 T/R 组件,在

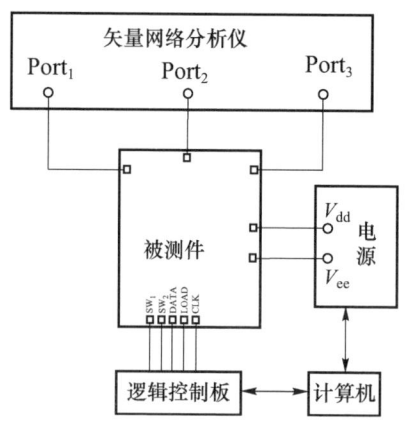

图 8.11 幅相控制多功能芯片的测试框图

一些对体积要求极为苛刻的雷达收发组件中,即使采用两片式 T/R 组件也难以满足要求。这时,采用多通道 T/R 芯片便成为最佳的选择,常见的多通道有双通道和四通道。

图 8.12 所示为 Ku 波段四通道幅相控制多功能芯片,通过三个二功分网络把四个多功能芯片集成在一个芯片上。接收通道增益≥8dB,发射增益≥8dB,发射通道 1dB 压缩输出功率≥12dBm,端口电压驻波比≤1.6∶1;64 态 RMS 移

图 8.12 Ku 波段四通道幅相控制多功能芯片(见彩图)

相精度≤2.8°,64 态 RMS 衰减精度≤1.2dB。芯片的外形尺寸为(长×宽×高)5.4mm×5.1mm×0.1mm。

8.2.3 一片式 T/R 芯片

一片式 T/R 芯片比收发一体多功能芯片和幅相控制多功能芯片的集成度更高,是把 T/R 组件中的移相器、衰减器、T/R 开关、数字驱动器、低噪声放大器、限幅器、功率放大器、大功率开关等电路集成在一个芯片内,可实现不同相位和幅度的微波信号的收发功能。一片式 T/R 芯片可以替代 T/R 组件,一旦实现批量上装备,将大大缩小雷达系统的体积、降低系统的造价。

1. 一片式 T/R 芯片的工作原理

一片式 T/R 芯片的典型原理框图如图 8.13 所示,芯片上集成了移相器、衰减器、T/R 开关、增益放大器、数字驱动器、低噪声放大器、限幅器、功率放大器、驱动放大器、大功率开关等。当开关单元切换到接收通道时,微波信号从 Rx_{in} 端口进入,经过限幅器,再经过低噪放进行放大,经过幅相控制电路(移相器、衰减器)改变信号的幅度和相位,最后通过 Rx_{out} 端口输出;当开关单元切换到发射通道时,微波信号从 Tx_{in} 端口进入,经过幅相控制电路,再经过驱动放大器和功率放大器,最后通过 Tx_{out} 端口输出。通过给数字驱动器加控制信号改变移相器、衰减器的扫描状态和开关的切换状态。

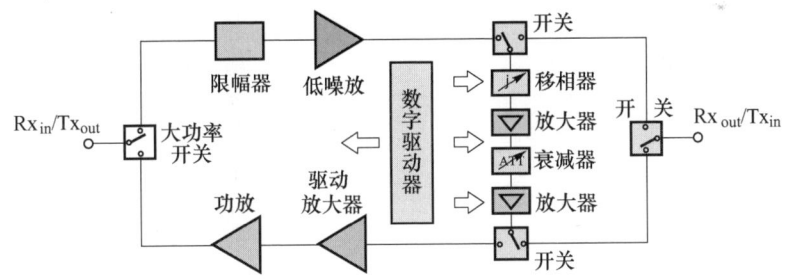

图 8.13 一片式 T/R 芯片典型原理框图(见彩图)

2. 一片式 T/R 芯片的工艺实现

随着 GaAs E/D PHEMT 工艺的发展,由单功能的 MMIC 演变出能将数字驱动电路和微波电路集成在一起的多功能芯片。同时,一片式 T/R 芯片还要求器件具备优良的噪声特性和功率特性。GaAs E/D PHEMT 工艺的模型库包含功率器件、低噪声器件、开关器件、E 模二极管器件、D 模二极管器件和无源元件模型。一片式 T/R 芯片可以基于 GaAs E/D PHEMT 工艺进行设计。针对 20GHz 以下微波频段的一片式 T/R 芯片采用的 PHEMT 器件的典型栅长为 $0.25\mu m$,针对 20GHz 以上的毫米波频段的一片式 T/R 芯片采用的 PHEMT 器件的典型栅长为 $0.15\mu m$。

GaN HEMT 多功能工艺及相关产品正在开发。相较于采用 GaAs PHEMT 工艺的一片式 T/R 芯片，采用 GaN HEMT 工艺的一片式 T/R 芯片能够集成具有更高输出能力的功率放大单元。

3. 一片式 T/R 芯片的设计举例

一片式 T/R 芯片通常采用以下设计流程：

(1) 先对一片式 T/R 芯片进行指标分解，合理分配各个功能电路的指标。确定好如下指标：开关单元的插入损耗、限幅器的插损和限幅电平、移相器的移相精度和幅度波动、衰减器的衰减精度和附加相移、数字驱动电路的时延和功耗、低噪声放大单元的增益和噪声系数、功率放大单元的增益、输出功率和效率等指标。

(2) 根据(1)确定好的指标，利用软件优化开关单元、限幅器单元、移相器单元、衰减器单元、数字驱动单元、低噪声放大单元和功率放大单元，最终设计结果满足各项指标要求。

(3) 进行单元电路级联匹配设计，优化级联后多功能芯片的工作带宽和增益平坦度等指标。

(4) 电路优化完成后，根据相关工艺规则进行版图布局。在版图布局过程中要考虑到相邻微带线之间、微带线与无源元件(电容、电感和电阻)之间、微带线与有源器件之间的电磁耦合效应。例如，微带线之间的线间距至少大于 3 倍线宽。若设计的一片式 T/R 芯片工作在较高频段，必须利用软件进行电磁场仿真，以获得较为准确的仿真结果。

(5) 根据相关工艺规则绘制版图并进行光刻掩模板的制作，送交工艺线进行加工流片。

图 8.14 给出 Ku 波段一片式 T/R 芯片的照片。该 Ku 波段一片式 T/R 芯片的测试结果：在接收通道实现线性增益大于 27dB；在发射通道实现功率增益大于 23.5dB，输出饱和功率大于 1W；在收发状态下，移相精度 RMS 误差小于 4°，衰减精度 RMS 误差小于 1dB。

8.2.4 变频放大多功能芯片

变频放大多功能芯片是把混频器、放大器、开关等功能电路集成在一个芯片内。在传统的模拟有源相控阵雷达中，变频放大多功能芯片应用于 T/R 组件与合成网络后端的变频组件中，属于信号处理部分，用于将收发组件接收到的射频信号下变频到中频频段进行数字信号处理，同时将基带数字信号上变频到射频频段，输出给合成网络和收发组件进行信号发射。图 8.15 为传统的模拟有源相控阵雷达基本架构。

而在数字阵列雷达中，由于使用的是数字波束形成技术，每一个收发组件均

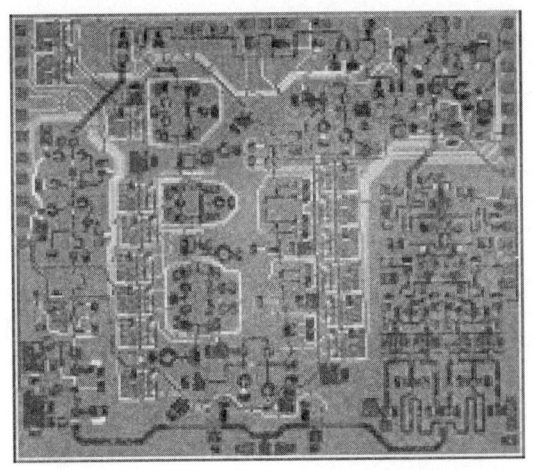

图 8.14　一片式 T/R 芯片照片(见彩图)

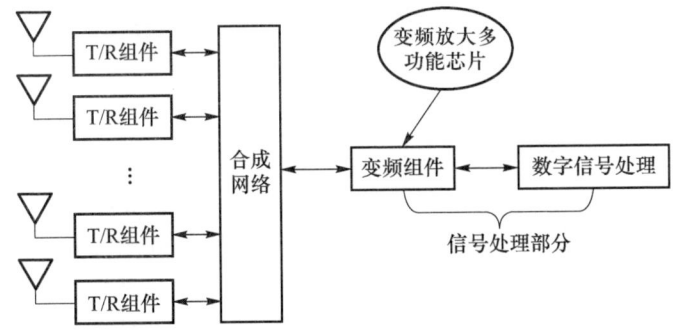

图 8.15　传统的模拟有源相控阵雷达基本架构

为数字阵列模块(Digital Array Module,DAM),变频放大多功能芯片应用于 DAM 中,是实现信号上变频与下变频的关键元器件。图 8.16 为数字阵列雷达基本架构。

1. 变频放大多功能芯片种类

要讨论变频放大多功能芯片,首先需要了解变频放大多功能芯片的种类。从电路功能上讲,变频放大多功能芯片可以分为以下四大类。

1) 多功能下变频芯片

多功能下变频芯片的典型电路结构如图 8.17 所示。其电路核心为双平衡混频器,在混频器的射频端集成低噪声放大器以降低芯片的接收噪声系数;中频端集成中功率放大器以提高芯片的输出驱动能力;本振端集成中功率放大器以保证混频器有足够的本振驱动功率。

多功能下变频芯片的接收噪声系数是其重要指标,该芯片通常采用 GaAs 低噪声 PHEMT 工艺制造,所采用工艺的特征尺寸通常为 0.15μm 甚至更细。

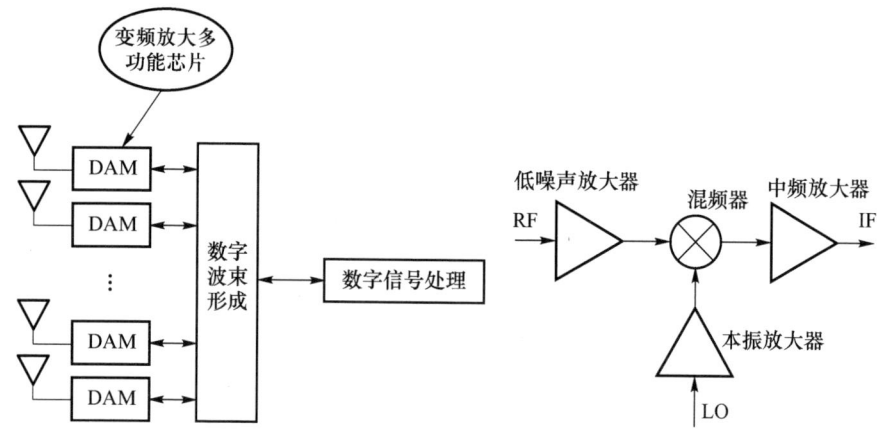

图 8.16　数字阵列雷达基本架构　　图 8.17　多功能下变频芯片的
　　　　　　　　　　　　　　　　　　　　　　典型电路结构

多功能下变频芯片并不是简单的放大器与混频器的级联，在电路设计中需要考虑级间匹配、杂散抑制等问题，涉及三个方面。

(1) 射频低噪声放大器与混频器射频端口间的匹配。由于混频器通常为无源混频结构，其射频工作带宽通常可以达到一个倍频程以上，其射频端口阻抗在较宽的频率范围内不能实现良好匹配，端口驻波系数最小值可以小于 1.5，最大值甚至大于 5，在与低噪声放大器直接级联时，会因为阻抗失配导致增益损失，在工作频率范围内产生较大的增益起伏，使多功能芯片的整体指标恶化。因此，在电路设计中需要在低噪声放大器和混频器之间加入匹配网络，匹配网络的具体形式可以是电阻衰减网络，也可以是增益均衡网络，亦或是滤波网络，应视具体的电路形式和指标要求来决定。

(2) 本振放大器与混频器本振端口间的匹配。混频器的本振端口与射频端口类似，本振端口阻抗在较宽的频率范围内不能实现良好匹配，当与本振放大器直接级联时，会因为阻抗失配导致本振功率的损失，严重时会使混频器不能得到足够的本振驱动功率，从而影响混频器的性能指标。另外，为了降低本振放大器的功耗，本振放大器的输入 1dB 压缩功率通常设计为略高于混频器要求的本振驱动功率，本振放大器在工作时处于一定的增益压缩状态，放大器的谐波成分也会进入到混频器，从而影响到整体多功能芯片的交调和杂散抑制指标。为了解决这一问题，需要在本振放大器与混频器之间加入匹配网络，该匹配网路通常设计成低通滤波特性，以抑制本振放大器的谐波分量。

(3) 中频放大器与混频器中频端口间的匹配。由于混频器是典型的非线性器件，混频器中频端除了会输出所需要的中频信号外，还会产生一系列交调和杂散信号，这些都是系统中不需要的，应对其加以抑制。当混频器与中频放大器直接级联时,交调和杂散信号直接进入中频放大器,当交调和杂散信号达到一定功率量级时,会使中频放大器的增益降低、线性度降低,影响整体多功能芯片的动态范围和杂散抑制度。因此,需要在中频放大器与混频器之间加入匹配网络,该匹配网路通常设计为低通或带通滤波特性,对中频信号进行滤波,以抑制混频器输出的交调和杂散信号。

图 8.18 为一款多功能下变频芯片,其原理框图如图 8.19 所示。

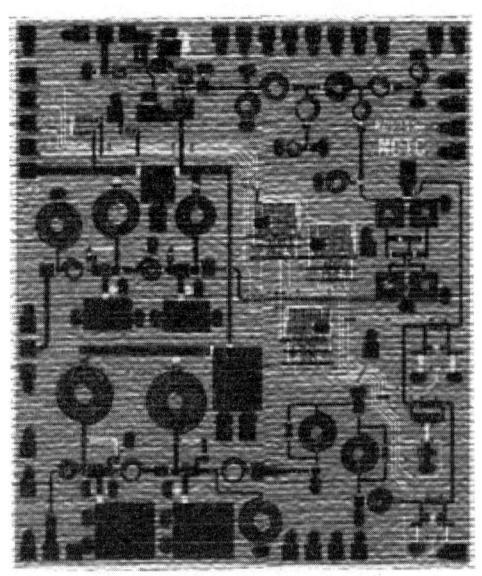

图 8.18 多功能下变频芯片照片

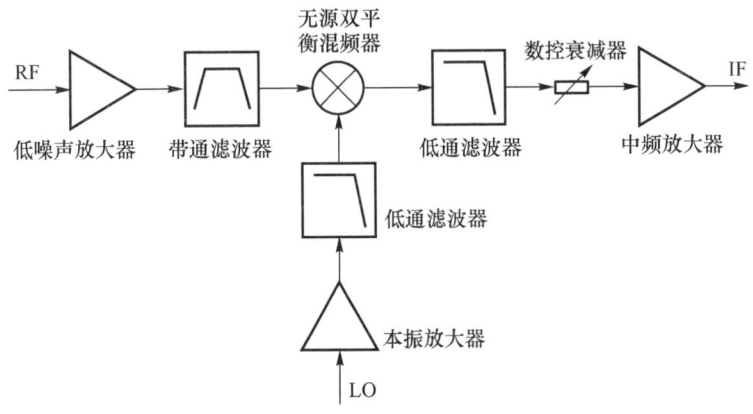

图 8.19 多功能下变频芯片原理框图

2) 多功能上变频芯片

多功能上变频芯片的典型电路结构如图 8.20 所示。其电路核心为双平衡混频器,在混频器的射频端集成中功率放大器以提高芯片的射频输出驱动能力;本振端集成中功率放大器以保证混频器有足够的本振驱动功率;中频端集成的放大器形式较为多样,由于受混频器中频输入 1dB 压缩点的限制,中频放大器的输出 1dB 压缩点通常设计为 10~13dBm。

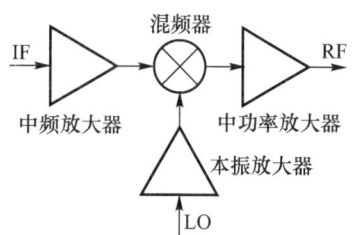

图 8.20　多功能上变频芯片的典型电路结构

多功能上变频芯片的发射输出功率是其重要指标,该芯片通常采用 GaAs 功率 PHEMT 工艺制造,针对微波频段(20GHz 以下)芯片所采用工艺的特征尺寸通常为 0.25~0.5μm 之间,针对毫米波频段(20GHz 以上)芯片所采用工艺的特征尺寸通常为 0.15μm 甚至更细。

与多功能下变频芯片类似,多功能上变频芯片也不是简单的放大器与混频器的级联,同样需要考虑放大器与混频器三个端口的级间匹配和杂散抑制等问题。需要特别指出的是,多功能上变频芯片还需要特别考虑中频谐波抑制问题。

多功能上变频芯片中的混频器通常为双平衡混频器(即本振、射频端使用平衡-非平衡变换),中频输入信号并没有使用平衡-非平衡变换技术来抑制中频信号的谐波成分,这些中频谐波信号会直接从混频器的射频输出端口泄漏到射频放大器,当中频信号的某次谐波恰好落入射频工作频率范围内时,该谐波成分就很难通过滤波方法滤除,成为影响射频输出杂散抑制度的关键,在宽带雷达系统中,这一问题会变得尤为突出。为了解决这一问题,除了需要在系统设计时做好频率规划外,还可以通过设计三平衡混频器(即本振、射频、中频端均使用平衡-非平衡变换)或使用中频谐波对消技术来解决。

3) 收发变频多功能芯片

收发变频多功能芯片的典型电路结构如图 8.21 所示。其电路核心为双平衡混频器和双向放大器,双向放大器分别位于混频器的射频和中频端,混频器本振端集成本振放大器。由于无源双平衡混频器具有互易特性,可以实现上下变频双向工作,通过控制双向放大器的工作方向即可实现多功能芯片的收发双向工作,但在该电路中收发必须是分时工作的。

收发变频多功能芯片由于同时集成接收通道和发射通道电路,要求所采用的工艺需同时具备优良的噪声特性和功率特性。为使芯片应用更为简便,芯片收发控制需要兼容 TTL 电平,芯片上需要集成数字驱动电路,因此收发变频多

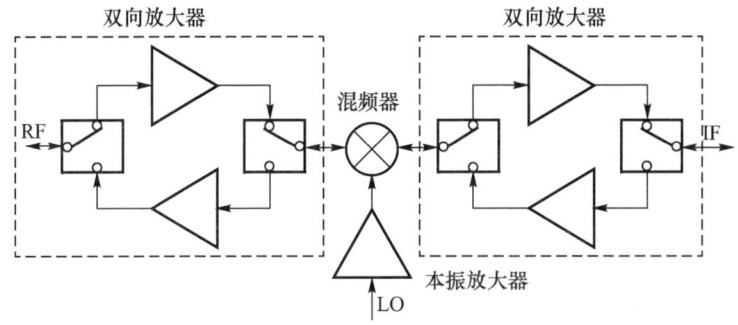

图 8.21　收发变频多功能芯片的典型电路结构

功能芯片通常采用 GaAsE/D 模 PHEMT 工艺。

收发变频多功能芯片在设计时同样需要考虑上文在多功能下变频芯片和多功能上变频芯片中讨论的级间匹配和杂散抑制等问题。

收发变频多功能芯片由于其体积小、集成度高、易于使用等特点,在数字阵列雷达中有广泛应用,它可以显著减小数字阵列模块的体积、重量和复杂度,提高数字阵列模块的批量装配效率和成品率,有效降低模块的生产成本。

图 8.22 是一款收发变频多功能芯片,其原理框图如图 8.23 所示。

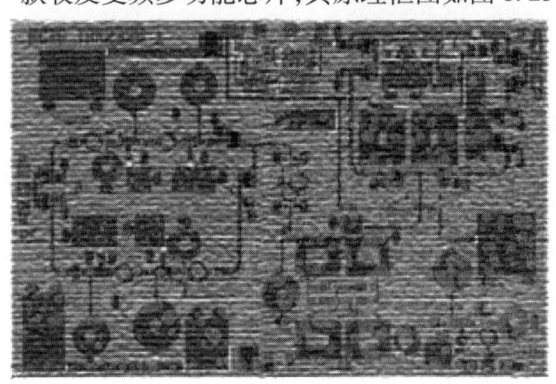

图 8.22　某型号收发变频多功能芯片照片

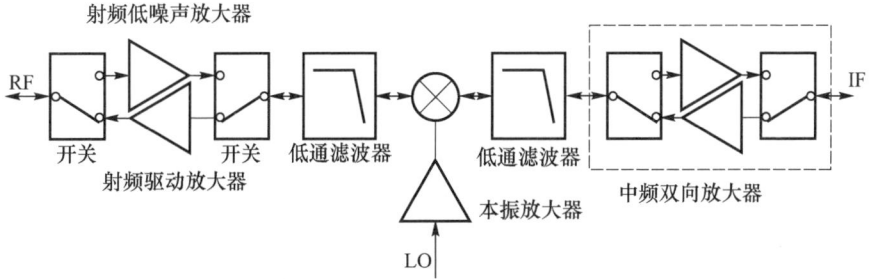

图 8.23　某型号收发变频多功能芯片系统框图

4）多通道变频多功能芯片

多通道变频多功能芯片的典型电路结构如图 8.24 所示。多通道变频多功能芯片更多的应用在多通道接收系统中，它将多个射频信号接收通道集成在一个芯片上，每个接收通道均为多功能下变频结构，它们之间相互隔离，独立工作。每个接收通道的本振信号由统一的本振功分网络提供。

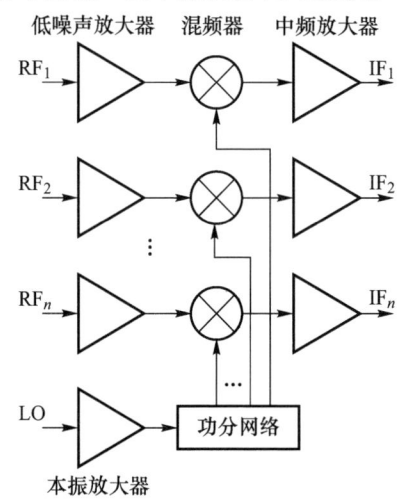

图 8.24 多通道变频多功能芯片的典型电路结构

多通道变频多功能芯片是多功能下变频芯片的进一步集成，其重要指标是接收噪声系数，该类芯片通常采用 GaAs 低噪声 PHEMT 工艺制造，所采用工艺的特征尺寸通常为 $0.15\mu m$ 甚至更细。

多通道变频多功能芯片应用于多通道雷达接收系统（如多通道合成孔径雷达系统）中，每个子通道分别对回波信号进行接收，最后对接收的回波数据进行相干联合处理，以获得更高的成像分辨率。在多通道接收系统中，通道间的不一致性会造成雷达压缩波形主瓣展宽、峰值下降甚至出现虚假目标。因此，在电路设计时，不但要像多功能下变频芯片一样，考虑混频器与放大器级联时的级间匹配和杂散抑制等问题，还需要额外考虑多通道接收幅度一致性和相位一致性问题。

多通道接收幅度、相位不一致的来源主要集中在两个方面：

（1）每一路接收通道自身的幅度、相位不一致。由于各接收通道相互独立，每一路接收通道的增益、时延的变化都会直接反应在整体芯片的幅度、相位不一致性上。为了避免这一问题，在芯片版图设计中，应保持每一路接收通道的电路结构和版图严格一致，且每一路接收通道的工作条件及周围电磁环境也应保持相同，并利用半导体工艺较高的加工精度来保证每一路接收通道的一致性。

（2）本振功率、相位误差带来的不一致性。每一路接收通道的增益、相位特征与本振信号的功率、相位是相关的，到达每一路接收通道本振端口的本振信号功率和相位偏差也会直接反映在整体芯片的幅度、相位不一致性上。因此，在电路设计中应确保本振功分网络的多路输出信号幅度一致、相位一致，同时还需要对本振信号传输线进行精确设计，保证每一路传输线的电长度和插入损耗一致。

图 8.25 为一款双通道变频多功能芯片照片，其原理框图如图 8.26 所示。该芯片两个接收通道间幅度误差小于 0.04dB，相位误差小于 0.7°。

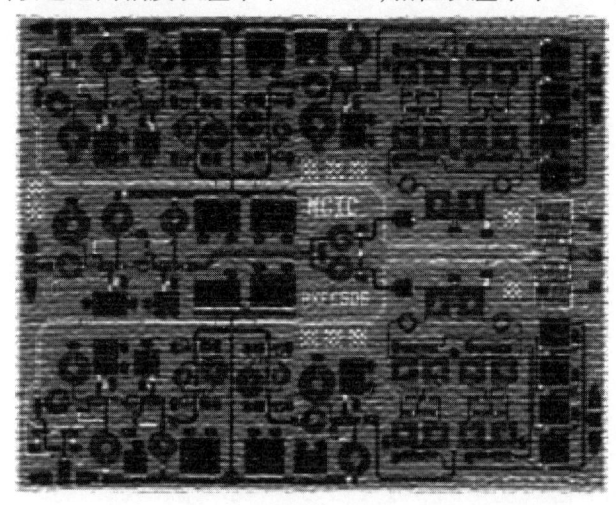

图 8.25 某型号双通道变频多功能芯片照片

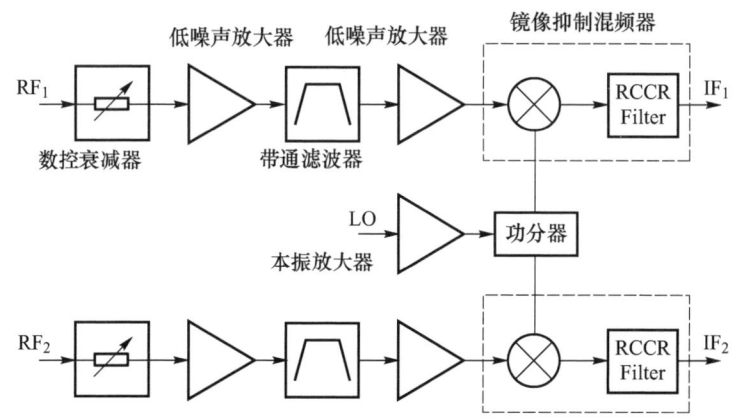

图 8.26 某型号双通道变频多功能芯片系统框图

2. 变频放大多功能芯片主要指标

要讨论变频放大多功能芯片需要了解变频放大多功能芯片的参数指标体系，其参数指标主要涉及以下八个方面。

（1）射频工作频率范围、本振工作频率范围、中频工作频率范围。标定变频放大多功能芯片各端口的工作频率范围。

（2）本振驱动功率。标定变频放大多功能芯片正常工作时所要求的本振信号功率，通常为一定的功率范围。当本振功率过小时，本振信号不足以使混频器内部二极管开启，会导致混频器变频损耗增大，甚至无法实现混频功能；当本振功率过大时，本振谐波分量显著增大，影响芯片的杂散抑制度，甚至导致芯片烧毁。

（3）射频端驻波系数、本振端驻波系数、中频端驻波系数。标定变频放大多功能芯片各端口的阻抗匹配情况。

（4）变频增益/损耗。标定变频放大多功能芯片输入与输出信号的功率比值，该指标需要在特定的射频、本振、中频工作频率和本振驱动功率条件下衡量，同时需要关注的还有变频增益/损耗平坦度。

（5）本振-射频隔离度、本振-中频隔离度、射频-中频隔离度。标定变频放大多功能芯片各端口间信号隔离特性的指标。本振-射频隔离度是指本振端输入的本振信号功率与射频端泄漏的本振信号功率的比值；本振-中频隔离度是指本振端输入的本振信号功率与中频端泄漏的本振信号功率的比值；射频-中频隔离度是指射频端输入的射频信号功率与中频端泄漏的射频信号功率的比值。通常隔离度指标均为正值，反映了芯片对信号的隔离能力，但在变频放大多功能芯片中，由于芯片上集成了放大器，会出现隔离度指标为负值的情况，例如当本振-射频隔离度为负值时，表明射频端口泄漏的本振信号功率比本振端口输入的本振信号功率还要高。

（6）1dB 压缩点。定义为系统增益下降 1dB 时的输入、输出信号工作点，如图 8.27 所示。标定变频放大多功能芯片的增益压缩特性，适合于对单载波收发系统的线性度进行评价。通常，在下变频接收工作模式中，1dB 压缩点可以用系统的射频输入 1dB 压缩功率和中频输出 1dB 压缩功率来描述；在上变频发射工作模式中，1dB 压缩点可以用系统的射频输出 1dB 压缩功率和中频输入 1dB 压缩功率来描述。

（7）三阶交调交截点、二阶交调交截点。标定变频放大多功能芯片在双音激励时线性度的指标，适合于对多载波收发系统的线性度进行评价。通常三阶交调和二阶交调信号是采用放大器系统进行定义的，对于变频系统的三阶交调和二阶交调信号的定义是在前者的基础上增加了本振频率的偏移，具体定义如下：

规定双音激励信号的频率分别为 f_1 和 f_2，本振信号的频率为 f_{LO}，且满足关系 $f_1 < f_2$，经过变频系统后，产生两个输出信号频率分别为 f_{O1} 和 f_{O2}，且有关系为

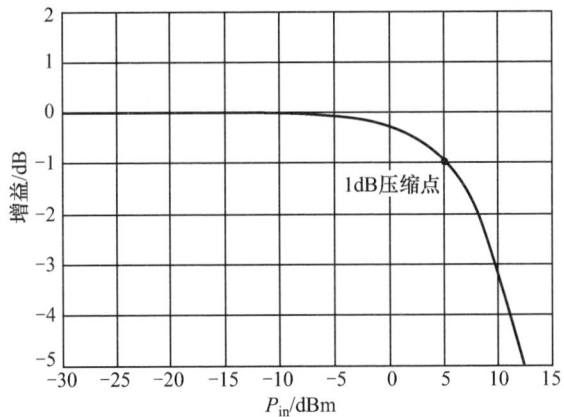

图 8.27　1dB 压缩点

$$f_{O_1} = |f_1 \pm f_{LO}| \tag{8.1}$$

$$f_{O_2} = |f_2 \pm f_{LO}| \tag{8.2}$$

则三阶交调信号的频率有两组,分别为

$$f_{IM_3} = |(2 \times f_1 - f_2) \pm f_{LO}| \tag{8.3}$$

$$f_{IM_3} = |(2 \times f_2 - f_1) \pm f_{LO}| \tag{8.4}$$

二阶交调信号的频率也有两组,分别为

$$f_{IM_2} = |(f_2 - f_1) \pm f_{LO}| \tag{8.5}$$

$$f_{IM_2} = |(f_2 + f_1) \pm f_{LO}| \tag{8.6}$$

在下变频工作模式中其频谱分布如图 8.28 所示。

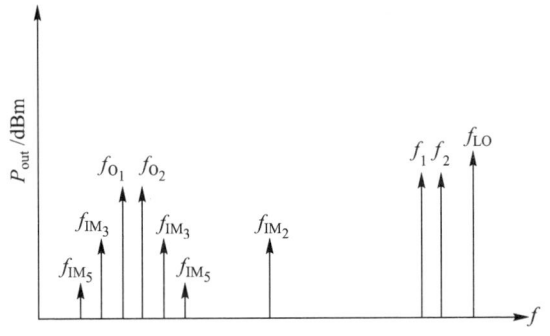

图 8.28　下变频工作模式中三阶交调和二阶交调信号频谱分布图

在上变频工作模式中其频谱分布如图 8.29 所示。

可以看到,三阶交调信号有两个频率,分布在输出双音信号频率的两侧,通常在测量三阶交调信号时,要求双音激励信号的频率间隔足够小,以保证被测系统在两个频率点处有相同的传输特性,且双音激励信号的功率相等,此时系统输

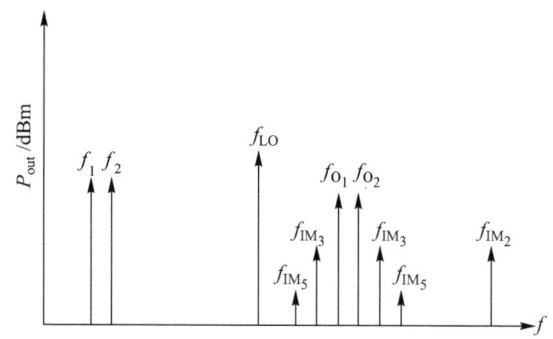

图 8.29 上变频工作模式中三阶交调和二阶交调信号频谱分布图

出的两个三阶交调信号功率相等,在计算三阶交调交截点时,选取其中一个频率点的功率值即可。

图 8.30 为系统输出的有用信号、三阶交调信号和二阶交调信号功率与输入功率的关系曲线。

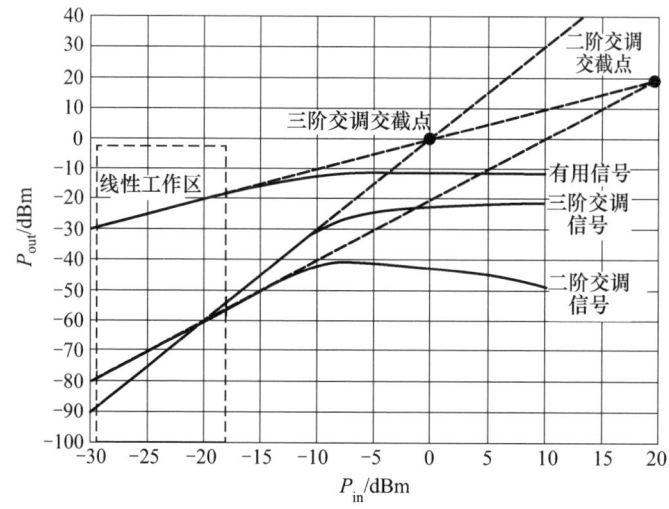

图 8.30 系统输出的有用信号、三阶交调信号和二阶交调信号功率与输入功率的关系曲线

当输入功率较小时,系统工作在线性工作区,有用信号输出功率增加 1dB,三阶交调信号功率增加 3dB,二阶交调信号功率增加 2dB,即三阶交调信号曲线的斜率是有用信号曲线斜率的 3 倍,二阶交调信号曲线的斜率是有用信号曲线斜率的 2 倍。

定义三阶交调交截点为有用信号曲线与三阶交调曲线从线性区延长线(图中虚线)的交点,该点对应的输入信号功率即为系统的输入三阶交调交截点

(IIP_3),对应的输出功率为系统的输出三阶交调交截点(OIP_3),输出三阶交调交截点与输入三阶交调交截点的比值为系统的线性增益。

同理,定义二阶交调交截点为有用信号曲线与二阶交调曲线从线性区延长线(图中虚线)的交点,该点对应的输入信号功率即为系统的输入二阶交调交截点(IIP_2),对应的输出功率为系统的输出二阶交调交截点(OIP_2),输出二阶交调交截点与输入二阶交调交截点的比值为系统的线性增益。

可以看出,三阶交调交截点和二阶交调交截点是通过外推作图的方法计算获得的,它并不是系统的实际工作点。在参数测量时,在系统输入端激励双音输入信号,双音信号功率均为P_{in},且应保证此时系统工作在线性工作区内,在系统输出端分别测量有用信号功率P_{out}、三阶交调信号功率P_{IM_3}、二阶交调信号功率P_{IM_2},依据以下公式计算系统的三阶交调交截点和二阶交调交截点。

$$IIP_3 = \frac{2 \times P_{in} + P_{out} - P_{IM_3}}{2} \tag{8.7}$$

$$OIP_3 = IIP_3 + G_{lin} = \frac{3 \times P_{out} - P_{IM_3}}{2} \tag{8.8}$$

$$IIP_2 = P_{in} + P_{out} - P_{IM_2} \tag{8.9}$$

$$OIP_2 = IIP_2 + G_{lin} = 2 \times P_{out} - P_{IM_2} \tag{8.10}$$

式中:G_{lin}为系统的线性增益,即

$$G_{lin} = P_{out} - P_{in} \tag{8.11}$$

另外,定义系统在输入功率为P_{in}时,输出有用信号功率与三阶交调信号功率的比值为三阶交调抑制度IM_3;输出有用信号功率与二阶交调信号功率的比值为二阶交调抑制度IM_2,分别满足以下关系

$$IM_3 = P_{out} - P_{IM_3} \tag{8.12}$$

$$IM_2 = P_{out} - P_{IM_2} \tag{8.13}$$

需要注意的是,三阶交调抑制度与二阶交调抑制度指标是随着系统输入信号功率变化的,输入信号功率越大,抑制度越小,在约束三阶交调抑制度与二阶交调抑制度指标时必须以一定的输入信号功率为前提。而三阶交调交截点和二阶交调交截点指标与系统输入信号功率大小是无关的,因此在微波系统中通常使用三阶交调交截点和二阶交调交截点指标对系统特性进行描述,在估算系统输出频谱特性时,可以根据输入信号功率值,通过以上公式对三阶交调信号和二阶交调信号的大小进行计算。

(8)噪声系数。定义为系统输入信噪比与输出信噪比的比值,标定变频放大多功能芯片对信噪比恶化的程度,适合于对系统自身产生的噪声大小进行评价。与放大器系统的噪声系数不同,变频系统由于输入与输出信号不同频,其噪

声系数的定义有其自身的特点。

首先,噪声系数指标通常仅在接收系统中进行描述,因为对于大多数接收系统而言,其输入端的信噪比一般较低,为了在输出端得到足够的信噪比以满足后端信号处理要求,需要接收系统的噪声系数足够小;而对发射系统而言,输入的中频信号功率较大,信噪比也足够高,对发射系统的噪声系数要求较为宽松。

其次,在接收系统中,存在两种噪声系数指标,即单边带噪声系数和双边带噪声系数。在下变频工作模式中,中频信号频率是射频信号与本振信号频率之差的绝对值,因此不仅是射频信号被变换到中频频率上,其镜像信号也会被变换到中频频率上,如图 8.31 所示。如果有用信号仅存在于射频频率范围内,而镜像频率范围只存在噪声,这时测量出的噪声系数称为单边带噪声系数;如果有用信号同时存在于射频和镜像频率范围内,这时测量出的噪声系数称为双边带噪声系数。对于大多数超外差和低中频接收系统,镜像频率范围内不存在有用信号,通常使用单边带噪声系数指标对其噪声特性进行描述;而对于零中频接收系统,有用信号同时出现在射频和镜像频率范围内,通常使用双边带噪声系数指标对其噪声特性进行描述。

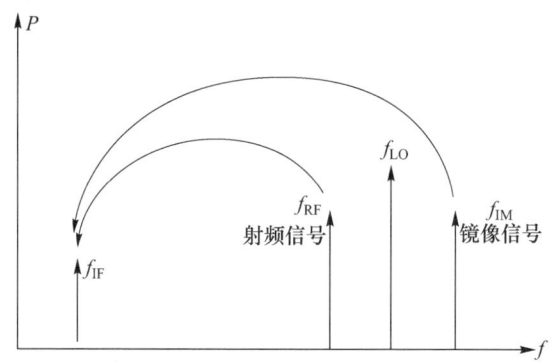

图 8.31　射频信号与镜像信号频谱分布

在对双边带噪声系数指标进行测量时,由于射频和镜像频率范围内都存在有用信号,而在单边带噪声系数指标进行测量时,仅有射频频率范围内存在有用信号,因此前者的信号功率是后者信号功率的两倍,对同一个变频系统来说,前者的输入信噪比比后者高 3dB,因此通常其单边带噪声系数比双边带噪声系数大 3dB。

3. 变频放大多功能芯片设计流程

在了解了变频放大多功能芯片的分类和技术指标之后,下面开始讨论芯片的设计流程。

(1) 确定变频放大多功能芯片整体技术指标,并依据指标要求确定芯片的整体架构。变频放大多功能芯片设计的第一步必须确定芯片的设计输入,即芯片的整体技术指标,包括电参数指标、温度参数指标和可靠性指标等。技术指标应尽量的完整、可量化。通过对芯片技术指标进行分析,选取合适的制造工艺,设计芯片的电路架构,确定芯片中需要集成的电路单元,如混频器、射频放大器、中频放大器、本振放大器、滤波器、开关、数控衰减器等电路单元。

(2) 对整体技术指标进行分解。将整体芯片的技术指标合理分配到各个功能单元上,需要合理分配各单元的增益、线性度、噪声系数等指标,合理的指标分配是芯片设计的基础,在分配指标的同时,需要对各单元电路能够实现的技术指标有明确的预期,以避免在单元电路设计时由于指标无法实现而影响整体芯片的技术指标。通常变频放大多功能芯片的核心电路单元是混频器,技术指标的分配往往从混频器开始,确定了混频器的变频损耗、隔离度、线性度指标后,通过调整前后级联放大器的指标来实现整体芯片的技术指标。

(3) 单元电路设计。根据(2)确定好的各单元电路技术指标,利用 EDA 软件优化设计芯片中的各部分单元电路,使设计结果满足各自的指标要求。这是芯片设计中耗费时间最长的部分。

(4) 单元电路级联匹配设计。单元电路间阻抗匹配情况不理想会影响级联系统的增益、噪声和线性度等主要指标,因此需要对级联系统间的匹配网络进行针对性优化设计,必要时还需要加入衰减器改善级联匹配,加入均衡器调整带内增益平坦度。

(5) 版图布局设计。整体电路完成优化后根据相关工艺规则进行版图布局设计,版图设计中要考虑到相邻微带传输线之间、微带传输线与无源元件(电容、电感和电阻、微带传输线与有源器件之间的电磁耦合效应。例如微带传输线之间的线间距至少保持在三倍线宽以上。若设计的变频放大多功能芯片工作在毫米波频段,还需利用 EDA 软件进行电磁场仿真,获得较为准确的电磁场仿真结果。

(6) 根据相关工艺规则进行版图绘制,并进行光刻掩模板的制作,送交工艺线进行工艺流片。

4. 变频放大多功能芯片测试方法

变频放大多功能芯片完成工艺流片后,需要对芯片的参数指标进行全面测试,以验证设计的正确性和准确度。通常,变频器件的测试对于测试人员来说是一件复杂而又繁琐的事情,在 2008 年前,测试工程师需要用两台微波信号源和一台频谱分析仪来测试变频器件的变频增益,测试过程是全手动进行的,需要逐点记录测试结果,最后通过计算机作图获得所希望的工作频率范围内的变频增益曲线。不得不指出的是,这一测试系统的校准更加复杂和不确定,因此采用这一方法很难得到全面、快速而又准确的测试结果。

在 2008 年后,矢量网络分析仪的发展为变频器件的测试带来了便利,它可以提供 4 个测试端口,选取其中 3 个分别连接变频器件的射频、本振和中频端口;矢量网络分析仪内部集成了两个独立的信号源,一个信号源为变频器件提供信号激励,一个信号源提供本振驱动;测试仪器具备频率偏移能力,即端口接收机的测量频率可以不同于信号源的激励频率,以适应变频器件的频率变换特性;测试仪器为各测试端口提供了独立的 S 参数和功率校准程序,可以得到被测器件精确的变频增益参数和端口阻抗参数。

随着矢量网络分析仪功能不断完善,目前已经可以实现对变频器件的变频增益、端口阻抗、增益压缩特性、双音交调特性(需要额外信号源提供本振信号)、噪声特性、绝对相位特性进行准确、全面的测试,具体的测试方法可以参考矢量网络分析仪使用说明书。

8.2.5 矢量调制多功能芯片

矢量调制多功能芯片因其具有比较高的性能、研制成本低等特点,而被广泛应用于军事装备雷达系统、汽车防撞雷达系统等领域。矢量调制多功能芯片通常位于雷达收发组件系统中需要对射频信号进行处理的部位,其用途包括:信号对消、幅相控制、正交调制等。

矢量调制多功能芯片主要包括数字矢量调制多功能芯片、采用阻抗变换技术的矢量调制多功能芯片、模拟移相器和放大器级联的矢量调制多功能芯片、利用差分放大器实现矢量调制多功能芯片、象限平移矢量调制多功能芯片、I-Q 矢量调制多功能芯片等。矢量调制多功能芯片具有尺寸小、成本低的优点,但是其要求控制电压精度高(一般为毫伏量级)、控制电压点较多,通常需要辅助的电压控制电路。本节主要阐述 I-Q 矢量调制多功能芯片的原理及优缺点。

矢量调制多功能芯片的工作原理可以理解为矢量的分解与合成。简单结构的 I-Q 矢量调制多功能芯片结构原理图如图 8.32 所示。该结构由 3dB 正交电桥和二进制相移键控(BPSK)调制电路以及威尔金森功分器所组成。其工作原理为射频信号经过 3dB 正交电桥后被等分成两路具有相同幅值及一定相位差的矢量信号,这两路矢量信号经过 BPSK 调制电路后再通过威尔金森功分器进行矢量合成,最终得到所需的信号。

平衡结构的 I-Q 矢量调制多功能芯片的原理图如图 8.33 所示,其工作原理与简单结构的矢量调制多功能芯片类似。平衡结构的 I-Q 矢量调制多功能芯片的工作原理的具体的分析过程在其他文献[1]中已有较详实的介绍,此处不再进行重复叙述。

图 8.34 为采用不同结构实现的 I-Q 矢量调制多功能芯片照片,其中图 8.34(a)为简单结构,图 8.34(b)为平衡结构。

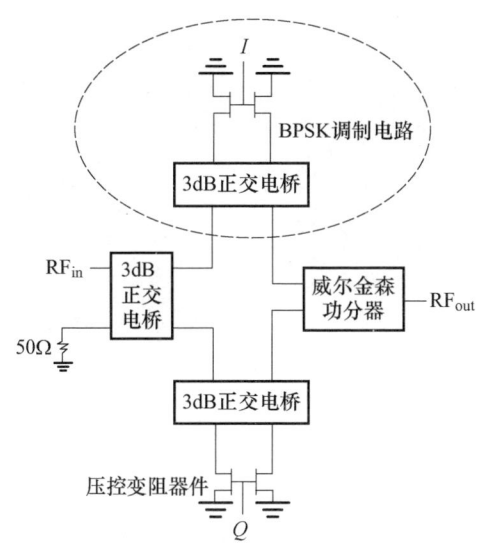

图 8.32 简单结构的 $I\text{-}Q$ 矢量调制多功能芯片结构原理图

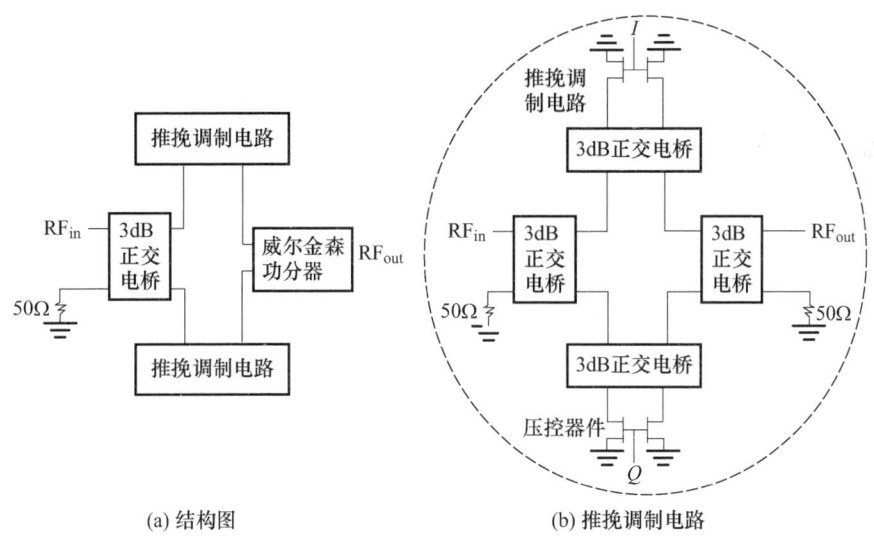

(a) 结构图　　　　　　　　　(b) 推挽调制电路

图 8.33 平衡结构的 $I\text{-}Q$ 矢量调制多功能芯片原理框图

矢量调制多功能芯片的技术指标有工作频带、移相插入损耗、移相范围、移相步进、移相精度、衰减范围、衰减步进、衰减精度及工作电压范围。

由于矢量调制多功能芯片同时具有衰减与移相的功能，因而在设计时需考虑到以下方面的因素。工作频带较窄且对移相精度及衰减精度要求较宽松的情况下选用简单结构来实现指标，与之相反则选用平衡结构；简单与平衡结构中

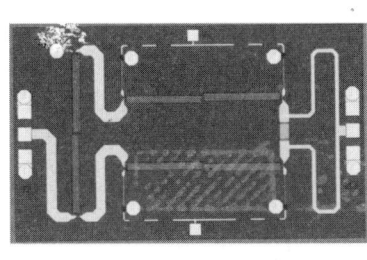
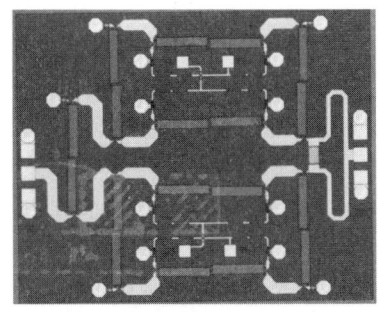

(a) 简单结构　　　　　　　　(b) 平衡结构

图 8.34　$I\text{-}Q$ 矢量调制多功能芯片照片

3dB 正交电桥与威尔金斯功分器的设计较重要,设计时应尽可能将幅度偏差与相位偏差做到最小(如威尔金森功分器两路的相位差接近 0°);设计指标中工作电压的范围与压控器件的夹断电压相关(如工作电压范围较小,则选用夹断电压小的器件)。

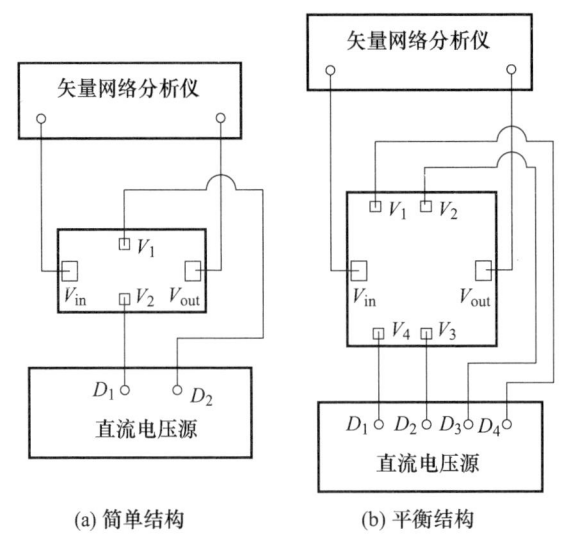

(a) 简单结构　　　　　　　　(b) 平衡结构

图 8.35　$I\text{-}Q$ 矢量调制多功能芯片电路测试框图

为了使矢量调制多功能芯片具有较高的性能,因而需要通过对其加电端口提供大量的电压值,以便得到更多的 S 参数点这样使得矢量图较密集,以便于进行数据处理。考虑到所需的加电次数较多且电压幅值较小,因而需要使用相应程序对直流电压源进行控制辅助测试。图 8.35 为采用不同结构的 $I-Q$ 矢量调制多功能芯片电路测试框图。

8.3 宽禁带半导体芯片

8.3.1 宽禁带半导体材料与器件特点

宽禁带半导体材料的禁带宽度介于 2.0eV 至 7.0eV 之间,代表物质为 GaN、SiC、AlN、BN 以及金刚石等,是目前化合物半导体领域最为活跃的技术。基于 SiC 衬底的 GaN 外延材料,具有高热导率、高饱和电子速度、高击穿电场等优势,可大幅度提高微波毫米波功率器件和功率单片电路的输出功率、效率和工作电压,有效提高低噪声放大器芯片和开关芯片的抗功率能力。

表 8.1 为常用半导体材料的特性参数,其中约翰逊优值指数(JFOM)用来表征半导体材料是否适合于微波功率器件的沟道材料,可以看出宽禁带半导体材料具有更加优越的指标。如果以 Si 材料作为 1,GaN 材料和金刚石材料的 JFOM 指标分别达到 80 和 90。经过二十多年的产品研发和工程应用,GaN 器件正在成为宽禁带半导体的典型代表之一。

表 8.1 GaN 材料和其他半导体材料的特性参数

特性	单位	半导体材料					
		硅	砷化镓	磷化铟	碳化硅	氮化镓	金刚石
能带宽度	eV	1.1	1.42	1.35	2.3	3.40	5.45
电子迁移率(300K)	$cm^2/v \cdot s$	1500	8500	5400	700	1700	1900
饱和电子速度	$10^7 cm/s$	1.0	1.3	1.0	2.0	3	2.7
击穿电场	MV/cm	0.3	0.4	0.5	3.0	3.0	5.6
热传导	$W/cm \cdot k$	1.5	0.5	0.7	4.5	2.3	20
介电常数		11.8	12.8	12.5	10.0	9.0	5.7
JFOM		1	3.5	3	60	80	90

SiC 基 GaNHEMT 具备如下独特的优势:

(1) 工作频率更高。GaN 功率单片的工作频率已经达到 3mm 频段。

(2) 工作频段更宽。GaN HEMT 因其工作电压高、输入阻抗高、易匹配等优点,使单片电路可具备更宽的工作带宽。

(3) 功率密度更高。高压工作的大功率器件功率密度达到 5~40W/mm,远远大于 Si 功率器件和 GaAs 功率器件。

(4) 效率更高。S 波段 GaN 功率器件的效率可高达 75%,因此不需要价值昂贵的散热系统来维持功放组件的工作,不但极大的减小了设备体积,还可以降低系统成本。

(5) 高热导率。SiC 基 GaN HEMT 结合了 GaN 的高功率密度能力和 SiC 的优良热导率,非常适用于功率电子应用。

(6) 具备高的抗辐照能力。GaN 材料具有 3.4eV 的禁带宽度,理论上具备较强的抗辐照能力,非常适用于宇航应用环境。

8.3.2 GaN 宽禁带器件 MMIC 设计技术

GaN HEMT 器件的高压和超高功率密度使其与其他传统材料器件相比突出优势主要体现在功率器件上,GaN HEMT 功率器件比 GaAs 功率器件的功率有数倍的提高,因此在模型提取和电路设计上与 GaAs 设计最大的不同是要重点关注高功率带来的热效应。

1. GaN 微波功率器件模型技术

由于 N HEMT 器件其特有的高压特性,目前还没有成熟的商业模型用于电路设计与仿真,半导体厂家均自主开发建模技术建立 GaN 器件模型。GaN 微波功率器件模型提取方法与 GaAs 微波器件的方法基本相似,需要特别考虑的是 GaN 器件特有的电流崩塌效应和热效应,因此在外推器件的大信号模型时需要对传统的模型进行修正。商用仿真软件中已经包含了一些包含延迟效应和热效应的仿真模型,例如 Angelov 模型。目前,通常采用改进的 Angelov 模型,在模型中加入延迟因子和热因子,实现 GaN HEMT 模型和测试数据的高度拟合。

GaN HEMT 模型的电路拓扑如图 8.36 所示。模型拓扑中,除了包含 FET 器件的常规元件外,还引入了栅延迟和漏延迟的电路部分,C_{rf}、R_C 为漏延迟电路元件,C_{del_2}、R_{del}、C_{del_1} 三个元件为栅延迟电路元件。另外也包含热因子 R_{therm} 和 C_{therm} 的电热模型子电路。

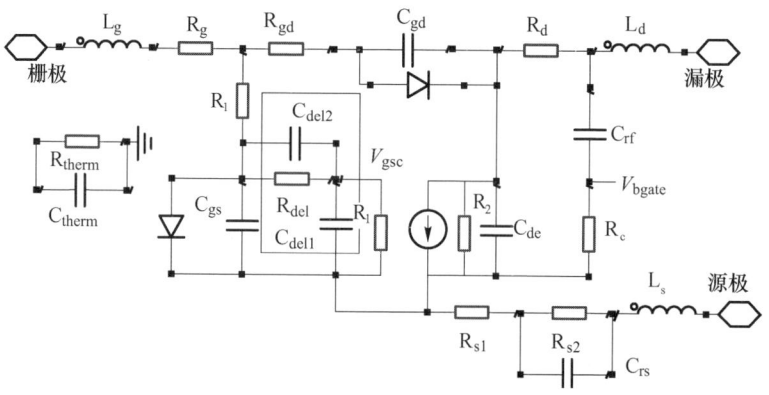

图 8.36 GaN HEMT 的 Angelov 模型拓扑图

2. GaN 功率 MMIC 设计技术

GaN 功率 MMIC 具有高压、高效率、大功率输出的优势特性,用于 T/R 组件的发射通道,可有效增加相控阵雷达的作用范围。GaN 与 GaAs 功率放大器设计原理与设计过程相似,设计时均需考虑增益、带宽、输出功率和驻波等放大器性能指标,采用 L 型、π 型和 T 型等匹配网络进行电路设计。但两类放大器设计又有不同,首先,由于 GaN 器件与 GaAs 器件的输入输出阻抗不同和衬底材料的介电常数不同,两者无源匹配电路拓扑结构不同,GaN 器件的高输入阻抗更易进行宽带的匹配;其次,GaN 器件与 GaAs 器件偏置电压不同,GaAs 器件的漏极偏置电压一般在 5~10V,GaN 器件的漏极偏置电压可达 20~50V;由于 GaN 器件功率密度可以达到 GaAs 器件功率密度的 5 倍以上,导致 GaN 芯片比 GaAs 芯片在单位面积上的耗散功率大的多。例如,目前 C 波段 GaAs 功率放大器芯片的最大输出功率为 15W 左右,耗散功率在 30W 左右,而 C 波段 GaN 功率放大器芯片的最大输出功率可以达到 60W 以上,耗散功率在 90W 左右。尤其是芯片工作在连续波状态时,电路设计更需要重点考虑芯片的散热情况,例如设计时使用热电模型优化电路设计和版图布局,需要优化各级电路中有源器件的栅宽、栅栅间距等几何结构,同时在芯片使用时采用高导热率的载体材料,例如铜钼铜、金刚石铜、金刚石银等高导热率材料,降低器件沟道温度,提高芯片可靠性。

3. GaN 开关、低噪放和收发一体多功能芯片设计

GaN 器件除了在功率 MMIC 上的优势外,在开关、低噪放和多功能芯片等电路上也具有各自独特的优点。

(1) GaN 开关有通过功率能力强、尺寸小、便于集成等优势,与 GaAs 开关相比,GaN 开关在器件的击穿电压和饱和电流等性能上都有较大的提升,因而通过功率能力比 GaAs 开关要高出许多,常用于 T/R 组件的靠近天线一端,替代环形器。也可与 GaN 功率放大器和 GaN 低噪声放大器集成为收发一体的多功能芯片,降低 T/R 组件的成本。

(2) 低噪声放大器是 T/R 组件中接收部分的重要芯片,与 GaAs 低噪声放大器相比,GaN HEMT 有更高的击穿电压,克服了 GaAs 低噪声芯片动态范围小、抗烧毁能力差的问题,GaAs 可耐受的输入功率在 1W 以内,而 GaN 低噪放可耐受的输入功率达到了数瓦甚至 10W 以上。

GaN 低噪声放大器的基本设计思路与 GaAs 低噪声放大器设计相似,不再进行重复介绍,主要考虑 GaN 器件的高抗功率和高动态特性。在器件抗功率特性的设计中,主要是通过优化器件的栅指数量和单指栅宽,实现器件的抗功率特性。试验证明,通过增加栅宽,可以增加器件的抗功率特性。但是,随着单指栅宽和栅指数量的增加,器件的噪声系数明显增加,这与器件的抗功率特性矛盾,

因此需要综合考虑器件的抗功率和噪声特性,得到需要的器件结构,然后对电路进行设计。表 8.2 列出了不同栅宽器件的噪声系数和耐功率性能。

表 8.2 不同指数、不同栅宽的噪声特性分析

单指栅宽(μm)	器件指数	最小噪声系数/dB	相关增益/dB	耐功率/dBm
50	2	1.45	12.3	35.0
50	4	1.67	11.5	36
75	2	1.48	12.5	37
75	4	1.92	11.8	37.5
100	2	2.02	10.7	38
100	4	2.15	10.4	38.5

(3)采用 GaN HEMT 工艺的收发一体多功能芯片相比较于 GaAs PHEMT 工艺的多功能芯片,GaN 的多功能芯片可以将更高的功率 MMIC 集成在一起,GaAs PHEMT 工艺的多功能芯片可以集成的功率芯片目前只有 1～2W,而 GaN 的多功能芯片可以集成的功率芯片已经达到 5～10W 左右,可以实现真正意义上的一片式多功能 TR 芯片,在要求小体积的相控阵雷达上具有不可比拟的优势。

另外,需要注意的是在 GaN HEMT 收发一体多功能芯片的设计上,要在保证器件功率特性的前提下尽量提升器件的噪声特性,以及从设计方法和工艺加工等方面改善开关器件在大功率输入条件下的压缩特性。GaN 收发一体多功能芯片设计方法同 GaAs 收发一体多功能芯片类似,这里不再赘述。

4. GaN 芯片测试

GaN 芯片的测试方法与 GaAs 基本相近,只是在偏置电路的设计上和 GaN 功率 MMIC 的大功率测试上有几个需要特别注意的问题。

(1)GaN 芯片的偏置电压高,需要提高电源供电系统的电压。

(2)GaN 功率放大器输出功率数倍于 GaAs 功率放大器,需要采用高热导率材料做载体,及时将 GaN 功率放大器工作时产生的高热量散发出去,降低器件沟道温度,有效提高 GaN 功率放大器的电性能和可靠性。

(3)GaN 低噪放和开关在耐功率测试时,由于耐功率性能明显优于 GaAs 芯片,因此需要给信号源增加功率放大器以得到较高的输入功率。GaN 多功能芯片的输出功率比 GaAs 芯片输出功率提高了数倍,测试输出功率时只需在 GaAs 多功能芯片测试系统芯片功率输出端口增加适当的功率衰减器即可,其他指标测试方法与 GaAs 多功能芯片测试类似。

8.4 毫米波芯片

习惯上把波长在 1～10mm 之间的一段电磁波谱称为毫米波频谱,对应的频率范围为 30～300GHz,与之相对应的工作频率在 30～300GHz 的芯片称之为毫米波芯片。

毫米波的主要特点如下:

(1) 毫米波具有极宽的带宽资源,在毫米波频段有四个传播衰减相对较小的大气"窗口",即"35、94、140 和 220GHz",这些窗口的对应带宽分别为 16、23、26 和 70GHz。即使只考虑这些窗口频段,总带宽也可达 135GHz,这些频率资源具有很强的吸引力,尤其适合于宽带雷达应用。

(2) 毫米波电子系统具有全天候特性,在烟雾灰尘中的传播特性要远好于激光和红外系统。这个特性在环境复杂多变的战场尤为重要。

(3) 毫米波天线波束窄,方向性好、增益高,可以较好的分辨较小的目标或者观测目标的细节部分,这样使得雷达具有较高的空间分辨率和跟踪精度,满足精确制导武器的要求;增益高有助于降低发射机功率和增强接收机灵敏度。

(4) 毫米波波长短,因而其设备体积小,重量轻,适合于精确制导武器和飞行器应用。

毫米波集成电路系统包括毫米波通信、雷达、引信、遥测遥感、电子对抗、辐射计、成像等。

8.4.1 毫米波芯片模型与芯片设计技术

1. 毫米波芯片元器件模型

建立准确的模型是毫米波集成电路设计的关键。电路的工作频率主要受限于有源器件的工作频率,随着器件特征尺寸的减小,电路工作频率不断提高,对模型的要求也不断提高,尤其是有源器件模型。在毫米波频段,晶体管外部寄生元件的影响已经与内部本征元件相比拟,需要认真对待。低频时许多可以忽略的寄生参数和耦合效应,这时候都需要考虑,其中包括寄生电容的影响(电路中各导线之间的电容;导线或器件与接地板之间的电容;元器件之间的电容)、寄生电感的影响(连接各元件的导线电感;器件自身的电感)、趋肤效应(在毫米波频段,导体中绝大部分电流趋于导体表面)。当信号幅度降低到导体表面处信号幅度值的 $1/e$ 或 36.8% 时的径向临界深度叫做趋肤深度,记为 δ,其计算公式为

$$\delta = \sqrt{\frac{1}{\pi f \mu \sigma}} \tag{8.14}$$

式中：μ 为导体的磁导率（H/m）；σ 为导体的电导率（S/m）。

建立毫米波有源器件模型对测试也提出了更高的要求，在片测试时共面波导探针到微带线的不连续性引起的误差，校准平面不准确引起的误差以及探针寄生参数引起的误差等，都影响了测试的精确度，进而影响模型的精度。另外，对于毫米波频段高端器件的建模，尤其是 110GHz 以上频段，器件需要采用不同的系统进行分段测试才能得到全部的测试数据。测试仪器非理想性在不同的测试系统引入了不同的系统误差，导致系统频段交叠处测试数据出现不连续，这同样会影响测试的精度。以上测试的不准确性都需要在建模时根据经验进行处理。

2. 毫米波芯片设计

毫米波芯片工作频率高，在电路设计方面与低频有以下区别。

1）电容的采用

毫米波集成电路除使用 MIM 电容外，还使用交指型电容、扇形线、开路线电容。交指型电容由一组相互交叉的耦合微带线构成，微带各指之间互相耦合形成电容。其优点在于工艺简单，仅需一层金属即可，可以提高加工精度，减小容值误差。由于电容值由金属间耦合来实现，因此容值较小。扇形线和开路线是由上层金属与背面金属形成的电容，中间的介质为衬底材料。其电容大小主要由扇形线或开路线的面积与衬底材料厚度决定，其容值更小，适用于更高的频率。另外，扇形线还具有衰减更大，同时带宽更宽的特性，在接头处的不连续性影响更小，适合毫米波应用。

2）电感的采用

在毫米波段，芯片内的电感主要通过高阻抗的微带线来实现，一般小于 250pH。在频率较低时常用的平面螺旋电感，由于谐振频率的限制，电路匹配时一般不再采用。同样的衬底厚度，微带线宽度越窄，微带线特征阻抗 Z_0 越高，单位长度的电感越大。在实际应用中，微带线宽度受加工工艺、直流电流容量等限制，不能做的过窄，一般不能小于 $5\mu m$。电感值计算公式为

$$L = \frac{Z_0}{2\pi f}\sin\left(\frac{2\pi l}{\lambda_g}\right) \tag{8.15}$$

3）传输线的采用

毫米波芯片主要采用两种传输线方式进行互连，微带线和共面波导（CPW）。微带线由介质衬底上的金属导带、中间介质层和背面地金属平面组成，微带线特征阻抗主要由金属导带宽度和介质衬底厚度比来决定。目前有报道的微带线电路工作到240GHz。

微带线电路具有以下特点：

（1）微带线有效介电常数高，波长短，分布参数元件的尺寸小。

（2）建模和精确测试比较容易，电路开发快。

共面波导由中间金属导带与两边接地金属面构成，导带和接地金属均在衬底介质的同一表面上，制作工艺简单。共面波导的传输线阻抗主要由中间金属带的宽度和到接地金属面的缝隙比决定，与介质衬底厚度的关系不大。共面波导相对微带线，有以下优点：

（1）可以传输更高频率的准 TEM 模，色散效应小，尤其适用于 W 波段以上的毫米波电路。

（2）具有更宽范围的特征阻抗。

（3）集总元件寄生电容更小，元器件接地不需要通孔，因而减小了接地电感的影响，提高了器件的增益。

（4）由于地平面在两个相邻的 CPW 线之间提供了屏蔽，减小了相互间的耦合效应，因此可以提高布线密度。

8.4.2 毫米波芯片测试

目前，超过 67GHz 以上频率的测试都要通过扩频技术的矢量网络分析仪测试系统来实现。毫米波芯片的测试目前主要通过两种方法，采用波导探针进行在片测试或者进行波导封装后测试。在过去的十年里，毫米波测试系统突飞猛进，双端口矢量网络分析仪已突破 1THz，同时有 500~750GHz 频率的在片探针测试系统的报道。

毫米波高端噪声测试目前主要通过下变频的方法，将毫米波信号下变频到噪声系数分析仪。可测的频率范围内再进行测试，目前报道的在片噪声测试频率最高可到 300GHz，而封装测试频率则达到 670GHz。

8.4.3 毫米波芯片应用

频率越高，其波长越短，器件的性能对微带线的加工精度、介质基片的介质损耗、装配工艺水平等就越敏感，尤其在毫米波频段更是如此。如果加工精度和装配工艺环节控制不当，则可能导致整个器件性能的严重恶化。

毫米波芯片的应用不可缺少与微带线的匹配，介质基片是微波电磁场传输媒质，又是电路的支撑体。对基片的要求是微波损耗小、表面光滑度高、硬度强、韧性好、价格低。可用于毫米波频段的介质基片主要有氧化铝陶瓷、RT/duroid5880、蓝宝石、石英等。氧化铝陶瓷的介质损耗小，表面光洁，适宜于较高频段，但是陶瓷基片需要真空镀膜，加工复杂，成本高；RT/duroid5880 在毫米波频段介质损耗相对较大，基片过薄时强度差，容易翘起。蓝宝石介质损耗小、纯度高、致密性强、粗糙度低，特别适用于制作细线条和细间隙的电路，但因其价格昂贵，一般电路很少采用。石英的介质损耗很小，石英是高纯硅化合物，其密度为

2.21g/cm³,它不受任何浓度的有机酸或无机酸的作用,但对碱金属和碱金属盐类的化学稳定性较差。其成分主要为天然 SiO_2(99.99%)和熔融石英(99.9%),其介质损耗极小,介电常数低,因此可用于毫米波电路。其缺点为基片质脆易碎、打孔困难、易造成碎裂。基片过厚时,同样微波特性阻抗的微带线宽度过大,可能产生横向高次电磁场模式,也可能在基板厚度方向产生表面波模式,因而影响了电路的正常工作。因此,一般采用厚度为 0.254mm 或 0.127mm 的介质基片。同时,微带线宽太细时会给加工带来困难,微带线的最小宽度不能太小。

毫米波段电磁的泄漏将会变得非常严重,如果不采取必要措施,不同通道的芯片之间引起相互的信号串扰,会严重影响产品的微波性能,甚至会毁坏芯片,这样对于毫米波芯片的应用,其电磁兼容性在整个设计过程中显得尤为重要。例如对于腔体的设计,进行必要的分腔隔离,将微带线置于金属屏闭腔当中,如果布线的腔体太宽太高,射频信号由于腔体中安装芯片处的不连续性而激起高次模,此时电磁波不以微带线的准 TEM 模式进行传播,而是以波导模式进行传播,这样组件根本无法正常工作;反之如果布线的腔体太窄太矮,那么微带线将会产生严重的腔体效应,使得损耗增大,传输性能大大降低。所以在组件的射频布线过程中使腔体中既不能产生波导模式传播的电磁波,又不能把布线腔体设计得过窄,影响电磁波的传播。总之,射频布线遵循两条原则,一是工作频段内不能引起波导形式的模式传播;二是布线腔体不能影响微带线的传输特性。

影响毫米波芯片应用的另一个重要因素是芯片互连工艺,常见的芯片的互连工艺有热压焊(手工键合)、超声热压焊(金丝球焊、金丝超声压焊、金带超声压焊)和超声压焊(铝丝键合)等。

手工键合选用实心劈刀,劈刀可自己磨制,可以将键合点控制的很小。键合丝很短时也能形成很好的弧形,由于不加超声,键合时不容易造成芯片损伤。手工键合适合毫米波芯片应用,缺点是效率低,键合台需要的平台温度高。

金丝球焊键合强度好、效率高,但键合丝长,超声功率大,要求大焊盘键合点,不适合毫米波芯片的应用。金丝超声压焊和金带超声压焊具有价格低、连接性好的优点,适合毫米波芯片应用。在毫米波频段,由于互连线电感的影响,互连结构的电性能会随着频率的升高而下降,为减小该电感的影响,往往采用双线或者更多的互连线进行连接,这样可以减小该互连线的电感,可使互联线工作到更高的频率,因此,在保证足够机械强度下尽量减小互连线之间的间隙和金丝的弧高度,能有效提高互联结构的电性能;金带的微波传输效果更好,承载电流大,缺点是键合点大。

铝丝键合是利用超声波的能量,将铝丝与铝电极在不加热的情况下直接键合的一种方法。与 Au – Au 键合一样,具有极好的可键合性能和可靠性,特别适用于超声引线键合。铝丝键合适用于铝压点芯片,在金压点芯片中较少采用。

倒装焊是在芯片的焊盘上直接制作出凸点,然后将芯片面朝下用焊料或导电胶连接到基板的一种工艺技术。与传统的键合丝连接方式相比,它的互联线非常短,互联产生的寄生电容、电感、电阻均比键合丝要小的多,非常适合毫米波芯片应用。另外,倒装焊简化了安装互连工艺,生产率高、成本低,是毫米波芯片互连工艺的一个发展趋势。

参考文献

[1] Chandramouli S,Jemison W D,Funk E. Direct Carrier Modulation for Wireless Digital Communications Using an Improved Microwave-Photonic Vector Modulator[J]. IEEE MTT-S Digest, 2002,Vol. 2:1293 – 1296.

[2] McPherson D S,Robertson I D. A W Band Vector Modulator and its Application to Software Radar for Automotive Collision Avoidance[J]. IEEE MTT-S Digest,2000,Vol. 3:1243 – 1246.

[3] Boutet P,Dubouloy J,et al. Fully Integrated QPSK Linear Vector Modulator for Space Applications in Ku Band[J]. 28th European Mircowave Conference,1998,2:389 – 392.

[4] Dai Y S,Fang D G. A Novel UWB High Performance Digital/Analog CompatibleVector Modulator Module with MMIC-Based Devices[J]. Asia-Pacific Microwave Conference,2005,2.

[5] Sinsky J H,Westgate C R. Design of an Electronically Tunable Microwave Impedance Transformer[J]. IEEE MTT-S Digest,1997,2:647 – 650.

[6] Cenac A,Nenert L,et al. Broadband Monolithic Analog Phase Shifter and Gain Circuit for Frequency Tunable Microwave Active Filters[J]. IEEE MTT-S Digest,1998,2:869 – 872.

[7] Jones P G A. A 2 ~ 6GHz MMIC Attenuator and 5 ~ 6GHz MMIC Vector Modulator Using Segmented Dual Gate FETs[J]. IEEE Colloquium on Solid State Components for Radar,1988,1 – 5.

[8] Ellinger F,Bachtold W. Novel Principle for Vector Modulator-Based Phase Shifters Operating With Only One Control Voltage[J]. IEEE Journal of Solid-State Circuits,2002,37:1256 – 1259.

[9] 陈荣. I-Q 矢量调制器在噪声干扰模拟器中的应用分析[J]. 舰船电子对抗,2004,27(2):7 – 10.

[10] Deblin L M,Minnis B J. A Versatile Vector Modulator Design for MMIC[J]. IEEE MTT-S Digest, 1990,1:519 – 522.

[11] Yahsi H A. Design of a 500 ~ 1000MHz MMIC Vector Modulator[J]. Middle East Technical University,2002(6).

[12] 周健义,董吟龄,等. 矢量调制器的研制[J]. 2000 全国第八届微波集成电路与移动通信学术年会,2000,201 – 204.

[13] 李玉茹,郝金中,金华江. 利用 LTCC 技术设计矢量调制器[J]. 第十三届全国电子束·离子束·光子束学术年会,2005,128 – 130.

[14] 朱畅,袁乃昌. 一种宽带矢量调制器的设计及其应用[J]. 微波学报,2006,22(2):55-58.

[15] Hou Y,Li L Y,et al. An Efficient Technique for Designing High-PerformanceMillimeter-Wave Vector Modulators with Low Temperature Drift[J]. IEEE Transactions onMicrowave Theory and Techniques,2008,56(12):3100-3107.

[16] Hou Y,Li L Y,Sun X W. Improved Technique Used in high Performance Balanced Vector Modulators Design [J]. Microwave and Optical Technology Letters, 2008, 50 (9): 2325-2328.

[17] McPherson D S. Vector Modulator for W-Band Software Radar Techniques[J]. IEEE Transactions on Microwave Theory and Techniques,2001,49(8):1451-1461.

[18] 田为中. 混合集成平衡 I-Q 矢量调制器研制[D]. 上海:中国科学院研究生院,2007,17-18.

第 9 章
雷达收发组件芯片可靠性试验技术与失效分析

9.1 引　　言

雷达收发组件所用微波单片集成电路芯片(以下简称芯片)可靠性试验是指对受试样品施加一定应力(包括电应力、机械应力、环境应力等),使其反映出性能的变化,从而判断芯片是否失效的试验。

芯片可靠性试验是评价芯片可靠性的重要手段。目前把筛选、鉴定检验、应用验证、失效分析等为验证芯片可靠性而进行的各种试验,统称为可靠性试验。芯片可靠性试验不仅要判定芯片性能参数是否符合其技术指标,而且还要用数理统计方法进行定量分析,最终保障生产出合格的芯片产品[1]。

9.2 芯片的失效规律

单个芯片的失效虽然是个随机事件,是偶然发生的,但大量芯片的失效却呈现出一定的规律。从产品的寿命特征来分析,芯片失效率曲线的特征是两端高,中间低,呈浴盆状,一般称之"浴盆曲线"。从图9.1可以看出,芯片的失效率随时间的发展变化大致可以分为三个阶段,即早期失效期、偶然失效期、耗损失效期[2]。

(1)早期失效期。早期失效期出现在芯片工作初期,其特点是失效率高、可靠性低,且产品随着工作时间的增加而失效率迅速下降。芯片的早期失效主要是因为材料和工艺缺陷造成的,它可以通过老炼筛选剔除。

(2)偶然失效期。在早期失效期之后,产品进入正常工作期,其特点是失效率低,工作稳定。这个时期的失效是由偶然不确定因素引起的,失效发生的时间也是随机的,故称为偶然失效期。

(3)耗损失效期。耗损失效期出现在产品工作的后期,其特点刚好与早期失效期相反。失效率随工作时间增加而迅速上升,这时候的失效是由于芯片长期工作性能退化所致,会出现批量失效。

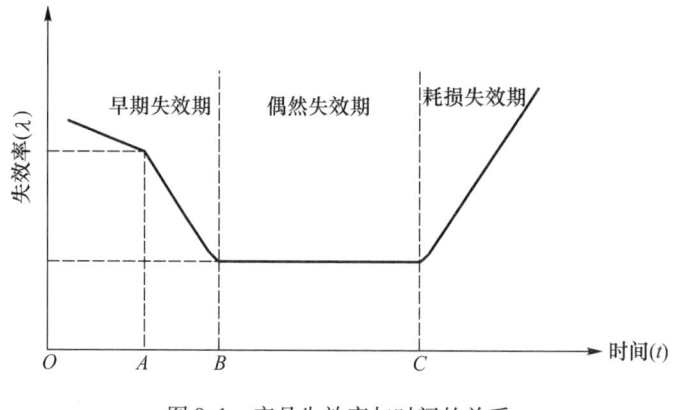

图 9.1　产品失效率与时间的关系

9.3　芯片可靠性筛选技术

9.3.1　芯片可靠性筛选特点

在芯片工艺制造完成以后,开始可靠性筛选,其特点如下。

(1) 芯片可靠性筛选是 100% 的试验,而不是抽样检验。筛选试验对批产品不应增加新的失效模式和机理。例如芯片烘焙温度不应过高,以避免造成芯片金属化退化;芯片测试系统需保证稳定性,以避免造成芯片所测参数偏差等。

(2) 与封装类产品相比芯片可靠性筛选试验项目相对少些。主要是稳定性烘焙、在片直流和微波参数测试、芯片目检等。

(3) 为适应不同芯片用途和不同可靠性等级的要求,可制定芯片筛选等级。

(4) 芯片可靠性筛选可以提高批产品的使用可靠性。

9.3.2　芯片可靠性筛选程序

从广义上说,芯片可靠性筛选包括产品制造过程中各种工艺筛选,以及半成品、成品的筛选测试等。狭义筛选则专指剔除具有潜在缺陷的早期失效产品的筛选方法。为扩大其适用范围,这里以广义的可靠性筛选概念来介绍筛选的分类。

芯片可靠性筛选依据芯片通用规范和试验方法进行,其筛选流程如图 9.2 所示。

(1) 稳定性烘焙。芯片经工艺制造完毕后,一般需进行高温氮气烘焙。

第 9 章 雷达收发组件芯片可靠性试验技术与失效分析

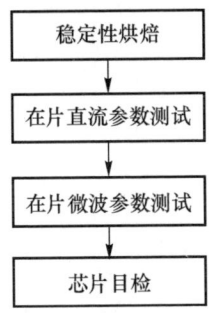

图 9.2 芯片可靠性筛选流程

（2）在片直流参数测试。稳定性烘焙试验后，依据芯片详细规范中测试方法，进行反向击穿电压 BV_{gdo}、夹断电压 V_p 等直流参数的测试。

（3）在片微波参数测试。直流参数测试完毕后，进行 S 参数、输出功率 P_{out}、噪声系数 NF 等微波参数的测试。

（4）芯片目检。芯片测试完毕后，进行外观检查，剔除不合格芯片。

芯片完成筛选试验后，根据需要进行鉴定检验或质量一致性检验。

9.4 芯片可靠性应用验证评价技术

芯片可靠性应用评价试验是为完成特定目的而进行的，由一些特定应用环境的基本试验单元组成。

通用的可靠性基础评价试验可分为电应力和热应力试验、机械环境应力试验、气候环境应力试验、芯片剪切度及键合工艺实验、特殊分析和辐照试验等。针对芯片可靠性试验评价技术分类如图 9.3 所示。

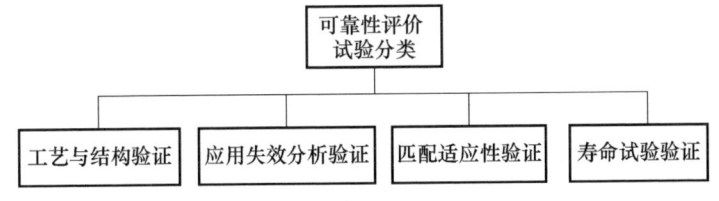

图 9.3 芯片可靠性评价试验分类

9.4.1 工艺与结构验证

1）芯片剪切度工艺验证

芯片剪切度工艺试验是将芯片安装在管壳或其他基板上，通过测量对芯所加力的大小,观察在该力的作用下产生的失效类型(如果出现失效)以及残留的芯片附着材料和管壳/基板金属层外形来判定其是否合格。

剪切度测试仪所施加的力应足以把芯片从固定位置上剪切下来或等于规定的最小剪切强度的两倍(取其第一个出现的值)。

若芯片粘接面积大于 4.13mm^2,最小应承受 25N 的力;若芯片粘接面积大于或等于 0.32mm^2,但不大于 4.13mm^2 时,芯片承受最小应力可通过图 9.4 确定;若芯片粘接面积小于 0.32mm^2,应承受的最小力为 1 倍时的 6N/mm^2 或 2 倍时的 12N/mm$^{2[3]}$,如图 9.4 所示。

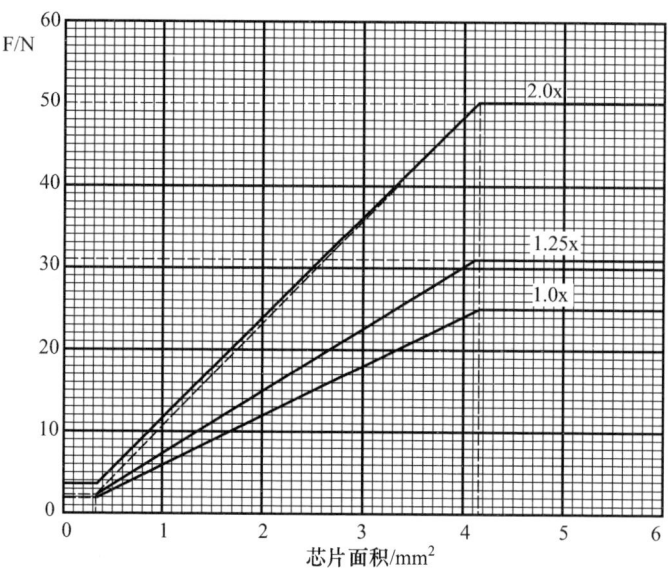

图 9.4　芯片剪切度标准(最小作用力与芯片粘接附着面积关系)

2) 键合工艺验证

键合强度拉力机在键合点、引线或外引线上施加规定应力,若此力大于等于某规定值,则芯片键合强度合格。试验目的是检测芯片键合点处的键合强度。

3) 材料热匹配工艺性能验证

芯片在实际使用中可能会遇到温差变化比较大的环境条件,芯片通过在短期内反复承受极端高、低温变化以及极端温度交替突变,以暴露出芯片因材料热膨胀系数不匹配、芯片裂纹、接触不良和制造工艺等原因造成的失效。

试验一般将样品芯片放置于温度循环试验箱规定位置,使其不妨碍四周空气流动。当需要特殊安置样品时,应做具体规定。芯片应在表 9.1 规定条件下,连续完成规定循环次数。试验完成后,进行终点测试或检验,以检验芯片在短期内反复承受温度变化的能力及不同结构材料之间的热匹配性能。

表9.1 温度循环试验条件[3]

步骤	每步时间/min	试验温度/℃					
		A	B	C	D	E	F
第1步冷	不小于10	-55_{-10}^{0}	-55_{-10}^{0}	-65_{-10}^{0}	-65_{-10}^{0}	-65_{-10}^{0}	-65_{-10}^{0}
第2步热	不小于10	85_{0}^{+10}	125_{0}^{+15}	150_{0}^{+15}	200_{0}^{+15}	300_{0}^{+15}	175_{0}^{+15}
步骤1和步骤2可互换							

9.4.2 应用失效分析验证

1) 静电放电极限应力验证

静电放电极限应力一般利用人体静电放电模型,如图9.5所示,测试芯片的ESD(Electrostatic Discharge)损伤阈值,基本方法如下。

(1) 调节高压电源电压从低到高。

(2) 开关S_1接到左边,通过电源对电容C_B充电。

(3) 将开关S_1接到右边,向芯片放电。

(4) 对芯片进行测试,检查其经ESD后是否失效。

(5) 所能承受的最高档电压即为芯片的ESD损伤阈值。

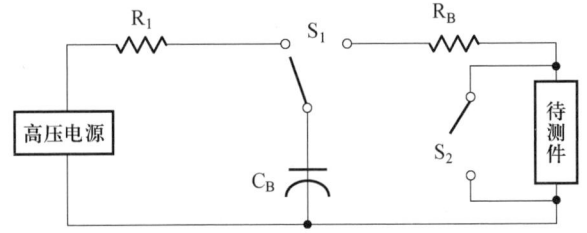

图9.5 人体静电放电模型

2) 过激励极限应力验证

过激励极限试验主要是评估芯片低温、常温、高温条件下的输入过激励能力。通过搭建芯片微波测试系统,如图9.6所示,控制芯片环境温度(低温一般−55℃、高温一般125℃),对其施加电应力(包括直流和射频信号),采用步进1dB提高输入功率方法,直至输入过激励信号达到$P_{in}+10$dB(每个步进点持续时间一般是1min,特殊情况下可以延长时间)。

3) 电压极限应力验证

电压极限试验主要评估芯片耐受系统应用过程中可能存在较高偏置电压情况。试验按照图9.7连接仪器和待测件芯片,信号源在选定的频率点输入适当功率,使芯片处于正常工作状态,测试芯片正常工作时的指标,并用频谱仪监测其输出波形有无异常。以1V为步进,升高芯片的漏极电压,直至输出波形在频谱仪出现异常,试验终止并读出所承受漏极电压极限值。

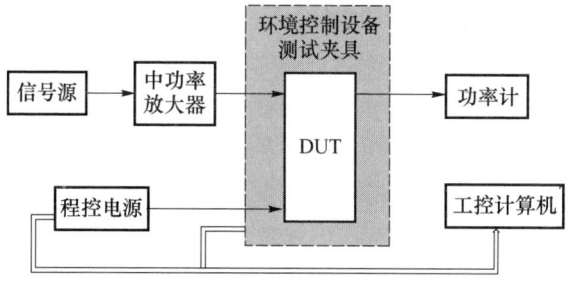

图 9.6 过激励测试框图

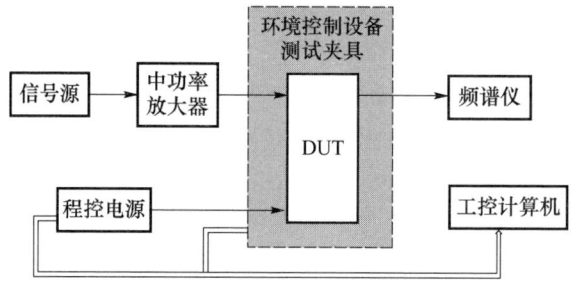

图 9.7 电压极限测试框图

4) 抗失配极限应力验证

抗失配极限试验主要评估芯片失配情况下能够承受多大反射功率。试验按照图 9.8 连接仪器和待测件芯片,芯片处于额定直流偏置,信号源在选定的频率点输入适当功率,使芯片处于正常工作状态,调节负载牵引设备使输出端反射驻波比为 2:1,观察输出功率(时间一般 10min,每 60 度测试一个点记录输出功率)。重复上述试验步骤,测试反射驻波比从 3:1 到 10:1。

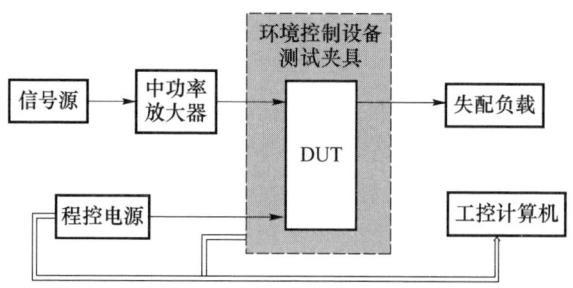

图 9.8 抗失配极限测试图

9.4.3 匹配适应性验证试验

芯片匹配适应性验证试验主要评估芯片在系统应用过程中稳定性。试验一般有直流偏置稳定性测试、小信号增益匹配适应性测试、频谱匹配适应性测试等。

本章只介绍芯片直流偏置稳定性测试方法,其他匹配适应性验证试验方法基本相同。

三温(低温、高温、常温)直流偏置稳定性测试按照图 9.9 连接仪器和待测件芯片。将频谱仪的频率范围设置规定范围,芯片处于正常工作状态。从工作电压开始降低芯片漏极电压(以 1V 为步进,直至电压降至 0V),并在每一个步进过程中,调节负载牵引设备使反射驻波比从 1∶1 变化到 10∶1(观察相位360°),观察频谱仪有无异常点。

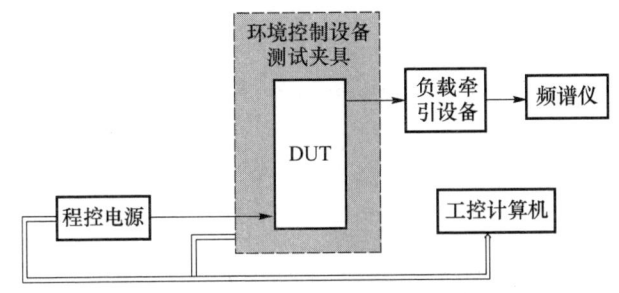

图 9.9 匹配适应性测试框图

9.4.4 寿命试验评价

芯片可靠性寿命试验是微电子可靠性物理和可靠性工程主要的研究内容。对于长寿命高可靠性芯片的寿命特征评估,采用正常应力下的长期寿命试验需要耗费大量的人力、物力和时间,有的甚至无法完成。为了在较短时间内对芯片寿命进行评估,常采用温度加速寿命试验方法。所谓温度加速寿命试验,就是用加大温度应力的方法促使芯片在短期内失效,从而预测在正常贮存条件或工作条件下的寿命。半导体的失效大多是由于界面状态的变化和其他理化因素所引起。这些变化实质上都是属于物理化学反应范围,而化学反应速率与温度有很大的关系,当温度升高以后,化学反应速率就大大加快,芯片的失效过程就被加速(体现在失效率增加),如果能够找出它们之间的相互关系,就可以用外推方法来预测在正常条件下的失效率。这就是温度加速寿命试验的基本原理。

化学反应速率与温度之间的关系,通常可以用化学动力学中的阿伦尼乌斯(Arrhenius)方程来表达,其公式为

$$\frac{dM}{dt} = Ae^{\left(-\frac{E_a}{KT}\right)} \tag{9.1}$$

式中:dM/dt 为温度为 T 时的物质化学反应速率;E_a 称为激活能(eV),其值与产

品的失效机理有关;K 为玻尔兹曼常数;A 为常数。

从式(9.1)可以推出平均失效时间 t 和沟道温度有如下关系

$$\ln t = a + \frac{b}{T} \tag{9.2}$$

式中:a 和 b 为常数。

这就是以阿伦尼乌斯反应速率方程为基础的寿命与应力温度 T 之间的关系,称为以温度 T 为加速变量的加速方程,它经常用于芯片的加速寿命试验,也是元器件可靠性预测的基础。

芯片加速寿命试验的具体做法为:首先,进行步进温度应力试验,确定寿命试验的合适温度;然后,根据确定的试验温度条件,进行三温法加速寿命试验;最后,进行数据处理,估算出给定沟道温度下的寿命。

芯片加速寿命试验通常采用直流静态加速寿命试验方法对其进行可靠性评估。但直流静态加速寿命试验的应力与芯片实际使用的条件相差较大,所得到的数据不能真实反映芯片在射频条件下的实际情况,因此采用射频加速寿命试验方法评估芯片的可靠性。试验系统框图如图 9.10 所示。

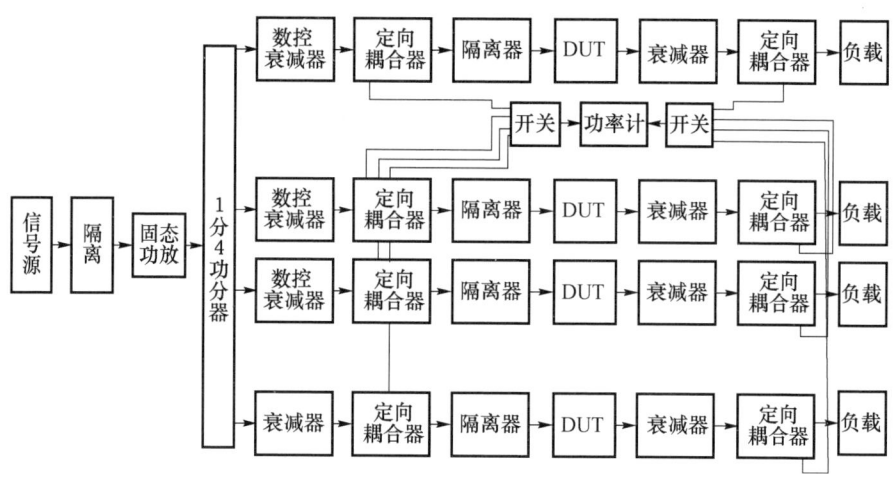

图 9.10 芯片射频寿命试验框架图

9.5 芯片的主要失效模式和失效机理

芯片失效一般可分为破坏性失效和退化性失效。破坏性失效指芯片完全失去功能,退化性失效指工作中的芯片表现出参数和功能退化。引起失效的机理通常与材料结构、工艺方法、应用和应力条件有关。芯片的偏置、沟道温度、钝化层和材料的相互作用都可引起不同的失效模式,另外芯片的处理、封装材料的选择和应用环境也会引起不同模式失效。

9.5.1 芯片主要失效模式(按功能参数)

芯片的主要失效模式按功能分为五类：①漏极饱和电流变小；②源漏(栅漏)反向泄漏电流增大；③栅阈值电压减小；④漏极饱和电流变大；⑤烧毁。

芯片有源部分主要失效模式比例如图9.11所示，失效模式1漏极饱和电流变小(夹断电压变大，源漏电阻变大)为芯片主要失效模式。

试验数据统计，芯片有源部分失效数约占总失效数的80%，剩余20%失效为芯片无源部分失效，无源元件失效主要为电容击穿。

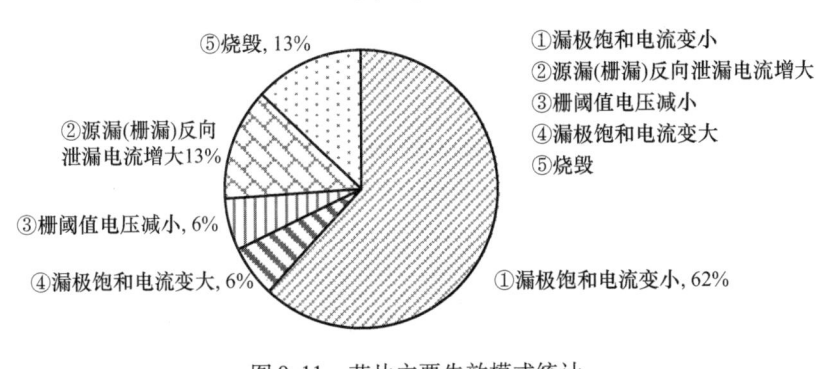

图9.11 芯片主要失效模式统计

9.5.2 芯片失效机理

1) 材料互相作用引发的失效机理

在半导体工艺中包含许多金属半导体接触面，如果设计或使用不当，会引起芯片退化或失效。芯片中两个主要的金属-半导体接触面是栅肖特基接触和源漏欧姆接触。

(1) 栅金属下沉。芯片性能很大程度上依赖于电路有源沟道区质量。肖特基栅金属半导体接触面直接影响芯片电参数，如漏极饱和电流和反向击穿电压。对于GaAs芯片，栅金属结构采用Au/Pt/Ti或Au/Pd/Ti结构。栅金属和GaAs的相互扩散会导致有源沟道宽度减小和有效沟道掺杂的改变。这种效应称为"栅下沉"。这个过程受栅金属淀积时GaAs材料表面情况、淀积参数和选择的淀积材料等因素影响。

(2) 欧姆接触退化。常见的欧姆接触系统是Au/Ge/Ni，在400℃左右的温度下与GaAs合金形成良好的欧姆接触，以提供所需的低接触电阻，另外在合金接触上淀积一个厚Au层来提供良好的电导率。采用Au/Ge/Ni结构的源漏欧姆接触,在高温下会出现退化现象。这种退化是 Ga 向外扩散进入顶部 Au 层和 Au 内扩散进入 GaAs 中,引起接触电阻增大。

(3)沟道退化。芯片参数退化有时归因于有源沟道区质量和纯度变化或栅肖特基接触区域下面的载流子浓度减少。这些变化被认为是有源沟道内掺杂物外扩散出沟道区域或衬底杂质、缺陷扩散到沟道内的结果,另外深能级陷阱也会引起类似的退化模式。

(4)表面态效应。芯片的性能很大程度依赖于金属与半导体之间或者钝化层与半导体之间接触面的质量,接触面的质量依赖于表面清洗方法和沉积的条件。表面态密度变大的主要效应,如图 9.12 所示,是降低栅/漏区域的有效电场,结果是使耗尽区宽度变大和击穿电压变小[4]。

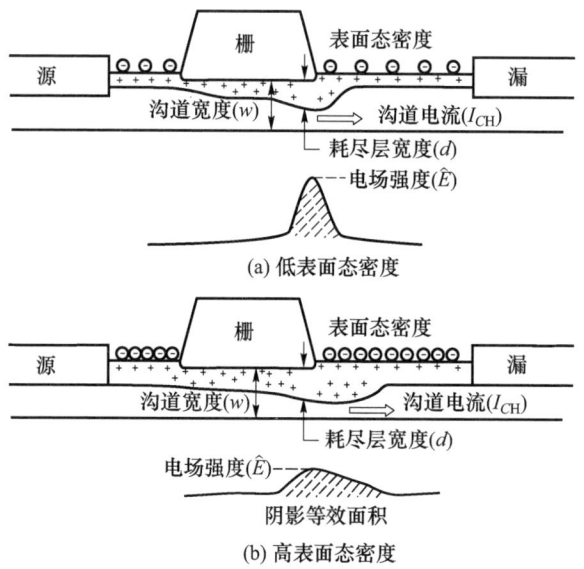

图 9.12　相同栅压下不同表面态的 PHEMT 沟道横截面示意图

例如,未钝化的 GaAs 芯片容易发生表面氧化作用和 As 外逸,会导致栅极漏电流变大和击穿电压变小。等离子沉积 Si_3N_4 工艺可以提供很好的钝化层,没有 GaAs 表面腐蚀和较低的 As 外逸,另外 Si_3N_4 钝化膜的张应力较低,因此可以减小表面态效应的影响。

2)应力引发的失效机理

(1)电迁移效应。金属原子与电子动量交换作用下使金属原子沿着金属条移动而形成电迁移。因为这种机理与电子动量交换有关,电迁移也与温度和电子数(电流密度)有关。因此,这种失效机理一般出现在窄栅和电流密度超过 $10^6 A/cm^2$(这个数值一般被视为电迁移开始发生的阈值电流密度)的功率芯片中。电迁移一般出现在源漏接触的边缘和垂直方向、多层涂敷金属的连接处。

需要强调的是,电迁移失效模式可以通过限制电流密度和控制芯片工作温度来避免。保证表面结构干净和无缺陷的过程控制也是抑制电迁移失效的重要措施。

(2) 烧毁失效。一般芯片有源区的部分或全部熔化造成的破坏性失效称为烧毁。例如芯片缺陷、过电应力、电路失配、热斑等因素都会造成烧毁失效。

烧毁有两种形式,瞬态的和缓慢的。瞬态烧毁由突发事件引起,如 ESD、EOS(Electrical Over Stress)和 RF(Radio Frequency)尖峰,相比于常见的可靠性问题中的材料相互作用,这种失效机理与芯片设计和应用有着更加密切的关联。

芯片栅-漏烧毁也可能由雪崩击穿导致,为了改善芯片击穿电压特性,常采用凹槽结构设计。在版图结构设计上,利用偏源设计的栅,可以减小栅漏击穿的发生。

芯片源漏烧毁是热激发的,一般发生在漏接触端(由于芯片烧结不均匀和电流过大,造成局部出现热点),热点随之会触发与缓冲层或衬底材料的正温度系数相关联的热奔(Thermal Runaway)条件。当缓冲层和衬底材料的局部温度超过 550℃ 时,缓冲层和衬底电导率剧增,导致漏电流剧增而使芯片源漏烧毁。

金属-半导体相互扩散也可以引起热激发。金属电迁移通过晶格边界和晶格缺陷到达衬底和有源沟道表面,引起栅或源与漏间短路而导致大电流密度等。同时衬底热导率随温度上升而降低,更加剧了热烧毁的过程。

另一方面,缓慢热烧毁是因为长期老化或工作过程中参数退化而引起局部热功耗密度升高而导致的最终结果。

(3) 热电子效应。芯片在 RF 过驱动情况下,沟道中的电子被强电场加速成为高能热电子,热电子受到晶格的弹性碰撞改变方向溢出到沟道陷阱以外,被表面或缓冲层陷阱俘获,从而使沟道电子密度降低,引起漏极电流和跨导下降。图 9.13 为热电子注入示意图,从图中可以看到,沟道 2DEG(Two Dimensional Electron Gas)中的电子在强电场作用下溢出沟道外,向上势垒层和向下缓冲层注入,成为背景载流子[9]。

(4) 过电应力。过电应力(EOS)是由芯片应用不当引起的,导致芯片参数退化或最终的破坏性失效。

静电放电(ESD)在运输、测试过程中缺乏对芯片 ESD 保护,放电产生巨大电磁脉冲,破坏肖特基栅和欧姆接触金属结构,导致芯片参数退化或破坏性失效。

3) 机械引发的失效机理

(1) 芯片破裂。芯片载体衬底和封装材料之间的热膨胀系数差异会引起机械应力并对芯片起到破坏作用,导致芯片失效。芯片中央区域会产生拉伸应力,

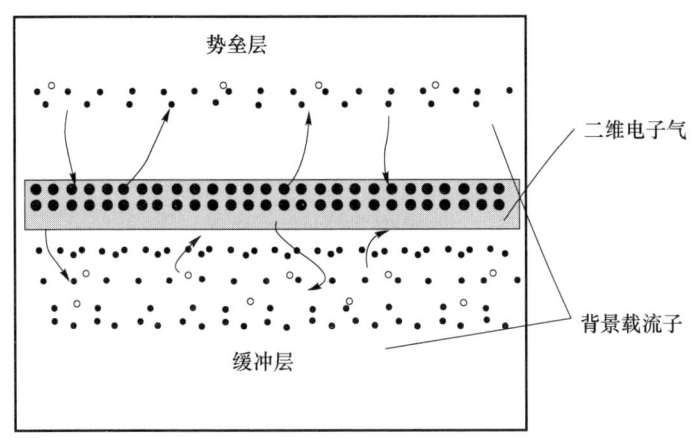

图 9.13 热电子注入示意图

芯片边缘会产生剪切应力[5]。在测试或热循环工作过程中,会引起芯片中央或边缘表面破裂。不当的操作或装架技术也会造成表面破裂。芯片有源区或靠近有源区的表面破裂会导致芯片性能退化。

(2)芯片烧结空洞。由于半导体材料的热传导率相对较低,芯片烧结质量和一致性对于芯片工作和可靠性很重要。芯片烧结材料中的空洞往往是半导体芯片热失控最普遍的原因。在功率和环境温度循环过程中,芯片边缘的空洞百分比会引起很大的纵向应力,这些空洞的传播会引起芯片脱离和热通路阻断。芯片/基座与焊料的浸润性也是形成空洞的主要因素之一。

虽然空洞会由很多原因引起,但是过程控制可以限制这种效应在可接受范围内。封装或衬底的结构、芯片烧结材料的物理特性、清洁处理和应用方法、空洞的密度和分布等决定了空洞对芯片可靠性的影响。

4)环境引发的失效机理

(1)氢效应。氢效应对 GaAs 芯片性能和可靠性会产生影响。在密封封装或氢气氛围中对 GaAs 芯片进行测试,会出现漏极饱和电流 I_{dss}、夹断电压 V_p、跨导 g_m 和输出功率 P_{out} 的退化。退化的来源是封装金属(铁镍钴合金、电镀金属等)释放的氢气[6-8]。

对 GaAs 晶体管早期的研究发现氢原子直接扩散进入芯片沟道区,形成 Si – H,降低了硅施主浓度[7],这可能是氢效应引起退化的机理。降低施主浓度会降低沟道载流子浓度,随之减小芯片漏极饱和电流、跨导和增益。在 Pt 或 Pd 栅金属的 FET 中都有发现氢效应。研究表明氢扩散发生在 Au/Pt/Ti 栅金属结构中,氢的扩散可出现在 Pt 边墙上,而不是金属 Au 的表面。

(2)离子沾污。芯片离子沾污是最重要的失效机理之一。由于移动的离子沾污,载流子浓度会发生改变,从而导致阈值电压漂移、漏电流增大、增益下降。

通过光谱仪分析发现,移动的碱性离子,如 N⁺、Cl⁻和 K⁺,是引起失效最常见的沾污离子。离子沾污物一定是溶解的,这样才能移动,才会引起前面提到的失效。温度和电场会加速离子移动。

5) GaN 芯片主要失效机理

由于 GaN 芯片存在特有的极化效应和逆压电效应,因此 AlGaN/GaN HEMT 芯片在长时间工作后会发生特性退化,一般还会有以下两种主要失效机理。

(1) 栅电极电子注入。在栅电极靠漏端方向的边缘上存在一个强电场,栅电极上的电子可以通过强电场隧穿注入到势垒层表面,然后经由表面陷阱跳跃电导产生栅漏间反向泄漏电流。栅漏间反向泄漏电流使表面陷阱充电,降低了其下面的沟道二维电子气密度,引起漏极饱和电流变小和跨导下降。栅电子注入示意图如图 9.14 所示[9]。

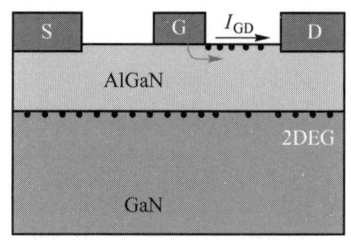

图 9.14　栅电子注入示意图

(2) 逆压电效应。逆压电效应是 GaN HEMT 区别于 GaAs 芯片所特有的可靠性问题。AlGaN/GaN 异质结构中存在较强的晶格应变和压电效应,即由于晶格应力的存在,导致晶体中产生电场。相反由于晶体受到电场作用,也会产生晶格应力,这就是逆压电效应,逆压电效应取决于芯片中的电场而不是电流,AlGaN 势垒层中的强电场通过逆压电效应使势垒层晶格膨胀,引起晶格弛豫而产生缺陷,构成电子陷阱。

逆压电效应退化示意图如图 9.15 所示,在栅靠近漏极的边缘有一个强电场,在这个电场作用下,晶格由于逆压电效应而受到拉伸,最终晶格结构被破坏产生缺陷[9]。

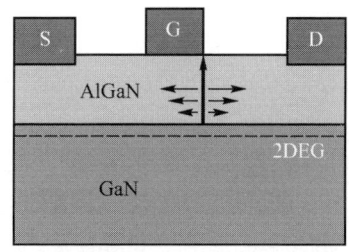

图 9.15　逆压电效应引起 GaN HEMT 功率退化的示意图

除了上述的主要失效机理之外,针对具体的工艺以及材料结构设计,芯片的失效机理可能不尽相同,需要根据芯片的可靠性试验结果,进行具体的失效分析,确定失效机理并有针对性地开展可靠性提升工作。

9.6 芯片失效分析技术

失效分析是确定一种产品失效原因的诊断过程。失效分析技术已经广泛地应用于各种工业部门。尤其在电子元器件行业中,失效分析有着特殊的重要性,主要表现在对芯片设计、芯片制造和整机应用几个方面。

(1) 失效分析能为芯片设计提供验证和改进依据,从而加快产品的研制进度。

(2) 失效分析能为芯片制造提供改进建议,有助于提高产品的可靠性和合格率。

(3) 失效分析能在整机可靠性设计应用中,提供如何正确选择使用芯片,从而提高整机应用的可靠性和合格率[10]。

9.6.1 芯片失效分析流程

失效分析的原则是先进行非破坏性分析、后进行破坏性分析;先外部分析、后内部分析(解剖分析);先调查了解失效有关的情况(电路、应力条件和失效现象等),后分析失效芯片。鉴于大多数分析手段基本上属于一次性的,很难重复,所以分析时应按程序小心进行,既要防止丢失或掩盖导致失效的迹象或原因,又要防止带进新的非原有的失效因素。一般失效分析技术流程如图 9.16 所示[11]。

1) 失效现象确认

开展失效分析工作时,首先对失效现象进行确认,依据芯片在整机电路的应用情况,模拟芯片施加的应力,通过分析静态和动态的测试结果,可以判断其是否有致命的破坏。

2) 开封前检查

对芯片封装进行检查是失效分析工作开始的第一步,目的是确定芯片在封装工艺过程中是否存在损坏。芯片分层、内部键合引线、引脚断裂等封装缺陷均可以通过开封前镜检出来。

开封前检测手段主要运用无损失效分析技术。无损失效分析技术是指不必开封对样品进行失效定位和失效分析。由于失效样品数量有限,破坏性失效分析过程中有损失样品和丢失信息的风险。所以无损失效分析技术是失效分析中重要的分析手段。目前除电测失效分析技术外,X 射线透视技术和反射式扫描

第 9 章 雷达收发组件芯片可靠性试验技术与失效分析

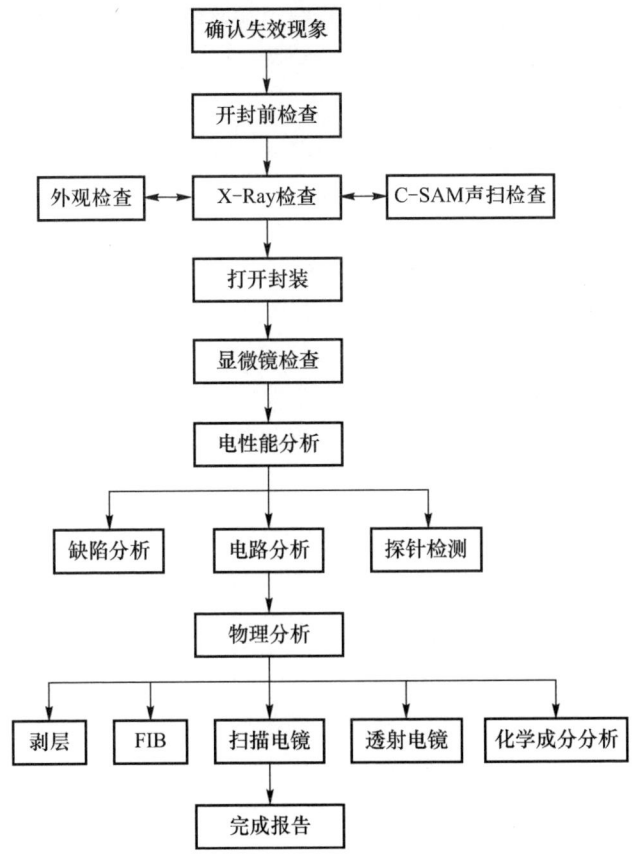

图 9.16 失效分析技术流程

声学显微技术 C-SAM（Scanning Acoustic Microscope）是两种主要的无损失效分析技术。不过 X 射线透视技术对 MOS（Metal Oxide Semiconductor）芯片有辐射损伤，所以无损不是绝对的。

（1）外观检查。外观检查是最直观的监控和分析手段。外观检查通常借助光学显微镜，观察检测芯片是否完整，封装是否存在裂纹，外部引线是否存在接触问题或者断裂等。

（2）X 射线检查。利用 X 射线技术可以在不打开封装的情况下检查芯片键合引线是否异常、芯片烧结是否存在空洞及芯片是否断裂等。

（3）扫描声学显微镜检测（C-SAM）。扫描声学显微镜在检测芯片内部缺陷和材料缺陷方面具有显著优势。它利用超声脉冲的透射性检测芯片材料空洞、分层等缺陷，是无损失效分析技术中一项重要的分析手段。

3）打开封装

通过无损分析手段也许只能对芯片的失效模式做出初步的判断，为了确定缺陷的准确位置及芯片的失效机理等问题还需要对芯片进行破坏性分析。去除芯片封装,露出芯片表面为后续电性能和物理分析做准备。

4）显微镜检查

开封后,用金相显微镜对芯片表面检查并观察芯片表面是否有损伤或熔化等现象。

5）电性能失效分析

通过对芯片电性能分析完成缺陷位置的定位,是物理失效分析的前提,是失效分析技术中不可缺少的一部分。广义的缺陷定位涵盖范围很广,包括缺陷定位、探针测试分析、电路性能分析等。

目前应用较为广泛的缺陷定位技术主要包括定位半导体芯片击穿、漏电的光发射显微镜技术和定位金属化系统短路、开路的镭射激光注入技术。另外采用微波探针测试系统对芯片进行全参数功能测试,并从材料、工艺、设计等方面进行参数分析,判断出影响芯片电性能可能的失效模式和机理。

6）物理失效分析

物理失效分析技术是对芯片材料和工艺进行表征和分析的综合性技术。芯片所用材料和内部形貌、结构和化学组分对失效有直接的关系。物理失效分析的最终目的是通过分析手段完成缺陷表征、分析,最终确定失效机理。剥层技术、聚焦离子束FIB(Focused Ion Beam)、扫描电子显微镜SEM(Scanning Electron Microscope)、缺陷化学分析的能量色散谱技术、透射电子显微镜TEM(Transmission Electron Microscope)等都是常用的物理失效分析技术。

（1）剥层技术。正常半导体工艺是从晶圆上经过一系列生长、刻蚀等工艺,最终生产出芯片,再经过划片、测试等,最终出厂。而剥层技术分析流程是先去除封装,然后对芯片逐层剥除直到衬底,整个过程是生产过程的逆过程。所以芯片的剥层对失效分析至关重要。

（2）聚焦离子束(FIB)。利用高能离子束扫描、轰击样品表面、并利用样品表面激发出的二次离子成像,同时可精确地在芯片指定区域完成剖面的切割。另外,FIB技术具有刻蚀和沉积的功能,可以对芯片进行再加工,当芯片性能需要改进或失效时,可利用FIB对金属互连线进行再加工,缩短设计和制造周期。

（3）扫描电子显微镜(SEM)。扫描电子显微镜作为一种精确有效的微分析技术在各类分析工作中使用率最高,在芯片的失效分析中也得到广泛应用。SEM由扫描系统和信号检测放大系统构成。系统工作原理是由电子枪发射的电子束,经过两级的聚焦透镜聚焦后,电子束通过扫描线圈,被物镜聚焦,透射到样品上,最后高压电子束激发出样品表面的大量电子信号被信号检测接受器接受,在阴极射线荧光屏上获取样品表面图像。

（4）缺陷化学成分分析。缺陷化学成分分析通常利用能量分散谱EDS(Energy Dispersive Spectrometer)完成的,EDS 适合与 SEM 配合应用,将材料的化学成分分析和微观结构分析紧密结合在一起。

9.6.2 失效分析技术展望

目前芯片正在向亚微米、深亚微米、多层布线结构的方向发展,以机械探针和光学显微镜为主的传统失效分析技术已不能满足需要。近年来,失效分析技术和仪表发展十分迅速,其发展方向是综合应用多种相关分析技术,深入开展失效分析。

未来封装技术不断发展,出现越来越多的三维结构的模块封装。而这些三维的结构封装为失效分析带来一定困难。一方面是当失效发生在封装结构上时,因为立体结构的相互遮挡,很难直接定位到失效到底发生在哪个具体位置。而当失效发生在芯片本体时,从众多芯片分析出哪一个芯片失效也是一件难事。而如何将多个芯片从三维封装体中取出,且尽量不破坏其连接电性能,以便能进行后续的独立电性能分析是一件有挑战性的工作。希望不久的将来,随着理论和实践的不断深入,能看到越来越多有用的解决方案[12]。

参考文献

[1] 付桂翠,陈颖,张素娟,等.电子元芯片可靠性技术教程[M].北京:北京航空航天出版社,2010.
[2] 李能贵.电子元器件的可靠性[M].西安:西安交通大学出版社,1990.
[3] 微电子器件试验方法和程序[R].GJB 548B—2005,2006.
[4] Ladbrooke P H, Blight S R. Low-Field Low Mobility Dispersion of Transconductance in GaAs MESFETs with Implication for Other Rate-Dependent anmelies[J]. IEEE Transations on Electron Devices,1988,35(3):257 – 267.
[5] Pecht M, Lall P. General Reliability Considerations as Applied to MMICs[C]. Reliability of Gallium Arsenide MMICs. Christou A, Editor, John Wiley & Sons, 1992:40 – 60.
[6] Camp W, Lasater R, Genova V, et al. Hydrogen Effects on the Reliability of GaAs MMIC[J]. Proc. GaAs IC Symposium, 1989.
[7] Chevallier J, Dautremont-Smith W, Tu C, et al. Donor Neutralization in GaAs(Si) by Atomic Hydrogen[J]. Appl. Phys. Lett.1985,47:108.
[8] Kayali S. Hydrogen Effects on GaAs, Status and Progress[M]. JPL, NASA, 1995.
[9] 李婷婷.AlGaN/GaN HEMT 退化机制及抑制方法[D].西安:西安电子科技大学,2011.
[10] 费庆宇.集成电路失效分析新技术[J].电子产品可靠性与环境试验,2005.
[11] 刘迪.半导体失效机理与先进失效定位技术的研究与应用[D].无锡:无锡江南大学,2013.
[12] 李阿玲.失效分析技术应用研究[D].上海:上海复旦大学,2014.

第 10 章
雷达收发组件芯片组装及应用技术

10.1 引　　言

目前,在相控阵雷达系统中,大量使用了体积小、重量轻、成本低和可靠性高的微波组件,在产品实现过程中,对砷化镓(GaAs)和氮化镓(GaN)单片微波集成电路(MMIC)芯片的正确应用、过程质量控制及组装已成为实现产品良好性能的关键。

10.2 雷达收发组件芯片组装技术

多芯片组装技术是微波组件研制、生产的重要环节[1]。如前章节所述,雷达收发组件所用半导体芯片有低噪声放大器芯片、限幅器芯片、功率放大器芯片、移相器芯片、衰减器芯片、开关芯片、多功能芯片、控制芯片、电平转换芯片等,种类繁多,使用条件各不相同,如何实现这些微波、控制元器件的高密度、高一致性、高可靠、有机合理的组装在一起是技术关键。目前,相控阵雷达 T/R 组件一般都运用多芯片组装技术(MCM),它实现了组件的体积小、重量轻、高可靠、高集成度的要求[2]。

10.2.1　MCM 技术

MCM 技术是在 MMIC 技术、传统的混合集成电路技术(HMIC)和表面组装技术(SMT)相结合的基础上发展起来的一种新型的微电子组装技术,并且正向高密度、三维系统级集成等组装方向发展。它采用微焊接等工艺技术直接将各种集成电路芯片和微型化片式元器件组装在高密度多层互联基板上,然后将其封装在同一管壳或盒体内,从而实现高密度、高速度、多功能集成、高可靠性的多芯片组件[3,4]。微波多芯片模块或组件(MMCM)[5,6]也可使用此 MCM 组装技术来完成。但是 MMCM 由于频率高、功率大、实现起来的技术难度更大、要求更高,并非一般的 MCM 可以直接替代,与 MCM 相比,在设计考虑上有较大的差异。

1. MCM 分类

MCM 按照多层互连基板的结构与制作技术可分成四大类,即厚膜陶瓷型多芯片组件(MCM-C)、叠层型多芯片组件(MCM-L)、淀积薄膜型多芯片组件(MCM-D)和混合型多芯片组件(MCM-C/D)[6-10]。

(1) MCM-C 是采用高密度多层厚膜布线陶瓷基板,其制造工艺类似先进的集成电路工艺,优点是具有较高的布线层数、布线密度、封装效率和优良的可靠性、电性能与热性能,成本适中,生产周期比较长。其性能优于 MCM-L,而低于 MCM-D,广泛应用于中规模和中速产品。它的制造过程可分为低温共烧陶瓷(LTCC)和高温共烧陶瓷(HTCC)两种类型。考虑到低温下可采用一些特殊材料和 Ag、Au、Cu 等金属,LTCC 应用更广泛。它既可以设计出多层螺旋电感和带状线等多层结构,又可以在基板内层布置控制信号,对于微波电路的发展具有重要意义。MCM-C 的断面构造以及典型的组件外观如图 10.1 和图 10.2 所示。

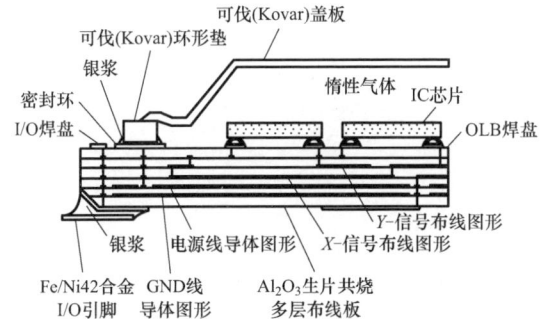

图 10.1 MCM-C 的断面构造

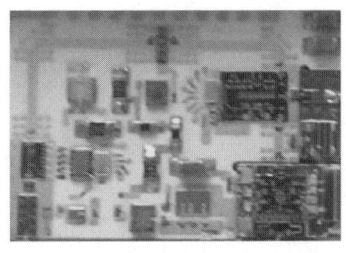

图 10.2 MCM-C 典型组件外观

(2) MCM-L 是采用高密度多层印制电路板(PCB)构成的 MCM,也包括双面叠层高密度基板。它的特点是生产成本低、制造工艺较成熟、生产周期短,但受芯片的安装方式和所采用的基板材料与结构限制,布线密度不够高。现在,随着新型复合介质基材的不断涌现和印制板加工工艺水平的提高,使 MCM-L 的性能获得显著的提高,可达到或接近 MCM-C 的水平,甚至达到 MCM-D 的水平,对快速开发低成本 T/R 组件是一种不错的选择。如图 10.3 和图 10.4 所示是 MCM-L 的断面构造以及典型的组件外观。

(3) MCM-D 是一类在 Si、陶瓷或金属基板上采用薄膜工艺形成高密度互连布线而构成的 MCM。它组装密度很高,属 MCM 中的高级产品,与上述两类 MCM 相比,它的布线线宽和线间距最小,具有更高的布线密度,封装效率及更好的传输特性。在相同互连密度的情况下,MCM-D 所需的布线层数远远少于 MCM-C。两者之差,甚至可超过一个数量级,但 MCM-D 的成本较高,生产周期比较长。如图 10.5 和图 10.6 所示是 MCM-D 的断面构造以及典型的组件外观。

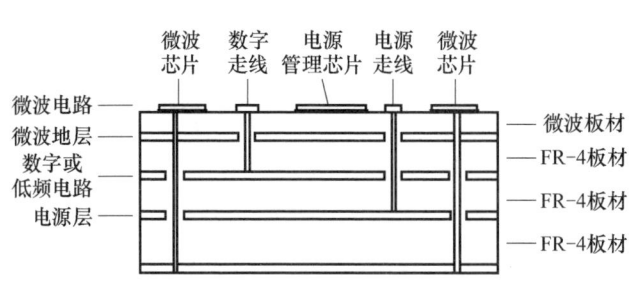

图 10.3　MCM-L 的断面构造

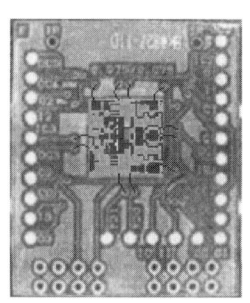

图 10.4　MCM-L 典型组件外观

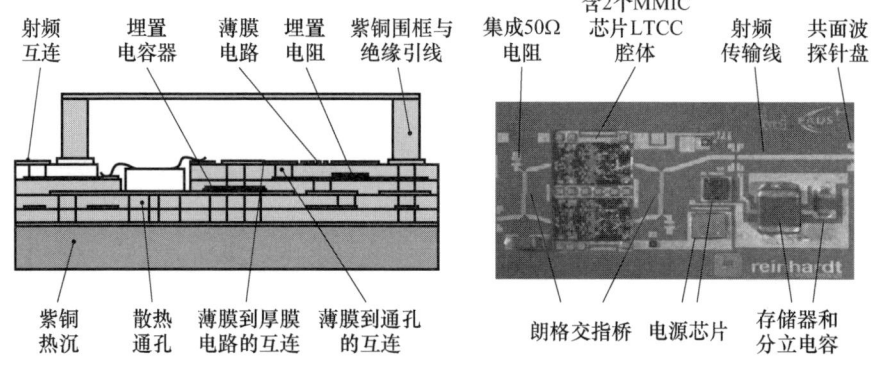

图 10.5　MCM-D 的断面构造　　　图 10.6　MCM-D 典型组件外观

（4）MCM-C/D 是 MCM-C 和 MCM-D 两种工艺技术相结合的产物，所以兼有两种工艺的优点。它是在共烧陶瓷多层基板上面，采用薄膜工艺制作高密度的薄膜多层布线层，从而形成薄膜与厚膜或陶瓷一体化的混合多层互连基板。MCM-C 的断面构造以及典型的组件外观如图 10.7 和图 10.8 所示。

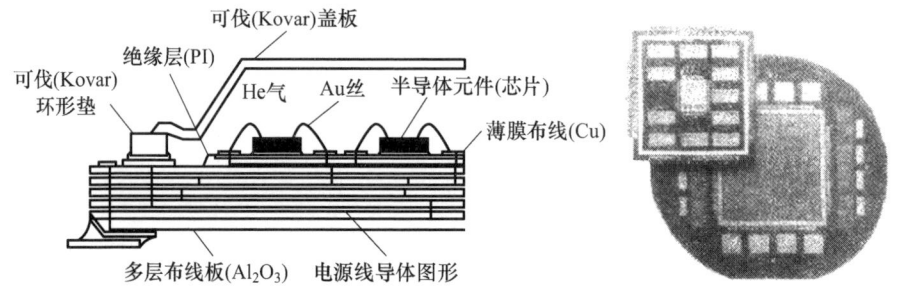

图 10.7　MCM-C/D 的断面构造　　　图 10.8　MCM-C/D 典型组件外观

2. MCM 技术特点

采用 MCM 技术可使电路具有小尺寸、多功能、高性能和高可靠性等优点。其技术特点主要有[7,8,11]：

1）时延短，传输速率高

因采用高密度互连基板技术，芯片间的互连线（或距离）大幅度缩短，也降低了连线电感和阻抗，从而使传输延迟时间明显减少，信号传输速度大大提高，同时也提高了组装密度，这有利于实现微波组件向功能集成化方向发展。

2）小型化，轻量化

由于 MCM 是采用多层布线基板，能将各种裸芯片高密度混合安装在同一基板上构成所需电路，就可以省去每个芯片的封装材料和制造工艺，这样既可减少成本，简化制造工艺，又可减小体积和重量。

3）散热好，可靠性高

统计表明，电路的故障大部分出现在电路互连和封装过程中，MCM 是将无源元件和有源器件设计在同一腔体内，从而减少了组装层次且避免了器件级的封装带来的不确定因素的影响，这样既大大提高了电路的可靠性，又有利于实现高效散热的封装设计。

4）多功能，性能优良

MCM 可以将低频电路、微波电路和电源控制电路等合理的集成在一起，从而使得电路具有多功能和高性能的特点。

3. MMCM 与 MCM 的差异

MMCM 的技术难度大、要求高，与 MCM 相比较，主要在设计方面有以下四点差异[12]：

（1）在设计方法上，MCM 一般都采用时域方法来进行设计，主要考虑延时、时序等逻辑关系，适用于数字电路或低频电路；而 MMCM 则多用频域方法来进行设计，需要考虑阻抗匹配和变换、组件的频率特性等，适用于微波毫米波电路。

（2）在结构上，MMCM 考虑到阻抗匹配和变换等各方面的要求而大量使用集总式的电感、MIM 电容和电阻等无源元件，而普通 MCM 很少有这种情况。MMCM 的多层布线结构中常夹着多层接地面，该接地面也是微波传输线的重要组成部分，同时需要保证层间隔离，防止电磁串扰。考虑到接地和散热的需要，电通孔、热通孔的数量较多，一般要求具有很低的接地热阻。微波信号传输通孔对微波多层电路十分重要，是影响反射系数的关键参数，需用软件进行建模仿真提取参数，如通孔直径、电路板厚度、接地面开口直径等。

（3）MMCM 的金属化材料从电性能的要求来看，主要是金和银等贵金属，一般不使用损耗比较大的导带材料或难熔金属材料。

（4）在工艺方面，由于 GaAs 的耐高温能力不如 Si，而且比较脆，需考虑基座材料的热膨胀系数与芯片的相匹配性。同时,因微波特有的一些技术要求,需考虑实际的工艺路线和条件。

4. MMCM 技术的工艺流程和关键工艺

MMCM 可以采用多种基板混合的组合方式,比如为了减小传输损耗在功率输出部分使用不同介电常数的微波复合基板,为了达到电路尺寸的精确性和散热要求使用不同规格的陶瓷基板,为了达到高密度小体积组装效果采用低温共烧陶瓷(LTCC)技术。工艺需根据要求做适当的调整,但是大体流程是基本不变的[3]。如图 10.9 是 MMCM 的基本工艺流程[13],虚箭头引入部分根据 T/R 组件工艺需求适当选取。通常将清洗、基板/载体安装、芯片粘接/烧结、键合和密封等列为关键工艺或工序[1,2,14,15]。

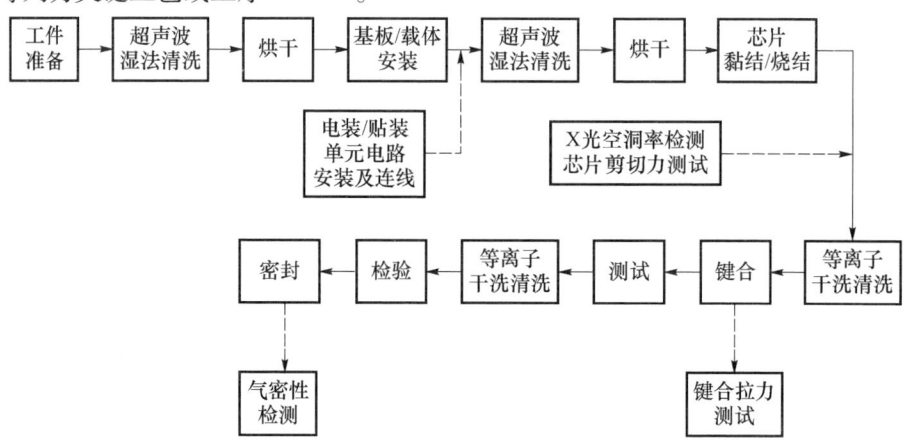

图 10.9　T/R 组件微组装工艺基本流程

1) 清洗、烘干工艺

清洗工艺分为超声波湿法清洗和等离子干法清洗两种。因为有些工件(电路基板、盒体、芯片载片)在生产和运输的过程中会受到如油污、灰尘、加工过程中的残留物等污染,需要先清除,在目前应用最广泛的就是超声波湿法清洗。超声波清洗是当超声波作用于液体中时,利用液体中每个气泡的破裂所产生的冲击波来达到清洗和冲刷工件内外表面的目的。清洗完后需要在通风良好的环境中对工件烘干多余的清洗液。考虑到超声波对键合丝的破坏作用,键合或者共晶后的半成品模块绝不允许再进行超声清洗。但在经过如键合、共晶等高温工序后,工件表面又会形成氧化膜或其他污染物,这时需使用等离子干法清洗。离子清洗原理是在真空状态下使电极之间形成高频交变电场,区域内气体在交变电场的激荡下形成等离子体,活性等离子对被清洗物进行物理轰击与化学反应双重作用,使被清洗物表面物质变成粒子和气态物质,经过抽真空排出,从而达到清洗的目的。理论上清洗的工件效果只能保持 24h,超过 24h 需再次清洗。

2）基板/载体安装

在目前，大多数 T/R 组件因考虑材料特性、结构需求、生产周期、成本等方面的因素，一般将基板与盒体都分开制造，而两者的大面积接地互连质量，将直接影响 T/R 组件的接地效果。而实现基板大面积接地大家常采用螺钉压紧接地法、钎焊接地法和导电胶接地法等三种工艺。

(1) 螺钉压紧接地，螺钉压紧接地法是最早采用的大面积接地互连办法，该方法具有操作简单，易于实现，返修性好的优点，多用于对基板接地要求不是太高，而且对体积要求不高的 S 波段以下 T/R 组件。由于这种压接法产生的大面积基板接地效果有限，且螺钉安装需要在基板上开螺钉孔占用了有效面积，故不适用于对接地要求较高的微波集成电路。如不采取其他措施，它的导热电阻比较大，同时也不适合大功放器件或电路的安装。

(2) 钎焊接地，钎焊接地法在微波组件中应用较为广泛，其优势是与传统的 SMT 工艺相结合，实现了微波基板与表贴器件一体化安装，减少了基板受热冲击的次数。常用的钎料有 SnPb、SnPbAg、SnAgCu 等，具有较低的电阻率，较高的剪切强度，能够形成可靠的接地互连。

钎焊的原理是焊料受热熔融，利用毛细作用尽可能地填充基板与底板之间的间隙，熔融的钎料在金属层表面铺展润湿，界面组织间发生相互扩散，生成的金属间化合物将原金属层慢慢溶蚀，冷却后即形成相应的金相接头。在钎焊过程需加强钎料金属流动或提高母材耐焊性，以减少钎焊空洞的产生。这是因为钎焊界面容易产生空洞或组织疏松，对组件的微波性能影响较大，尤其是当空洞位于微波元件、传输线、微波无源网络下方时影响最大，并且空洞越大影响越明显。

实践证明，如果在钎焊过程采用适当的工装或在真空环境下，可使大面积基板的钎着率保持在 90% 以上[16,17]。采用真空焊接设备，可大幅提高钎焊的钎着率。图 10.10 是一个简易的焊接工装。图 10.11 是某型真空烧结设备外观。

(3) 导电胶接地，与钎焊接地方法相比较，导电胶接地法更易实现，且一致性较好。其对焊接表面要求不高，可根据实际需求选择合适成份的胶接剂、固化温度、固化时间，以适用于多种表面及热胀系数差别大的材料间的连接，这在微组装工艺过程中是必需且十分重要的技术环节[3]。常用的有高温导电胶 84-1A、中温导电胶 H20E 和低温导电胶 DAD-40 以及无应力导电胶 ME8456 和高导热率导电胶 TS3601LD-35。

T/R 组件中对散热要求不太高的地方，比如无源电路部分、数字控制部分、功率分配部分、接收电路部分、中小功率电路部分，就可以用不同的导电胶粘接，以便降低生产成本和提高生产率[18]。

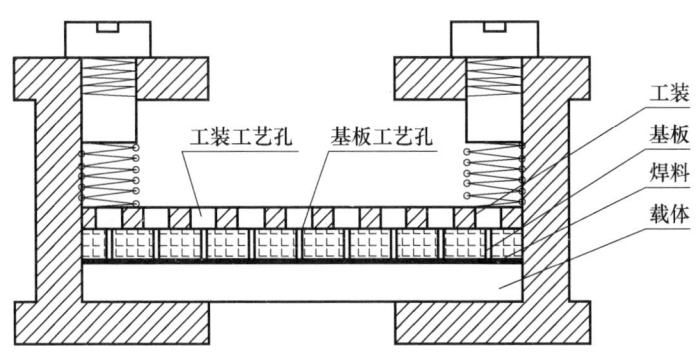

图 10.10　压力自调节焊接工装

图 10.11　真空烧结设备外观

3）芯片粘结/烧结

在微波多芯片组件中，绝大多数微波及控制元器件皆以裸芯片形式安装。而实现这些芯片的安装常采用共晶焊接和导电胶粘结这两种方式。

（1）共晶焊接。共晶焊接的机理是在指定的温度下焊料合金发生共晶物熔合现象，共晶合金直接从固态变到液态，不经过塑性阶段，冷却后形成高强度的合金接头。实现方法有手动共晶台焊接和真空烧结炉烧结两种。如图 10.12 所示为一种手动共晶台，如图 10.13 所示为共晶效果图。共晶焊接具有机械强度高、热阻小、稳定性好、可靠性高和含较少的杂质等优点，因而在微波功率芯片装配中得到了广泛的应用并备受高可靠器件封装业的青睐，但操作过程繁杂，不易于实现工艺自动化操作。同时因受合金焊料的局限，需要高温操作，在对微波多芯片组件微组装时需提前考虑好整个组件组装温度梯度。

焊料是共晶焊接非常关键的因素。有多种合金可以作为焊料，如 AuGe、AuSn、AuSi、SnIn、SnAg、SnBi 等，各种焊料因其各自的特性适于不同的应用场合。如含银的焊料 AgSn，易于与镀层含银的端面接合，含 Au、含 In 的合金焊料易于与镀层含金的端面接合。

第10章 雷达收发组件芯片组装及应用技术

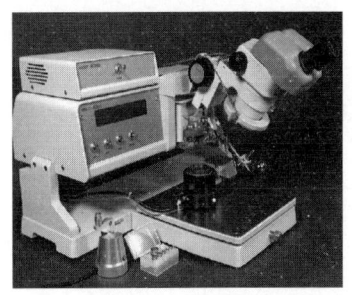

图10.12 共晶台

图10.13 良好的共晶效果图

（2）导电胶粘结，芯片粘接工艺是采用环氧树脂导电胶（掺杂金或银的环氧树脂）在芯片和载体之间形成互连和形成电和热的良导体。环氧树脂是稳定的线性聚合物，在加入固化剂后，环氧基打开形成羟基并交链，从而由线性聚合物交链成网状结构而固化成热固性塑料。其过程为液体或粘稠液→凝胶化→固体。固化的条件主要由固化剂种类的选择来决定。而其中掺杂的金属含量决定了其导电、导热性能的好坏。芯片导电胶粘接与导电胶接地操作基本一样。由于其环境友好性、温和的工艺条件、较简单的工艺和高的线分辨率等[23,24]优点，目前在微组装领域，已经得到较为广泛的应用。如图10.14所示为一种环氧贴片机。

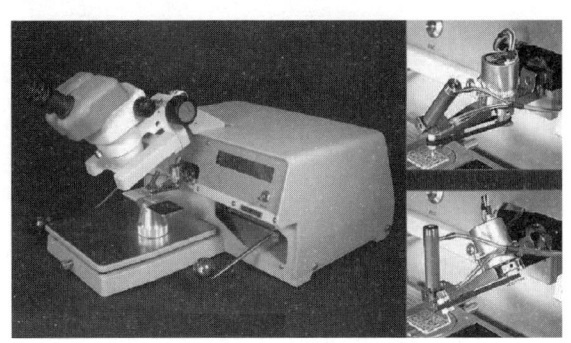

图10.14 环氧贴片机

不管芯片采取何种安装方式，都应根据芯片焊接方式的不同和两边微波传输线板材厚度的不同而定，芯片焊接应该选择适当厚度的载体，以保证芯片表面和传输线板材表面持平。传输线应尽量靠近芯片输入输出两端，典型距离控制在0.07~0.15mm左右，尤其在Ku波段以上，需要严格控制芯片端口和传输线板材端面的距离，如图10.15所示。同时需考虑安装的热匹配，即基板或载体的热膨胀系数要与芯片衬底材料的热膨胀系数相匹配，表10.1为一些常用封装基体材料的成分、密度、热膨胀系数和热导率，通常GaAs微波功率芯片选取CuW、

CuMo、Cu 等作为基体材料,GaN 微波芯片选取 CuW、CuMo、CuMoCu、金刚石铜等作为基体材料。

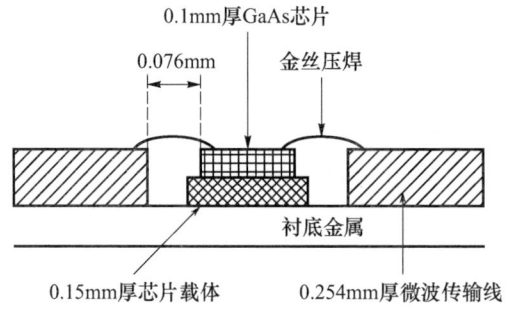

图 10.15 芯片烧结示意图

表 10.1 常用封装基体材料物理特性

材料	成分	密度/(g/cm^3)	热膨胀系数/(10^{-6}/K)	热导率/(W/mK)
AlSiC	Al + (50% ~70%)SiC	3.00	6.5 ~9.0	170 ~200
CuW	W + (10% ~20%)Cu	15.6 ~17.0	6.5 ~8.3	180 ~200
CuMo	Mo + (15% ~20%)Cu	10.00	7.0 ~8.0	160 ~170
AlSi	60% Al + 40% Si	2.53	15.4	126
Kovar	Fe + Ni	8.10	5.9	17
Cu	−	8.96	17.8	398
Al	−	2.70	23.6	238
Si	−	2.30	4.2	151
GaAs	−	5.23	6.5	54
Al$_2$O$_3$	−	3.60	6.7	17
BeO	−	2.90	7.6	250
AlN	98% purity	3.30	4.5	160 ~200

4) 键合

在微波多芯片组件(MMCM)中,微波单片集成电路(MMIC)、芯片电容、芯片电阻、串并转换芯片、驱动芯片、电源管理芯片、微带传输线和射频接地之间的互连一般采用键合来实现。

键合指使用金属丝(金线等),利用热压或超声压焊,完成微电子器件中电路内部端口的互连,即芯片与芯片、芯片与传输线或电源线之间的连接。键合技术的研究历来是微波领域工艺研究的重点,按照键合方式和焊点的不同分为球键合和楔键合,如图10.16和图10.17所示。

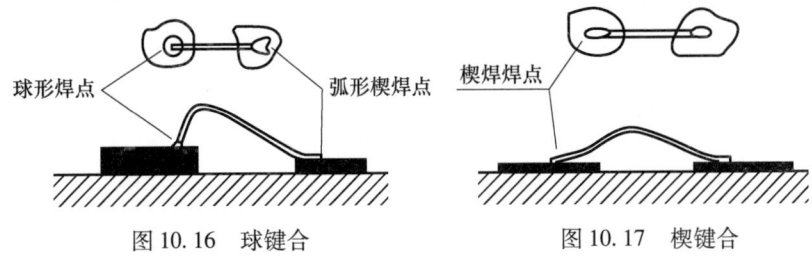

图10.16 球键合　　　　图10.17 楔键合

球键合操作方便、灵活、无方向性,而且焊点牢固,因此易于实现自动化焊接。然而,因其压点面积大,为引线直径的2～3倍,常用于焊盘间距大于$100\mu m$的情况下,对小焊盘芯片及细距键合很难应用。球键合常使用的引线为金丝、铜丝和硅铝丝。

楔键合的主要优点是形成的焊点小于球键合,特适用于$50\mu m$以下的焊盘间距,且在键合工艺中,可控制引线的拱弧、跨距、线径等参数,特别适用于微波组件的键合[15],这是因为微波组件的键合不像数字或模拟电路那样连通即可,其对键合引线的拱弧、跨距、根数都有严格的要求,这是由于在较高的工作频率时,特别是毫米波频段,键合丝的直径、金带的宽度、长度、拱高以及键合数量都会对微波多芯片组件的射频特性产生影响。楔键合常使用的引线为金丝和硅铝丝。

T/R组件设计必须考虑键合丝的最大承受电流密度,尤其是大功率器件工作电流较高,容易超过常规金属丝的最大承受电流。在T/R组件中常采用金丝和硅铝丝,其基本物理特性见表10.2。图10.18所示为金丝的不同直径规格和不同弧长与最大承受的电流的关系。

表10.2 金、铝丝的基本物理特性

	金丝	硅铝丝
熔点 $t/℃$	1063	642
熔解热 Q/WSg^{-1}	64	400
热导 $\lambda/Wm^{-1}℃^{-1}$	294	203
密度 ρ/gm^{-3}	1.888×10^7	2.700×10^6
热容 $C/WSg^{-1}℃^{-1}$	0.310	0.886
电导率 $\gamma/\Omega^{-1}m$	1.25×10^7	1.56×10^7

5）密封

由于微波多功能组件中裸露的半导体芯片通常对环境是敏感的,需选择合适的密封方式来使裸芯片与严酷的外界环境隔离,以保证其免受或少承受环境腐蚀和机械损伤,从而提高产品的可靠性和环境适应性。目前,微波组件的主要

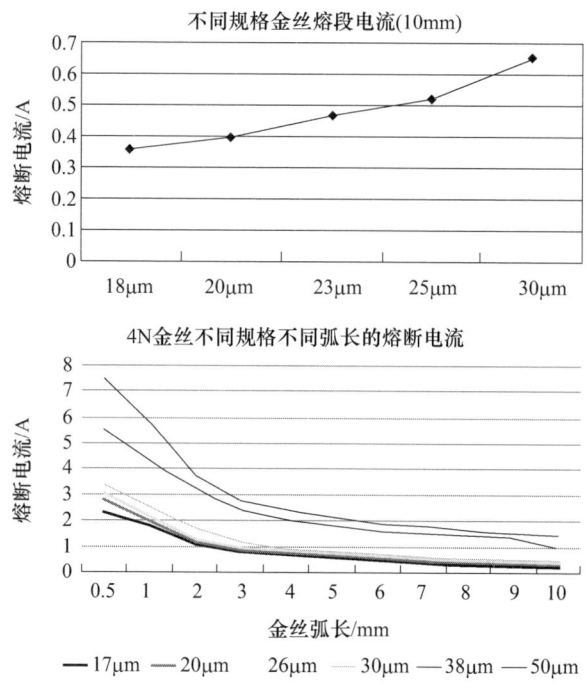

图 10.18 金丝规格和弧长与承受电流的关系图(见彩图)

密封方式有钎焊密封、平行缝焊密封、激光焊接密封、环氧胶密封。

(1) 钎焊密封,钎焊密封是利用钎焊原理在相对较低的温度下完成,其优点是可返修性好。如果不采取特殊措施(钎焊接头结构设计),密封效果一般。钎焊密封容易产生焊锡珠、助焊剂残留等焊接杂质,为了防止焊接杂质渗入密封体,往往需要设计复杂的焊接接头,甚至采用双层盖板。因此,在小型化 T/R 组件上一般不推荐用于盖板的密封,常用于接头盒玻璃绝缘子等密封。在操作过程中需保证组件内部温度不能超过其器件和焊料所能承受的最高温度,需合理安排产品安装的温度梯度。表 10.3 为常用的密封钎料特性。

表 10.3 常用密封钎料特性

钎料合金	熔点/℃	密度/gcm^{-3}	膨胀系数/×10^{-6}℃	抗拉强度/MPa	延伸率/%
52In48Sn	118	7.30	未知	11	83
42Sn58Bi	138	8.56	15.4	77	30
63Sn27Pb	183	8.35	24.7	56	56
96.5Sn3.0Ag0.5Cu	217	7.4	未知	53.5	46
80Au20Sn	280	未知	未知	28	未知

(2) 平行缝焊密封,平行缝焊是一种使用最广泛、工艺较为成熟可靠的金属

气密封装工艺。在各类微波器件封装中普遍采用。平行缝焊的气密性好、效率较高,可实现阵列封装。目前,平行缝焊技术在小型化、片式 T/R 组件中广泛应用,发挥了重要作用,采用 LTCC 立体封装的瓦片式 T/R 组件密封性能优越。但是,平行缝焊的缺点也很明显,其要求组件结构规则,壳体及盖板材料单一,可返修性差,使平行缝焊技术的应用受到一定的制约。其常用的壳体、盖板材料为 4J42 铁镍合金和可伐。图 10.19 为一种典型的平行缝焊工艺示例。

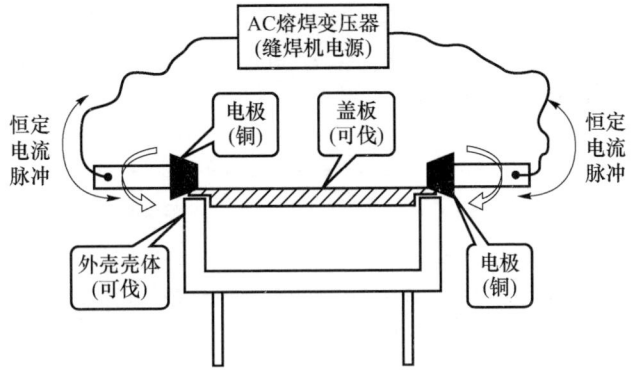

图 10.19　典型的平行缝焊工艺

(3) 光焊接密封,激光封焊也是一种使用广泛、成熟可靠的气密封装工艺。利用激光束优良的方向性和高功率密度的特点,通过光学系统将激光束聚集在很小的区域和很短的时间内,使被焊处形成一个能量高度集中的局部热源区,从而使被焊物形成牢固的焊点和焊缝。其具有热影响区小、可靠性和密封性好、生产率高、无接触等特点。与平行缝焊相比,对组件的封口形状限制较小,有着更宽的使用范围。并且,激光缝焊对常用的微波组件壳体材料如可伐(Kovar)合金、钛合金、铝合金、高硅铝等皆能实现良好的密封。如采用铝合金,通常盖板材料选用 4047 铝合金,而盒体材料选用 6063 或 6061 铝合金。

(4) 环氧胶密封,环氧胶因实用、方便、成本低等优点被广泛用于芯片及模块的密封,如芯片直接组装(Chip On Board,COB)技术。环氧胶的厚度决定其密封质量,但是环氧胶涂覆越厚越不利于返修。因此,环氧胶密封适用于对密封要求不高、使用环境较好的微波组件。此外,环氧胶密封方法因其可操作性较高,可用于修补局部的密封缺陷。

10.2.2　SIP 技术

尽管目前大多数 T/R 组件芯片组装采取 MCM 技术,但随着移动平台的发展(如空天器、卫星、飞机和汽车等),对相控阵雷达用 T/R 组件的要求越来越苛刻:在保证可靠工作的前提下,在有限的空间和尺度内,实现最大发射功率输出,以达到最大探测距离。这样的要求在技术上转化为 T/R 组件要进一步集成,并在单一封装内实现 T/R 的全部功能[19,20]。在目前,实现这目标主要途径是微波组件系统级组装(System – In – a – Package,SIP)技术。

SIP 技术是在一块多功能电路基板(壳体)上集成包含有微波电路、低频控制电路、数字电路和电源等的系统组装技术,在组装中大量采用系统/子系统级多芯片组装等新技术,其核心内容是三维立体多芯片组装(3D – MCM),图 10.20 所示为一种三维立体混合集成封装,它主要包括管壳、毫米波基板、低频基板、砷化镓单片集成电路芯片(GaAs MMIC)、微带电路、贴片元件(SMT)、多芯片单元模块(MCM)、盖板等。

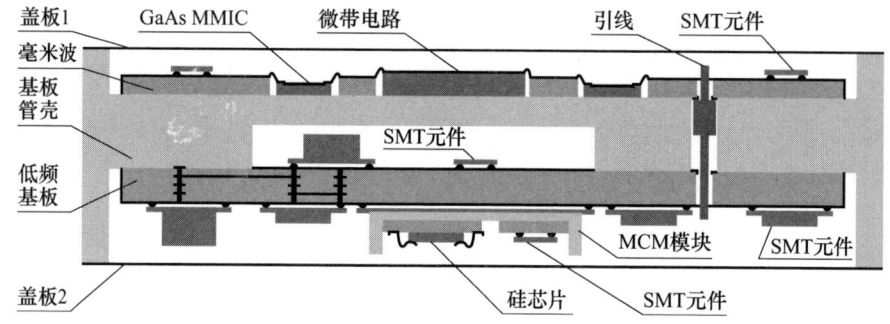

图 10.20　一种立体混合集成封装示意图

T/R 组件从二维布局提升到三维堆叠,特别是在密集阵列应用要求下,需要重点解决的是高效散热、三维电磁场模拟和仿真、高密度互连(HDI)、信号路由与窜扰和高成品率制造。SIP 兼容不同制造技术的 IC 芯片和无源元件,包括 Si、GaAs、GaN、InP 和模拟、射频、数字 IC 芯片、阻容元件、光器件、MEMS 等,这样 SIP 级 T/R 组件的发展将会更多依赖于微电子工艺集成。SIP 的典型特点[21]有:高密度的多层互联基板(LTCC 等);新型芯片互联方式(FC 等);无源元件集成技术;芯片叠层封装;模块叠层封装等。目前,小型化、高密度、三维结构、多功能微波组件微组装技术已成为研究和探索的热点[4,19,22]。

总之,微波组件的微组装技术是实现雷达和通信等电子整机小型化、轻量化、高性能和高可靠的关键工艺技术,尤其是微波多芯片组件技术、系统级微组装技术近年来发展迅速。随着电子整机不断向小型化、轻量化、高工作频率、大工作带宽、超高组装密度、多功能集成和高可靠等方向发展,微波组件的微组装技术将在新一代信息化电子装备的研制生产中发挥更大的作用[4]。

10.3　雷达收发组件芯片应用举例

雷达收发组件所用半导体芯片有低噪声放大器芯片、限幅器芯片、功率放大器芯片、移相器芯片、衰减器芯片、开关芯片、多功能芯片、电平转换芯片等,种类繁多,有关它们的应用通常应按生产厂家推荐的条件使用,在本节仅用一个C波段T/R组件为例对主要器件选用加以说明。

C波段T/R组件的指标:

(1) 工作频率:C波段,带宽600MHz。

(2) 移相器位数:5位,步进11.25°(并行驱动)。

(3) 电源电压: +28V、+8V、-5V。

(4) R通道指标:

① 接收增益≥30dB;

② 噪声≤3.5dB;

③ 接收输出功率1dB压缩≥12dBm;

④ 32态移相RMS误差3°;

⑤ 32态增益波动≤±0.8dB;

⑥ 带内增益起伏≤±0.5dB;

⑦ 衰减器位数:3位,步进0.25dB(并行驱动);

⑧ 耐功率≥46dBm。

(5) T通道指标:

① 输入功率为13dBm;

② 饱和输出功率≥46dBm;

③ 带内功率波动≤±0.5dB;

④ 工作脉宽为100μs,占空比≤10%;

⑤ 效率≥25%。

该收发组件采用CommonLeg结构,其框图如图10.21所示。它由多功能芯片(内含一个5位移相器、一个放大器、一个SPDT开关)、功率放大器PA、驱动功率放大器DPA、3位数控衰减器、低噪声放大器、限幅器、补充衰减器、微带型环行器组成。

10.3.1 限幅器

通常T/R组件都对接收支路提出耐功率的要求,即对输入信号的功率要有一个限定值,该限定值不能高于接收支路上低噪声放大器的耐功率值。为避免低噪声放大器受到发射泄漏功率或者雷达接收到的外部功率信号被烧毁,需在低噪声放大器前增加保护电路,这种保护电路通常选用限幅器来实现。对限幅器的选用主要考虑插损、耐功率、限幅输出电平、恢复时间、驻波等参数。

本T/R组件选用一种GaAs MMIC限幅器芯片,采用两级"背靠背"并联结构实现。该芯片在工作频率范围内插入损耗小于0.5dB,输入输出电压驻波比

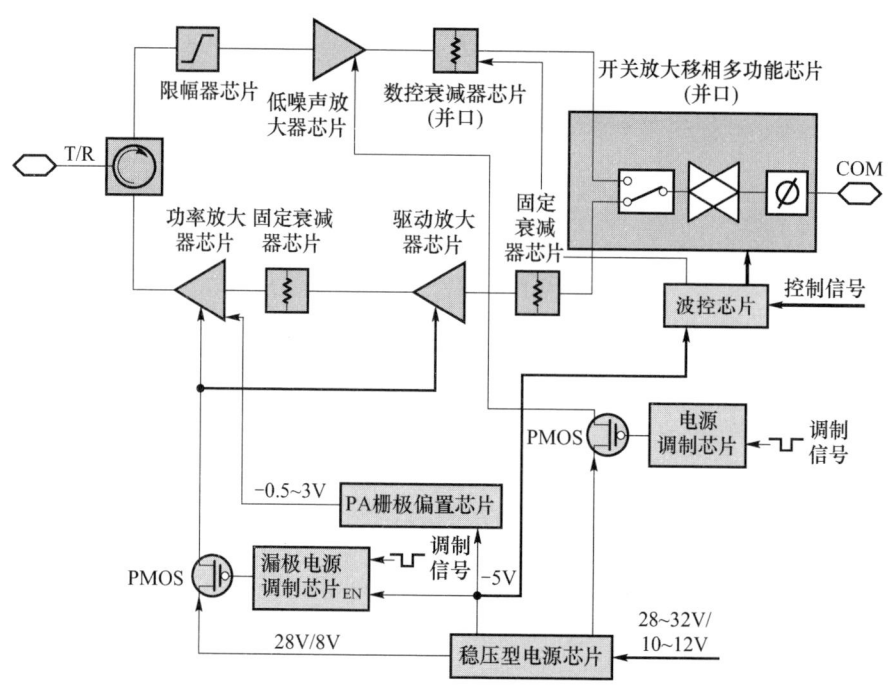

图 10.21 C 波段收发组件框图(见彩图)

小于 1.4,限幅电平小于 15dBm,抗烧毁功率 40W。其外形图和主要性能指标如图 10.22~图 10.25 所示。

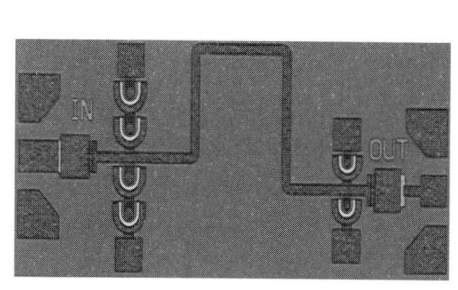

图 10.22 限幅器芯片照片

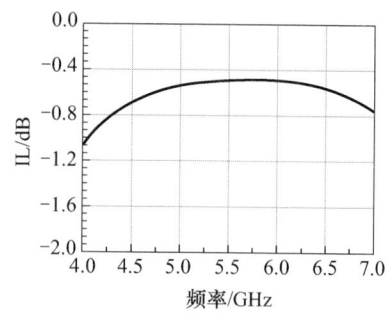

图 10.23 限幅器的插损

该芯片背面接地,应用时需采用金锡焊料与相应的载体或外壳烧结在一起,将输入输出压点与外部 50Ω 阻抗微带线用直径 25μm 金丝键合即可。

10.3.2 低噪声放大器

低噪声放大器通常位于接收支路的前端,天线接收到 RF 信号经环行器或功率开关、限幅器后直接进入低噪声放大单元[25]。该单元的噪声系数在很大程度上决定了整个组件的接收噪声系数[26,27]。对低噪声放大器的选用主要考虑噪声系数、增益、增益平坦度、1dB 压缩点、输入/输出电压驻波比、允许最大输入功率等参数。

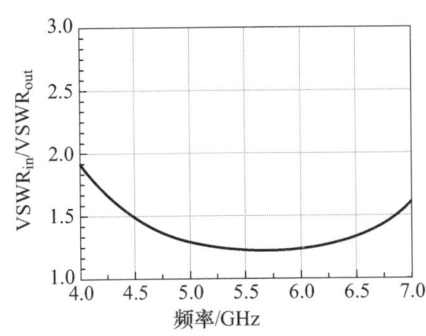

图 10.24 输入/输出驻波 VS 频率

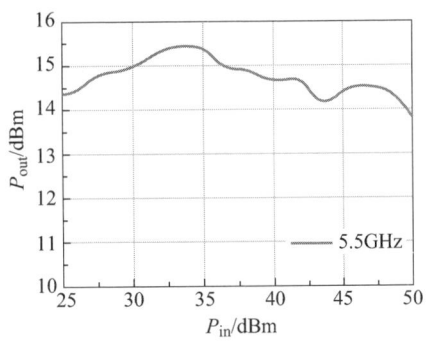

图 10.25 限幅电平

本 T/R 组件选用一款 GaAs MMIC 低噪声放大器芯片。该芯片在工作频带 5~6GHz 的增益为 25dB,噪声系数为 0.9dB,$P_{out(1dB)}$ 为 11dBm,最大输入功率 18dBm,芯片尺寸为 1.7mm×1.1mm×0.1mm。其外形图和主要性能指标如图 10.26~图 10.29 所示。

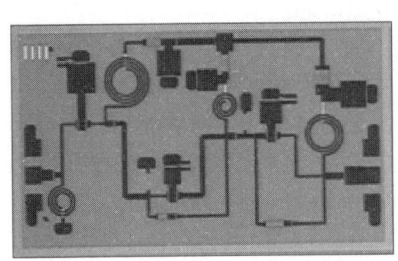

图 10.26 低噪声放大器芯片

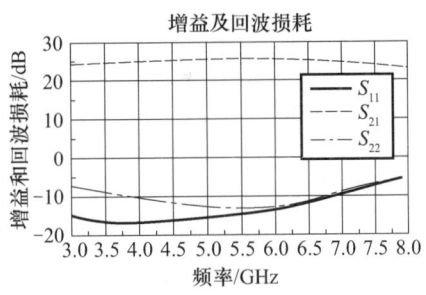

图 10.27 增益及回波损耗

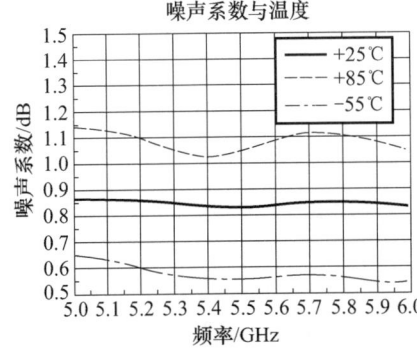

图 10.28 噪声系数与温度

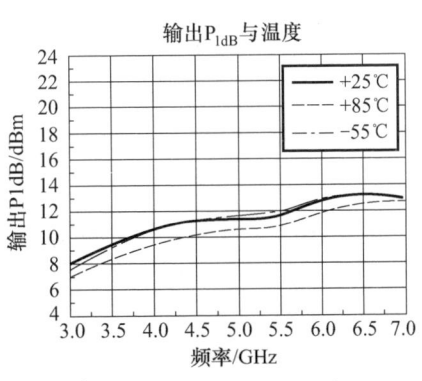

图 10.29 输出 P_{1dB} 与温度

该芯片采用了片上通孔金属化工艺保证良好接地,不需要额外的接地措施,使用简单方便。芯片背面进行了金属化处理,适用于共晶烧结或导电胶粘接工艺,互连采用金丝键合。该芯片装配方式和旁路电容如图 10.30 所示。

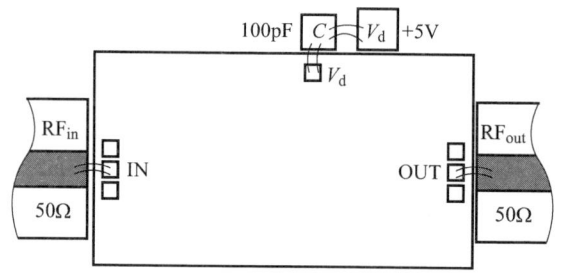

图 10.30　低噪声放大器的装配方式及旁路电容示意图

10.3.3　衰减器

衰减器一般分为固定衰减器、温补衰减器、数控衰减器和电调衰减器等。T/R 组件中通常使用比较多的为温补衰减器、固定衰减器和数控衰减器。温补衰减器用于补偿通道增益或输出功率随温度的变化,以保证组件在整个环境下满足指标。固定衰减器一般用于改善级间匹配、调节通道增益量、通道间增益一致性。数控衰减器通常在 T/R 组件中用于幅度控制。

数控衰减器芯片是 T/R 组件中的重要器件之一,选用时需考虑的技术指标主要有工作频率、衰减位数、衰减步进、衰减精度、衰减附加相移、插入损耗、控制电平、输入输出驻波比等指标。本组件选用的数控衰减器为 GaAs MMIC 芯片,其外形图和主要性能指标如图 10.31 ~ 图 10.34 所示。

0.25dB bit	0.5dB bit	1dB bit	状态
V_1	V_2	V_3	
−5	−5	−5	参考态
0	−5	−5	0.25dB
−5	0	−5	0.5dB
−5	−5	0	1dB

图 10.31　衰减器芯片照片　　　　图 10.32　衰减器真值表

芯片采用了片上通孔金属化工艺保证良好接地,不需要额外的接地措施,使用简单方便。芯片背面进行了金属化处理,适用于共晶烧结或导电胶粘接工艺,互连采用金丝键合。需要注意的是衰减器的控制电平为负压,需使用电平转换芯片,以满足输入控制信号为 TTL 电平的要求。该芯片装配方式如图 10.35 所示。

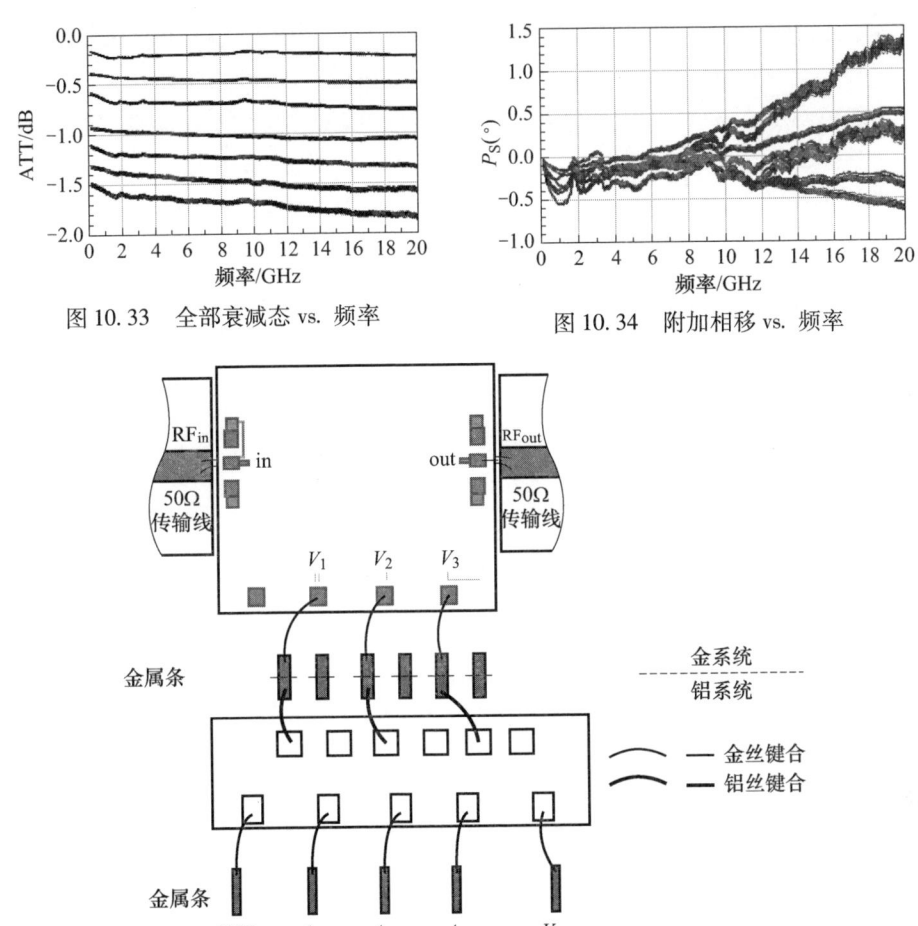

图 10.33 全部衰减态 vs. 频率

图 10.34 附加相移 vs. 频率

图 10.35 衰减器装配示意图

10.3.4 功率放大器

功率放大器芯片是微波系统中的关键元器件,应用非常广泛,其通常位于发射通道增益链的末端,通常选用基于 GaAs 或 GaN 的功率放大器。考虑到微波性能的稳定性,功率放大器的增益通常不高,需要一级驱动放大器来推动它,将输入信号放大到系统所需的功率水平。

功率放大器芯片选用需考虑的技术指标主要有工作频率、输出功率、功率附加效率、功率增益、功率增益平坦度、驻波比、工作电压、静态电流等。若 T/R 组件应用在一些特殊系统中,如通信系统,需要着重考虑其线性度指标,如输出 IM_3、输出 P_{1dB} 功率等。

功率放大器的应用主要针对功率放大器的匹配网络、偏置网络和功率分配/

合成网络设计。常用的功率分配/合成网络有 Lange 耦合结构、Wilkinson 结构；偏置网络除了为晶体管提供直流电源,还有保持电路稳定性的作用。具体设计可参阅第 3 章的相关内容。对于本设计,考虑到组件的功耗效率和体积,功率放大器和驱动放大器都选用 GaN MMIC 放大器。功率放大器芯片工作频带为 5~6GHz,功率增益 20dB,饱和输出功率 48dBm,功率附加效率 40%。功率放大器外形图和主要性能指标如图 10.36~图 10.39 所示。

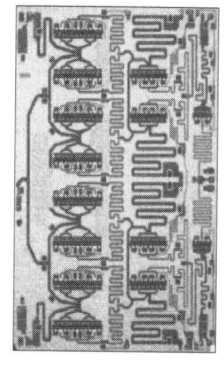

图 10.36 功率放大器芯片照片

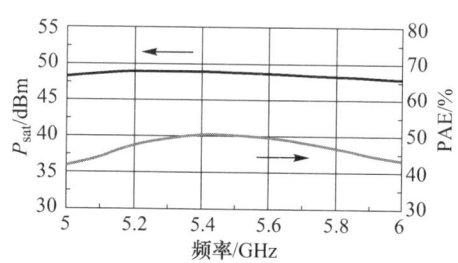

图 10.37 饱和输出功率/效率 vs. 频率

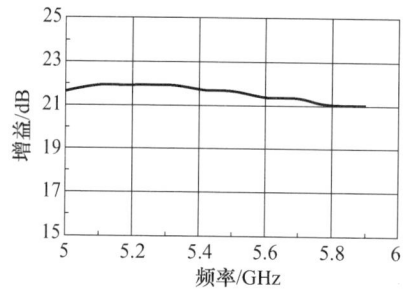

图 10.38 功率增益 vs 频率

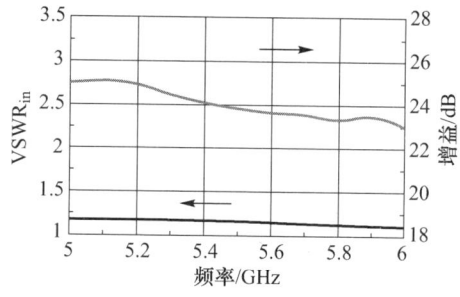

图 10.39 输入驻波/增益 vs 频率

图 10.40 为该芯片的装配示意图,其中外围电容 C_1 的容值均为 100pF,C_2 的容值均为 1000pF,C_3 的容值均为 10000pF,它们均为芯片电容。功率芯片在装配和使用过程一般需注意以下几点。

（1）载体的热膨胀系数应与芯片材料接近。

（2）载体的导热性能越高越好,装配时芯片与载体之间要避免空洞,同时保证盒体或者载体的良好散热。

（3）通常采取金锡焊料烧结,烧结工艺应避免温度快速变化。

（4）通常采用直径 25~30μm 金丝键合,键合工艺应避免温度快速变化。

（5）注意加电顺序,通常为上电时,先加栅压,后加漏压；去电时,先降漏压,后降栅压。

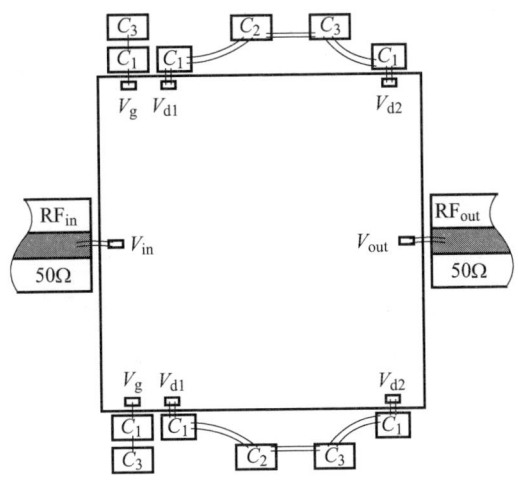

图 10.40　功放芯片装配示意图

10.3.5　多功能芯片

微波多功能 MMIC 是将多种单一功能的芯片，如放大器、开关、数控衰减器、数控移相器等，按照系统的特殊功能和性能指标要求进行综合设计，并集成在同一片半导体基片上，如硅（Si）、砷化镓（GaAs）、氮化镓（GaN）等。

本例中选用的微波多功能芯片，它集成了以下功能电路：①单刀双掷开关；②5 位移相器；③放大器；④幅度均衡器；⑤开关驱动电路。选用时需考虑增益、增益平坦度、各态 RMS 移相误差、移相寄生调幅、通道隔离度、输入输出 P_{1dB}、输入输出驻波比等，表 10.4 是其主要性能指标，图 10.41 所示为其原理框图和外形图。

表 10.4　多功能芯片电性能主要指标

指标	最小值	典型值	最大值	单位
频率范围		5～6		GHz
增益	9			dB
增益平坦度		±0.5		dB
移相精度 RMS 误差		2		°
移相幅度变化		±0.5		dB
移相位数		5		—
隔离度	50			dB
P_{1dB}		20		dBm
驻波			1.7	—
控制电平		TTL		V

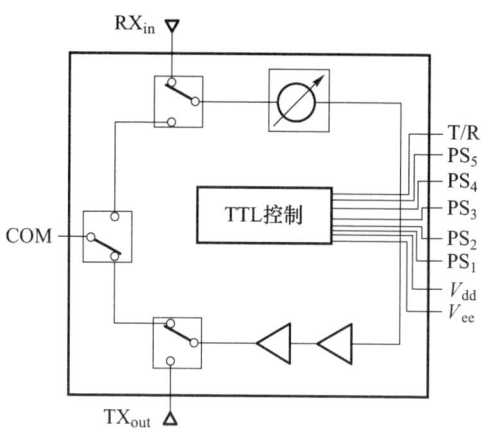 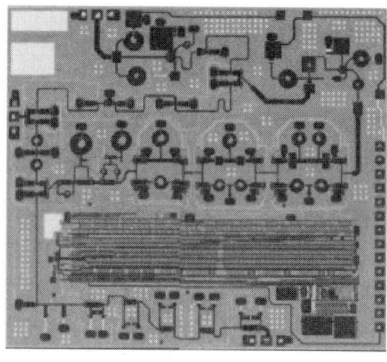

图 10.41　一种多功能芯片的原理框图和外形图

10.3.6　指标的实现

组件装配后,由于元器件间的微带连接和金丝键合等引入的寄生参数和插入损耗等因素影响,性能指标会比单个器件的性能降低,但上述选用的元器件的电性能参数都留有一定的冗余,组件最终实现的性能指标能满足要求,图 10.42 所示为 C 波段收发组件实物装配图。该组件最终指标的典型值如下。

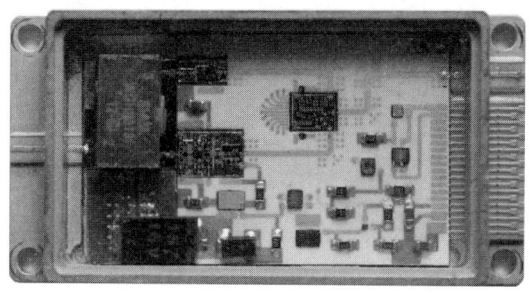

图 10.42　C 波段收发组件实物照片(见彩图)

(1) R 通道指标:

① 接收增益为 32dB;

② 噪声为 2.9dB;

③ 接收输出功率 1dB 压缩为 18dBm;

④ 32 态移相 RMS 误差为 3°;

⑤ 32 态增益波动为 ±0.6dB;

⑥ 带内增益起伏为 ±0.4dB;

⑦ 衰减器位数为 3 位,步进 0.25dB(并行驱动);

⑧ 耐功率为46dBm。

(2) T 通道指标：

1) 输入功率为 13 ± 1dBm；
2) 饱和输出功率为47dBm；
3) 带内功率波动为 ± 0.4dB；
4) 工作脉宽为100μs，占空比≤10%；
5) 效率为27%。

参考文献

[1] 程志远,胡权,刘均东,等. 微波组件的关键组装工艺技术[J]. 电子工艺技术,2014,35(6).
[2] 翟克园. 基于多芯片组装的Ka波段相控阵接收组件的研究[D]. 南京:南京理工大学,2013.
[3] 邵优华,韦炜. T/R组件微组装工艺技术[J]. 舰船电子对抗,2014,35(2).
[4] 严伟,姜伟卓,禹胜林. 小型化高密度微波组件微组装技术及应用[J]. 国防制造技术,2009.
[5] 牛立杰. 基于MCM技术的相控阵雷达T/R组件[D]. 成都:电子科技大学,2004.
[6] 龙博. X波段T/R组件的小型化设计与研究[D]. 成都:电子科技大学,2010.
[7] 江姗姗. 数字T/R组件收发前端的设计与研究[D]. 南京:南京理工大学,2012.
[8] 杨邦朝,张经国. 多芯片组件(MCM)技术及其应用[M]. 成都:电子科技大学出版社,2001.
[9] 田民波,林金堵,祝大同. 高密度封装基板[M]. 北京:清华大学出版社,2003.
[10] 秦跃利,刘志辉,王春富,等. LTCC-D高密度微波集成工艺技术研究[J]. 电子工艺技术,2014,35(2).
[11] 胡明春,周志鹏,严伟. 相控阵雷达收发组件技术[M]. 北京:国防工业出版社,2010.
[12] 孙再吉. 微波多芯片模块技术[J]. 半导体技术,2001,26(9).
[13] Harper C A. 电子封装与互连手册[M]. 贾松良,译. 北京:电子工业出版社,2009.
[14] 谢颖. 微组装关键工艺技术研究[D]. 成都:电子科技大学,2010.
[15] 邱颖霞. 微波多芯片组件中的微连接[J]. 电子工艺技术,2005,26(6).
[16] 程志远. T/R组件中基板焊接工艺的改进[D]. 桂林:桂林电子科技大学,2011.
[17] 张世伟. 真空烧结在电子组装中的应用技术[J]. 电子工艺技术,2011,32(3).
[18] 段国晨,齐暑华,吴新明,等. 微电子封装用导电胶的研究进展[J]. 中国胶粘剂,2010,19(2):54-60.
[19] 吴礼群,孙再吉. T/R组件核心技术最新发展综述(二)[J]. 中国电子科学研究院学报,2012,7(2).
[20] Maurelli A,Belot D,Campardo G. SoC and SiP,the Yinand Yang of the Tao for the new electronic Era[J]. Proceedingsof IEEE,2009,97(1):9-17.

［21］ Lenihan T, Vardaman E. Worldwide Perspectives on SiPmarkets: Technology Trends and Challenges［A］//IEEE 7th International Conference on Electronics PackagingTechnologies［C］,2006.

［22］ 徐锐敏,陈志凯,赵伟. 微波集成电路的发展趋势［J］. 微波学报,2013,29.

［23］ 陶军磊,安兵,蔡雄辉,等. 各向异性导电胶倒装封装电子标签的可靠性［J］. 电子工艺技术,2010,31(5).

［24］ 吴丰顺,郑宗林,吴懿平,等. 倒装芯片封装材料—各向异性导电胶的研究进展［J］. 电子工艺技术,2001,25(4).

［25］ Nosal Z. Low Noise Broadb and MMIC Amplifier Concept［J］. IEEE MTT-S Digest. 1998: 230 – 232.

［26］ Dixit R, Nelson B, Jones W, et al. A Family of 2 ~ 20GHZ Broadband Low Noise AlGaAs. HEMT MMIC AmplifierS［J］. IEEE Mierowive and Millimeter-Wave Monolithie Cireuits Symposium. 1989. 355 – 370.

［27］ KoheiFujii, YasuhikoHara, YuZoShibuya, et al. A Highly Integrated T/R Module for Aetive Phase Darray Antennas［J］. IEEE MTT-S Digest. 1998,469 – 473.

［28］ 程文芳,盛柏桢. 微波半导体功率器件及其应用［J］. 电子与封装,2003,3(1).

［29］ 程文芳,盛柏桢. 微波半导体功率器件及其应用(第二部)［J］. 电子与封装,2003,3(2).

［30］ 程文芳,盛柏桢. 微波半导体功率器件及其应用(第三部)［J］. 电子与封装,2003,3(3).

第 11 章
雷达收发组件芯片展望

11.1 引　　言

近十几年来,随着雷达探测、无线通信等产业市场的牵引和工艺技术的进步,尤其雷达体制的相控阵化,促使雷达收发组件芯片取得了快速的发展,经历了由分立器件到单一功能的微波毫米波单片集成电路,再到多功能微波毫米波单片集成电路的演变正朝着微波毫米波单片高集成度、多功能、系统级集成的方向发展。

随着雷达技术的不断进步,在复杂环境或对抗条件下能有效工作,提取更多信息是现代雷达的主要特征,这就要求雷达具有很好的一体化、多功能、多目标、高数据率、高精度、反杂波、抗干扰等微波毫米波单片能力。有源相控阵(AESA)雷达系统由于具有上述能力,因而成为现代雷达的主流体制。在大型 AESA 中,有源阵面由许多子阵和阵元组成,每个子阵均由多个 T/R 组件组成,T/R 组件数量可达上万量级,这意味着一部雷达系统的天线阵面包含数万个接收机和发射机。因此,雷达系统迫切需要向高集成小型化发展、又要求低成本可实现,同时现代雷达又面临提高探测距离和探测精度的需求,这都要求雷达系统向更大功率、更宽频带和更高频率发展,解决这些问题的关键是雷达收发组件芯片的进一步发展。

总体上讲,雷达收发组件芯片的发展有几个明显的趋势:①向毫米波、太赫兹方向发展;②向高集成度多功能芯片发展;③向低成本方向发展;④向更大功率集成芯片发展;⑤向超宽带集成芯片发展;⑥向射频集成 SoC(射频系统级芯片)发展。本章将对上述发展的趋势做简要的介绍。

11.2　向毫米波、太赫兹方向发展

随着毫米波单片集成电路(MIMIC)研制取得不断的突破,推动了毫米波雷达在近程防空、靶场测量、战地监视和导弹制导、火控和跟踪、机载防撞和高分辨

率成像、空间目标探测以及战场敌我识别等诸多领域的广泛应用。毫米波雷达波束窄、角分辨力高、频带宽、隐蔽性好、抗干扰能力强、体积小、重量轻,与红外、激光设备相比较,它具有很好的穿透烟、尘、雨、雾的传播特性,具有良好的抗干扰、反隐身、反低空突防和对抗反辐射导弹的能力,比毫米波雷达更高频率的太赫兹雷达在上述的应用中优势更加明显。毫米波、太赫兹技术的应用适应了更高频率雷达的发展要求。半导体材料工艺技术的进步使得毫米波、太赫兹雷达收发组件芯片已经取得了一定的突破。

例如,目前国际上研发出 245GHz 的 SiGe 发射机阵列、170GHz 的分布放大器等芯片。

在 GaAs PHEMT 技术方向,基于 0.1μm 栅长工艺:低噪声器件的 f_t 达到 165GHz,工作频率最高 120GHz,功率器件的 F_{max} 达到 200GHz,在 94GHz 时的效率为 20%、增益为 5dB,功率密度达到 0.35W/mm。[1]

在 GaAs MHEMT 与 InP HEMT 技术方向,基于 50nm 栅长工艺,低噪声器件的 f_t 达到 500GHz,器件在 94GHz 的 NF_{min} 为 1.2dB、相关增益是 12dB,LNA 芯片在 220GHz 的噪声系数达到 7dB、相关增益达到 8dB;功率器件的 F_{max} 达到 750GHz,在 94GHz 时的效率为 40%、增益为 11dB、功率密度达到 0.4W/mm,在 220GHz 时的效率为 20%、增益为 7dB、功率密度达到 0.25W/mm。[1]

11.3 向高集成度多功能芯片方向发展

在大型有源相控阵(AESA)雷达中,T/R 组件数量可达上万量级,雷达系统迫切需要向高集成小型化发展,这就要求雷达收发组件芯片向高集成度多功能芯片方向发展。

在微波毫米波雷达 T/R 组件芯片领域,目前采用 SiGe BiCMOS 技术、GaAs PHEMT 化合物半导体工艺实现了收发一体多功能芯片、幅相控制多功能芯片和变频多功能芯片。进一步的发展方向是将大部分的收发前端电路高度集成在一个芯片上,以实现高可靠性、小尺寸、易用性等特点,进而努力实现在单片集成电路上实现整个收发系统。

目前已经实现了雷达收发组件芯片两片式集成的构想,雷达收发组件芯片除功率放大器外的其他功能全部集成在一个芯片上,采用 SiGe BiCMOS 工艺或 GaAs PHEMT 工艺实现,功率放大器采用宽禁带基半导体 GaN 工艺集成,一共两个芯片可以实现雷达 T/R 组件的全部功能。这样可以充分发挥各种材料的优势,如 SiGe 的低成本优势、GaAs 的性能成本综合优势和 GaN 的高功率优势。

随着工艺技术的不断进步,研制集成度更高的一片式 T/R 芯片正在成为可能。一片式 T/R 芯片将代替常规 T/R 组件中的 7 种以上芯片(功放、低噪放、限幅器、移相器、衰减器、开关、驱动器等),目前,GaAs 工艺实现了幅相控制芯片(移相器、衰减器、开关、增益放大器)的单片集成;GaN 工艺已制作出开关、功放、低噪放等集成前端,一片式 T/R 芯片依托 GaN 和 GaAs E/D 工艺平台,通过攻克低噪声放大电路、功率放大电路、幅相控制电路在同一个基片上集成的难题可望实现瓦级 T/R 和十瓦级 T/R 的单片集成,实现雷达收发组件芯片的最大集成化,相控阵雷达采用的 T/R 组件的芯片集成度越高、芯片数量越少,则阵面复杂性越低,系统可靠性和稳定性越强。

11.4 向低成本小型化方向发展

雷达系统一方面需要向高集成小型化发展、一方面又要低成本可实现,而大型有源相控阵(AESA)雷达中,成千上万的 T/R 组件占了雷达总成本的 80% 以上,这就要求必须最大限度的控制雷达收发组件芯片的制造成本。

目前 GaAs 基芯片、Si 基芯片和 GaN 宽禁带基半导体芯片构成了雷达收发组件芯片主体,GaAs 基芯片主要发展方向是以 V 波段及以下频率的多功能芯片为主,Si 基芯片在微波毫米波频率的发展主要是 SiGe BiCMOS 技术,Si 基芯片的特点是中等水平电性能、低功耗、高度集成、大尺寸圆片加工带来的低成本,目前在毫米波和太赫兹领域表现出很强的发展潜力。

雷达收发组件芯片的发射功率芯片主要以 SiC 衬底的 GaN 基半导体芯片为主。在 GaN 材料和器件产生之初,受衬底价格、外延材料价格、良率等因素的限制,产品的价格普遍偏高,GaN 器件价格至少是 GaAs 器件的 3~4 倍。近几年,随着大尺寸 SiC 单晶技术的成熟,已经出现了 6 英寸的 SiC 衬底商品,随着 GaN 器件和芯片生产技术的提高,GaN 的制造成熟度已经达到 8 级,甚至达到 9 级,工艺线良率提高 2 倍以上,实现成本降低 75% 以上,目前相同功率的 GaN 器件的价格已经低于 GaAs 器件价格,可以预见不久的将来,随着晶圆尺寸的进一步增加和 Si 衬底 GaN 技术的不断成熟,GaN 器件和芯片大规模应用到多个领域,GaN 器件的价格将会进一步降低,从成本和性能的综合考虑,SiC 衬底的 GaN HEMT 依然是主流发展技术。

11.5 向更大功率集成芯片发展

SiC 衬底的 GaN MMIC 目前还处于发展的前期阶段,刚刚开始实用化。未来的发展潜力相当大,这是其优越的材料特性所决定的。采用高纯半绝缘 SiC 衬底的 GaN MMIC 具有更高的热导率、更高的功率密度、更高的功率附加效率、更高的工作频率。宽禁带 GaN 材料具有高的优值指数(Johnson's Figure of Merit, JFOM),如果把 Si 材料定为 1, GaN 材料可以达到 80 以上,非常适合于用作微波功率器件的导电沟道材料。同时 AlGaN/GaN 异质结 2DEG 迁移率和浓度的乘积可以达到 10^{17}/Vs,击穿电场达到 3MV/cm 以上,这些特点均表明 GaN 器件和芯片具备高工作电压、高功率密度的特性。

早期的研究表明,246μm 小栅宽的 GaN 器件在 4GHz 时功率密度可以达到 41.4W/mm,是 GaAs 器件的几十倍以上。但受器件散热等因素的限制,器件厂商推出的产品,其工作状态下功率密度通常为 3 – 7W/mm,与理论值和小栅宽器件存在较大的差别,尤其是连续波工作状态下,产品建议的功率密度更低。某机构在 2010 年左右提出了热管理技术(TMT)项目,资助进行近结热传输研究计划,催生新一代更高性能、更小体积、更低工作温度、更高功率密度的高功率放大器,实现 GaN 器件连续波工作状态下,功率密度成倍提高,热阻成倍减小。2013 年的某公司报告,采用金刚石上的 GaN 晶体管,能够在保持高微波性能的同时大幅降低半导体的结温。相同尺寸的器件其输出功率提高至原来的三倍,散热性能提高二倍。这一技术的不断成熟和应用,将会大大提高 GaN 器件的性能,尤其是连续波工作状态下输出功率密度性能的提升和推动大功率器件的发展。

目前器件厂商已经生产出 L 波段和 S 波段输出功率达到 2000W 和 500W 以上的器件及 X 波段输出功率达到近百瓦量级的微波功率芯片,即使在毫米波段的输出功率也突破了 20W,甚至在 3 毫米波段集成电路单片连续波输出也有了大于 4W 的产品。多家公司在原有的 28V 器件工艺基础上,相继推出了 50V 的器件工艺,并研发更高工作电压的器件工艺,工作电压的进一步提高,推动了器件和芯片微波输出功率的进一步提高。

11.6 向超宽带集成芯片发展

雷达作为现代军事领域一种不可或缺的设备,它的任务已不仅仅是完成对目标位置、速度等信息的提取,对目标进行成像分析和识别,并且具有反干扰、反隐身的能力,同时其自身也拥有较强的生存能力。这要求雷达发射的信号具有很大的带宽。超宽带是就信号的相对带宽而言,它的中心频率至少达到 500MHz,当信号的带宽与中心频率之比大于 25% 时称为超宽带信号。与常规窄带雷达系统相比,超宽带雷达具有以下优点:①抗干扰性能强;②兼有低频和宽频带的特点,对物体具有较强的穿透能力,适合用作观测隐蔽的目标;③极高距离分辨率,其分辨力可以达到厘米量级;④具有良好的目标识别能力;⑤超近程探测能力等。超宽带雷达作为一种新型的雷达体制,其优越性已经在各个领域得到了充分的展现。除了上述提到的优点以外,超宽带雷达还具有多目标分辨能力、杂乱回波抑制能力及抗多径干扰能力。随着超宽带技术的不断进步，超宽带雷达具有很广阔的应用前景，将在目标探测、目标识别、反隐身等领域有着及其重要的应用。

超宽带的雷达系统要求器件和芯片具有更高的工作带宽或更高的信号处理带宽，目前用 GaAs PHEMT 工艺已经生产出 1~12GHz 的超宽带低噪声放大器，相对带宽高达 169%，整个带宽内噪声系数小于 1.6dB，功率增益 30dB；频率范围 4~41GHz 超宽带混频器电路，相对带宽达 164%，转换增益 3.5~8dB，LO 到 RF 的隔离度大于 19dB，功耗小于 100mW。某公司研发的低噪声放大器，带宽为 75~100GHz，噪声系数为 4.5dB，增益为 40dB，相对带宽达 28.5%。

用 GaN HEMT 工艺生产出工作频带为 6~18GHz 的 10W 级 GaN 功率 MMIC 产品，并研发了工作频带为 2~20GHz 的 GaN 功率 MMIC。GaN 器件本身的阻抗特性有利于宽带匹配，能够满足未来系统兼顾通信、探测、跟踪等。功能对器件更高工作带宽的要求。

11.7 向射频集成 SoC（射频系统级芯片）发展[2-4]

1) 射频系统级芯片

RFSoC 指的是在同一单片上将射频前端与数字基带部分集成起来实现系统级集成电路，也叫射频系统级芯片，其工艺平台可以是 CMOS 或 SiGe Bicmos，可以大大减少相控阵雷达系统中的器件数量，从而大幅度的提高集成度、减小体积、降低成本、提高产品性能和可靠性。随着射频集成电路芯片技术的发展，RFSoC 集成度将进一步提高。系统级芯片可包含小信号接收部分和发射部分，接收部分集成了低噪声放大器、混频器、开关、幅相系统级芯片控制和高性能 ADC 等，发射部分集成了信号源、混频器、功率放大器等。

在雷达收发体系结构中，数字化进程发展迅速，从零中频到数字化低中频、数字化高中频，乃至最终实现的软件无线电，正是这一发展趋势的体现。CMOS 技术具有将射频与基带电路集成的优势，由于数字处理部分的面积通常占到芯片面积的 70% 以上，集成度及功耗等指标的要求使得数字部分很难以 CMOS 以外的其他工艺实现，所以只有实现 CMOS 集成射频前端，才能实现单片集成的收发通道，并最终实现单片集成的雷达收发芯片。

2) 基于 3D 技术的射频集成电路

集成电路制造工艺的提升为系统级单芯片的实现提供了必要的技术保证，但也带来了制造、设计、工艺和掩膜成本的急速提升，例如从 65nm 设计转向 28nm 设计时，成本增加巨大，甚至达到 3~4 倍。大型雷达系统既需要向高集成小型化发展又要保证低成本可实现，即用更低的成本将更多功能集成进更小的空间,因此,3D 射频微系统近年来的研究进展迅速,它的核心是不同功能的多种先进元器件通过异构集成技术,以三维集成的结构形式制造成具有复杂系统功能的微小型电子系统。

集成微系统的探测能力、带宽、速度将比目前的电子系统提高上百倍;体积、重量和功耗下降 2~3 个数量级,这将极大地提高雷达系统的机动性和隐蔽性。

目前某公司在集成微系统方面,研发的一种基于体硅 MEMS 三维集成工艺的毫米波探测器微系统,在硅基上实现了全芯片三维集成,集成了微型天线、毫米波信号源、倍频器、功率放大器、低噪声放大器和混频器等功能,和传统的微波系统比体积和重量缩小了 1~2 个数量级,已经完成了系统级测试验证,进一步可以集成数字处理方面的 DA 采样、存储、信号处理 DSP 等电路芯片,形成具有完整功能的毫米波微系统。

微电子技术的发展日新月异,新型材料和工艺技术不断涌现,相信在不久的将来,更高频率、更大功率、更高可靠性、更低成本、更低功耗、更高集成化、小型化、易生产、易使用的雷达系统集成化芯片和符合高、低、轻、小、易要求的 3D 集成化微系统,都会成为未来的发展趋势。

参考文献

[1] ITRS. International Technology Roadmap for Semiconductors[J]. ITRS 2013 Edition,2013.
[2] 金宝龙,等. 后摩尔时代雷达对抗装备集成化发展[J]. 舰船电子对抗,2015,38(1).
[3] 李明. 雷达射频集成电路的发展及应用[J]. 现代雷达,2012,34(9).
[4] 李晨,张鹏,李松法,等. 芯片级集成微系统发展现状研究[J]. 中国电子科学研究院学报,2010,15(1).

主要符号表

A_{max}	最大衰减量
BV_{GDO}	栅漏反向击穿电压
B_s	源电纳
B_{opt}	最佳源电纳
C	电容
C_{in}	输入电容
C_D	扩散电容
C_R	势垒电容
C_{pgs}	器件栅端寄生电容
C_{pds}	器件漏端寄生电容
C_{pgd}	器件源端寄生电容
C_{ps}	源端金属与衬底之间的寄生效应
C_{ds}	漏源电容
C_{gi}	栅极与沟道间电容
C_g	栅电容
C_{gs}	栅源电容
C_{gd}	栅漏电容
C_{gsov}	栅-源覆盖电容
C_{gdov}	栅-漏覆盖电容
C_{gbov}	栅-体覆盖电容
C_{sbj}	源-体结电容
C_{dbj}	漏-体结电容
C_{gsi}	栅-源覆盖电容
C_{gdi}	栅-漏覆盖电容
C_{gbi}	栅-体覆盖电容
C_{sbi}	源-体覆盖电容
C_{dbi}	漏-体覆盖电容
C_{ox}	栅氧层电容

符号	含义
D	开关占空比
F_t	特征频率
F_s	开关频率
f	频率
G_s	源电导
G_{opt}	最佳源电导
G_{max}	最高增益
G_{min}	最低增益
G_P	功率增益
$G_{P(1dB)}$	1dB 压缩增益
G_{lin}	线性增益
GND	地
g_m	跨导
g_{ds}	输出导纳
I	电流
I_o	驱动电流
I_{out}	输出电流
I_{ds}	源漏间电流
I_{gs}	栅源间电流
I_{dg}	二极管电流源
I^+	入射波电流相量
I^-	反射波电流相量
I_{max}	源漏最大电流（驻波电流最大值）
I_{dss}	源漏饱和电流
I_1	泄漏电流
I_{DQ}	静态工作电流
I_D	动态工作电流
IL	插入损耗
IL_i	第 i 个状态的插损
IL_0	参考态的插损
ISO	隔离度
IP_3	三阶交截点
IIP_3	输入三阶交调交截点
IIP_2	输入二阶交调交截点
I_b	衬底电流

符号	含义
I_{dsp}	PMOS 管饱和电流
I_{dsn}	NMOS 管饱和电流
I_{gd}	栅漏间电流
IM_2	二阶交调抑制度
IM_3	三阶交调抑制度
I_r	微波产生的电流均方根
K	玻耳兹曼常数
L	电感
L_s	源端寄生电感
L_d	漏端寄生电感
L_g	栅端寄生电感
LSB_P	最小衰减步进
L_{eff}	有效沟道长度
N	噪声
N_{in}	输入端噪声功率
N_{out}	输出端噪声功率
N_{gf}	建模器件的栅指数
NF	噪声系数
NF_{min}	最小噪声系数
OIP_3	输出三阶交调交截点
OIP_2	输出二阶交调交截点
P_{GND}	功率地
P	功率
P_t	发射输出功率
$P_{out(1dB)}$	1dB 压缩点输出功率
P_{in}	输入功率
$P_{in(1dB)}$	1dB 压缩点输入功率
P_{out}	输出功率
$P_{out(sat)}$	饱和输出功率
P_{dc}	漏极直流功耗
P_D	耗散功率(功放芯片工作时)
P_{dm}	最大允许功耗
P_{inmax}	输入耐功率
PS_{max}	最大相移
P_{LOOSE}	功率损耗

P_{tot}	总功耗
Q	总电荷(电子电量)
Q_{gs}	受输入和输出电压控制的栅源非线性存储电荷
Q_{gd}	受输入和输出电压控制的栅漏非线性存储电荷
Q_{ds}	仅受输出电压控制的非线性存储电荷
q	占空比
R	电阻
R_g	栅端寄生电阻
R_d	漏端寄生电阻
R_s	源端寄生电阻
R_{on}	导通电阻
R_{off}	截止电阻
R_i	沟道电阻
R_{ds}	漏源电阻
R_{max}	雷达作用距离
R_{th}	热阻
R_n	最佳噪声电阻
RMS	移相精度方差
R_{seff}	源端有效串联寄生电阻
R_{deff}	漏端有效串联寄生电阻
S_{imin}	最小可检测型号功率
S_{in}	输入端信号功率
S_{out}	输出端信号功率
SNR	信噪比
SNR_{in}	输入端信噪比
SNR_{out}	输出端信噪比
T	热力学温度(绝对温度)
T_j	功率放大器芯片沟道温度
T_c	功率放大器芯片底部温度
T_{ox}	栅氧层厚度
t_{on}	导通时间
t_{off}	关断时间
t	平均失效时间
t_r	输出信号上升时间
t_f	输出信号下降时间

符号	含义
t_d	信号延迟时间
U_{gw}	单指栅宽
U	电压
U_{OC}	等效电源
V_a	厄力电压
V_{gs}	栅源电压
V_{in}	输入电压
V_{out}	输出电压
V_{pf}	跨导开始压缩的栅压
V^+	入射波电压相量
V^-	反射波电压相量
V_p	夹断电压
V_f	反馈电压
V_{ds}	漏源电压
V_G	栅极电压(栅极偏置电压)
V_D	漏极电压(漏极偏置电压)
VSWR	电压驻波比
$VSWR_{min}$	驻波比最小值
$VSWR_{max}$	驻波比最大值
$VSWR_{in}$	输入驻波比
$VSWR_{out}$	输出驻波比
V_R	反向电压
V_B	反向击穿电压
V_{bs}	衬底偏置电压
V_g	栅极外加控制电压
V_T	控制电平
V_{TH}	阈值电压
V_{GSthp}	PMOS 管阈值电压
V_{GSthn}	NMOS 管阈值电压
V_{gsn}	NMOS 的栅压
V_{gsp}	PMOS 的栅压
V_{T+}	正向阈值电压
V_{T-}	负向阈值电压
V_{dd}	电源电压
V_{ddl}	低压电源电压

符号	含义
V_{ddh}	高压电源电压
V_{ss}	负电压电源电压
V_{NML}	低电平噪容电压
V_{NMH}	高电平噪容电压
V_{bseff}	有效衬底偏置电压
V_{gsteff}	亚阈值区的栅源有效偏置电压
V_{max}	最高电压
W	栅宽
W_p	PMOS 管栅宽
W_n	NMOS 管栅宽
W_{eff}	有效沟道宽度
Y	导纳
Z_0	传输线特征阻抗
Z_{opt}	最佳源阻抗
Z_{se}	串联阻抗
Z_l	低阻抗
Z_{sh}	并联阻抗
Z_h	高阻抗
Δf	工作带宽
ΔG_p	增益平坦度
ΔG_{lin}	线性增益平坦度
$\Delta \Phi$	移相精度
ΔIL_{max}	最大幅度波动
ΔA_i	衰减精度
ΔA	衰减平坦度
Δt	充电时间
$\Delta \Phi$	衰减附加相移
Φ	传输相位
Φ_W	相位温度稳定性
Φ_H	最高温度下的相位
Φ_L	最低温度下的相位
Γ	反射系数
Γ_{in}、Γ_{out}	输入、输出反射系数
η_p	功放漏极效率(功率放大器效率)
η_{add}	功率附加效率

η_{total}		组件总效率
λ		波长
σ		散射截面积
π		圆周率
ω		角频率
τ		少子寿命

缩略语

2DEG	Two-dimension Electron Gas	二维电子气
3D-MCM	Three-dimensional Multi-chip Modules	三维立体多芯片组装
Au-Si	Aurum-Silicon	金－硅合金
AMC	Advanced Momentum Component	EDA 软件的电磁仿真元件
ADC	Analog-to-digital Converter	模数转换器
AESA	Active Electronically Scanned Array	有源电子扫描阵
BJT	Bipolar Junction Transistor	双极结型晶体管
BSIM	Berkeley Short-channel Insulated-gate-field-effect- transistor Model	伯克利短沟道绝缘栅场效应晶体管模型
BFL	Buffer FET Logic	缓冲场效应管逻辑
BPSK	Binary Phase Shift Keying	二进制相移键控
CMOS	Complementary Metal Oxide Semiconductor	互补金属氧化物半导体
CLK	Clock	时钟信号
CTS	Charge Transfer Switches	电荷转移开关
CPW	Co-planar Waveguide	共面波导
COB	Chip On Board	芯片直接组装
C-SAM	Scanning Acoustic Microscope	扫描声学显微镜
CIF	Common Intermediate Format	常用的标准化图像格式
DDS	Direct Digital Synthesis	数字式频率合成器
DAC	Digital-to-analog Converter	数模转换器
DBF	Digital Beamforming	数字波束形成
DCFL	Direct Coupled FET Logic	直接耦合场效应晶体管逻辑电路
DAM	Digital Array Module	数字阵列模块

DOE	Design of Experiments	试验设计
DPA	Drive Power Amplifier	驱动功率放大器
EOS	Electrical Over Stress	过电应力
EDS	Energy Dispersive Spectrometer	能量分散谱
ESD	Electrostatic Discharge	静电放电
ESL	Equivalent Series Inductance	等效串联电感
ESR	Equivalent Series Resistance	等效串联电阻
FET	Field Effect Transistor	场效应晶体管
FIB	Focused Ion Beam	聚焦离子束
GGNMOS	Gate-ground-short NMOS	栅-地短路的NMOS管
GSG	Ground-signal-ground	地、信号、地
HMIC	Hybird Microwave Integrated Circuit	微波混合集成电路
HEMT	High Electron Mobility Transistor	高电子迁移率晶体管
HTCC	High Temperature Co-fired Ceramic	高温共烧陶瓷
HBT	Heterojunction Bipolar Transistor	异质结双极晶体管
HFSS	High Frequency Structure Simulator	高频结构电磁仿真软件
HDI	High Density Interconnect	高密度互连
HFET	Heterojunction Field Effect Transistor	异质结场效应晶体管
IRFPA	Infrared Focal Plane Array	红外焦平面探测器阵列
JFOM	Johnson derived a figure of merit	约翰逊优值指数
LTCC	Low Temperature Co-fired Ceramic	低温共烧陶瓷
LSI	Large-scale Integration	大规模集成电路
LTE	Long Term Evolution	长期演进技术
LDO	Linear Dropout Regulator	线性稳压型变换器
LNA	Low Noise Amplifier	低噪声放大器
LSL	Lower Size Limit	规范值下限
LCL	Lower Control Limit	下控制限
MMIC	Monolithic Microwave Integrated Circuit	微波单片集成电路
MCM	Multi-Chip Module	多芯片组件
MIMIC	Millimeterwave Monoithlic Integrated Circuit	毫米波单片集成电路
MEMS	Micro Electro Mechanical Systems	微机电系统

缩写	英文全称	中文
MESFET	Metal Semiconductor FET	金属-半导体场效应晶体管
MTTF	Mean Time to Failure	平均失效时间
MTBF	Mean time between failures	平均无故障工作时间
MOS	Metal Oxide Semiconductor	金属氧化物半导体
MBE	Molecular Beam Epitaxy	分子束外延
MOCVD	Metal-organic Chemical Vapor Deposition	金属有机化合物化学气相沉淀
MCM-C	Ceramic-Based Multi-chip Modules	厚膜陶瓷型多芯片组件
MCM-C/D	Hybrid Multi-Chip Module	混合型多芯片组件
MMCM	Microwave Multi-chip modules	微波多芯片组件
NMOS	N-mental-oxide-semiconductor	N型金属氧化物半导体
NMOSFET	N-metal-oxide-semiconductor Field Effect Transistor	N沟道金属氧化物半导体场效应晶体管
OVP	Over Voltage Protection	过电压保护
OTP	Over Temperature Protection	过温保护
OCP	Over Current Protection	过流保护
OPA	Operational Amplifier	运算放大器
PHEMT	Pseudomorphic High Electron Mobility Transistor	赝配高电子迁移率晶体管
PCB	Printed Circuit Board	印刷电路板
PDK	Process Design Kit	工艺设计包
PCM	Process Control Monitor	过程控制监控器
PECVD	Plasma Enhanced Chemical Vapor Deposition	等离子体增强化学气相沉积法
PMOSFET	P-Metal-Oxide-Semiconductor Field Effect Transistor	P沟道金属氧化物半导体场效应晶体管
PMOS	Positive channel Metal Oxide Semiconductor	N型衬底、P沟道,靠空穴的流动运送电流的MOS管全称
PWM	Pulse Width Modulation	脉冲宽度调制
PFM	Pulse Frequency Modulation	脉冲频率调制

PSRR	Power Supply Rejection Ratio	电源抑制比
PSR	Power Supply Rejection	电源抑制
RF	Radio Frequency	射频
RLC	Resistance Inductance Capacitance	电阻、电容、电感
SCR	Silicon Controlled Rectifier	可控硅
SOI	Silicon on Insulator	绝缘衬底上的硅
SCFL	Source Coupled FET(Field Effect Transistor) Logic	源极耦合场效应晶体管逻辑电路
SoC	System on Chip	系统级芯片
SMT	Surface Mount Technology	表面贴装
SIP	System In Package	系统级封装
SPDT	Single-pole Double-throw	单刀双掷
SP3T	Single-pole Three-throw	单刀三掷
SPST	Single-pole Single-throw	单刀单掷
SPC	Statistical Process Control	统计过程控制
SMA	Sub Miniature Version A	微波高频连接器
SEM	Scanning Electron Microscope	扫描电子显微镜
SDFL	Schottky Diode FET(Field Effect Transistor) Logic	肖特基二极管场效应管逻辑
SHDN	Shut Down	关断电路
TDB	Thumbs Plus	数据库
TTL	Transistor-transistor Logic	晶体管晶体管逻辑电路
TRL	Through Reflect Load	直通反射负载(校准方式)
T/R	Transmitter/Receiver	收发组件
TOM2	Triquint's Owned Models, version 2	Triquint 公司开发的模型,版本为2
TEM	Transmission Electron Microscope	透射电子显微镜
TSV	Through Silicon Via	贯穿硅通孔
VLSI	Very Large Scale Integration	超大规模集成电路
UVLO	Under voltage lock out	欠压锁定
USL	Upper Size Limit	规范值上限
UCL	Upper Control Limit	上控制限
WBG	Wide Bandgap	宽禁带

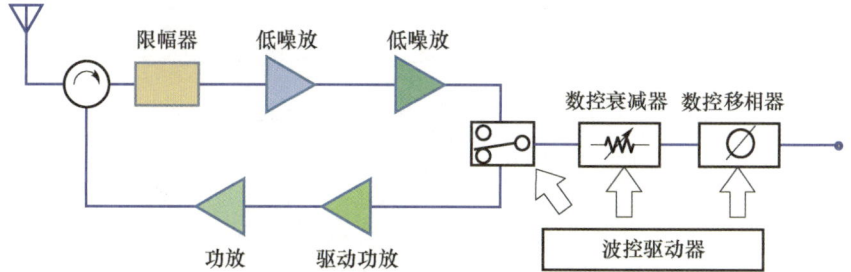

图 2.1 典型相控阵雷达 T/R 组件框图(单功能芯片方案)

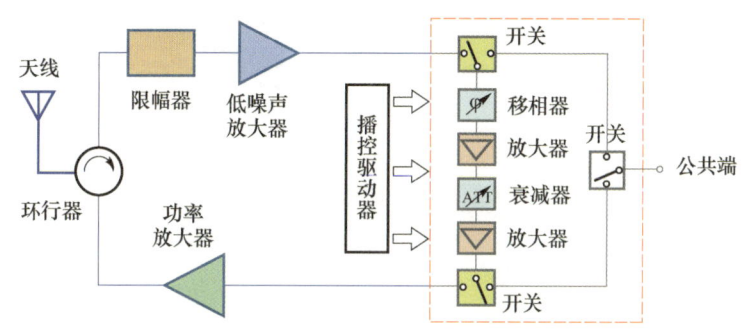

图 2.2 典型相控阵雷达 T/R 组件框图(多功能芯片方案)

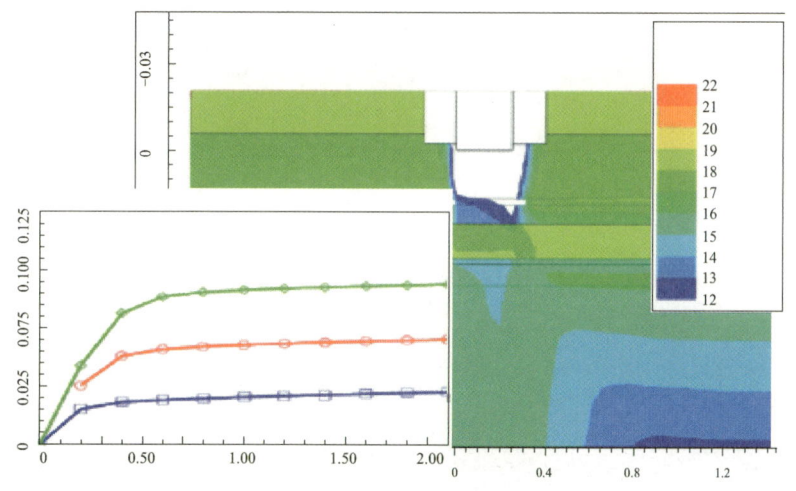

图 2.5 模拟的器件直流特性曲线

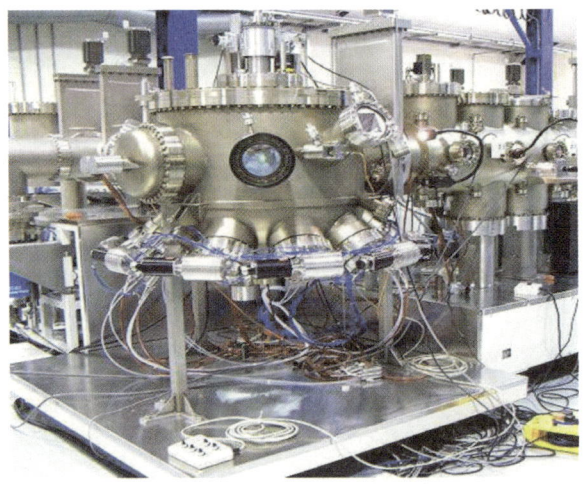

图 2.6　MBE 设备

图 2.7　MOCVD 设备

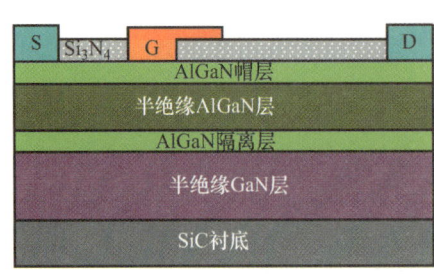 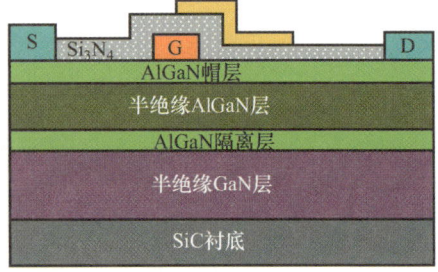

栅场板结构示意图　　　　　　　　　源场板结构示意图

图 2.12　用于 GaN HEMT 的二种场板结构示意图

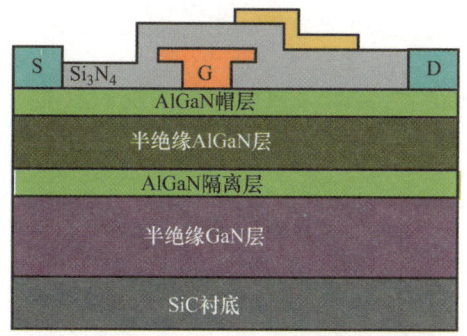

图 2.13　栅场板 + 源场板结构示意图

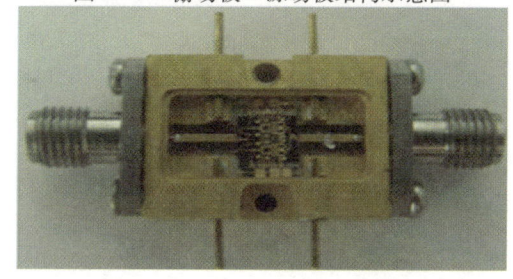

图 2.14　功率芯片的装配照片

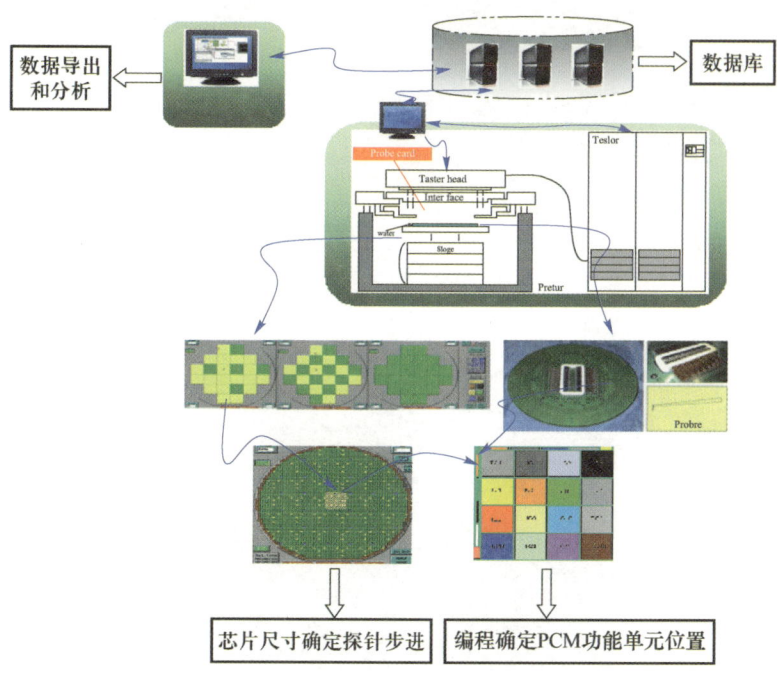

图 2.16　PCM 在片测试及数据分析系统

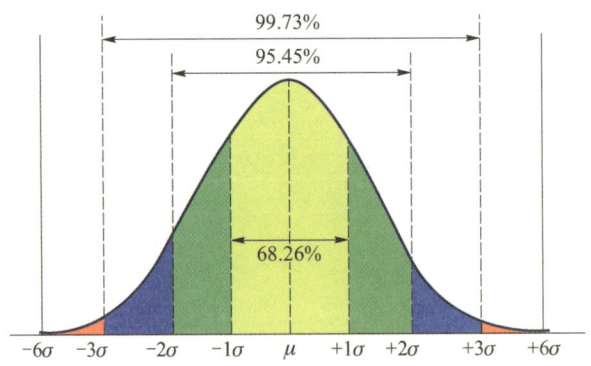

图 2.17　SPC 统计数据分布

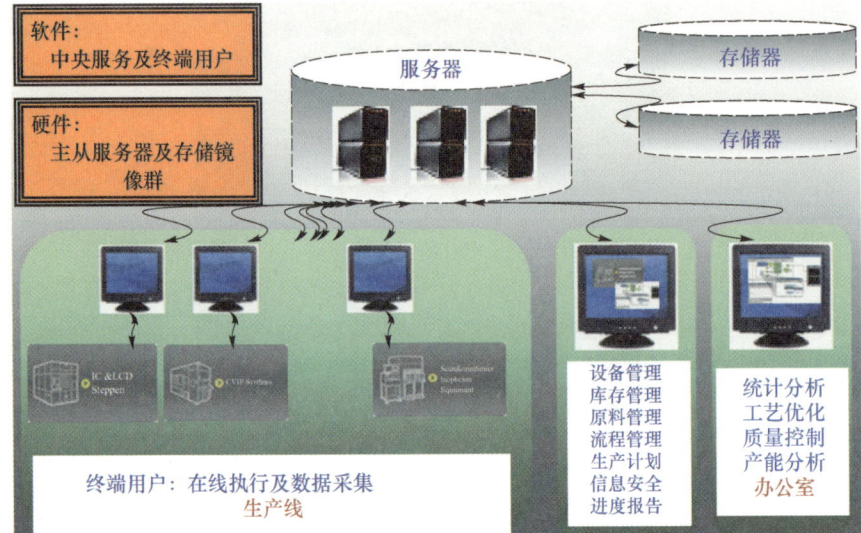

图 2.18　工艺过程控制(SPC)网络系统示意图

图 2.33　半自动微波探针台

图 2.35 功率芯片完成装配的照片

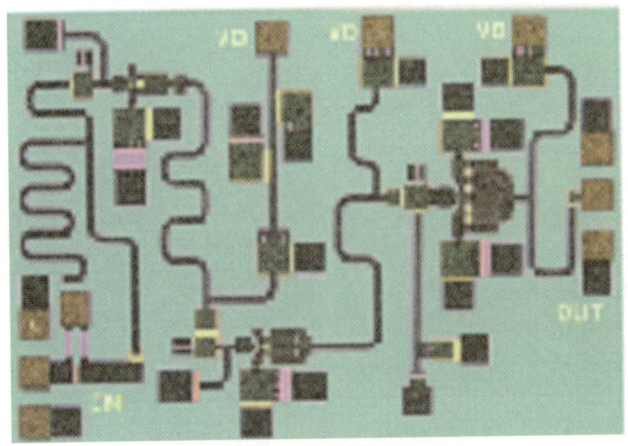

图 3.23 Ku 波段驱动放大器芯片照片

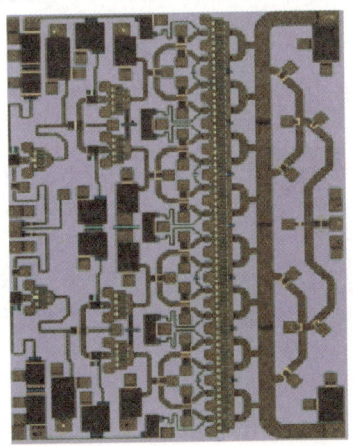

图 3.33 Ku 波段高功率放大器照片

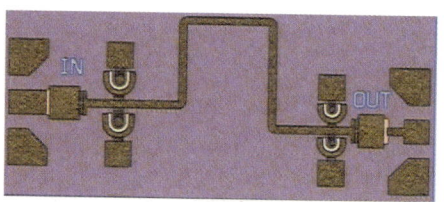

图 4.8 限幅器芯片照片

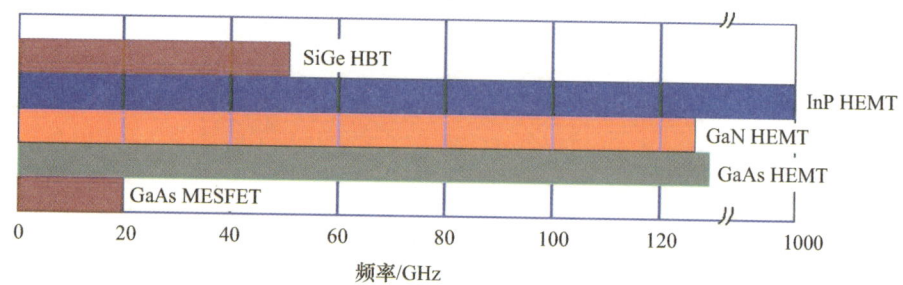

图 4.13 器件适用频率

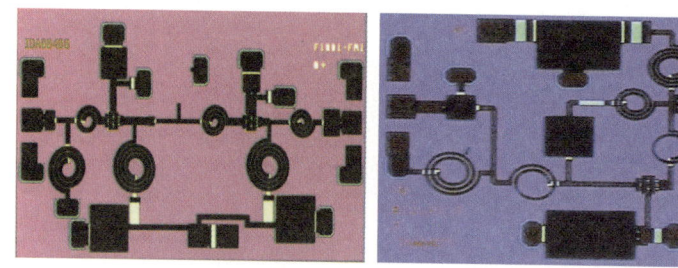

(a) 第一级低噪声放大器芯片　　(b) 第二级低噪声放大器芯片

图 4.28 低噪声放大器芯片图

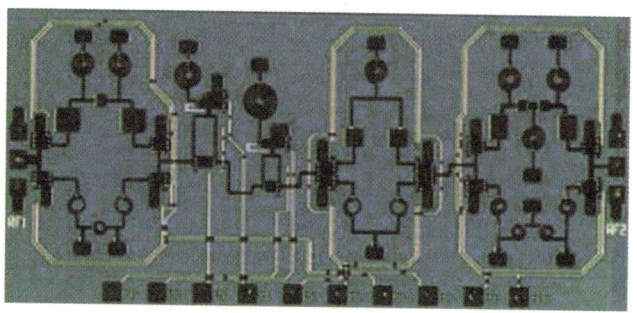

图 5.16 GaAs 四位数控移相器芯片照片

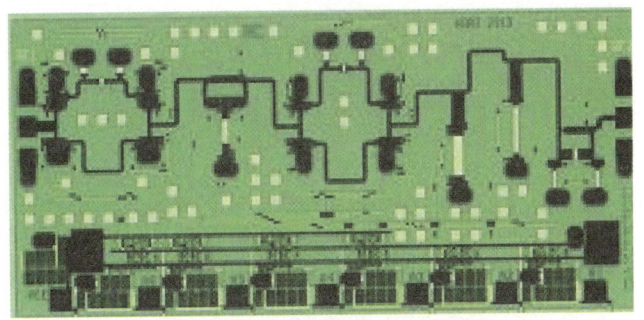

图 5.21 并行驱动六位数控衰减器芯片照片

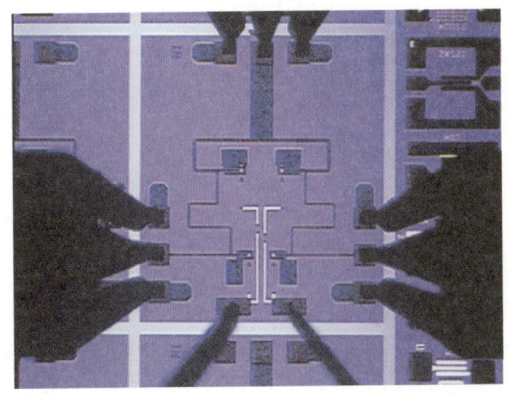

图 5.29 单刀双掷开关芯片照片

图 6.24 26 位串转并波控驱动器芯片照片

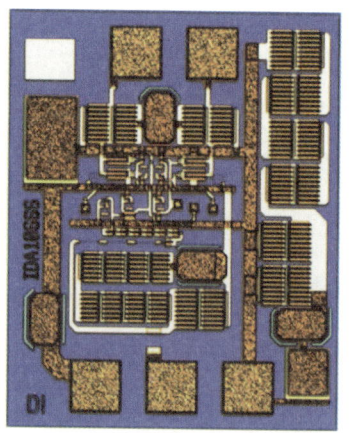

图 6.37　GaAs 单路波控驱动器芯片照片

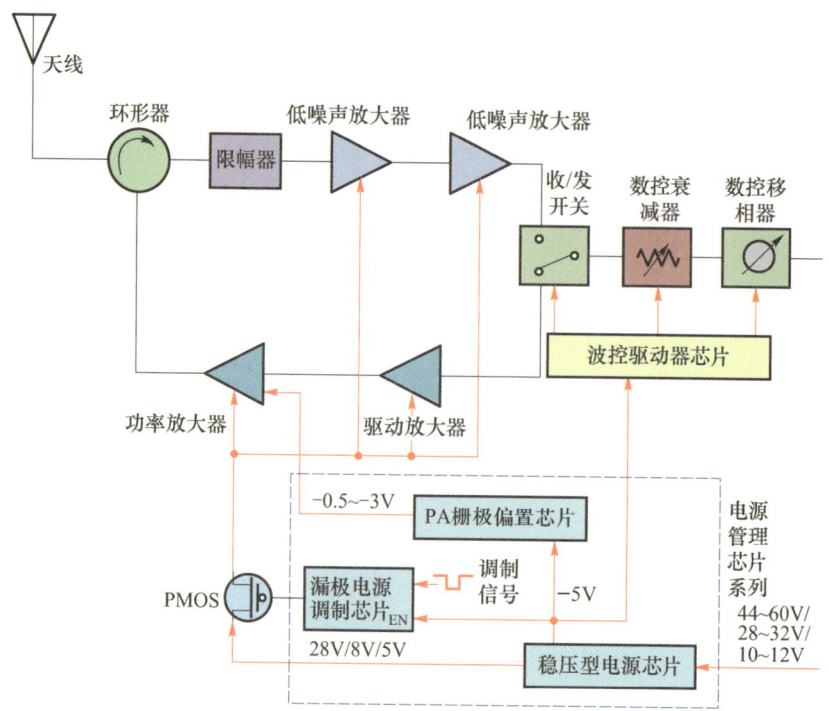

图 7.1　雷达收发组件系统中的电源管理芯片应用及分类

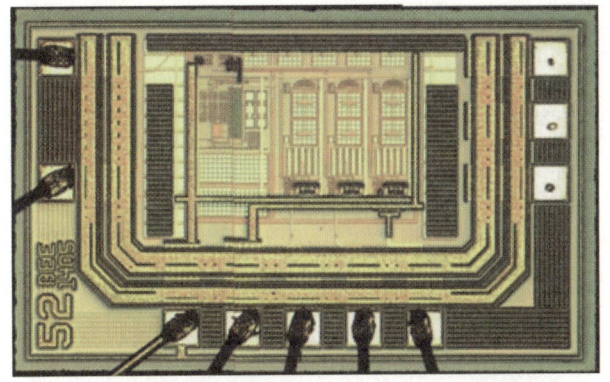

图 7.34　线性稳压型电源芯片照片

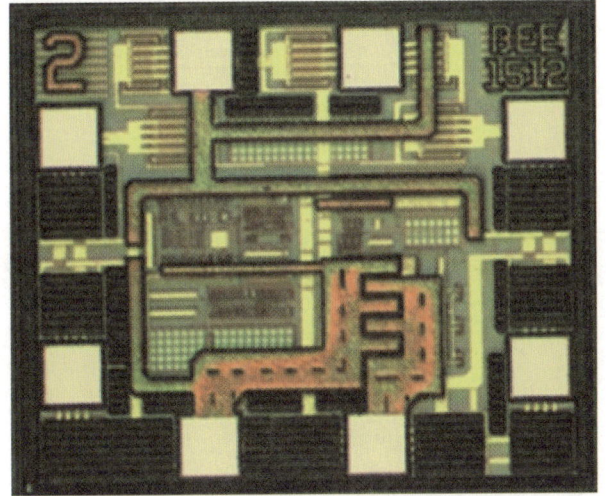

图 7.51　开关电容式电压逆变器芯片照片

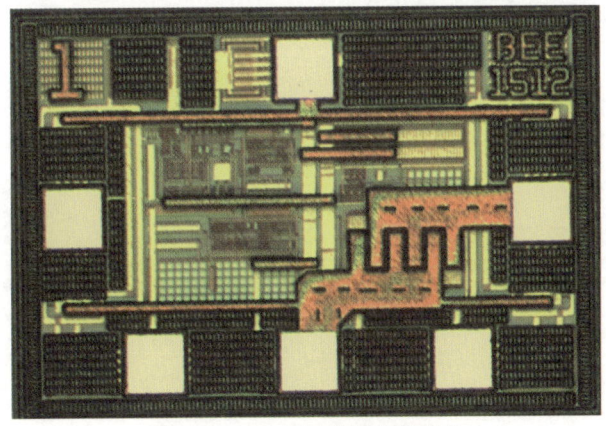

图 7.71　PA 栅极偏置芯片照片

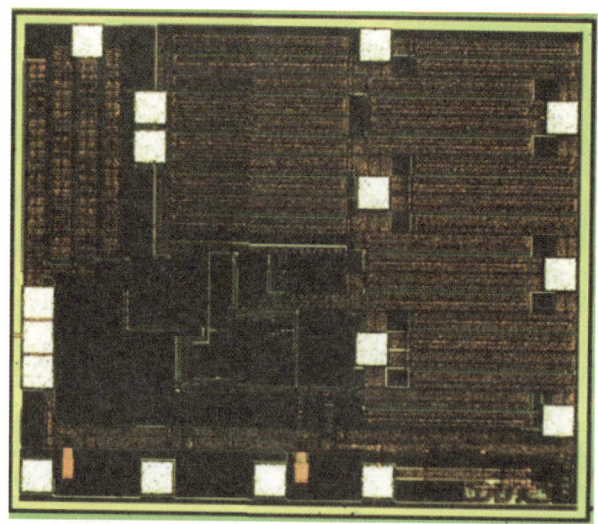

图 7.83 电源调制芯片照片

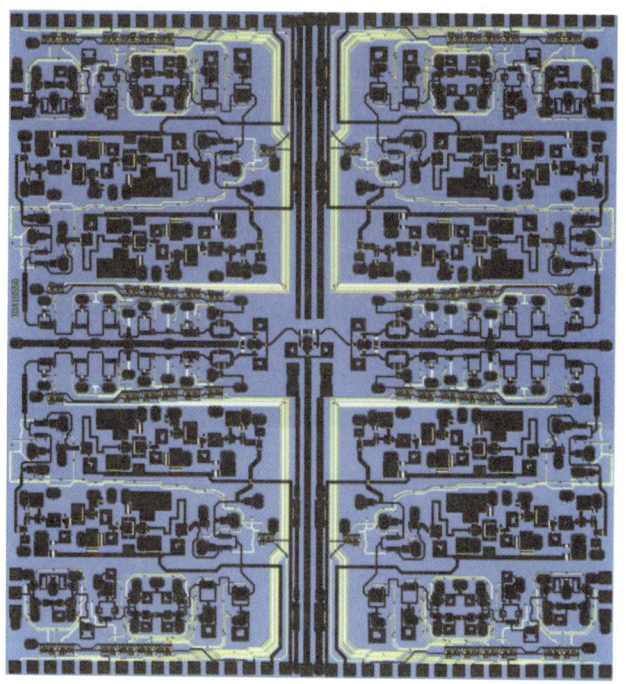

图 8.12 Ku 波段四通道幅相控制多功能芯片

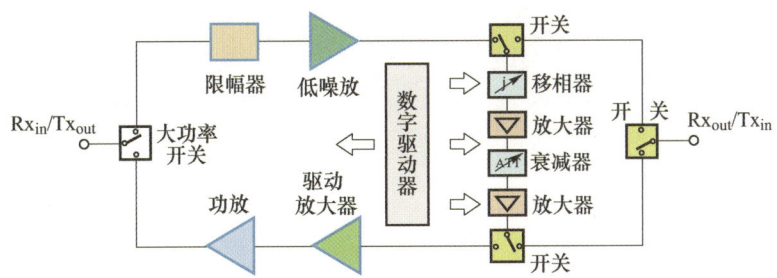

图 8.13　一片式 T/R 芯片典型原理框图

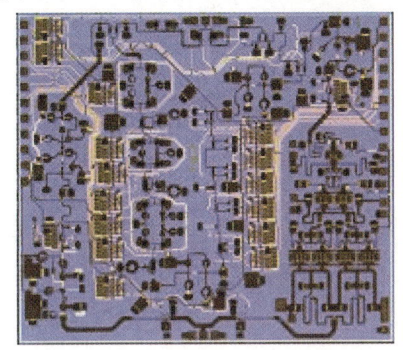

图 8.14　一片式 T/R 芯片照片

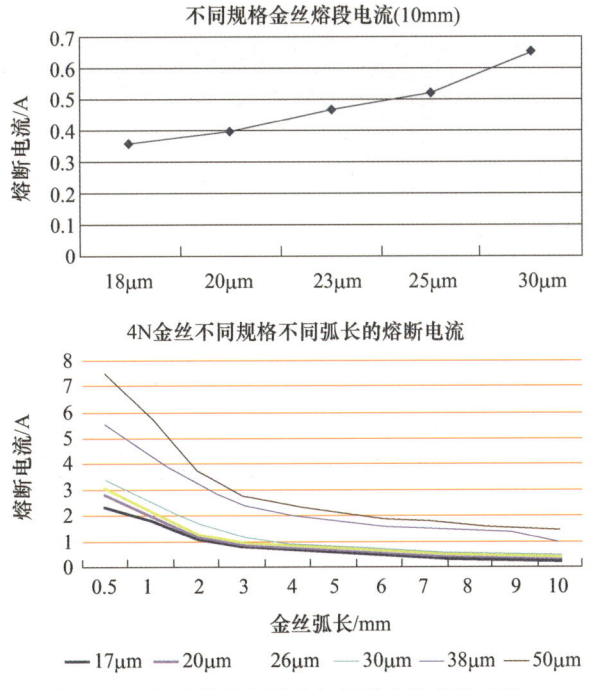

图 10.18　金丝规格和弧长与承受电流的关系图

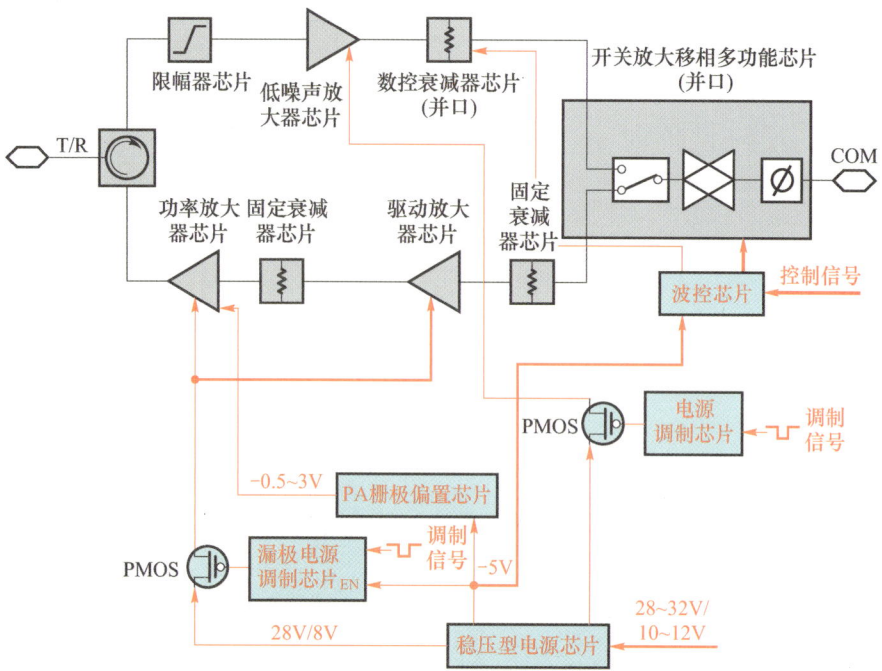

图 10.21 C 波段收发组件框图

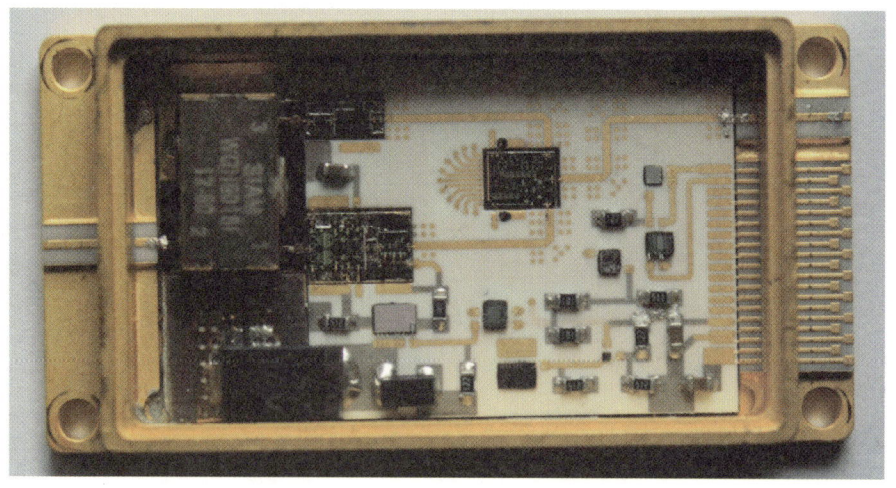

图 10.42 C 波段收发组件实物照片